普通高等教育“十二五”规划教材

现代工程制图

主　编　陆载涵　刘桂红　张　哲

副主编　陈　全　罗　昕　许良元　刘　明

参　编　刘汉举　刘　薇　龚乃超　何　燕

　　　　张　竞　张向华　黄　丽

主　审　李武生

机械工业出版社

本书共十三章，内容包括：制图基本知识、投影基础、图解法、基本立体、组合体、轴测图、机件的表达方法、标准件与常用件、零件图、装配图、其他工程图简介、零部件测绘、计算机绘图。本书采用现代三维构型的思维模式拓宽教学内容，提出一种能提高学生空间思维和创新设计能力的立体构型要素表示法，并将其应用于基本立体、组合体、机件表达方法、零件图、装配图等教学内容中，以便分散和化解这些教学内容的难点，使学生易学、易懂。书中将图解法从投影基础中分出单列一章，便于不同的专业和不同的学时取舍。本套教材适用于40~120学时。

本书既可作大学本科和大中专学生教材使用，也可作为工程技术人员的参考资料。

图书在版编目（CIP）数据

现代工程制图/陆载涵，刘桂红，张哲主编．—北京：机械工业出版社，2013.8（2023.1重印）

普通高等教育“十二五”规划教材

ISBN 978-7-111-43044-5

Ⅰ.①现… Ⅱ.①陆…②刘…③张… Ⅲ.①工程制图－高等学校－教材 Ⅳ.①TB23

中国版本图书馆CIP数据核字（2013）第146033号

机械工业出版社（北京市百万庄大街22号 邮政编码100037）
策划编辑：丁昕祯 责任编辑：丁昕祯 章承林 邓海平
版式设计：常天培 责任校对：张 媛
封面设计：张 静 责任印制：常天培
北京机工印刷厂有限公司印刷
2023年1月第1版第4次印刷
184mm×260mm · 15.75印张 · 387千字
标准书号：ISBN 978-7-111-43044-5
定价：45.00元

电话服务 网络服务
客服电话：010-88361066 机 工 官 网：www.cmpbook.com
010-88379833 机 工 官 博：weibo.com/cmp1952
010-68326294 金 书 网：www.golden-book.com
封底无防伪标均为盗版 机工教育服务网：www.cmpedu.com

前　　言

本教材贯彻了教育部工程图学教学指导委员会2010年颁布的《工程图学课程教学基本要求》，在教材内容上严格控制分量和适当降低难度；注重理论联系实际，适当增加实践性内容和环节，做到学以致用。为了配合1～2周集中测绘的实训环节，设置了零部件测绘一章。根据现代创新设计对人才培养的要求，在平面图形的画法中引入了“平面构成”和“立体构成”的概念。在基本立体部分提出一种能提高学生空间思维和构型设计能力的立体构型要素表示法，并将其应用于基本立体、组合体、机件表达方法、零件图、装配图等教学内容中，以便分散和化解这些教学内容的难点，使学生易学、易懂。

本教材的主要特点如下：

1）采用了最新的国家标准。本教材采用国家最新颁布的《技术制图》、《机械制图》、《计算机绘图》等标准，根据课程内容的要求，穿插在教材中。

2）将构型设计能力培养融入到传统的投影理论教学中，用立体构型要素表示法分散和化解教学难点，使其更适合现代工业设计对人才培养的要求。

3）重视徒手绘图、仪器绘图和计算机绘图三种绘图技能的训练。

4）将图解法另编一章，供多学时的专业选用。在其他工程图样中编入了电气图、焊接图和展开图，以便不同专业取舍。

本教材由陆载涵、刘桂红、张哲统稿并任主编，陈全、罗昕、许良元、刘明任副主编。第一章由湖北工业大学工程技术学院刘桂红编写；第二章由湖北工业大学工程技术学院刘汉举编写；第三章由湖北工业大学工程技术学院刘薇编写；第四章由石河子大学罗昕编写；第五章由中南民族大学工商学院龚乃超编写；第六章由上海师范大学天华学院何燕编写；第七章由安徽农业大学许良元编写；第八章由湖北工业大学工程技术学院刘明编写；第九章由湖北工业大学陆载涵编写；第十章由武汉理工大学华夏学院陈全编写；第十一章由湖北工业大学商贸学院张哲编写；第十二章由武汉大学张竞编写；第十三章由江苏技术师范学院张向华编写；附录由湖北工业大学工程技术学院黄丽编写。

本教材由华中科技大学李武生教授主审，提出了许多宝贵的意见和建议，并给予了许多帮助和指导，对此我们表示衷心的感谢。

本教材编写中参考了国内同类教材，从中得到了很多信息和启发，在此我们表示诚挚的谢意。

由于水平有限，虽然我们希望努力将本教材编写成为一本适应现代教学，同时满足机电类各专业的教学需要，但书中内容与体系难免存在问题，我们恳切希望各位读者提出宝贵意见和建议。

编　者

目　录

绪　论

第一节　本课程的性质

“工程制图”是研究工程图样的课程。根据投影原理、标准或有关规定表示的工程对象，并有必要的技术说明的“图”，称为“图样”。在现代工业生产中，无论机械制造、仪器设备、建筑、航天、造船，都是根据图样进行制造和施工的，图样起到了比语言文字更直观、更形象的作用。设计者通过图样表达设计意图；制造者通过图样了解设计要求，组织制造和指导生产；使用者通过图样了解设备的结构和性能，进行操作、维修和保养。因此，图样是工程界表达、交流技术思想的语言，工程技术人员必须学会并掌握这种语言，具备识读和绘制工程图样的基本能力。

在科学研究中，图形可直观表达实验数据，反映科学规律，对于人们把握事物的内在联系，掌握问题的变化趋势，具有重要意义；图形因具有形象性、直观性和简洁性，成为人们认识规律、探索未知的重要工具。

本课程理论严谨，实践性强，与工程实践有密切的联系，对培养学生掌握科学思维方法，增强工程创新意识，培养工程素质有重要作用，是普通高等院校工科专业重要的技术基础课。

本课程的主要内容包括投影理论、构型设计、制图基础、专业图和计算机绘图五部分。其中，投影理论以正投影原理为主要内容，介绍各种投影规律和作图方法；构型设计介绍各种简单体和复杂体的构型方法；制图基础介绍有关图样画法的制图国家标准；专业图介绍机械图、电气图、焊接图等有关规定和画法；计算机绘图介绍二维绘图和三维实体造型。

第二节　本课程的任务

本课程培养学生具备绘制和阅读工程图样的能力，以及空间构型、空间想像和思维能力，其主要任务如下：

1）学习投影法的基本理论及其应用。

2）培养空间想像能力和用二维平面图形表达三维空间物体的能力。

3）培养创新意识和创造性构型设计能力。

4）掌握使用仪器和徒手画图的基本技能。

5）培养使用绘图软件进行二维绘图及三维造型的能力。

6）培养绘制和阅读专业工程图样的基本能力。

7）培养工程意识、标准化意识和严谨认真的工作态度。

第三节　本课程的特点和学习方法

工程制图是一门实践性很强的技术基础课。学习中除了认真听课，用心理解课堂内容并及时复习、巩固外，认真独立地完成作业是很重要的学习环节。本课程作业量比较大，完成每个作业都必须认真理解，认真地用三角板、圆规、铅笔来完成；对于计算机绘图，更是要实践，要有足够的上机操作时间。在做作业过程中肯定会遇到困难，应独立思考，独自完成作业。实在解决不了时可求助于老师、同学或利用附在本书中的多媒体课件，但绝不能抄袭。

本课程又是一门培养“遵纪守法”的课，要逐步培养自己遵守国家制图标准来绘制图样的习惯，小到一条线、一个尺寸，大到图样的表达，都要严格按制图标准中所规定的“法”来绘制，绝对不能随心所欲，自己想怎样画就怎样画。只有按制图国家标准来绘图，图样才有可能成为工程界技术交流的语言。

本课程也是一门培养严谨、细致学风的课程。工程图样是施工的依据，往往由于图样上一条线的疏忽或一个数字的差错，结果造成严重的返工、浪费，甚至导致重大工程事故。所以，从初学制图开始，就应严格要求自己，培养自己认真负责的工作态度和严谨细致的良好学风，一丝不苟，力求所绘制的图样投影正确无误，尺寸齐全合理，表达完善清晰，符合国家标准的有关规定。

第四节　工程制图发展概述

有史以来，人类就试图用图形来表达和交流思想，从远古的洞穴中的石刻可以看出在没有语言、文字前，图形就是一种有效的交流思想的工具。考古发现，早在公元前2600年就出现了可以成为工程图样的图，那是一幅刻在泥板上的神庙地图。直到公元1500年文艺复兴时期，才出现将平面图和其他多面图画在同一幅画面上的设计图。1795年，法国著名科学家加斯帕·蒙日将各种表达方法归纳和提高，发表了《画法几何》著作，蒙日所说明的画法是以互相垂直的两个平面作为投影面的正投影法。此方法对世界各国科学技术的发展产生巨大影响，并在科技界，尤其在工程界得到广泛的应用和发展。

早在2000多年前我国就有了正投影法表达的工程图样，1977年冬在河北省平山县出土的公元前323—309年的战国中山王墓，发现在青铜板上用金银线条和文字制成的建筑平面图，这也是世界上最早的工程图样之一。

新中国成立后，工程制图学科得到飞速发展，学术活动频繁，画法几何、射影几何、透视投影等理论的研究得到进一步深入，并广泛与生产、科研相结合。与此同时，国家相关职能部门批准颁布了一系列制图标准，如技术制图标准、机械制图标准、建筑制图标准等。

20世纪70年代，计算机图形学、计算机辅助设计（CAD）、计算机绘图在我国得到迅猛发展，除了国外一批先进的图形、图像软件如AutoCAD、CADkey、Pro/E等得到广泛使用外，我国自主开发的一批国产绘图软件，也在设计、教学、科研生产中得到广泛使用。随着我国现代化建设的迫切需要，计算机技术将进一步与工程制图结合，计算机绘图和智能CAD将进一步得到深入发展。

第一章　制图基本知识

第一节　制图国家标准简介

图样是“工程界的语言”，为了保证设计质量和产品质量，必须对图样画法、技术参数、生产方式、检测手段等作出明确统一的规定，这些规定称为标准。标准是保证质量、促进经济发展的重要因素。为了发展世界经济，国际标准化组织（ISO）制订了各种国际标准。各个国家根据自己的国情，参考国际标准，制订了本国的国家标准。我国的国家标准简称“国标”，其代号为 GB 或 GB/T。GB 表示强制性国家标准，GB/T 表示推荐性国家标准。工程技术人员在绘制工程图样时必须遵守和贯彻国家标准。

下面简要介绍国家标准《技术制图》的部分内容。

一、图纸幅面及格式（GB/T 14689—2008）

1. 图纸幅面

绘制图样时，应优先采用表 1-1 和图 1-1 所示的基本幅面尺寸，必要时也允许采用加长幅面，但应按基本幅面的短边整数倍增加。

表 1-1　基本幅面尺寸

（单位：mm）

幅面代号	尺寸 $B\times L$	e	c	a
A0	841×1189	20	10	25
A1	594×841			
A2	420×594	10		
A3	297×420		5	
A4	210×297			

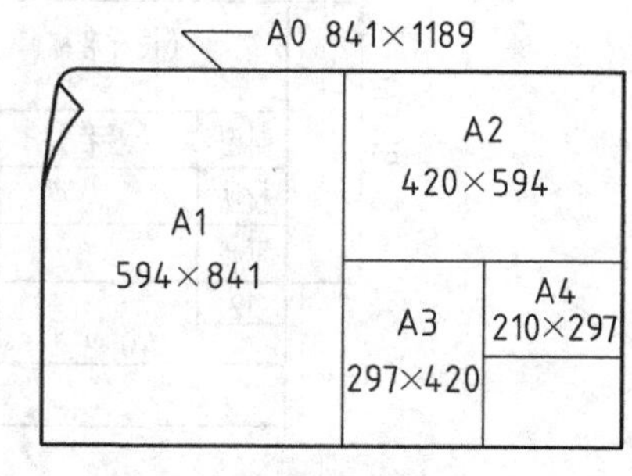

图 1-1　基本幅面的尺寸关系

2. 图框格式

工程图样必须用粗实线画出图框，其格式分为留装订边和不留有装订边两种，但同一产品的图样只能采用一种格式（图 1-2）。

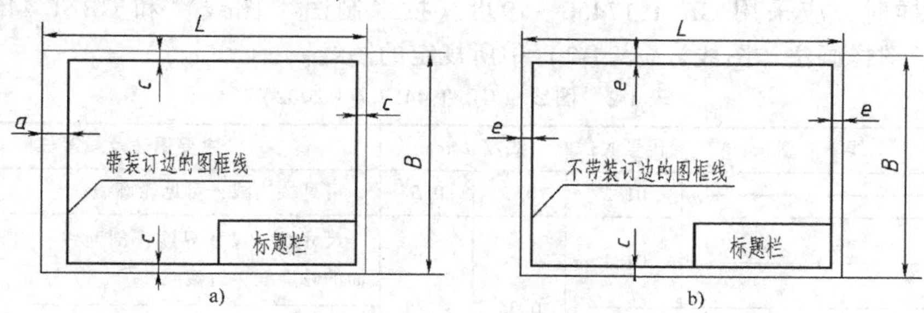

图 1-2　图纸幅面的图框格式

a）留装订边　b）不留装订边

3. 标题栏

每张技术图样中均应画出标题栏。标题栏的位置一般位于图纸的右下角。国家标准（GB/T 10609.1—2008）对标题栏的格式已给出了图例（图 1-3）。为简便起见，学生制图作业建议采用图 1-4 所示的标题栏格式。

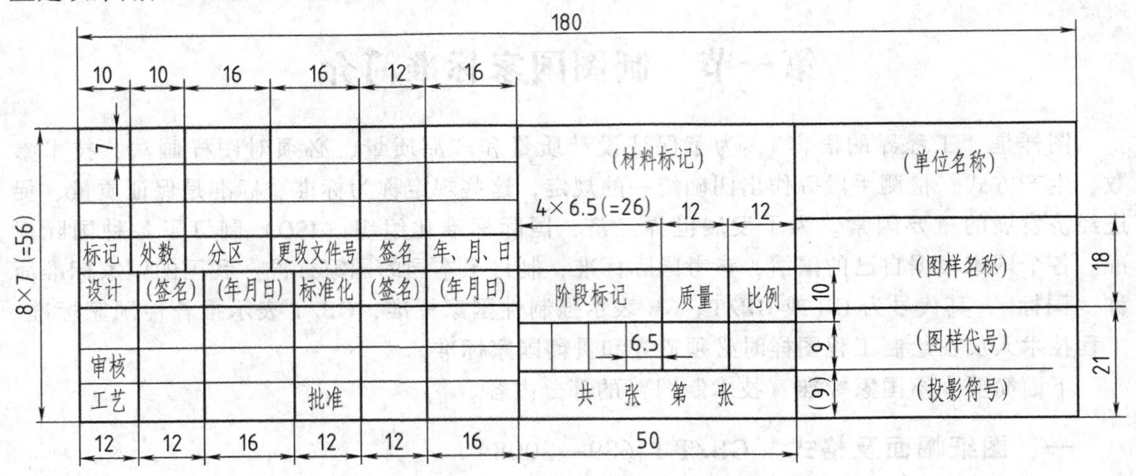

图 1-3 国家标准列出的标题栏举例

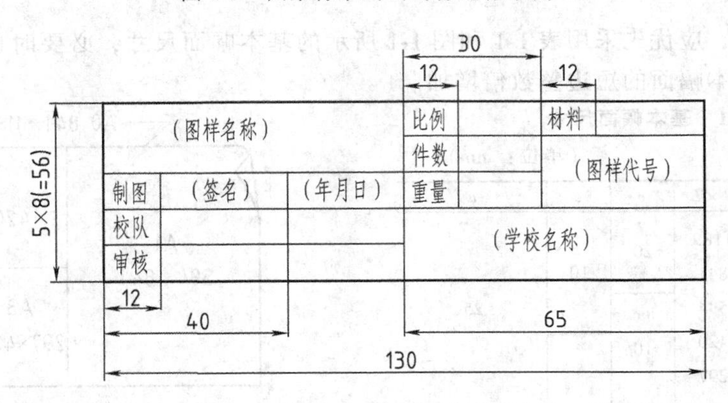

图 1-4 学生制图用的简化标题栏

二、图线（GB/T 17450—1998、GB/T 4457.4—2002）

绘制图样时，应采用 GB/T 17450—1998《技术制图 图线》和 GB/T 4457.4—2002《机械制图 图样画法 图线》（表 1-2）中所规定的图线。

表 1-2 图线（GB/T 4457.4—2002）

名称	线型	代号 No.	线宽 d/mm		主要用途及线素长度
粗实线	——————	01.2	0.7	0.5	可见棱边线，可见轮廓线
细实线	——————	01.1	0.35	0.25	尺寸线，尺寸界线，剖面线，引出线，重合断面的轮廓线，过渡线
波浪线	～～～	01.1			断裂处的边界线，视图与剖视图的分界线
双折线	—\/\——	01.1			断裂处的边界线，视图与剖视图的分界线

（续）

名称	线型	代号 No.	线宽 d/mm		主要用途及线素长度	
细虚线	-------------	02.1	0.35	0.25	不可见棱边线，不可见轮廓线	画长 $12d$，短间隔长 $3d$
粗虚线	-------------	02.2	0.7	0.5	允许表面处理的表示线	
细点画线	——·——·——	04.1	0.35	0.25	轴线，对称中心线，分度圆（线），孔系分布的中心线，剖切线	长画长 $24d$，短间隔长 $3d$，点长 $\leqslant 0.5d$
细双点画线	——··——··——	05.1			相邻辅助零件的轮廓线，可动零件的极限位置轮廓线，中断线	
粗点画线	——·——·——	04.2	0.7	0.5	限定范围表示线	$0.5d$

1. 图线型式

国家标准 GB/T 17450—1998 中规定了 15 种基本线型及若干种基本线型的变形，需要时可查国家标准。绘制机械图样时，常用的线型有表 1-2 所示的 9 种，其应用示例如图 1-5 所示。

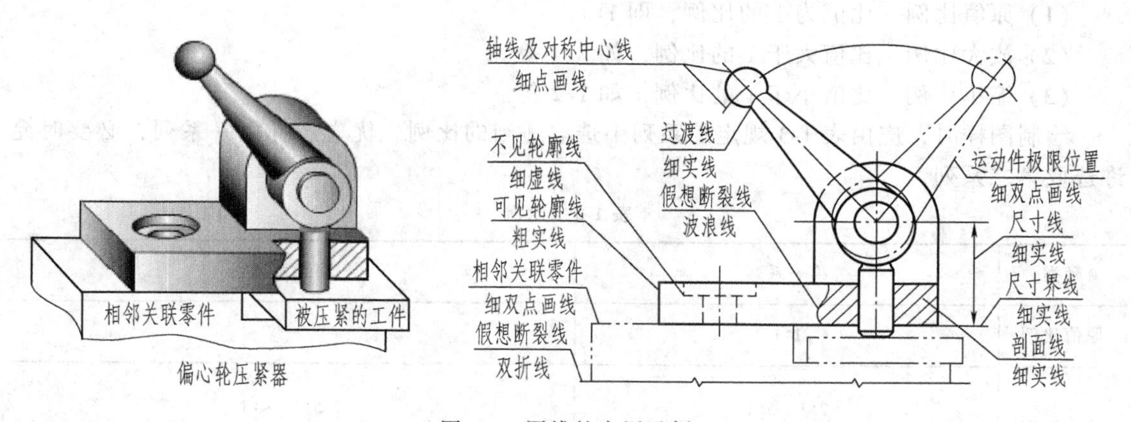

图 1-5 图线的应用示例

2. 图线的宽度

机械图样中，图线宽度 d 分粗细两种，其比例为 2∶1，按图样的大小和复杂程度，在下列数系中选择：0.13mm，0.18mm，0.25mm，0.35mm，0.5mm，0.7mm，1mm，1.4mm，2mm。

3. 图线画法

不论铅笔线还是墨线都要做到：清晰整齐、均匀一致、粗细分明、交接正确。虚线、点画线、双点画线与同种线型或其他线型相交时，均应相交于"画线"处，如图 1-6a 所示。

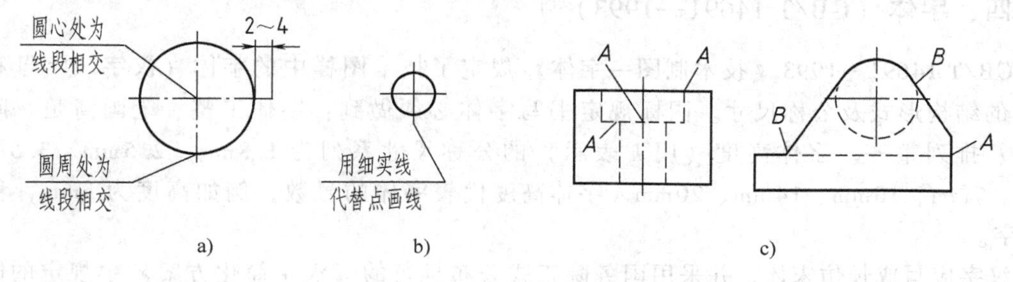

图 1-6 图线的画法

两条平行线之间的最小间隙不得小于0.7mm。在较小图形上绘制细点画线或双点画线有困难时可用细实线代替，如图1-6b所示。当虚线处在粗实线的延长线上时，应先留空隙，再画虚线的短画线，如图1-6c中*B*处所画图线。两线相交则不留空隙，如图1-6c中的*A*处。

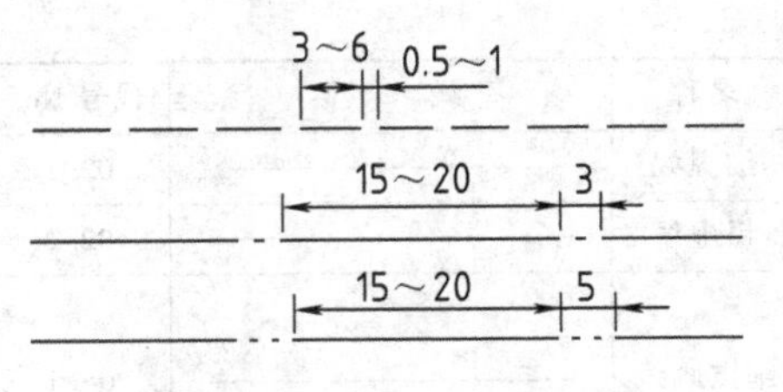

图1-7　手工绘图的线素长度

此外制图标准对构成不连续性线条的各线素如点、长度不同的画和间隔的长度也有规定（见表1-2）。手工绘图时可按图1-7所示的长度绘制。

三、比例（GB/T 14690—1993）

比例是指图中的图形与其实物相应要素的线性尺寸之比。比例用符号"："表示，如1:1、1:500、2:1等，比例按其比值大小分为：

（1）原值比例　比值为1的比例，即1:1。

（2）放大比例　比值大于1的比例，如2:1等。

（3）缩小比例　比值小于1的比例，如1:2等。

绘制图样时，应由表1-3规定的系列中选取适当的比例。优先选择第一系列，必要时允许选取第二系列。

表1-3　比例

种类	第一系列	第二系列
原值比例	1:1	—
放大比例	2:1　5:1 1×10^n:1　2×10^n:1　5×10^n:1	2.5:1　4:1 2.5×10^n:1　4×10^n:1
缩小比例	1:2　1:5　1:10 1:2×10^n　1:5×10^n　1:1×10^n	1:1.5　1:2.5　1:3　1:4　1:5 1:1.5×10^n　1:2.5×10^n　1:3×10^n　1:4×10^n　1:6×10^n

注：*n*为正整数。

四、字体（GB/T 14691—1993）

GB/T 14691—1993《技术制图—字体》规定了技术图样中的字体（汉字、字母和数字）的结构形式及公称尺寸。国标规定书写字体必须做到：字体工整、笔画清楚、间隔均匀、排列整齐。字体高度（用*h*表示）的公称尺寸系列为1.8mm、2.5mm、3.5mm、5mm、7mm、10mm、14mm、20mm。字体高度代表字体的号数，例如高度为5mm，称为5号字。

汉字应写成长仿宋体，并采用国务院正式公布推行的《汉字简化方案》中规定的简化字。汉字的高度*h*不应小于3.5mm，字宽一般为$h/\sqrt{2}$。长仿宋体字的特点是笔画坚挺、粗细均匀、起落带锋、整齐秀丽。下面为长仿宋体字的字例。

10号字：字体工整笔划清楚间隔均匀排列整齐

7号字：字体工整笔划清楚间隔均匀排列整齐

5号字：技术制图机械电子汽车航空船舶土木建筑矿山港口纺织服装

字母、数字可以写成斜体或直体。斜体字字头向右倾斜，与水平基准线成75°，与汉字写在一起时，宜写成直体。书写的数字和字母不应小于2.5号。字母和数字的书写字例如下：

ABCDEFGHIJKLMNOPQRSTUVW

abcdefghijklmnopqrstuvwxyz

1234567890 75°

φδαβ I II III IV V X

五、尺寸标注（GB/T 16675.2—1996、GB/T 4458.4—2003）

图样中的图形只能表达机件的形状，而机件的大小则必须通过标注尺寸来表示。标注尺寸是制图中一项极为重要的工作，必须认真细致、一丝不苟，以免给生产带来不必要的困难和损失；标注尺寸时必须按国家标准的规定标注。

1. 标注尺寸的基本规则

1）图样中的尺寸以mm为单位时，不需注明计量单位代号或名称，否则必须注明相应计量单位的代号或名称。

2）图样上所注的尺寸数值是形体的真实大小，与绘图比例及准确度无关。

3）每一尺寸在图样上一般只标注一次。

2. 尺寸的组成

如图1-8所示，一个完整的尺寸应由尺寸界线、尺寸线（含尺寸线的终端）及数字和符号等组成。

（1）尺寸界线　尺寸界线用细实线绘制，并应自图形的轮廓线、轴线或对称中心线引出。轮廓线、轴线、对称中心线也可作尺寸界线。

（2）尺寸线　尺寸线用细实线单独绘制，不能用其他图线代替，一般也不得与其他图线重合或画在其延长线上。尺寸线的终端有箭头和斜线两种形式。

1）箭头的形式和画法如图1-9a所示，箭头的尖端与尺寸界线接触。在同一张图样上，箭头大小要一致。机械图样中一般采用箭头作为尺寸线的终端。

2）斜线用细实线绘制，其方向和画法如图1-9b所示。当尺寸线的终端采用斜线时，尺寸线与尺寸界线必须互相垂直。

（3）尺寸数字和符号　线性尺寸的数字一般应注写在尺寸线的上方，也允许注在尺寸线的中断处；数字的书写方向如图 1-10a 所示，尽可能避免在图示 30°范围内标注尺寸，当无法避免时，可按图 1-10b 所示的形式标注；任何图线不得穿过尺寸数字，不可避免时，应将图线断开，如图 1-10c、d 所示；若尺寸界线较密，数字可引出标注，并用圆点代替箭头，如图 1-10e 所示。

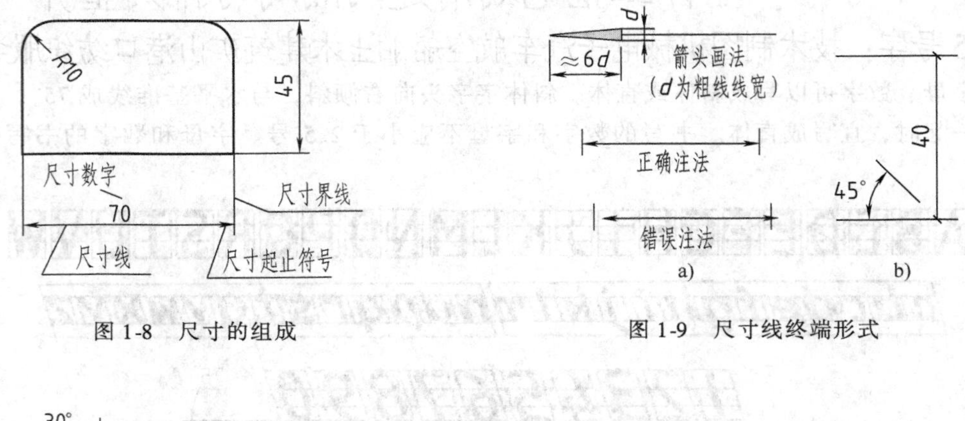

图 1-8 尺寸的组成

图 1-9 尺寸线终端形式

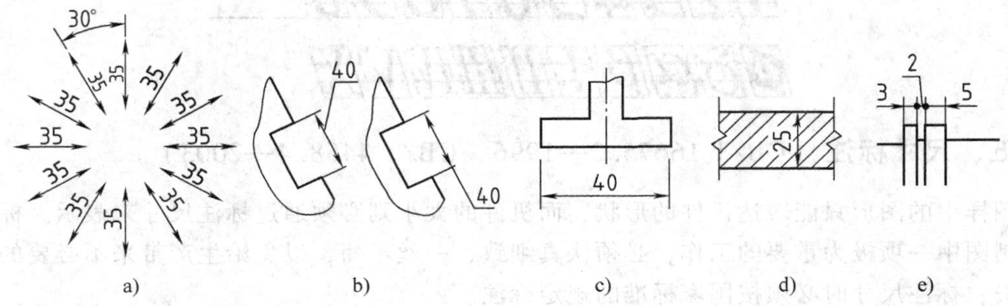

图 1-10 尺寸数字的注写

国家标准中还规定了一组表示特定含义的符号，作为对数字标注的补充说明。如标注直径时，应在尺寸数字前加注“ϕ”；标注半径时，应在尺寸数字前加注符号“R”。表 1-4 给出了一些常用的符号，标注尺寸时，应尽可能使用符号和缩写词。

表 1-4 标注尺寸的符号（GB/T 4458.4—2003）

名称	直径	半径	球直径	球半径	厚度	正方形	45°倒角
符号或缩写词	ϕ	R	$S\phi$	SR	t	□	C
名称	深度	沉孔或锪平	埋头孔	均布	弧长	斜度	锥度
符号或缩写词	↧	⌴	⌵	EQS	⌒	∠	◁

图 1-11 所示为直径、半径、弧长、弦长、角度的注法。其中直径、半径的尺寸数字前应分别加符号“ϕ”“R”。通常对小于或等于半圆的圆弧标注半径，大于半圆的圆弧则标注直径。尺寸线应按图例绘制。大圆弧无法标出圆心位置时，可按图例标注。角度尺寸的尺寸线画成圆弧，圆心是角的顶点。角度尺寸数字一律水平书写，一般应注在尺寸线的中断处，

必要时也可用引出线标注。

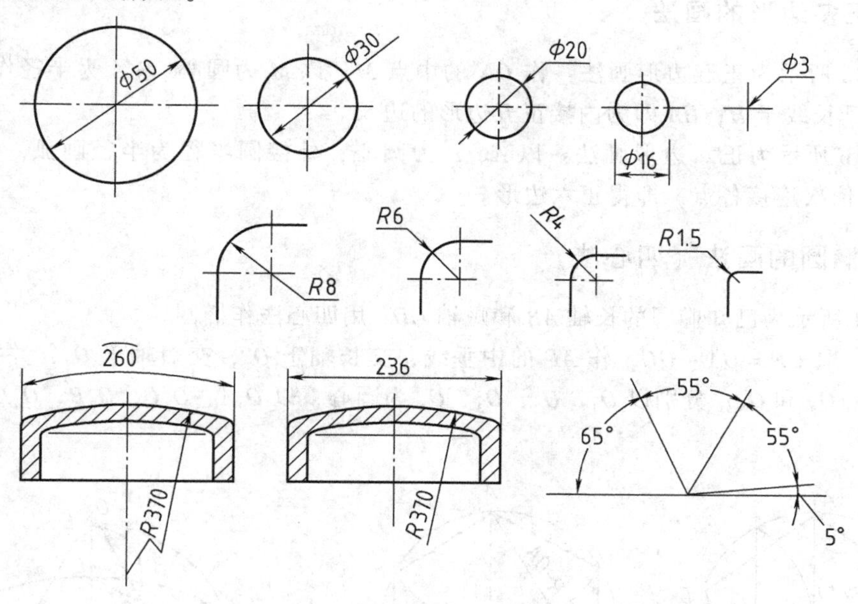

图 1-11　直径、半径、弧长、弦长、角度的注法

第二节　几何作图

任何创新设计和新产品开发，都要由设计人员构思出新颖、实用、经济、美观的产品结构，这种构思过程称为构型设计。构型设计包含平面构成和立体构成，构思和绘制平面图形称为平面构成，由平面图形运动生成基本立体或将多个基本立体进行不同的组合称为立体构成。如图 1-12a 所示，构思一个正六边形和不规则六边形，将其拉伸（给定厚度），便构成一个螺母的毛坯和一个小车的车身模型。图 1-12b 所示为构思一个直线与圆弧的组合线图，将其绕指定的轴线（图形的右边线）旋转，便构成一个火箭主体的模型。

平面构成的基础是几何作图，下面介绍机械设计中常用的几何作图方法。

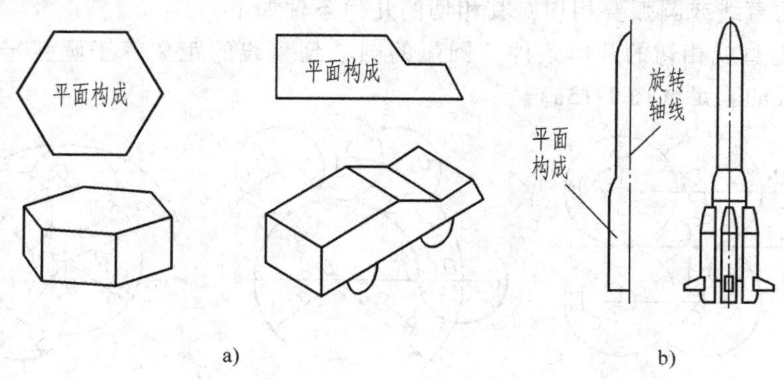

图 1-12　构型设计举例

a）由多边形拉伸生成螺母毛坯和车身模型　b）由组合线图旋转生成火箭模型

一、正多边形的画法

图 1-13a 所示为正五边形画法：作 ON 的中点 M；以 M 为圆心、MA 为半径作圆弧，交 ON 的反向延长线于 H；HA 即为内接正五边形的边长。

图 1-13b 所示为正六边形画法：以 A、B 为圆心，外接圆半径为半径画弧，截圆于 B、F、C、E，依次连接各点，即得正六边形。

二、椭圆的画法（四心法）

图 1-14 所示为已知椭圆的长轴 AB 和短轴 CD，用四心法作椭圆。

连 AC，取 $CF=OA-OC$，作 AF 的中垂线，交长轴于 O_1，交短轴于 O_2，并找出 O_1 和 O_2 的对称点 O_3 和 O_4；分别以 O_1、O_2、O_3、O_4 为圆心，以 O_1A、O_2C、O_3B、O_4D 为半径画圆即可。

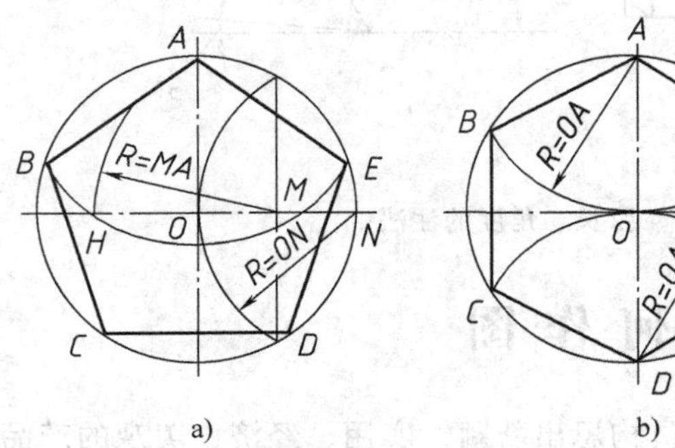

图 1-13 正多边形的画法

a）正五边形 b）正六边形

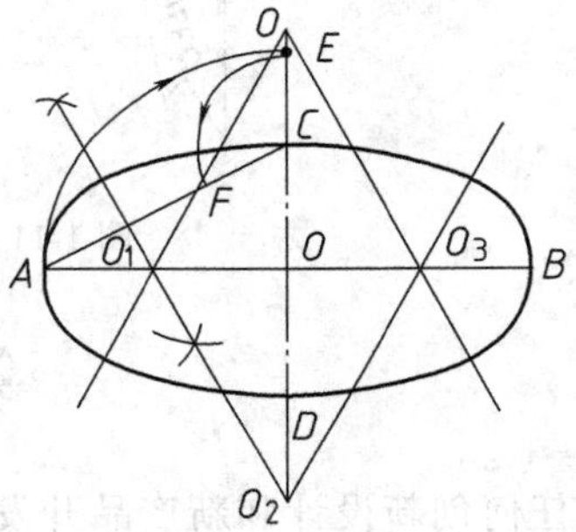

O_4 E C F O_1 O O_3 A B D O_2

图 1-14 四心法作椭圆

三、圆弧连接

某些机械零件平面构型是用直线与圆弧，或圆弧与圆弧光滑连接而成的。光滑连接的条件是用于连接的直线或圆弧要相切，其相切的几何条件如下：

（1）圆弧与直线相切的几何条件　圆弧的圆心到直线的距离等于圆弧半径，切点是圆心向直线作垂线的垂足（图 1-15a）。

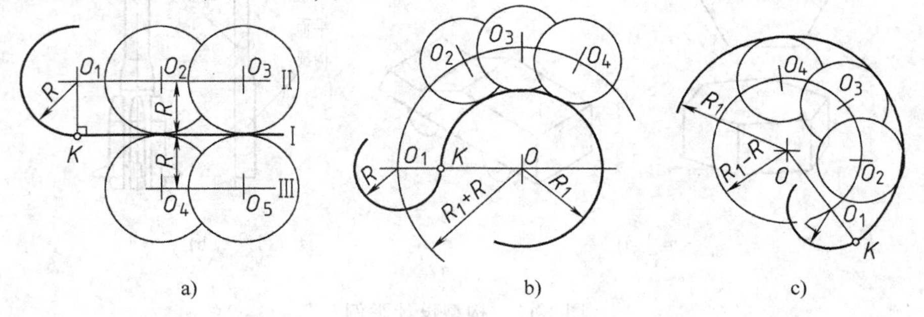

图 1-15 圆弧连接的作图原理

a）圆弧与直线相切 b）两圆弧外切 c）两圆弧内切

（2）两圆弧外切的几何条件 两圆心距等于两半径之和，切点 K 在连心线上（图 1-15b）。

（3）两圆弧内切的几何条件 两圆心距等于两半径之差，切点 K 在连心线外（图 1-15c）。

各种圆弧连接的画法见表 1-5。

表 1-5 圆弧连接

连接要求	作图方法和步骤		
	求圆心	求切点	画连接圆弧
连接相交两直线	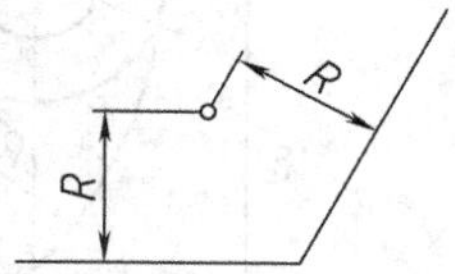 R	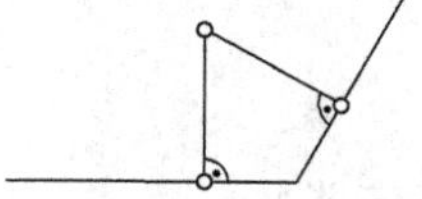	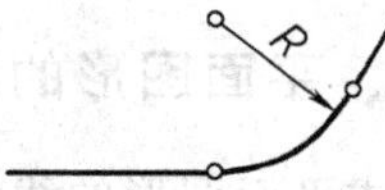 R
连接一直线和一圆弧	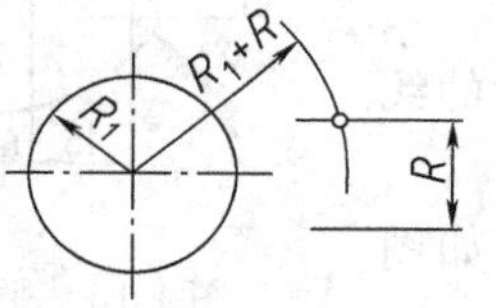 R_1 R_1+R R	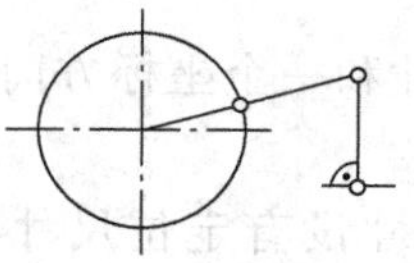	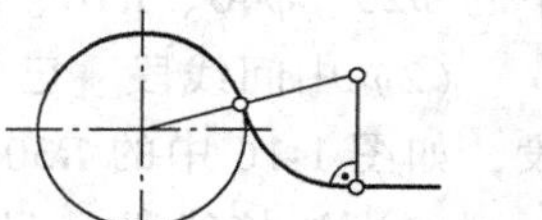
外接两圆弧	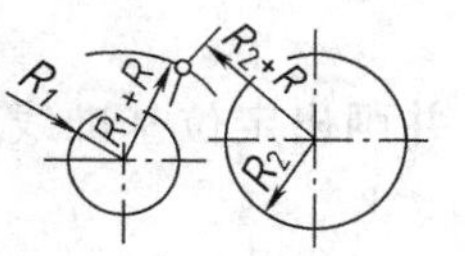 R_1 R_1+R R_2+R R_2	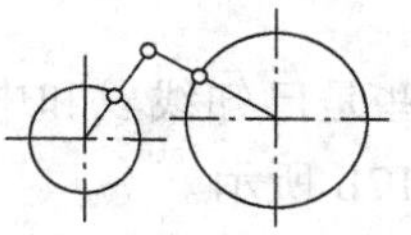	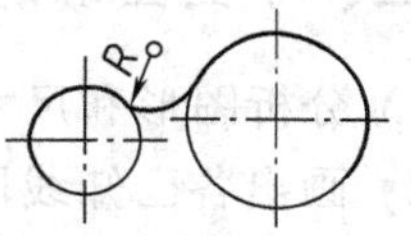 R
内接两圆弧	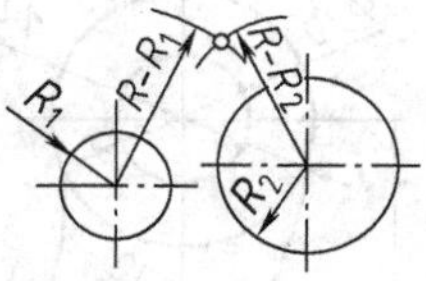 R_1 $R-R_1$ $R-R_2$ R_2	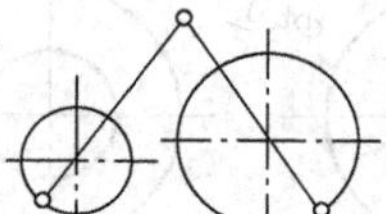	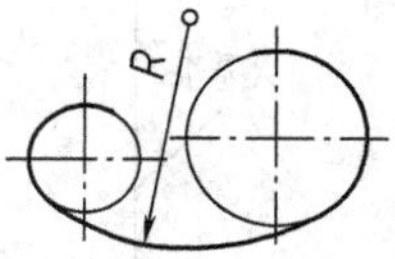 R
内外接两圆弧	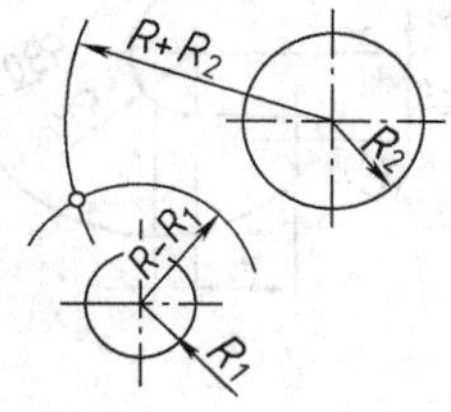 $R+R_2$ R_2 $R-R_1$ R_1	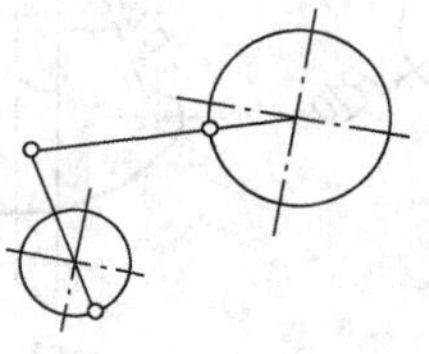	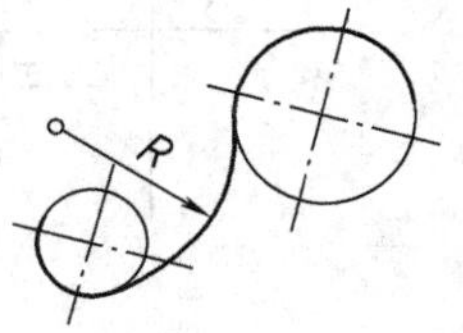 R

第三节 平面图形的分析及画法

一、平面图形的尺寸分析

平面图形的尺寸分为定形尺寸和定位尺寸两类。

确定平面图形各部分大小的尺寸称为定形尺寸，如图 1-16 中的全部圆弧半径尺寸和直径尺寸。

确定平面图形中各线段或弧之间相对位置的尺寸称为定位尺寸，如图 1-16 中的 60、14、15、6。

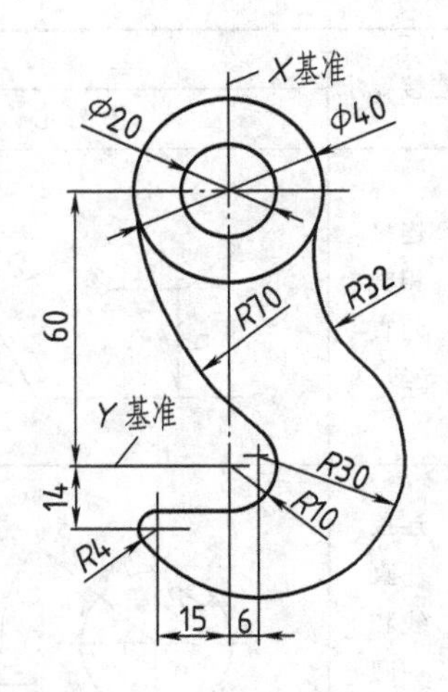

图 1-16 平面图形的尺寸分析

二、平面图形的线段分析

组成平面图形的线段分为以下三类：

(1) 已知线段 定形尺寸和定位尺寸齐全的线段，如图 1-16 中的 $\phi20$、$\phi40$、$R10$、$R4$。

(2) 中间线段 已知定形尺寸和一个坐标方向定位尺寸的线段，如图 1-16 中的 $R30$。

(3) 连接线段 只有定形尺寸没有定位尺寸的线段，如图 1-16 中的 $R70$、$R32$。

三、平面图形的画法

1) 分析图形和尺寸，确定哪些是已知线段和中间线段，并画出定位基准线（图 1-17a）。

2) 画出各已知线段，如图 1-17b 所示。

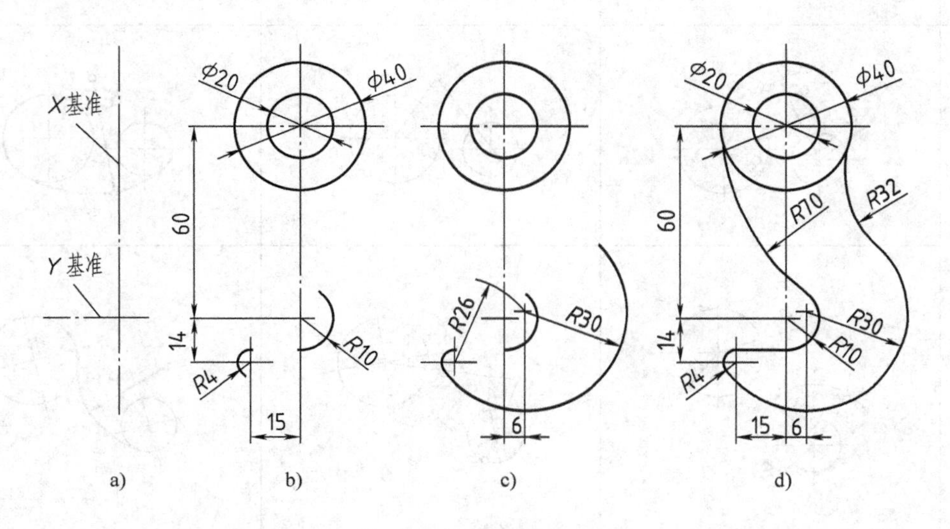

图 1-17 吊钩的画图步骤

a) 画基准 b) 画已知线段 c) 画中间线段 d) 画连接线段

3）画出中间线段：中间线段 $R30$ 与已知线段 $R4$ 内切，因此两圆心距为两半径之差 30－4＝26。以 $R4$ 为圆心、26 为半径画弧，与尺寸 6 的尺寸界线相交，即求得 $R30$ 的圆心（图 1-17c）。

4）利用圆弧连接的作图方法，画出连接弧 $R70$、$R32$；作 $R4$ 和 $R10$ 的公切直线即完成全图。最后擦除求圆心和切点的作图线，并加深图线（图 1-17d）。

第四节　绘图技能

本节主要介绍手工绘制工程图样的技能和方法，计算机绘图的技能将在本书第十三章介绍。

一、草图

1. 草图的概念

草图是以目测估计图形与实物的比例，徒手绘制的图。由于绘制草图迅速简便，因此草图有很大的实用价值，它是技术人员交流、记录、构思、创作的有力工具。

为了便于控制尺寸大小，经常在网格纸上徒手画草图，网格纸不要固定在图板上，作图时可任意转动或移动。

2. 草图的绘制方法

（1）画直线　水平线应自左向右，铅垂线应自上而下画出，目视终点，手腕随线移动，如图 1-18 所示。

（2）画圆　画圆应先画出圆的外切正方形及其对角线，然后在正方形边上定出切点和在对角线找到其 2/3 分点，过这些点连接成圆，如图 1-19 所示。

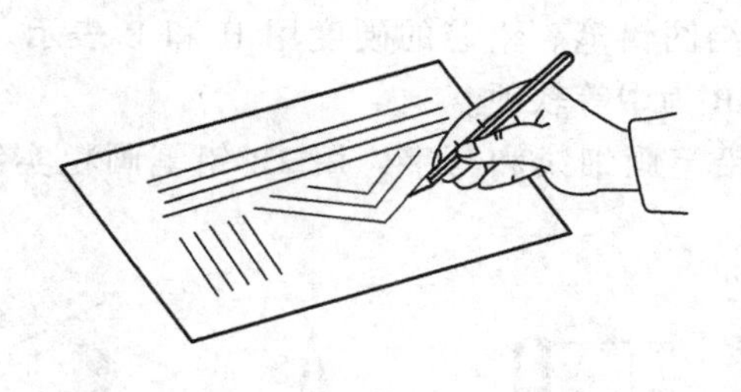

图 1-18　徒手画直线

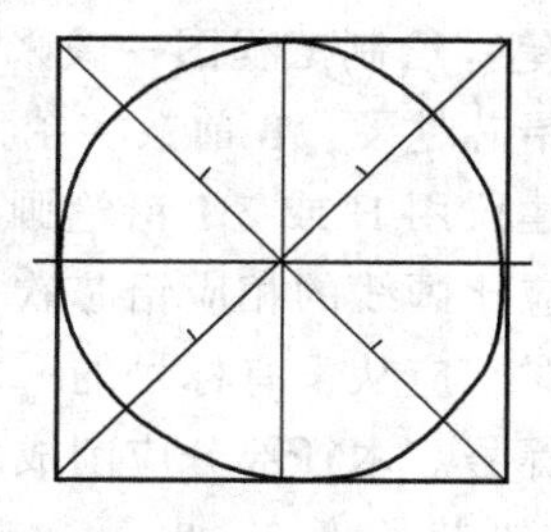

图 1-19　徒手画圆

二、仪器绘图

1. 绘图工具

（1）图板、丁字尺　图板是用来铺放图纸的矩形木板，丁字尺用于画水平线。画图时，应使尺头的内侧边紧靠图板左侧的导边，上下移动即可用尺身的工作边画出水平线，如图 1-20所示。

（2）三角板　三角板可直接用于画直线，也可与丁字尺配合画出与水平线成 90°、45°、30°、60°的直线。若同时使用两块三角板，还可绘制与水平线成 15°、75°的倾斜线，如图 1-21所示。

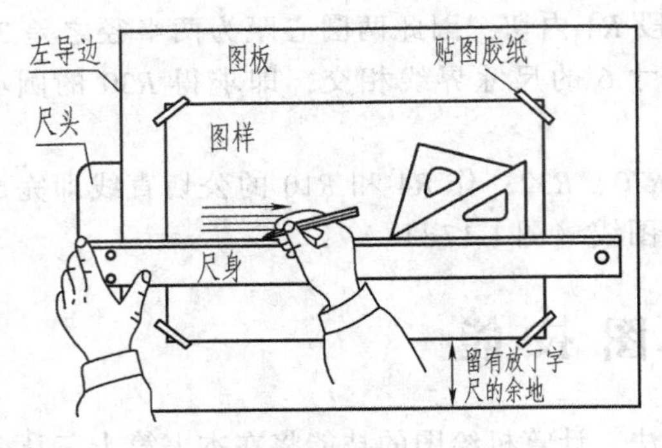

图 1-20 图板和丁字尺

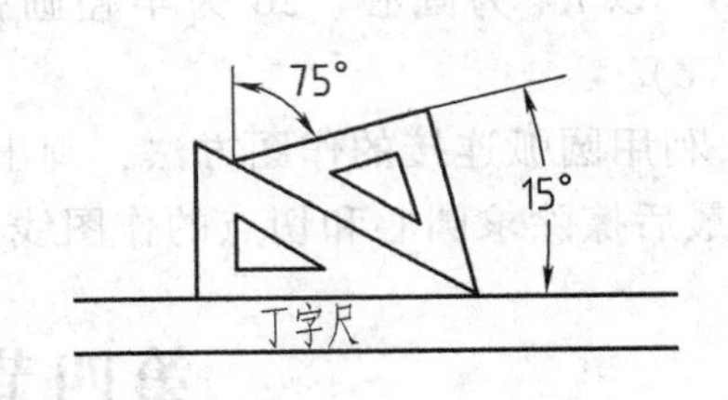

图 1-21 三角板和丁字尺的配合使用

（3）圆规 圆规主要用于画圆和圆弧。圆规针脚上的针，一头有凸台（作圆规用），另一头无凸台（作分规用），使用时，应先调整针脚，使针的凸台与铅芯头平齐，且针和铅芯脚都与纸面大致保持垂直；画大圆弧时，可加上延伸杆，如图 1-22 所示。

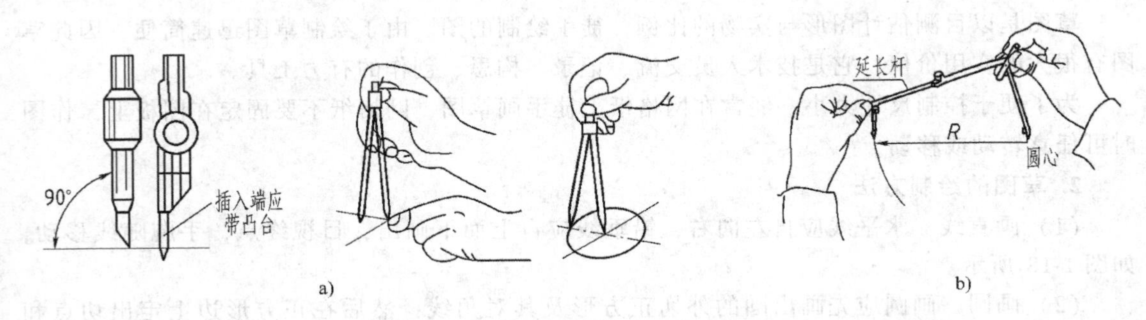

图 1-22 圆规的使用方法

（4）铅笔 绘制工程图一般采用六棱柱木杆绘图铅笔。铅芯的硬度用 H 和 B 表示。H 前数字越大铅芯越硬，B 前数字越大铅芯越软，HB 为中等软硬。

画图时建议用 H 或 2H 铅笔画底稿，用 HB 铅笔画细线和写字，用 2B 铅笔画粗实线，画圆的铅芯应比画线的相应铅芯软一号。

削铅笔时，应从没有标号的一端削起，以保留铅芯硬度的标号。木杆部分应削成六棱锥形，长度 20 ~ 25mm，铅芯长度 5 ~ 8mm，铅芯形状有圆锥形和矩形，圆锥形用于画细线和写字，矩形用于画粗实线，如图 1-23 所示。

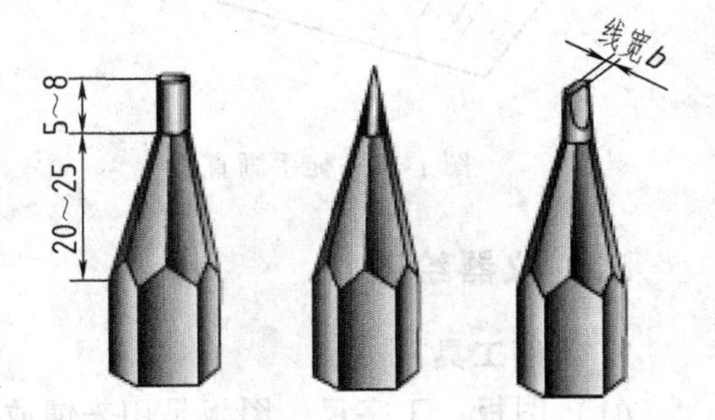

图 1-23 铅笔的削法

2. 仪器绘图的方法及步骤

（1）绘图前的准备工作 先将铅笔及圆规上的铅芯按线型削好，然后将丁字尺、图板、三角板等擦干净。根据图形的复杂程度，选择绘图比例及图纸幅面大小，将选好的图纸铺在图板的左下方，用丁字尺对准图纸的水平边，然后用胶带纸固定图纸。

（2）画底稿图

1）按要求画图框线和标题栏。

2）布置图面。一张图纸上的图形及其尺寸和文字说明应布置得当，疏密均匀。周围要留有适当的空白，各图形位置要布置得均匀、整齐、美观。

3）进行图形分析，绘制底稿。画底稿要用较硬的铅笔（H或2H），铅芯要削得尖一些，画出的图线要细而淡。

画每一个图时应先画定位基准线（如轴线或边线），再画主要轮廓线及细部。有圆弧连接时要根据尺寸分析，先画已知线段，找出连接圆弧的圆心和切点（端点），再画连接线段。

（3）加深图线　在加深前必须对底稿作仔细检查、改正，直至确认无误。用铅笔加深的顺序是：自上而下、自左至右依次画出同一线宽的图线；先画曲线后画直线（因直线位置好调整）；对于同心圆宜先画小圆后画大圆；各种图线应符合制图标准。

（4）完成图样　遵照标准要求注写尺寸、书写图名、标出各种符（代）号，填写标题栏和其他必要的说明，完成图样。最后，检查全图并清理图面。

第二章　投影基础

第一节　投影法概述

一、投影法

1. 投影法的基本概念

空间物体有长、宽、高三维尺度，而二维图样只有长、宽两个尺度，怎样才能用二维图样来表现空间三维形体呢？人们发现物体在灯光或日光的照射下，在地面或墙面上会形成物体的影子，这是一种用二维图形表现三维物体的投影现象。投影法是将这一现象加以科学抽象，将其中的光线称为投射线，投射线的出发点（点光源）称为投射中心，地面或墙面称为投影面，影子称为物体在投影面上的投影。如图 2-1 所示，通过物体上任意一点 A 的投射线与投影面的交点 a 称为空间点 A 的投影，这种令投射线通过点或物体，向选定的投影面投射，并在该面上得到投影的方法称为投影法。

2. 投影法的分类

投影法分为中心投影法和平行投影法。

（1）中心投影法　指投射中心距投影面有限远，投射线汇交于投射中心的投影法（图 2-2）。

（2）平行投影法　指投射中心距投影面无限远，投射线相互平行的投影法（图 2-3）。

根据投射方向，平行投影法又分为两种：投射方向 S 与投影面倾斜称为斜投影法（图 2-3a）；投射方向 S 与投影面垂直称为正投影法（图 2-3b）。

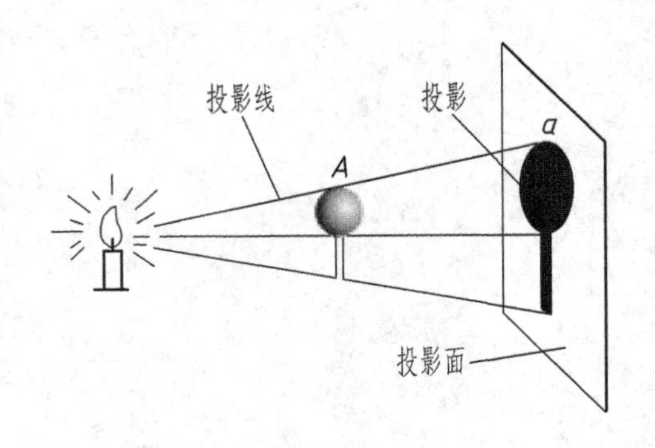

图 2-1　投影法

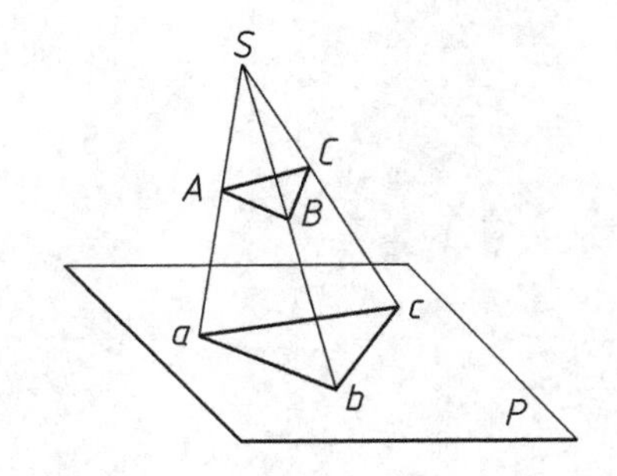

图 2-2　中心投影法

3. 投影法在工程上的应用

工程上投影法的应用与图例见表 2-1。由于正投影法所得到的正投影图，能真实地表达空间物体的形状和大小，作图也比较方便，因此 GB/T 4458.1—2002《机械制图　图样画法　视图》规定，指导施工的工程图样按正投影法绘制。本课程主要研究正投影法，为了叙

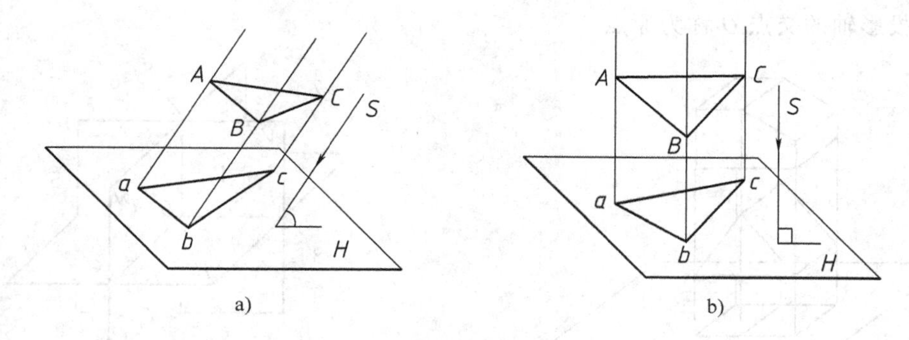

图 2-3　平行投影法
a）斜投影法　b）正投影法

述简便起见，本书中如未加说明，所述投影均指正投影。

表 2-1　投影法的应用与图例

投影法	投影图名	图 例	投影面数	特点与应用
中心投影法	透视图		单个	直观逼真，但作图复杂，度量性差，不好标注尺寸，多应用于建筑等效果图
平行投影法	轴测图		单个	直观性强但没有透视图逼真，可以度量，多应用于工程辅助图样
	工程图		多个	度量性好且作图容易，但直观性较差，主要应用于工程图样的绘制

第二节　立体的三面视图

一、三面投影体系

给定一空间物体，则可确定该物体在任一投影面上的正投影，但给定物体的一个正投影图却不能确定空间物体。如图 2-4 所示，水平面上的投影图可对应不同的物体。为了使正投影图能确定唯一的空间物体，必须建立多个互相垂直的投影面，称为多投影面体系。

如图 2-5 所示，建立三个相互垂直的投影面 V、H 和 W，构成三投影面体系。其中正立放置的 V 面称为正立面投影面，简称正立面；水平放置的 H 面称为水平投影面，简称水平面；侧立放置的 W 面称为侧立面投影面，简称侧立面。投影面的交线 OX、OY、OZ，称为投影轴。投影轴的交点 O 称为原点。

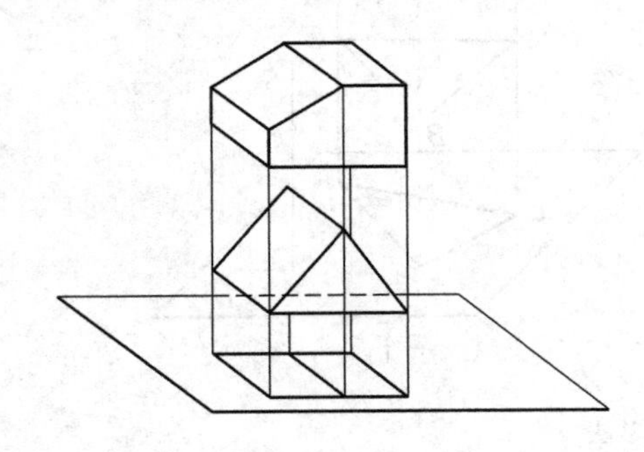

图 2-4 物体的单面投影

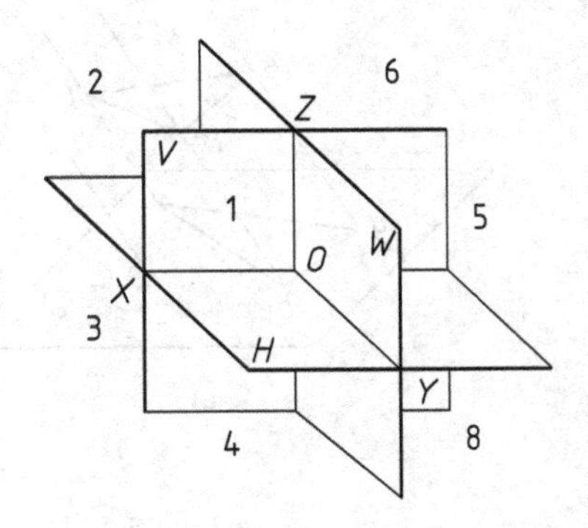

图 2-5 三投影面体系

三投影面体系将空间分为八个区域，称为分角，分别称为第一、二、…、八分角，空间形体可以放在不同的分角画图。GB/T 17451—1998《技术制图 图样画法 视图》规定，技术图样优先采用第一分角画法，所以本书主要讨论物体在第一分角的投影。

二、物体的三视图

1. 三视图的形成

物体的多面正投影也称为物体的视图。

如图 2-6 所示，物体在 V 面上的投影，称为正面投影，也称为主视图；物体在 H 面上的投影，称为水平投影，也称为俯视图；物体在 W 面上的投影，称为侧面投影，也称为左视图。

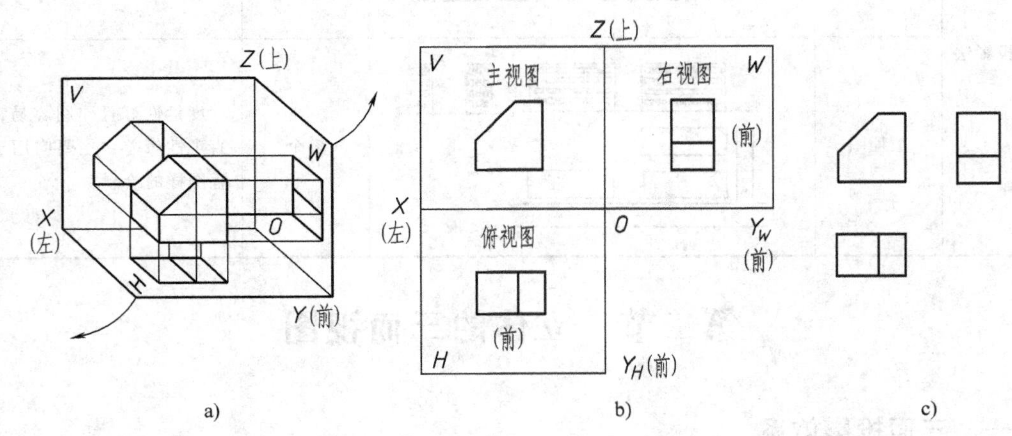

图 2-6 三视图的形成

a）立体图 b）投影面展开 c）三视图

画三视图时，需将 H 面绕 OX 轴向下旋转 90°，W 面绕 OZ 轴向右旋转 90°与 V 面重合（图 2-6b），称为投影面展开。展开后 OY 轴被分成两根，其中 OY 轴随 H 面旋转时以 OY_H 表示，随 W 面旋转时以 OY_W 表示，空间有左右、前后、上下三个方位，即 X、Y、Z 三个坐标方向，可以分别用三个投影轴 OX、OY、OZ 表示，每个视图只有两个方位。从图 2-6b 可看出，主视图反映上下、左右，即 Z、X 坐标；俯视图反映前后、左右，即 Y、X 坐标；左视图反映上下前后，即 Z、Y 坐标。

用正投影法绘图时，视图的形状大小与物体相对于投影面的距离和投影面的大小无关。即改变物体与投影面的相对距离或投影面大小，并不会引起视图的变化，因此物体的三视图一般不画出投影轴和投影面边框线，如图 2-6c 所示。

2. 三视图之间的投影关系

若将物体 X 坐标方向的距离称为长，Z 坐标方向的距离称为高，Y 坐标方向的距离称为宽，则三视图之间有以下关系（图 2-7）：

主、俯视图——反映同一长度，简称“长对正”；

主、左视图——反映同一高度，简称“高平齐”；

俯、左视图——共同反映物体的宽度方向的尺寸，简称“宽相等”。

上述关系称为三视图的投影规律。绘制物体三视图时，各部分均应符合该投影规律。图 2-7 中的细实线是画底稿时为了保证投影关系正确所画的作图线，加黑三视图前，应将作图线擦除，只保留图中的粗实线。

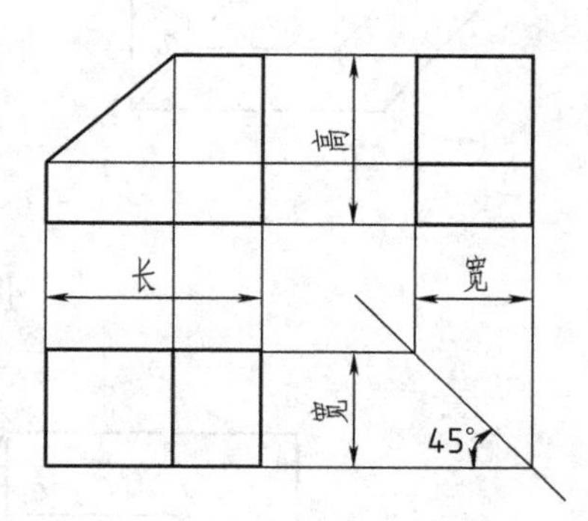

图 2-7　三视图的投影关系

第三节　立体上的点、线、面

前面已研究了物体三面视图的形成和投影关系，为了迅速而准确地绘制形体的三面视图，必须进一步研究构成形体的基本几何元素（点、线、面）的投影规律。

一、点的投影

1. 点的三面投影图

如图 2-8a 所示，由空间点 A 分别作垂直于 H 面、V 面和 W 面的投射线，其垂足 a、a'、a''即为点 A 在 H 面、V 面和 W 面上的正投影。注写时空间点用大写字母（如 A）表示，水平投影用相应的小写字母（如 a）表示，正面投影用相应小写字母加一撇（如 a'）表示，侧面投影用相应小写字母加两撇（如 a''）表示。a 称为点 A 的水平投影，a' 称为点 A 的正面投影，a'' 称为点 A 的侧面投影。

为使三个投影面画在同一图纸上，应将 H 面绕 OX 轴向下旋转 90°，将 W 面绕 OZ 轴向右旋转 90°。旋转后三投影面共面，且 aa_x 与 $a'a_x$ 在同一条直线上，$a''a_z$ 与 $a'a_z$ 在同一条直线上（图 2-8b）。为简化作图，可不画投影面的外框线（图 2-8c）。投影图中三个投影之间的连线称为投影连线。

2. 点的三面投影与直角坐标的关系

把投影轴 OX、OY、OZ 看做空间直角坐标系的坐标轴，则点 A 可用坐标（X_A，Y_A，Z_A）表示。

如图 2-9 所示，点 A 的三个坐标 X_A、Y_A、Z_A 分别是点 A 到三个投影面的距离。点 A 的水平投影 a 由（X_A，Y_A）确定；正面投影 a'由（X_A，Z_A）确定；侧面投影 a''由（Y_A，Z_A）确定。

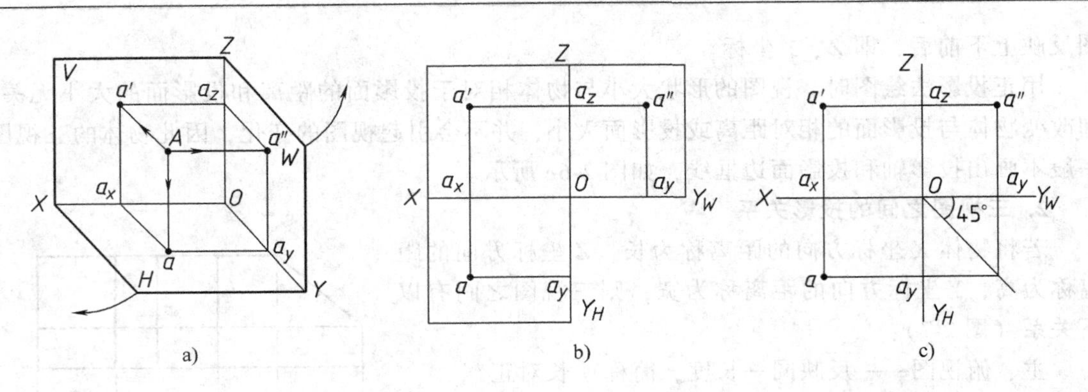

图 2-8　点的三面投影图的形成

a）立体图　b）投影面展开　c）投影图

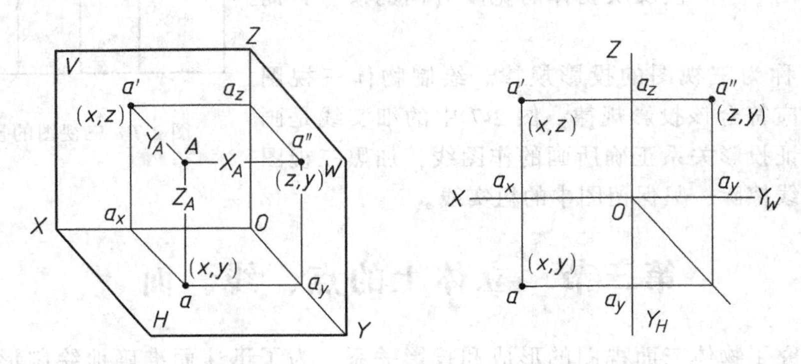

图 2-9　点的三面投影与直角坐标的关系

3. 点的投影规律

从图 2-9 中可以得出空间任一点的三面投影连线有以下规律：

1）点的 V 面与 H 面的投影连线垂直于 OX 轴，即 $a'a \perp OX$。

2）点的 V 面与 W 面的投影连线垂直于 OZ 轴，即 $a'a'' \perp OZ$。

3）点的 H 面投影到 OX 轴的距离等于点的 W 面投影到 OZ 轴的距离。

这两个投影都反映空间点到 V 面的距离即 Y 坐标：$aa_x = a''a_z = Y_A$。

例 2-1　已知点 A 的两面投影和点 B 的坐标为（25，20，30），求点 A、B 的三面投影（图 2-10）。

解　（1）求 A 点的侧面投影　根据点的投影规律 $a'a'' \perp OZ$，过 a'作垂直于 OZ 轴的直线，则 a''应在该直线上。再根据投影规律 $aa_x = a''a_Z$ 确定 a''在投影连线上的位置。作图时可以用投影连线和 45°辅助线来保证 $aa_x = a''a_Z$ 的投影关系。

（2）求 B 点的三面投影　在 OX 轴取 $Ob_x = 25$，得点 b_x，过 b_x 作 OX 轴的垂线，在该垂线上取 $b'b_x = 30$，得点 b'，取 $bb_x = 20$，得点 b；根据 b'、b，作投影连线可求得点 B 的侧面投影 b''。

例 2-2　已知空间曲线上点 A、B、C、D、E 的俯、左视图，求各点的主视图（图 2-10a）。

解　分别过五个点的俯视图向上作垂线，再过各点的左视图向左作水平线，即可求出各点的主视图，然后用曲线板将各点的主视图光滑连接，即得到空间曲线的主视图（图 2-11b）。

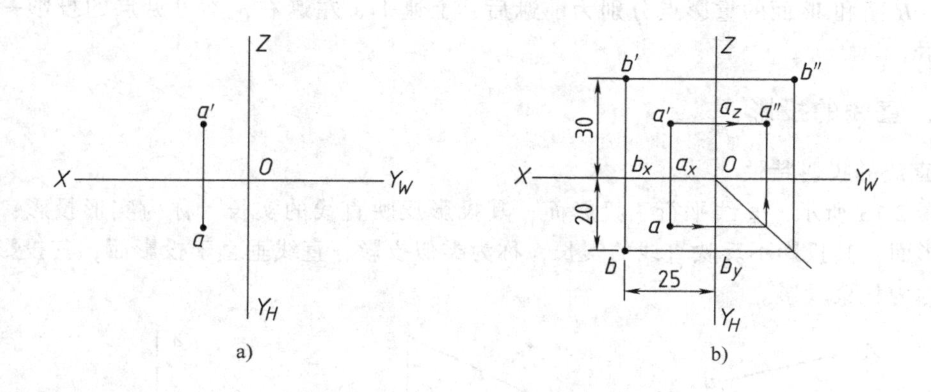

图 2-10　已知点的两面投影求第三面投影和由点的坐标求投影

a）已知条件　b）作图

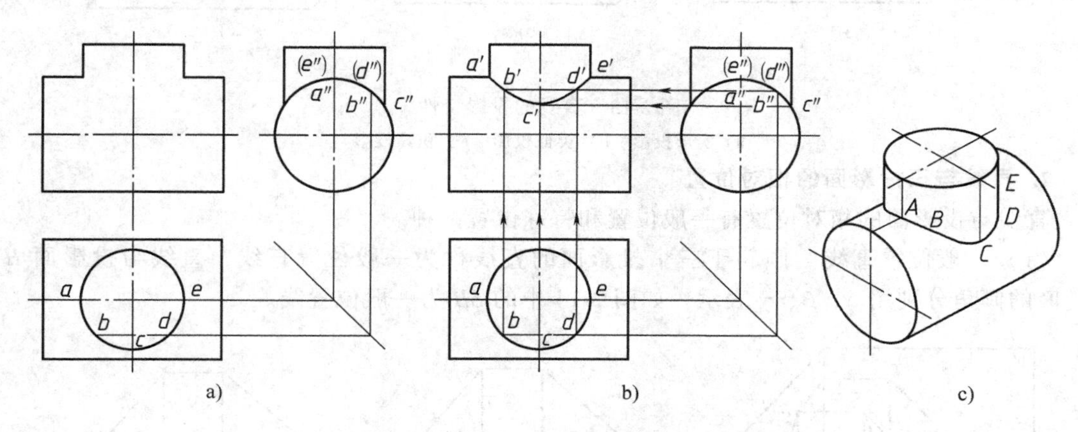

图 2-11　已知空间曲线的两面投影求第三面投影

a）已知条件　b）作图　c）立体图

4. 两点的相对位置和重影点

两点的相对位置，可以在三面投影中直接反映出来，如图 2-12 所示，三棱柱上的两点 *A*、*B*，在正面投影中反映两点上下、左右关系，即点 *A* 在点 *B* 左方 8mm，且两点等高。水平投影中反映两点左右、前后关系，即点 *A* 在点 *B* 左方 8mm、后方 10mm。侧面投影中反映两点上下、前后关系。侧面投影中的上下尺寸与正面投影相同，前后尺寸与水平投影相同。

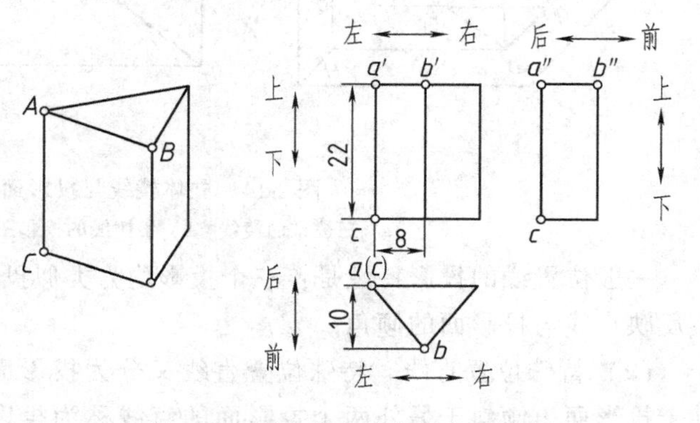

图 2-12　两点的相对位置和重影点

若空间两点在某一投影面上的投影重合，则两点称为对该投影面的重影点。如图 2-12 所示，三棱柱上的两点 *A*、*C* 为对 *H* 面的重影点。重影点的可见性由两点的相对位置判别，

对 V 面、H 面和 W 面的重影点分别为前遮后、上遮下、左遮右，不可见点的投影一般以加括号表示。

二、直线的投影

1. 直线的投影特性

如图 2-13 所示，直线平行于投影面，其投影反映直线的实长，称为实形投影；直线倾斜于投影面，其投影不反映直线的实长，称为类似投影；直线垂直于投影面，其投影积聚成一点，称为积聚投影。

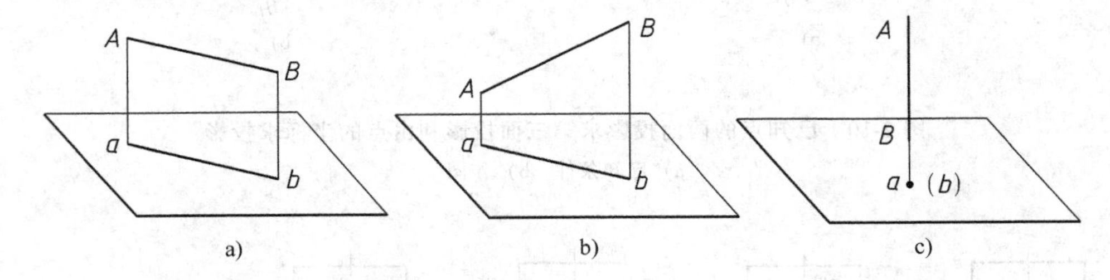

图 2-13 直线的投影特性

a）实形投影 b）类似投影 c）积聚投影

2. 直线与三投影面的相对位置

直线与投影面的相对位置有一般位置和特殊位置两种。

（1）一般位置直线　倾斜于三个投影面的直线称为一般位置直线，直线与投影面 H、V、W 的倾角分别用 α、β、γ 表示，如图 2-14 中的 SB 为一般位置线。

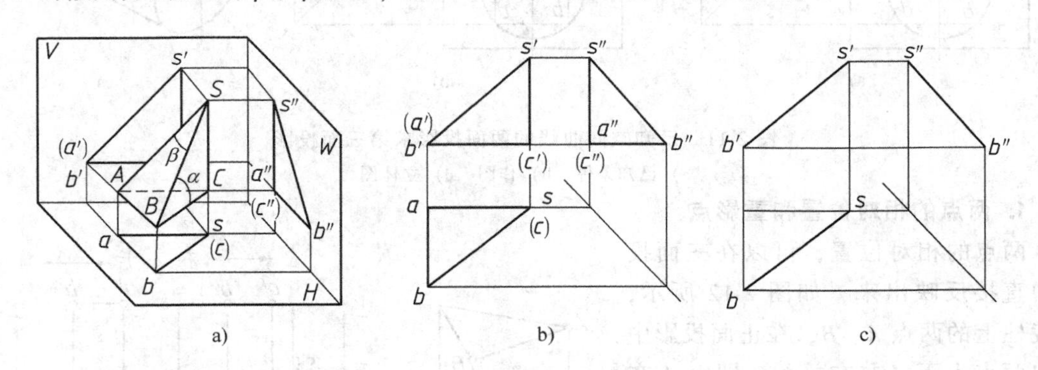

图 2-14 立体棱线与投影面的相对位置

a）三棱锥的棱线 b）各棱线的投影图 c）一般位置直线

一般位置线的投影特性是：三个投影均为类似投影，且倾斜于投影轴，不反映实长，也不反映直线与投影面的倾角。

（2）特殊位置直线　特殊位置直线又分为投影面平行线和投影面垂直线两种：平行于某个投影面，倾斜于另外两个投影面的直线称为投影面平行线（如图 2-14 中的棱线 SA 和 BC）；垂直于某个投影面，平行于另外两个投影面的直线称为投影面垂直线（如图 2-14 中的棱线 AB、AC、SC）。

1）投影面平行线。投影面平行线又有以下三种（图 2-15）：

① 平行于 V 面，倾斜于 H 和 W 面的棱线称为正面投影面平行线，简称正平线。

② 平行于 H 面，倾斜于 V 和 W 面的棱线称为水平投影面平行线，简称水平线。

③ 平行于 W 面，倾斜于 H 和 V 面的棱线称为侧面投影面平行线，简称侧平线。

现以图 2-15b 中的水平线 AB 为例讨论投影面平行线的投影特性。

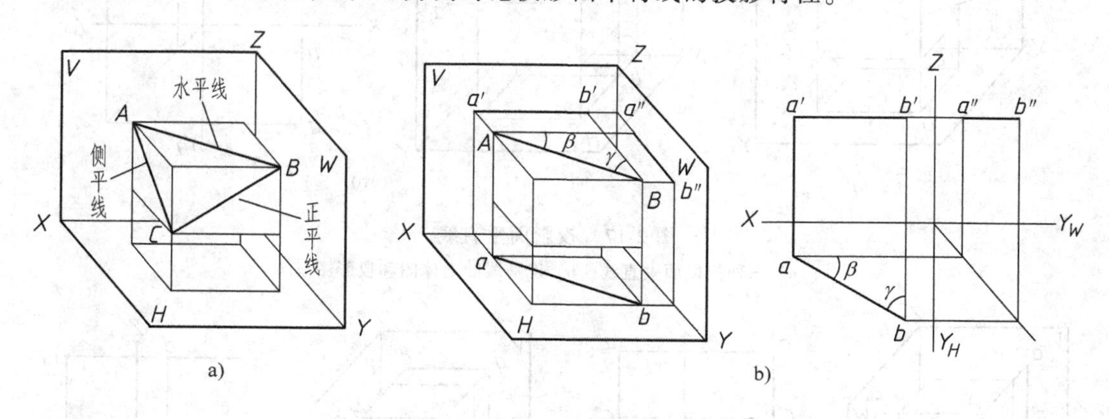

图 2-15 投影面平行线

a）三种投影面平行线 b）水平线的立体图和投影图

由于直线 $AB // H$ 面，因此其水平投影 ab 反映实长和倾角 β、γ；另外两个投影 $a'b' // OX$，$a''b'' // OY$，且小于实长。

正平线和侧平线的投影图和投影特性分别如图 2-16a、b 所示。

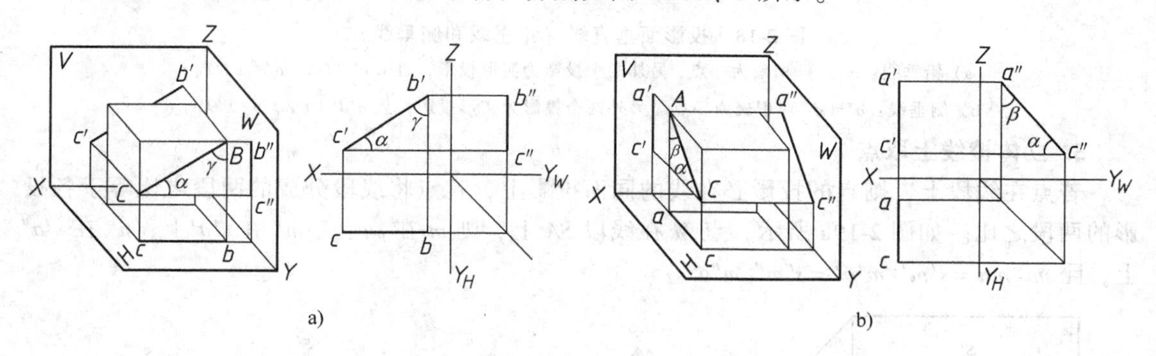

图 2-16 投影面平行线（正平线和侧平线）

a）正平线：$c'b' = CB$，反映倾角 α、γ；$cb//OX$，$c''b''//OZ$

b）侧平线：$a''c'' = AC$，反映倾角 α、β；$ac//OY$，$a'c'//OZ$

2）投影面垂直线。

投影面垂直线也有以下三种（图 2-17）：

① 垂直于 V 面，平行于 H、W 面的直线，称为正面投影面垂直线，简称正垂线。

② 垂直于 H 面，平行于 V、W 面的直线，称为水平投影面垂直线，简称铅垂线。

③ 垂直于 W 面，平行于 H、V 面的直线，称为侧面投影面垂直线，简称侧垂线。

现以图 2-17 中的正垂线 AB 为例讨论投影面垂直线的投影特性：由于直线 $AB \perp V$ 面，因此其正面投影 a'（b'）为积聚性投影（积聚为一点）；另外两个投影为实形投影，且 $ab \perp OX$，$a''b'' \perp OZ$。

铅垂线和侧垂线的投影图和投影特性分别如图 2-18a、b 所示。

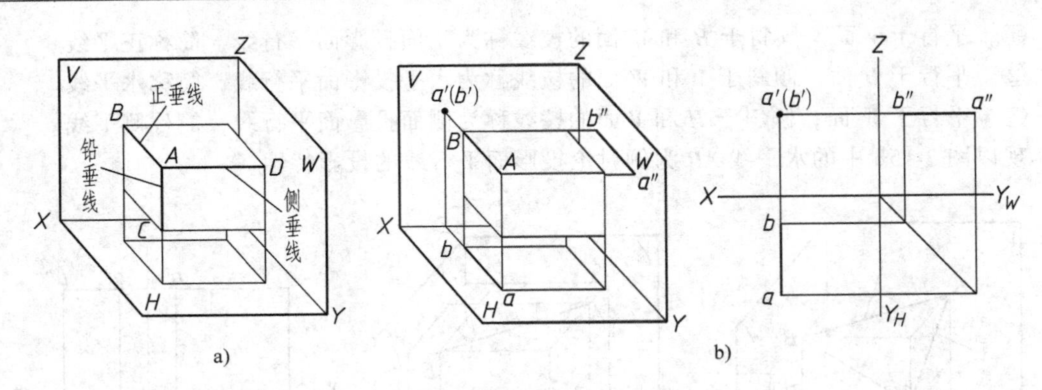

图 2-17 投影面垂直线

a）三种投影面垂直线 b）正垂线的立体图和投影图

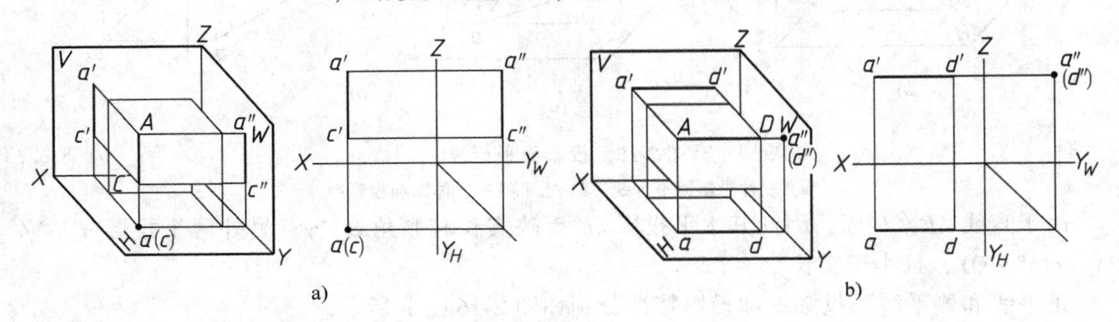

图 2-18 投影面垂直线（铅垂线和侧垂线）

a）铅垂线：a（c）积聚为一点，另外两个投影为实形投影，且 $a'c' \perp OX$，$a''c'' \perp OY_W$

b）侧垂线：a''（d''）积聚为一点，另外两个投影为实形投影，且 $a'd' \perp OZ$，$ad \perp OY_H$

3. 立体棱线上取点

若点在线段上，则点的投影必在线的同面投影上，且点将线段分成的两段之比等于各投影的两段之比。如图 2-19a 所示，点 M 在线段 SA 上，则 m 在 sa 上，m' 在 $s'a'$上，m'' 在 $s''a''$ 上，且 $sm : ma = s'm' : m'a' = s''m'' : m''a''$。

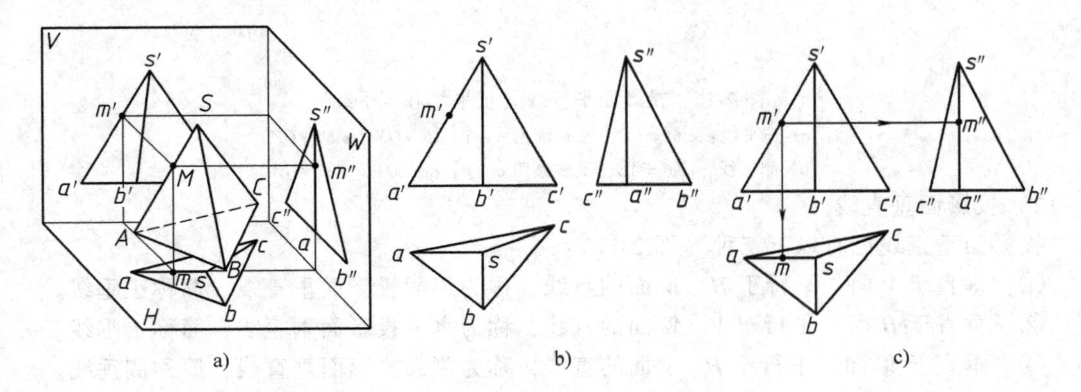

图 2-19 棱线上取点

a）立体图 b）已知条件 c）作图

反之，若点的每个投影均在线的同面投影上，且分投影成定比，则点在空间必定在线上。

例 2-3　已知三棱锥棱线 SA 上一点 M 的正面投影 m'，试求另外两投影（图 2-19b）。

解　分析：点 M 在棱线 SA 上，则其投影 m 必在 sa 上，m''必在 $s''a''$上。

作图：过 m' 向下作垂线，与 sa 相交则得水平投影 m。过 m' 向右作水平线，与 $s''a''$相交，则得点 M 的侧面投影 m''。

例 2-4　已知侧平线 SB 上的一点 N 的正面投影 n'，试求水平投影 n（图 2-20）。

解法 1　根据点分线段成定比作图（图 2-20c）：过 s 向任意方向作一射线 sb_1，在射线上取 $sb_1 = s'b'$，$sn_1 = s'n'$，连接 bb_1，作 nn_1 平行于 bb_1，得交点 n，则 $sn:nb = s'n':n'b'$。即点 N 在直线上。

解法 2　根据从属性作图（图 2-20d）。在适当位置作一 45°斜线，并求出棱线 SB 的侧面投影 $s''b''$。过 n' 向右作线，在 $s''b''$上求得 n''。过 n''向下，再向左作线求得 n。

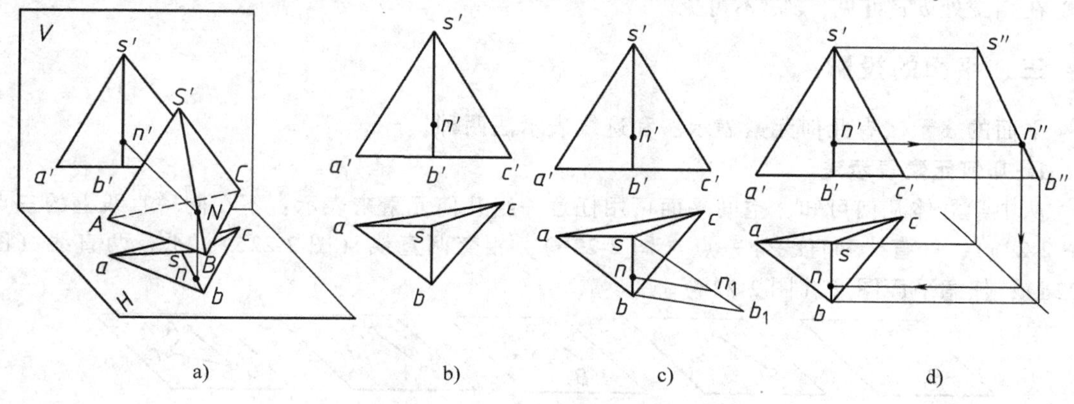

图 2-20　侧平线上取点

a）立体图　b）已知条件　c）作图 1　d）作图 2

4. 两棱线的相对位置

空间两棱线的相对位置有平行、相交、交叉三种情况。

（1）平行两棱线　若立体的两棱线平行，则两棱线在同一投影面上的投影（同面投影）必定平行。如图 2-21a、b 所示，若棱线 $AB//CD$，则 $ab//cd$，$a'b'//c'd'$，$a''b''//c''d''$。

反之，若棱线的三个同面投影平行，则棱线在空间必定平行。

（2）相交两棱线　若空间两棱线相交，则两棱线的各同面投影必定相交，且各投影交点的连线应符合点的投影规律。如图 2-21a、c 所示，棱线 BC、CD 在空间相交，则其三面投影都相交（图 2-21c），且交点 C 的三个投影连线符合点的投影规律。反之，若两棱线的各同面投影都相交，且各投影交点的连线垂直于投影轴（符合点的投影规律），则两棱线在空间必定相交。

（3）交叉两棱线　空间既不平行也不相交的两棱线称为交叉两棱线。交叉两棱线的投影既不满足平行两棱线的投影特性，也不满足相交两棱线的投影特性。如图 2-21d 所示，若将棱线 BC、ED 看成可任意延长的直线，则两直的三个投影延长后都相交，但正面投影的交点 c' 和水平投影的交点 e 不符合点的投影规律，因此两直线在空间交叉（注意：棱线是直线中的线段）。

交叉两直线投影的交点是空间两重影点的投影，如侧面投影的交点 c''和 e''是空间两个点

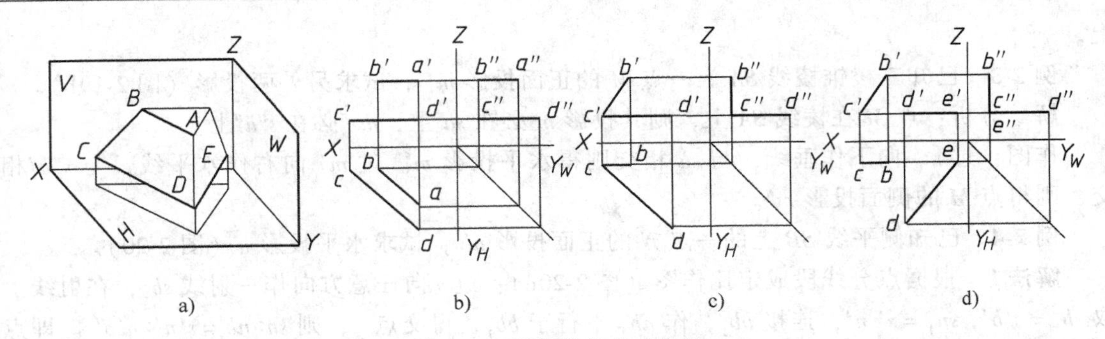

图 2-21 两棱线的相对位置

a）立体图 b）平行两棱线 c）相交两棱线 d）交叉两棱线

C 和 *E* 在 *W* 面上的重影。根据重影点的可见性左遮右的原则，可判断直线 *BC*、*ED* 的侧面投影在相交处 *b″c″*可见，*e″d″*不可见。

三、平面的投影

平面的表示法有几何元素表示法和迹线表示法两种。

1. 几何元素表示法

从中学立体几何可知，空间平面可用任意一组几何元素来表示：不在同一直线上的三点（图 2-22a）；一直线和直线外一点（图 2-22b）；相交两直线（图 2-22c）；平行两直线（图 2-22d）；任意平面图形（图 2-22e）。

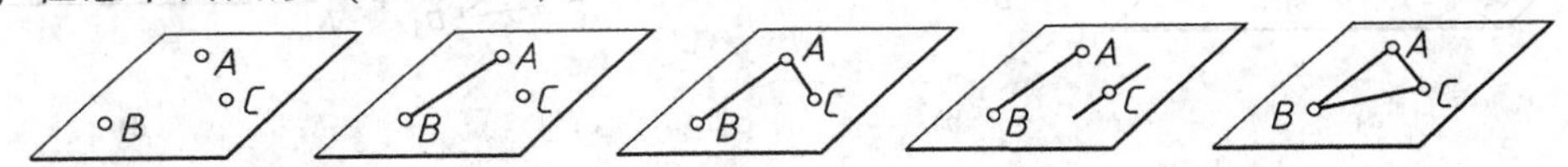

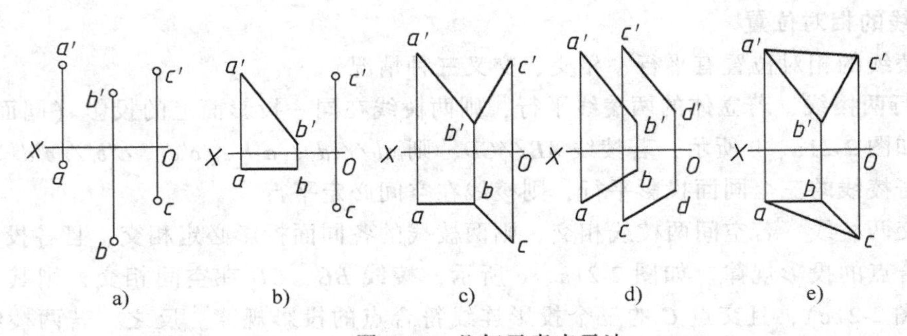

图 2-22 几何元素表示法

2. 迹线表示法

平面与投影面的交线称为平面的迹线。如图 2-23 所示，平面 *P* 与 *V* 面的交线称为正面迹线，标记为 P_V；平面 *P* 与 *H* 面的交线称为水平迹线，标记为 P_H；平面 *P* 与 *W* 面的交线称为侧面迹线，标记为 P_W。在三视图中画出平面的迹线，则可以表示平面的空间位置。

当平面有积聚投影时，只要画出一条有积聚性的迹线（如图 2-23 中的 Q_V），即可表示平面的空间位置。因此，工程图样中，常用一条有积聚性的迹线来表示截平面或辅助平面。

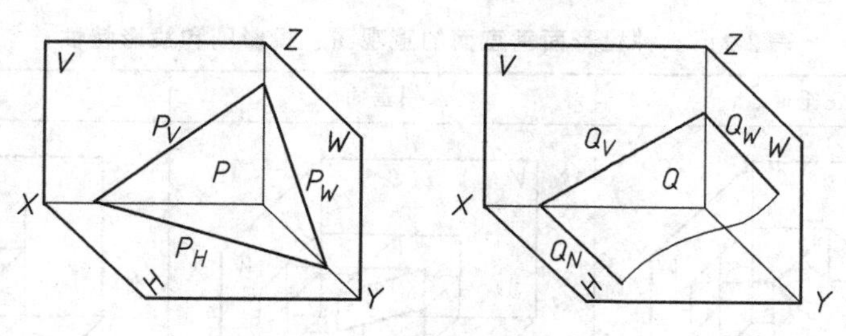

图 2-23　迹线表示法

四、平面的投影特性

如图 2-24 所示，平面平行于投影面，其投影反映平面的实形，称为实形投影；平面倾斜于投影面，其投影与平面类似的图形，称为类似投影；平面垂直于投影面，其投影积聚成一直线，称为积聚投影。

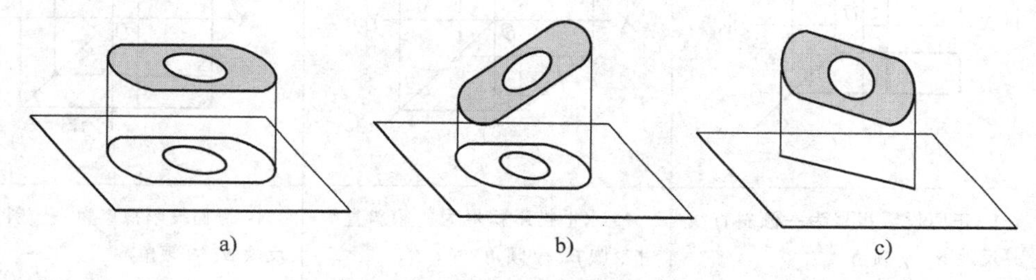

图 2-24　平面的投影特性

a）实形投影　b）类似投影　c）积聚投影

五、平面与投影面的相对位置

平面与投影面的相对位置有一般位置和特殊位置两种。

1. 一般位置平面

倾斜于三个投影面的平面称为一般位置平面。图 2-25 所示为 $\triangle ABC$ 表示的一般位置平面。它的三个投影都是类似形。

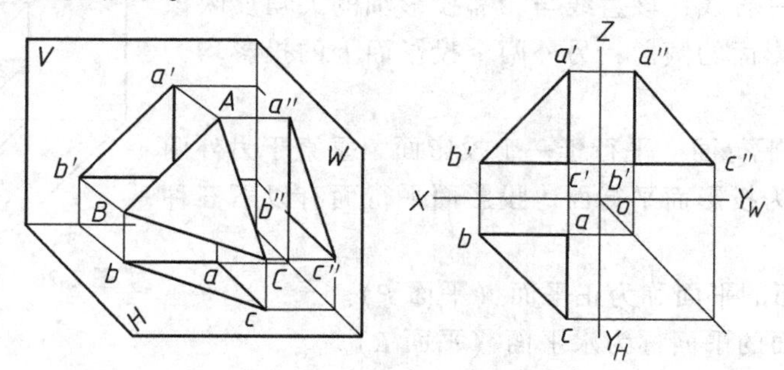

图 2-25　一般位置平面

2. 特殊位置平面

特殊位置平面又分为投影面垂直面和投影面平行面。

（1）投影面垂直面　垂直于一个投影面，倾斜于另外两个投影面的平面称为投影面垂直面。它又有以下三种：

表 2-2 三种投影面垂直面的直观图、投影图和投影特性

名称	正垂面	铅垂面	侧垂面
直观图			
投影图			
投影特性	1. 正面投影积聚为一倾斜直线并反映 α、γ 倾角 2. 水平投影和侧面投影为类似投影	1. 水平投影积聚为一倾斜直线并反映 β、γ 倾角 2. 正面投影和侧面投影为类似投影	1. 侧面投影积聚为一倾斜直线并反映 α、β 倾角 2. 水平投影和正面投影为类似投影

1）垂直 V 面倾斜于 H、W 面的平面称为正面投影面垂直面，简称正垂面。

2）垂直 H 面倾斜于 V、W 面的平面称为水平投影面垂直面，简称铅垂面。

3）垂直 W 面倾斜于 H、V 面的平面称为侧面投影面垂直面，简称侧垂面。

三种投影面垂直面的直观图、投影图和投影特性见表 2-2。

投影面垂直面的投影特性可归结为：在平面所垂直的投影面上，投影积聚为一直线；该直线与相邻投影轴的夹角反映该平面对另外两个投影面的倾角；另外两个投影面上的投影均为类似形。

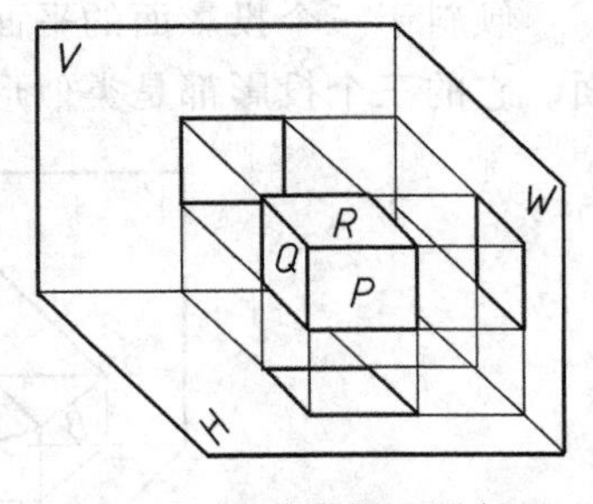

图 2-26 三种投影面平行面

（2）投影面的平行面 平行于一个投影面，垂直于另外两个投影面的平面称为投影面平行面。投影面平行面有以下三种（图 2-26）：

1）平行于 V 面的平面称为正平面（平面 P）。

2）平行于 H 面的平面称为水平面（平面 R）。

3）平行于 W 面的平面称为侧平面（平面 Q）。

三种投影面平行面的直观图、投影图和投影特性见表 2-3。

投影面平行面的投影特性可归结为：在平面所平行的投影面上，其投影反映平面图形的实形；在另外两个投影面上的投影积聚为直线，且分别平行于该平面平行的投影面所包含的两个投影轴。

表 2-3　三种投影面的平行面的直观图、投影图和投影特性

名称	正平面	水平面	侧平面
直观图	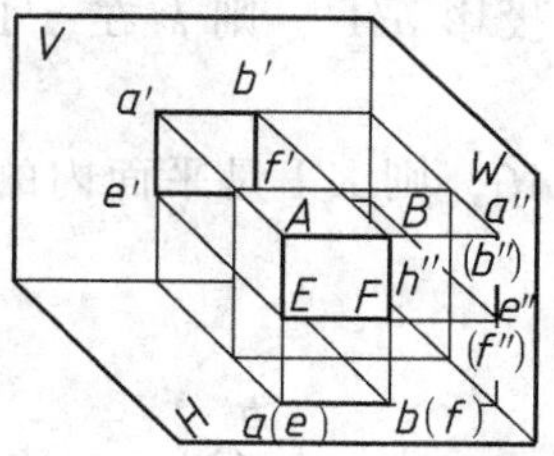	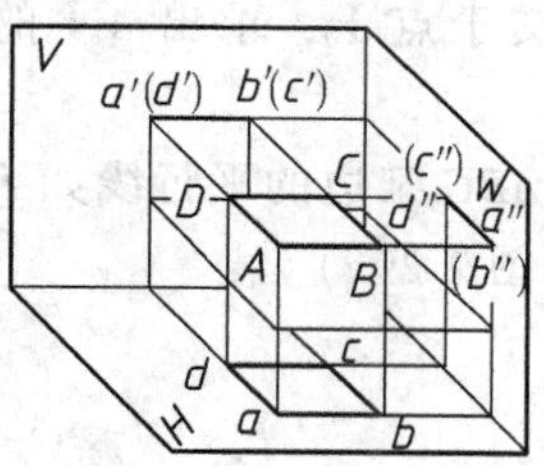	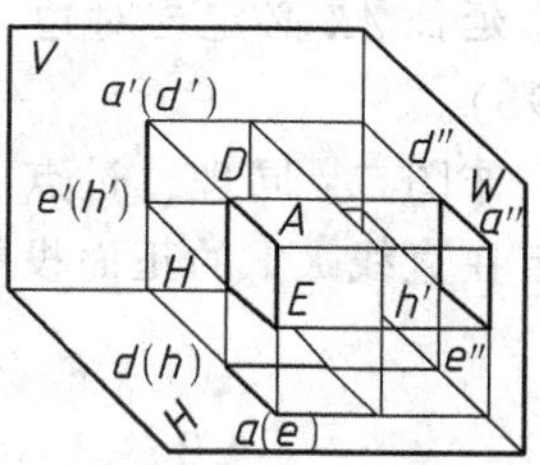
投影图	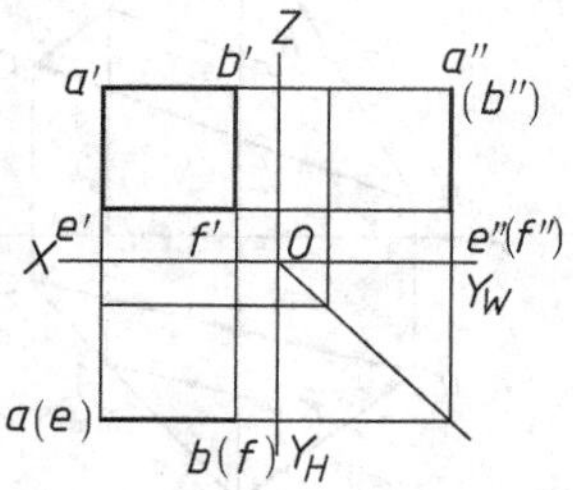	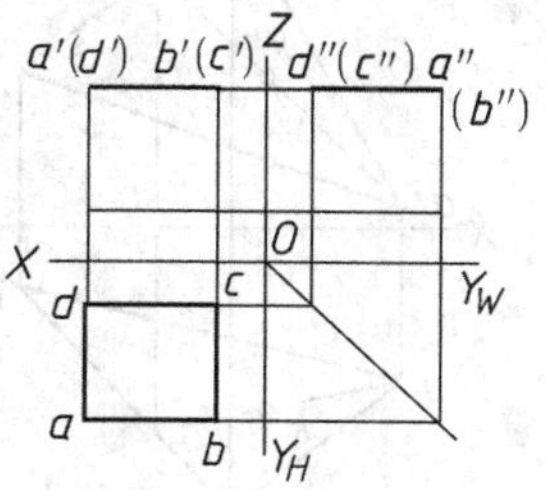	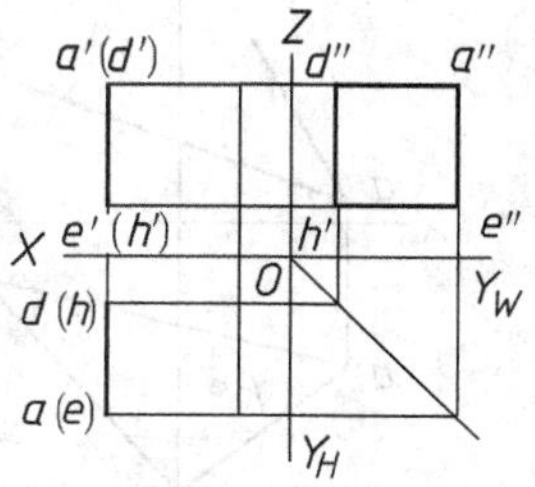
投影特性	1. $a'b'f'e'$反映实形 2. $abef$ 积聚为直线且 $/\!/ OX$ 3. $a''b''e''f''$积聚为直线且 $/\!/ OZ$	1. $abed$ 反映实形 2. $a'b'e'd'$积聚为直线且 $/\!/ OX$ 3. $a''b''e''d''$积聚为直线且 $/\!/ OY_W$	1. $a''d''e''h''$反映实形 2. $adehf$ 积聚为直线且 $/\!/ OY_H$ 3. $a'd'e'h'$积聚为直线且 $/\!/ OZ$

六、平面内的点和直线

点属于平面的几何条件是：若点在平面内的任一已知直线上，则点必定在平面内。

如图 2-27 所示，点 N 在平面△ABC 内的已知直线 AB 上，则点 N 必定在△ABC 内。

直线属于平面的几何条件是：若直线通过平面内的两个点或通过该平面内一点且平行于该平面内的另一已知直线，则直线必定属于平面。

如图 2-28a 所示，在 DE 和 EF 相交直线所确定的平面内取两点 M 和 N，则直线 MN 必在该平面内。图 2-28b 所示为过 M 作直线 $MN/\!/EF$，则直线 MN 也必在该平面内。

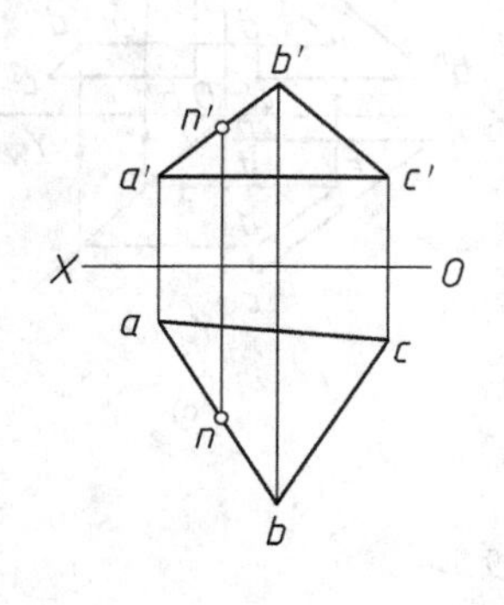

图 2-27　平面内的点

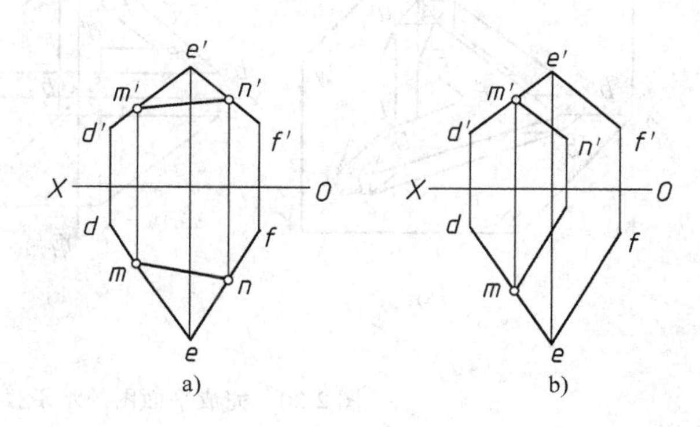

图 2-28　平面内的直线

a）直线过平面内两点　b）过一点且平行于某直线

例 2-5 已知△*ABC* 平面内点 *K* 的水平投影 *k*，作其正面投影 *k'*（图 2-29）。

解 作图一：过已知的水平投影 *k* 与某顶点 *A* 的水平投影 *a* 连线，则 *AK* 是平面内的直线，延长 *AK* 必定与对边 *BC* 相交于点Ⅰ，求出 *A*Ⅰ的正面投影 *a'*1'，则 *k'* 在 *a'*1' 上（图 2-29b）。

作图二：同理，过点 *K* 作△*ABC* 某边的平行线如 *K*Ⅰ∥*AC*，则 *K*Ⅰ是平面内的直线，*k'* 必定在直线 *K*Ⅰ的正面投影上（图 2-29c）。

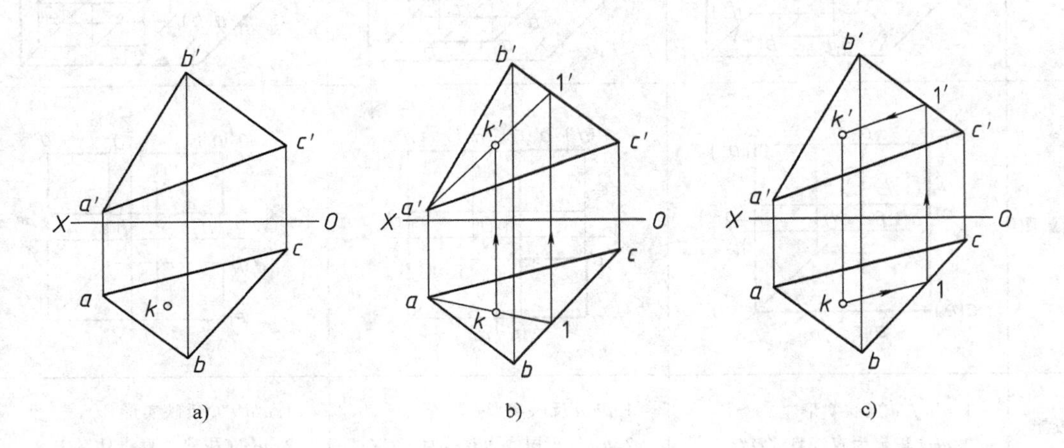

图 2-29 平面内取点

a）已知条件 b）方法一 c）方法二

例 2-6 已知 *FE*//*AB*，完成平面图的水平投影和侧面投影（图 2-30）。

分析：因点 *D*、*F* 在直线 *AC* 上，所以用线上取点的作图可求出点 *D*、*F* 的另外两投影。又因 *FE*//*AB*，所以用平行两直线的投影特性，可求出 *FE* 的另外两投影。

作图：过 *f'* 和 *d'* 作投影连线，在 *a"c"* 上求出 *f"* 和 *d"*，在 *a c* 上求出 *f* 和 *d*。过 *f"* 和 *f* 作 *f"e"*//*a"b"*，*fe*//*ab*。再过 *e'* 作投影连线确定 *e* 和 *e"*。

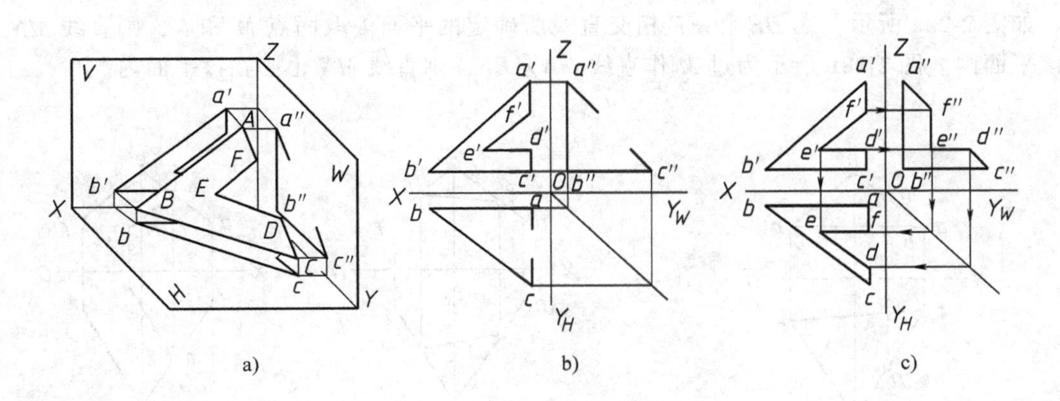

图 2-30 完成平面图的水平投影和侧面投影

a）立体图 b）已知条件 c）作图

例 2-7 补全侧垂面的水平投影（图 2-31）。

解 根据平面的侧面投影有积聚性，可由 $a'b'c'd'e'$ 各点向右作投影连线，求出 $a''b''c''d''e''$，再用点的两投影求第三投影作图，求 $abcde$。

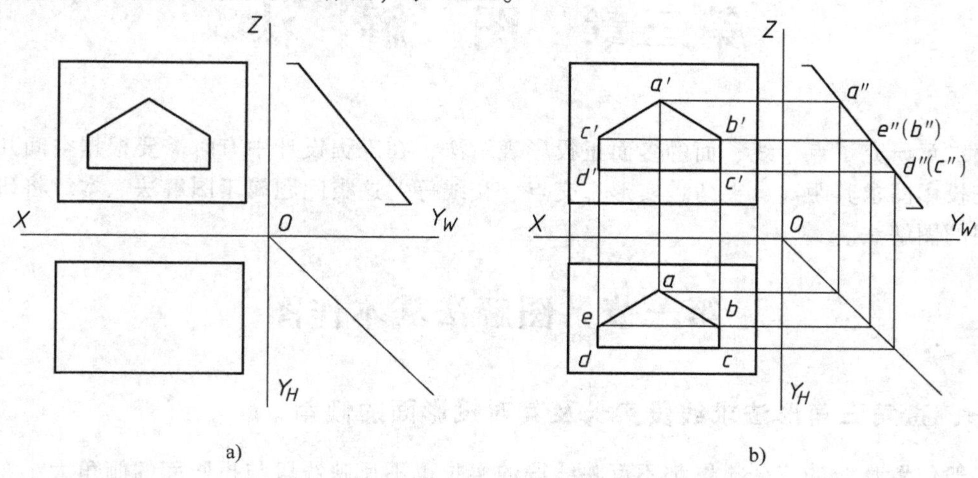

图 2-31 补全侧垂面的水平投影

a）已知条件 b）作图

第三章　图　解　法

第二章研究了点、线、面的多面正投影表示法，在工程设计中有时需要根据空间几何要素的正投影图求其距离、夹角、实形、交点、交线等，这类问题属于图解法。本章将研究一些常用的图解法。

第一节　图解法基本作图

一、直角三角形法求线段实长及其对投影面的倾角

一般位置直线的三个投影都不反映线段的实长也不反映线段与投影面的倾角大小，用直角三角形法可以在正投影图中求出一般位置线段实长及其对投影面的倾角。

直角三角形法的原理如图 3-1a 所示，若过点 B 作 $BA_0 /\!/ ab$，可得一直角三角形 BA_0A，其中 AB 和 BA_0 的夹角等于 AB 对 H 面的倾角 α，直角边 A_0B 等于投影图中的水平投影 ab（$BA_0 = ab$），另一直角边 AA_0 等于正面投影中线段两端点的 Z 坐标差，即 $AA_0 = Z_A - Z_B = \Delta Z$。

$\triangle BA_0A$ 的两直角边均存在于投影图中，因此可根据投影图中的两直角边长度画出三角形 BA_0A。图 3-1b 中用两种作图位置画出了该直角三角形。

同理，过点 A 作 $AB_0 /\!/ a'b'$ 得另一直角三角形 AB_0B，其中 AB 与 AB_0 的夹角就是 AB 对 V 面的倾角 β，直角边 $AB_0 = a'b'$，$BB_0 = \Delta Y$。同样可在投影图中画出求 β 角的直角三角形。

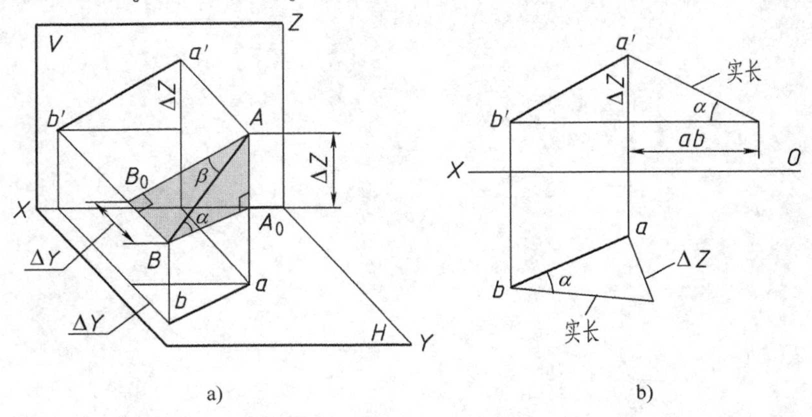

图 3-1　一般位置直线的线段实长及其对投影面的倾角

a）立体图　b）投影图

例 3-1　已知线段 AB 的实长等于 30mm，并知投影 $a'b'$ 及 a（图 3-2a），试作出线段 AB 的水平投影。

分析： 已知条件中给出了线段实长和 $a'b'$ 反映的 Z 坐标差（图 3-2b 中的 ΔZ），若以 ΔZ 作直角边，线段实长作斜边，画一直角三角形，则另一直角边即为 AB 的水平投影长 ab。这

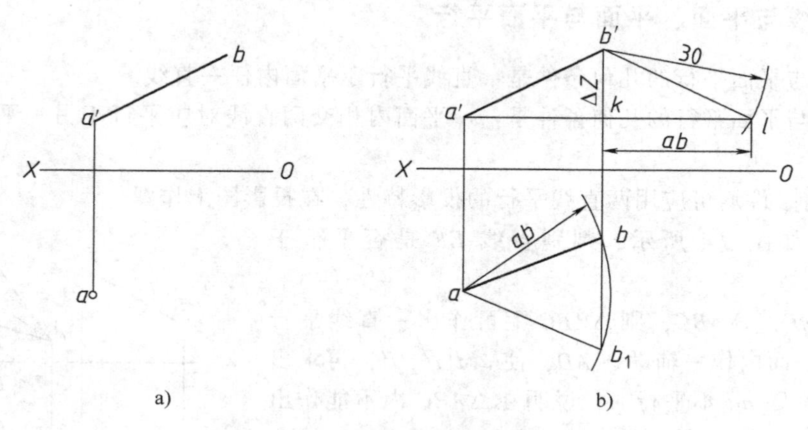

图 3-2　求直线的水平投影

a）已知条件　b）作图过程

种从已知条件推导出所求结果的思路，称为正推法。另一种思路是从求解的结果反回去找已知条件。如本题求解的结果是点 B 的水平投影 b，需要知道 AB 的水平投影长 ab，求 ab 的长度又需要知道 AB 的实长和 ΔZ，而这两项正好在已知条件中。这种思路称为反推法。

作图：以 b'为圆心、实长 30mm 为半径画弧，与过 a'的水平线交于 l，则 kl 为水平投影，长 ab（图 3-2b）。再以 a 为圆心、$k\,l$ 为半径画弧，交 $b'k$ 的延长线于点 b 和 b_1，连接 ab 或 ab_1 即为 AB 的水平投影（本题有两解）。

二、平面内的投影面平行线

既在给定平面内，又平行于投影面的直线，称为该平面内的投影面平行线。它们既具有投影面平行线的投影特性，又符合直线在平面内的条件。

例 3-2　在△ABC 内作一条正平线（图 3-3）。

解　如图 3-3b 所示，根据正平线的水平投影必定平行于 OX 的投影特性，作 $ad\,/\!/\,OX$，再用在直线 BC 上取点的作图，过 d 向上作投影连线求出 d'，则直线 AD 属于△ABC（通过平面内两已知点 A、D），又是正平线。同理图 3-3c 中，BE 为平面内的水平线。

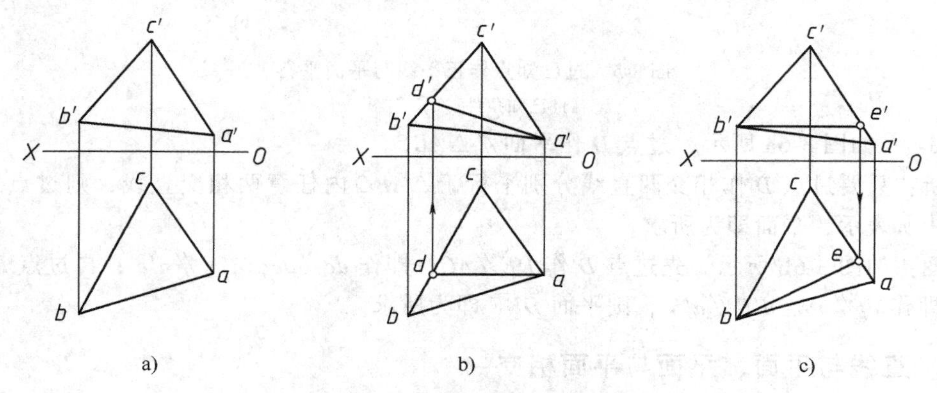

图 3-3　平面内的投影面平行线

a）已知条件　b）作正平线　c）作水平线

三、直线与平面、平面与平面平行

1）直线与平面平行的几何条件是：直线平行于平面内任一直线。

2）平面与平面平行的几何条件是：一平面内相交两直线对应平行于另一平面内的两相交直线。

上述几何条件均可应用两直线平行的投影特性，在投影图上作图。

例 3-3 如图 3-4 所示，判别直线 EF 是否平行于 $\triangle ABC$。

解 若 $EF /\!/ \triangle ABC$，则 $\triangle ABC$ 上可作出一直线平行 EF。故先在平面内作一辅助线 AD，使 $a'd' /\!/ e'f'$，再求出水平投影 ad。因 ad 不平行 ef，说明在 $\triangle ABC$ 内不能作出一条直线平行于 EF 直线，故 EF 不平行 $\triangle ABC$。

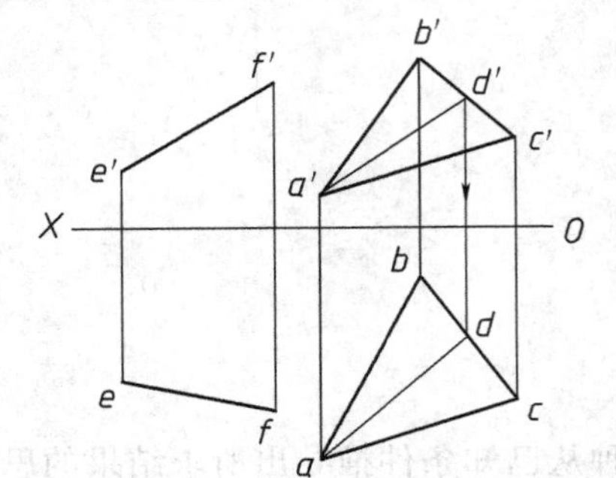

图 3-4 判别直线与平面是否平行

例 3-4 如图 3-5a 所示，过已知点 D 作正平线 DE 与 $\triangle ABC$ 平行。

分析： 过点 D 可作无数条直线平行于已知平面，但其中只有一条正平线，故可先在平面内取一条正平线，然后过点 D 作直线平行于平面内的正平线。

作图： 如图 3-5b 所示，先过平面内的点 A 作一正平线 AM（$am /\!/ OX$）；再过点 D 作 DE 平行于 AM，即 $de /\!/ am$，$d'e' /\!/ a'm'$，则 DE 即为所求。

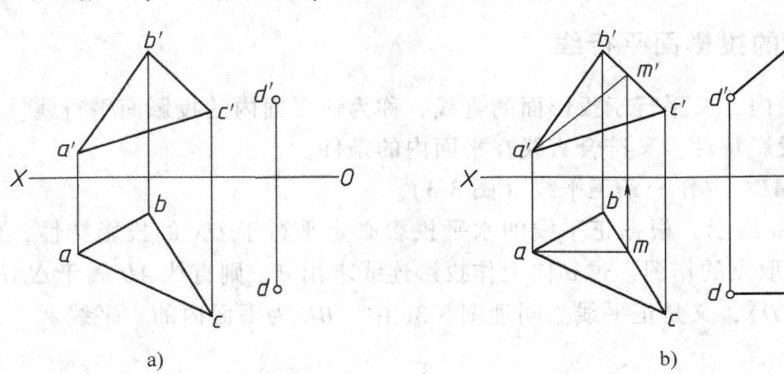

图 3-5 过已知点作正平线与平面平行

a）已知条件 b）作图

例 3-5 如图 3-6a 所示，过点 D 作平面 $/\!/ \triangle ABC$。

分析： 只要过点 D 作相交两直线分别平行于 $\triangle ABC$ 内任意两相交直线，则过点 D 的相交两直线所表示的平面即为所求。

作图： 如图 3-6b 所示，先过点 D 作 $DE /\!/ AC$，即作 $de /\!/ ac$，$d'e' /\!/ a'c'$；再过点 D 作 $DF /\!/ AB$，即作 $df /\!/ ab$，$d'f' /\!/ a'b'$，则平面 DEF 即为所求。

四、直线与平面、平面与平面相交

直线与平面的交点既是直线上的点，又是平面上的点，称为线面的共有点。

两平面的交线既属于第一个平面又属于第二个平面，称为两平面的共有线。

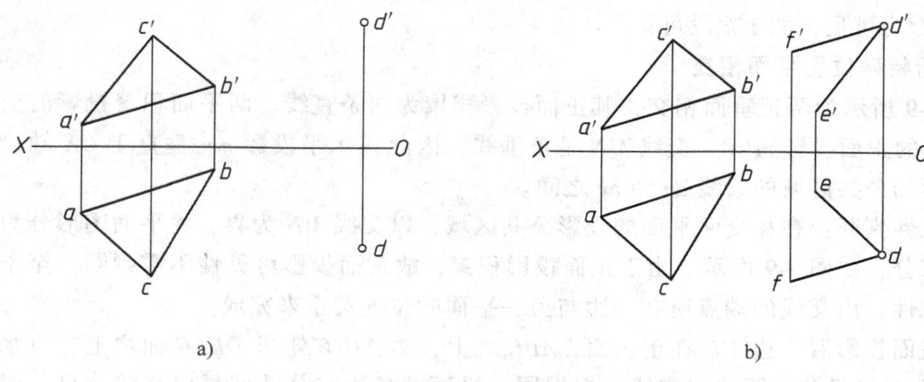

图 3-6　过点作平面平行于已知平面
a）已知条件　b）作图

1. 投影面垂直线与一般位置平面相交

如图 3-7a 所示，直线 AB 为铅垂线，$\triangle CDE$ 为一般位置平面。由于直线水平投影积聚为一点，则交点 K 的水平投影也重影在这里，另一投影 k' 利用平面上取点的作图，通过作辅助线 CF 作出（图 3-7b）。

可见性的判断：在直线与平面图形的公共区域，以交点 K 为界将直线分为可见与不可见两段，如图 3-7b 所示，判断正面投影的可见性，可根据交叉直线 CD 与 AB 的重影点Ⅰ在点Ⅱ之前，即 $c'd'$上的 1′可见，$a'k'$上的 2′不可见，故公共区域内 $a'k'$段不可见，$k'b'$段可见。

2. 一般位置直线与特殊位置平面相交

在图 3-8 中$\triangle CDE$ 是铅垂面，其水平投影积聚为直线 ce。根据交点的共有性，投影 ab 与 ce 的交点 k 就是线面交点的水平投影。过 k 向上作投影连线，在 $a'b'$上求出 k'，即得所求交点的正面投影。

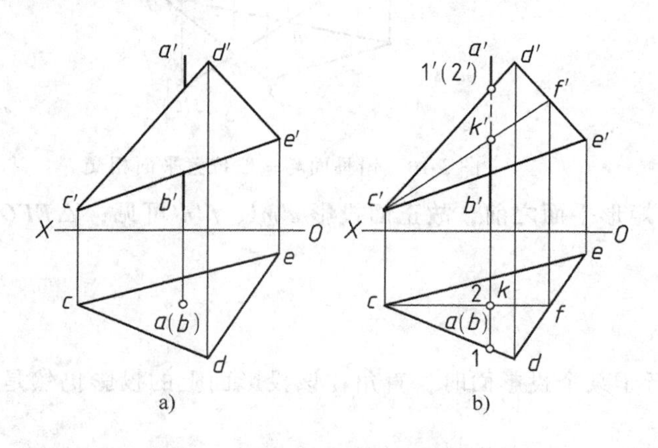

图 3-7　铅垂线与一般位置平面相交
a）已知条件　b）求交点并判断可见性

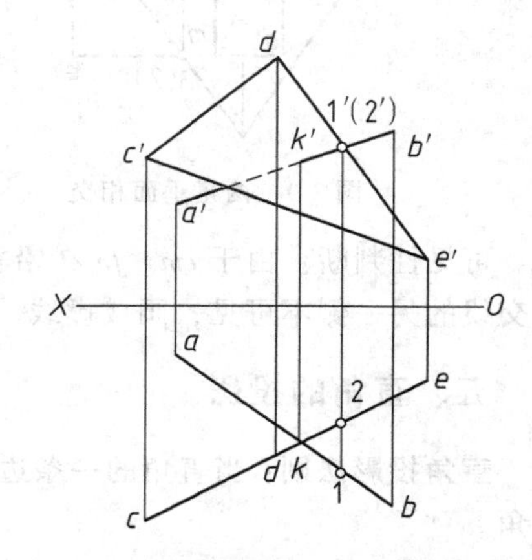

图 3-8　一般位置直线与铅垂面相交

可见性判断：如图 3-8 所示，判断正面投影的可见性时，可根据直线的水平投影 kb 段在铅垂面可见面一侧，故正面投影 $k'b'$可见，画成实线；另一部分则不可见，画成虚线。也可以利用重影点判断：从水平投影可看出，重影点的水平投影 1 在 2 之前，正面投影中在

$a'b'$上的$1'$为可见，故$1'k'$段可见。

3. 两特殊位置平面相交

图 3-9 所示为两正垂面相交，其正面投影积聚为两条直线。两平面积聚投影的交点即是交线 MN 的正面投影 $m'n'$，交线 MN 是正垂线，因此其水平投影 mn 垂直于 OX 轴，并在两平面图形的公共区域的边线 de 和 ac 之间。

可见性判断：在相交两平面的投影公共区域，以交线 MN 为界，将平面图形分为可见与不可见部分，如图 3-9 所示。由于正面投影积聚，故正面投影可见性不需判断。至于水平投影的可见性，由交线的端点所在的边与另一平面的位置关系来完成。

从正面投影看，边 MD 在正垂面△ABC 之上，边 NC 在矩形 $DEFG$ 面之上，故水平投影 md、nc 段是可见的，画成粗实线。根据同一平面的各边在公共区域以交线分界，同一侧可见性相同的原则，得出 cn 和 cb 在公共区域内均为可见，画成粗实线。同理，dg 是可见的。

4. 特殊位置平面与一般位置平面相交

图 3-10 所示为特殊位置平面与一般位置平面相交，图中矩形平面 $ABCD$ 是铅垂面，其水平投影积聚为一条直线。根据交线的共有性，矩形 $ABCD$ 与△EFG 的公共线段 mn 即是交线 MN 的水平投影，交线的两端点 M 和 N 分别在△EFG 的 EG、FG 边上，对应求出正面投影 m' 和 n'，连线即得交线的正面投影。

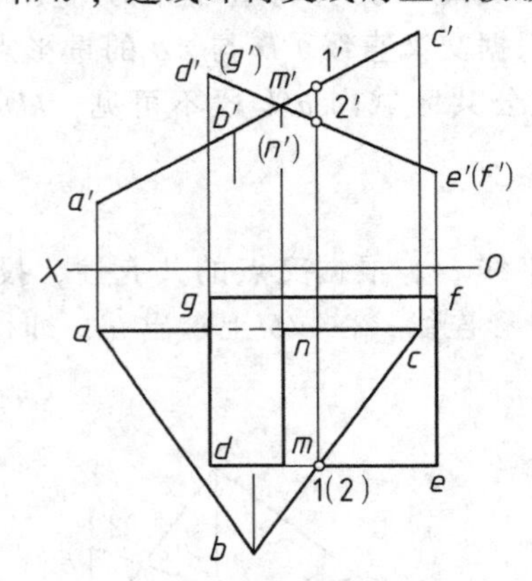

图 3-9 两正垂面相交

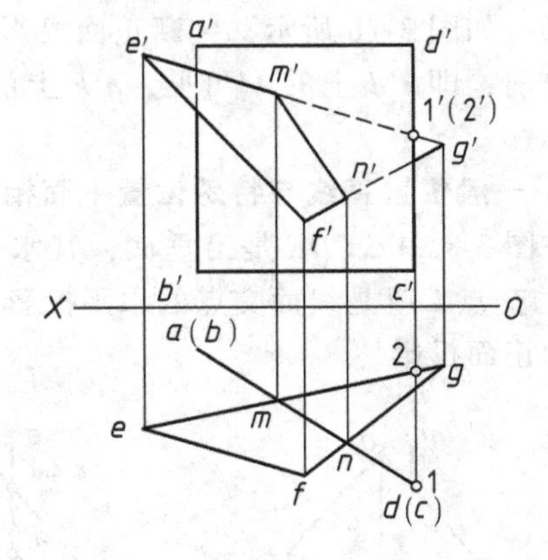

图 3-10 铅垂面与一般位置平面相交

可见性判断：由于 em、fn 在铅垂的矩形平面之前，故正面投影 $e'm'$、$f'n'$可见；△EFG 在交线的另一侧不可见，画成虚线。

五、直角的投影

直角投影法则：当直角的一条边平行于某个投影面时，直角在该投影面上的投影仍然是直角。

如图 3-11a 所示，AB 与 BC 垂直，其中直线 AB 为水平线，另一条直线 CB 为一般位置直线，可证明其 H 面投影 $ab \perp bc$。

因为 $AB \perp BC$、$AB \perp Bb$，所以 $AB \perp$ 平面 Bbc；由于 $AB /\!/ ab$，所以 $ab \perp$ 平面 Bbc，则垂直于平面 Bbc 上的任一直线，由此得 $ab \perp bc$。

反之，若两直线的某投影互相垂直，且有一条线平行于该投影面，则两直线在空间必定互相垂直。

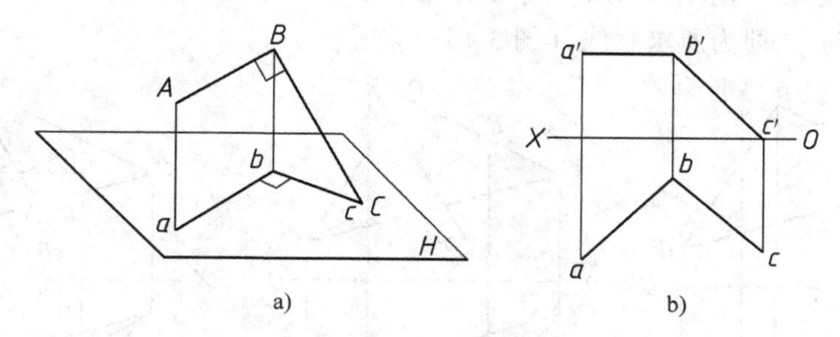

a)　　b)

图 3-11　垂直两直线投影

例 3-6　已知正平线 BC（图 3-12a），试过定点 A 作线与 BC 垂直相交。

分析：由于 BC 是正平线，其垂线的正面投影应反映直角。

作图：根据正面投影应反映直角，过 a' 作 $a'd' \perp c'b'$，过 d' 向下作垂线，求出 d，则 AD 与 BC 垂直相交。

例 3-7　已知矩形 $ABCD$ 的不完全投影（图 3-13a），AB 为正平线，补全矩形的两面投影。

解　由于矩形的邻边互相垂直相交，又已知 AB 为正平线，故可根据直角投影法则作 $d'a' \perp a'b'$，得出 d'。又由于矩形的对边平行且相等，根据两直线平行的投影特性，作 $d'c' /\!/ a'b'$，$a'd' /\!/ b'c'$，得出 c'；同理，作 $ab /\!/ cd$，$ad /\!/ bc$，得出 c（图 3-13b）。

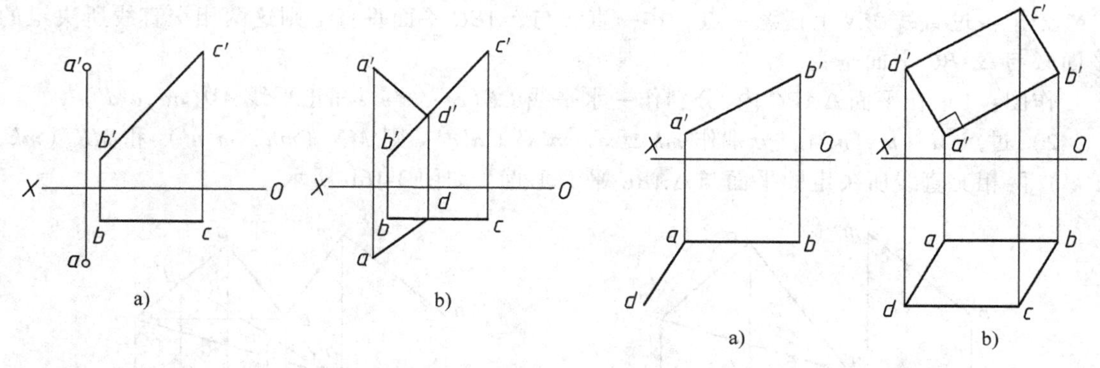

a)　　b)

图 3-12　作两直线的垂线
a）已知条件　b）作图过程

a)　　b)

图 3-13　补全矩形的投影
a）已知条件　b）作图过程

六、直线与平面、平面与平面垂直

1. 直线与平面垂直

直线与平面垂直的几何条件：若一直线垂直于平面内的任意两相交直线（相交垂直或交叉垂直），则直线与平面垂直。如图 3-14 所示，直线 MN 与平面内两相交直线 AD、CE 交叉垂直，则 MN 与平面垂直。

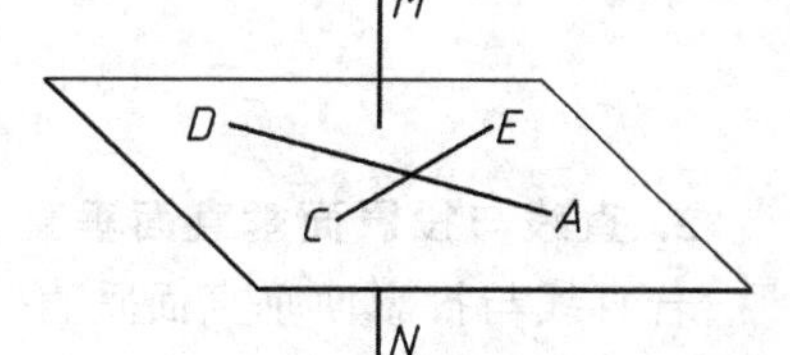

图 3-14　线面垂直的几何条件

例 3-8　过点 M 作直线 MN 垂直于 $\triangle ABC$ 平面（图 3-15）。

解　用平面内作投影面平行线的基本作图：在平面

$\triangle ABC$ 内作正平线 AD 和水平线 CE。过 m' 作 $m'n' \perp a'd'$（图 3-15b），过 m 作 $mn \perp ce$，则直线 MN（$m\ n$，$m'n'$）即为所求垂线（图 3-15c）。

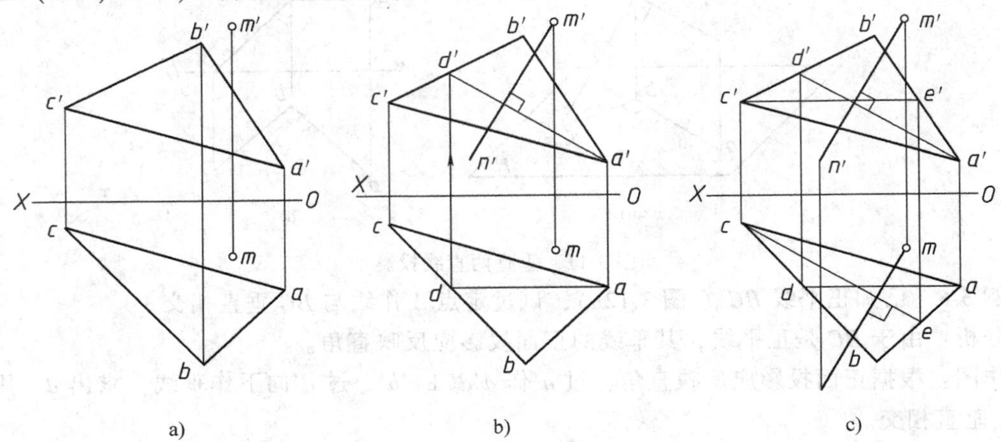

图 3-15 过点 M 作平面的垂线

a）已知条件 b）平面内作正平线 c）平面内作水平线

2. 平面与一般位置平面垂直

两平面垂直的几何条件是：某一平面内任一直线与另一平面垂直，则两平面必定垂直。

例 3-9 包含直线 MN 作一平面与 $\triangle ABC$ 平面垂直（图 3-16）。

分析：过直线 MN 上任意一点，作一直线与 $\triangle ABC$ 平面垂直，则这两相交直线所决定的平面必与 $\triangle ABC$ 平面垂直。

作图：1）在平面 $\triangle ABC$ 内，分别作一水平线 $CE(ce\ ,c'e')$ 和正平线 $AD(ad,a'd')$。

2）过点 M（m，m'），分别作 $mk \perp ce$，$m'k' \perp a'd'$；则 MN（mn，$m'n'$）和 MK（mk，$m'k'$）两相交直线所决定的平面与 $\triangle ABC$ 平面垂直，如图 3-16b 所示。

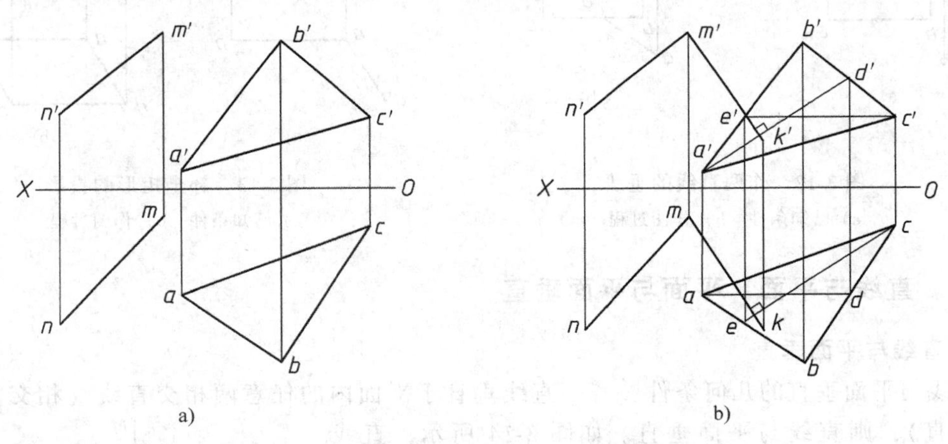

图 3-16 过已知直线作一平面与已知平面垂直

a）已知条件 b）作垂线

3. 直线与投影面垂直面垂直

若直线与投影面垂直面垂直，则平面的积聚投影与直线的同面投影垂直，且直线为该投影面的平行线。

在图 3-17a 中，铅垂面△*ABC* 的积聚投影与直线的同面投影垂直，但直线 *EF* 不是水平线，因此，*EF* 与△*ABC* 不垂直。

在图 3-17b 中，平面的积聚投影与直线的同面投影垂直，且直线 *KM* 为该投影面的平行线，因此，*KM* 与△*ABC* 垂直。

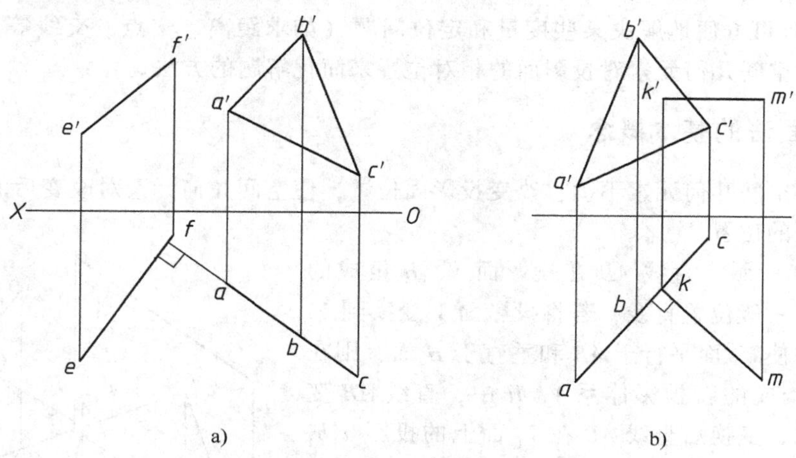

图 3-17　直线与投影面垂直面垂直
a）直线与铅垂面不垂直　b）直线与铅垂面垂直

4. 投影面垂直面与平面垂直

如图 3-18a 所示，若铅垂面 *P* 的积聚投影 *p* 垂直于一般位置平面△*ABC* 内水平线的水平投影 *a e*，则平面 *P* 与平面△*ABC* 垂直。

若垂直于同一投影面的两平面互相垂直，则其积聚的投影必定互相垂直（图 3-18b）。

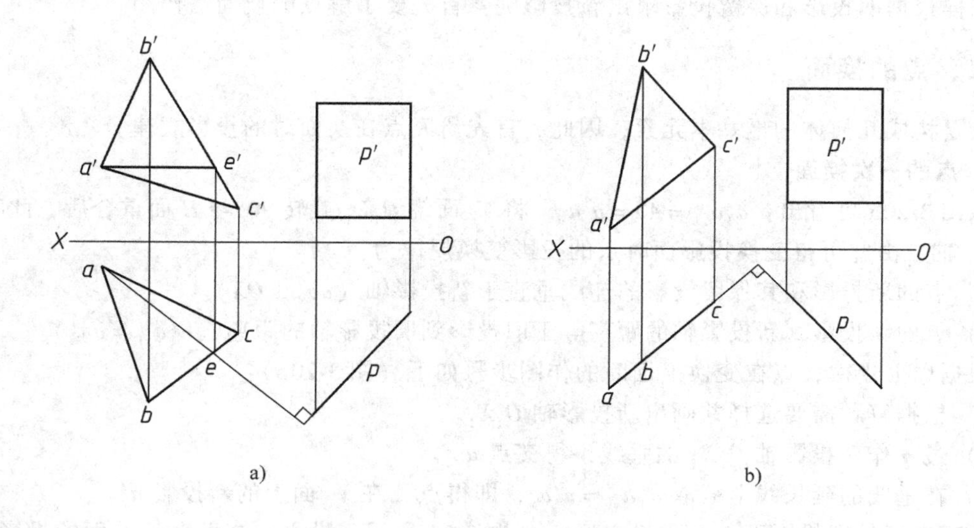

图 3-18　投影面垂直面与平面垂直
a）一般位置平面与铅垂面垂直　b）两铅垂面互相垂直

第二节 投影变换

当直线或平面与投影面处于特殊位置时，则其投影反映某种几何特性（如实长、实形、倾角等），并且可方便地解决某些度量和定位问题（如求距离、交点、交线等）。投影变换就是通过改变空间几何元素对投影面的相对位置来简化解题的方法。

一、换面法的基本概念

换面法是空间几何元素不动，改变投影面位置，使空间几何元素对改变后的新投影面处于有利于解题的位置。

如图3-19所示，直线AB在投影面V、H组成的投影体系中是一般位置直线，若将投影面V变换到V_1面的位置，并使V_1面平行于AB和垂直于H面，则在V_1面和H面构成的新投影体系V_1/H中，直线AB变换成了正平线，变换后直线AB在V_1面上的投影$a_1'b_1'$就反映AB的实长和对投影面H的倾角α。

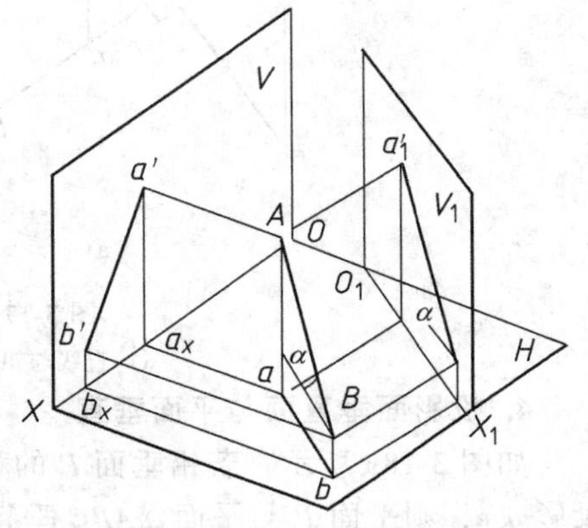

图3-19 换面法基本概念

将投影面V称为旧投影面，其上的投影称为旧投影；将投影面H称为被保留的投影面，其上的投影称为保留投影；将投影面V_1称为新投影面，其上的投影称为新投影；将OX称为旧投影轴；将O_1X_1称为新投影轴。

怎样根据旧投影和保留投影求出新投影呢？首先要了解点的换面法作图。

二、点的换面

点是构成几何体的最基本元素，因此，首先研究点在换面时的投影规律。

1. 点的一次换面

从图3-20a可看出：$a_1'a_{x1}=Aa=a'a_x$，将V_1面绕O_1X_1旋转90°与H面重合后，此时$aa_1'\perp O_1X_1$轴，由此可得变换投影面时点的投影变换规律为：

1）点的新投影和其保留投影的连线垂直于新投影轴（$aa_1'\perp OX$）。

2）点的新投影到新投影轴的距离等于旧投影到旧投影轴的距离（$a_1'a_{x1}=aa_x'$）。

根据以上规律，点在变换V面时的作图步骤如下（图3-20b）：

1）根据解题需要选择并画出新投影轴O_1X_1。

2）过a作新投影轴O_1X_1的垂线，得交点ax_1。

3）在垂线的延长线上截取$a_1'a_{x1}=a'a_x$，即得点A在V_1面上的新投影a_1'。

同理也可保留投影面V而更换H面，如图3-21所示，设立一个垂直于V面的投影面H_1面来代替原H面，组成新的投影体系V/H_1，由于V面不动，所以点到V面的距离不变，即$a_1a_{x1}=aa_x=Aa'$，且$a_1a'\perp O_1X_1$。

2. 点的两次换面

换面法在解决实际问题时，有时经一次换面不能完全解决问题，还需要经过两次或多次换面。图 3-22 所示为两次换面时，求点的新投影的方法。其原理与点的一次换面相同，只是将作图过程依次重复一次。

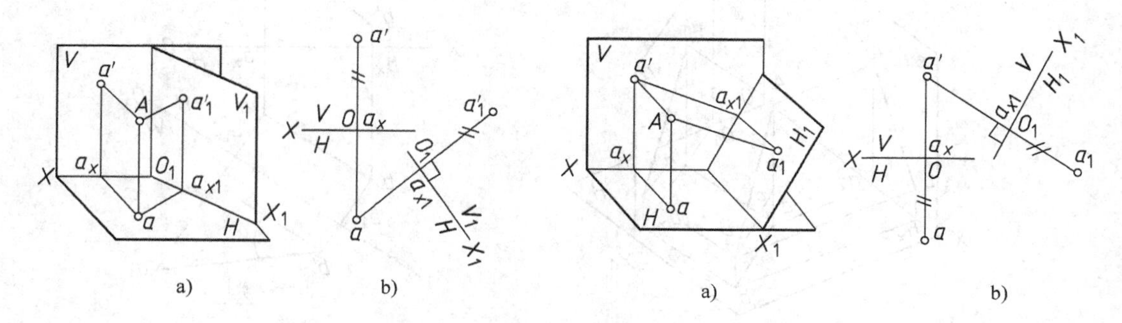

图 3-20　点的一次换面（更换 V 面）　　图 3-21　点的一次换面（更换 H 面）

必须注意，在多次换面时，新投影面的选择必须是在一个投影更换完后，在新的两面体系中交替更换另一个投影面。如图 3-22 中先由 V_1 面代替 V 面，构成新体系 V_1/H，再以这个体系为基础，取 H_2 代替 H 面，又构成新投影体系 V_1/H_2。

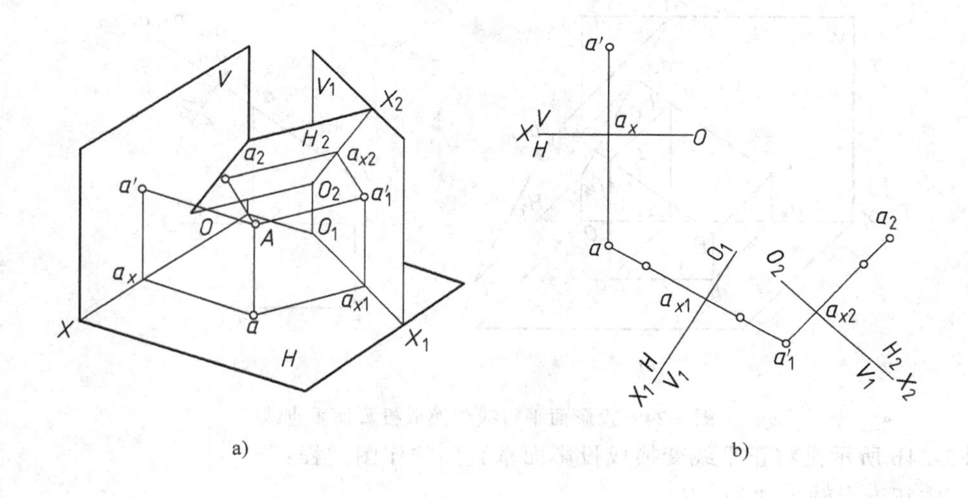

图 3-22　点的两次换面

三、换面法的基本作图

1. 一般位置直线变换成投影面平行线

如图 3-23 所示，为了求出 AB 的实长和对 H 面的倾角，可以用一个既垂直于 H 面，又平行于 AB 的 V_1 更换 V 面，通过一次换面即可达到目的。具体作图过程如下：

1）作新投影 $O_1X_1 // ab$。

2）求出 A、B 两点在 V_1 面的新投影 a_1' 和 b_1'，连线 $a_1'b_1'$ 即为 AB 的实长，$a_1'b_1'$ 与 O_1X_1 轴的夹角即为 AB 对 H 面的倾角 α。

如需求直线 AB 对 V 面的倾角 β，则应设立新投影轴平行于 AB 的正面投影 $a'b'$，此时变换的投影面是 H 面，求出 AB 的新投影即可反映 β 的大小。

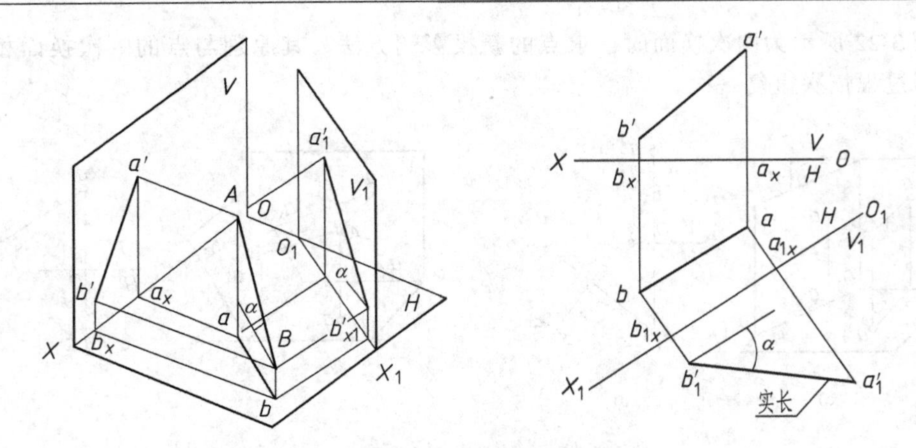

图 3-23 一般位置直线变换成投影面平行线

2. 投影面平行线变换成投影面垂直线

若投影面平行线是正平线，则应变换 H 面，才能做到新投影面 H_1 既垂直于 AB，又垂直于 V 面（图 3-24a）。若投影面平行线是水平线，则应变换 V 面。

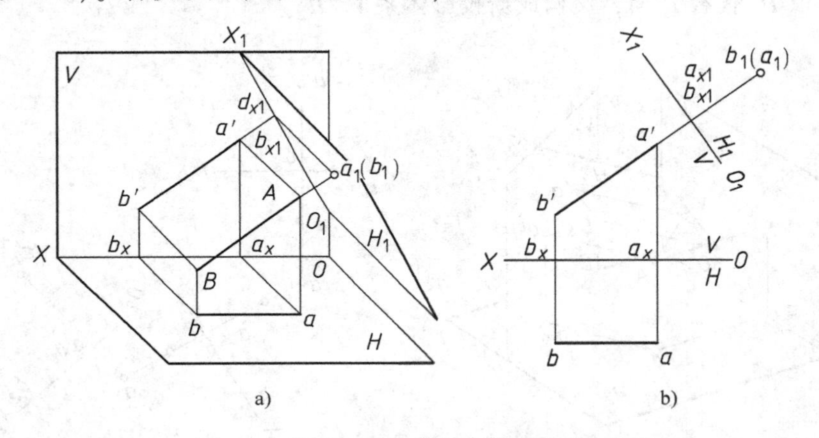

a) b)

图 3-24 投影面平行线变换成投影面垂直线

图 3-24b 所示是将正平线变换成投影面垂直面的作图过程：

1） 作新投影轴 $O_1X_1 \perp a'b'$。

2） 作出点 A、B 在 H_1 面上的投影，它必然积聚成一点 b_1（a_1）。

请注意，投影面平行线变换成投影面垂直线只需一次变换；把一般位置直线变换成投影面垂直线则要两次变换，即先把一般位置直线变换成投影面平行线，再变换成投影面垂直线。

3. 一般位置平面变换成投影面垂直面

如图 3-25a 所示，$\triangle ABC$ 为一般位置平面，若在平面内任取一条水平线（如 AD），再取新投影面 V_1 垂直于 AD，则可将 $\triangle ABC$ 平面变换成投影面垂直面。

作图过程（图 3-25b）如下：

1） 在 $\triangle ABC$ 上取水平线 AD，其投影为 $a'd'$ 和 ad。

2） 作新轴 $O_1X_1 \perp ad$。

3） 求作 $\triangle ABC$ 在 V_1 面的投影 $a'_1b'_1c'_1$，则 $a'_1b'_1c'_1$ 必定积聚成一直线。它与 O_1X_1 轴的夹

角反映△*ABC* 平面对 *H* 面的倾角 *α*。

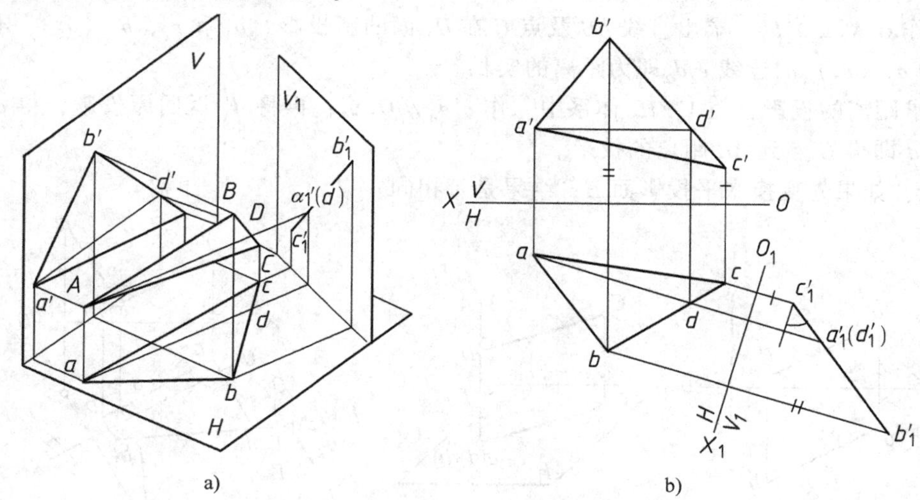

图 3-25　一般位置平面变换成投影面垂直面

4. 投影面垂直面变换成投影面平行面

如图 3-26a 所示，取新投影轴 O_1X_1 平行于已知平面△*ABC* 的积聚投影 *abc*，则新投影面 V_1 必定平行于△*ABC* 平面，即可将△*ABC* 平面变换成投影面平行面。

具体作图过程（图 3-26b）如下：

1）作新投影轴 $O_1X_1 /\!/ abc$。

2）求作点 *A*、*B*、*C* 的新投影 a_1'、b_1'、c_1'，连成△$a_1'b_1'c_1'$，即为△*ABC* 的实形。

请注意，投影面垂直面变换成投影面平行面只需一次变换；一般位置平面变换成投影面平行面则至少需要两次变换，即先变换成投影面垂直面，再变换成投影面平行面。

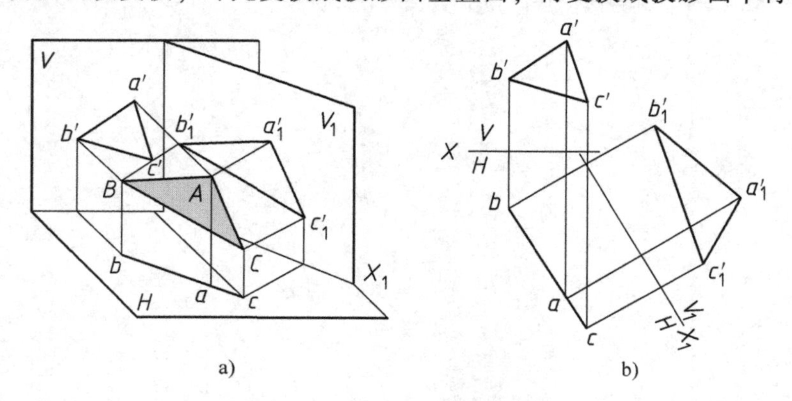

图 3-26　投影面垂直面变换成投影面平行面

5. 应用举例

例 3-10　如图 3-27a 所示，求点 *C* 到直线 *AB* 的距离及其投影。

分析：如图 3-27b 所示，若将所给直线 *AB* 变换成投影面垂直线，则从 *C* 向 *AB* 所作垂线 *CD* 一定是投影面平行线，且 *CD* 的新投影反映实长（所求的距离）。由于直线 *AB* 是一般位置直线，故需两次换面才能将直线 *AB* 变换成投影面垂直线。

作图：1）作 $O_1X_1 /\!/ ab$，求出直线 AB 及 C 在 V_1 面的新投影 $a_1'b_1'$ 和 c_1'（图 3-27c）。

2）作 $O_2X_2 \perp a_1'b_1'$，求出直线 AB 及点 C 在 H_2 面的新投影 a_2b_2 和 c_2，b_2（a_2）积聚成一点，c_2 和 a_2（b_2）的连线 c_2d_2 即为距离的实长。

3）求距离的投影：在 V_1/H_2 体系中，作 $c_1'd_1' /\!/ O_2X_2$；再将 d_1' 返回原投影，得 d 和 d'，连 cd、$c'd$ 即得 C 点到 AB 距离的投影。

讨论：如果先变换水平投影面 H，结果是否相同？

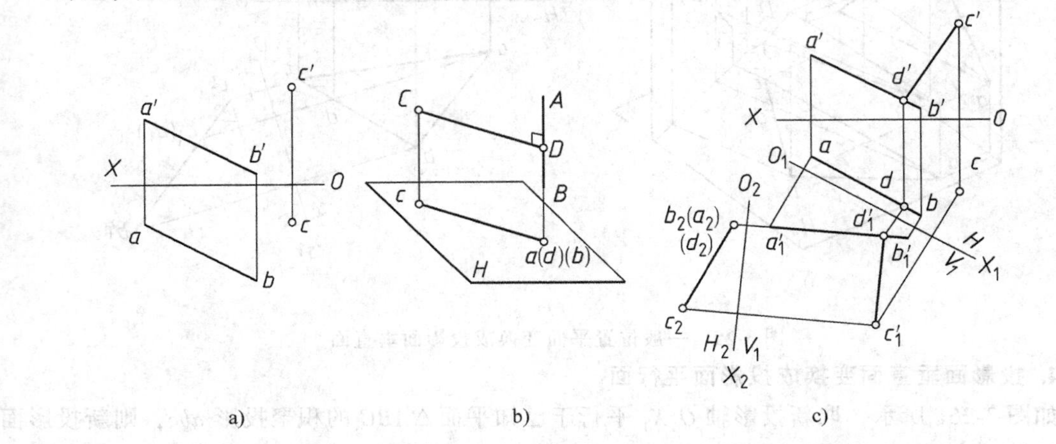

图 3-27 用换面法求点到直线距离

a）已知条件 b）空间分析 c）投影作图

第四章　基 本 立 体

现代工业设计已经进入用计算机进行零件三维造型，通过虚拟加工、模拟装配、发现问题、改进设计后，直接导入工控机指挥数控机床加工的时代。进行零件三维造型时，先要构思一个平面图形，令平面图形运动生成简单基本立体，再由若干基本立体组合成零件。本章将介绍基本立体的构型和画法、平面截切基本立体和两曲面立体相交。

第一节　基本立体的构型和画法

一、基本立体的分类与表示法

1. 基本立体的分类

构造基本立体的平面图形称为基图，根据构型时基图的运动方式可将基本立体分为拉伸体和旋转体两类。将基图拉伸一个厚度所生成的基本立体称为拉伸体（图 4-1），将基图绕一固定的轴线旋转所生成的基本立体称为旋转体（图 4-2）。

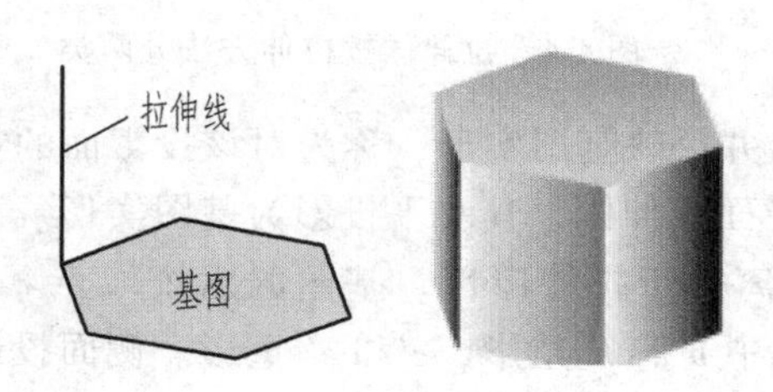

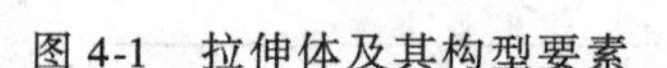

图 4-1　拉伸体及其构型要素

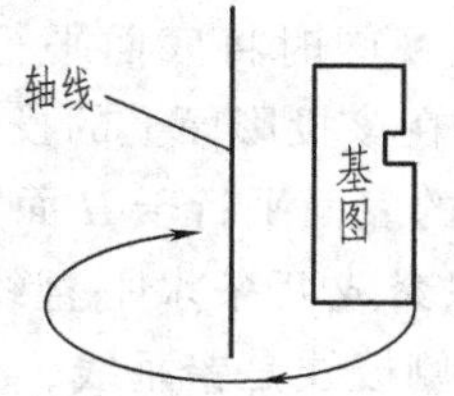

图 4-2　旋转体及其构型要素

根据立体表面的性质也可将基本立体分为平面立体和曲面立体两类、表面是平面的立体称为平面立体（图 4-1），表面中含有曲面的立体称为曲面立体（图 4-2）。

2. 基本立体的构型要素表示法

能构造出立体的基本要素称为构型要素。拉伸体的构型要素是基图和基图上任一点的拉伸线（图 4-1），旋转体的构型要素是基图和旋转轴线（图 4-2）。

如图 4-3a 所示，给出基图的实形投影和基图上任一点 A 的拉伸线的另一投影 a'，就确定了一个如图 4-3b 所示拉伸体的空间形状和位置；图中 a' 标在直线的下方，表示基图由下向上拉伸，这种用构型要素的投影表示基本立体的方法称为构型要素表示法。同理，给出基图和轴线的投影也表示了一个旋转体。

构型要素表示法非常简单清晰。它是进行创新构思、方案比较、构型多样化的有力工具。

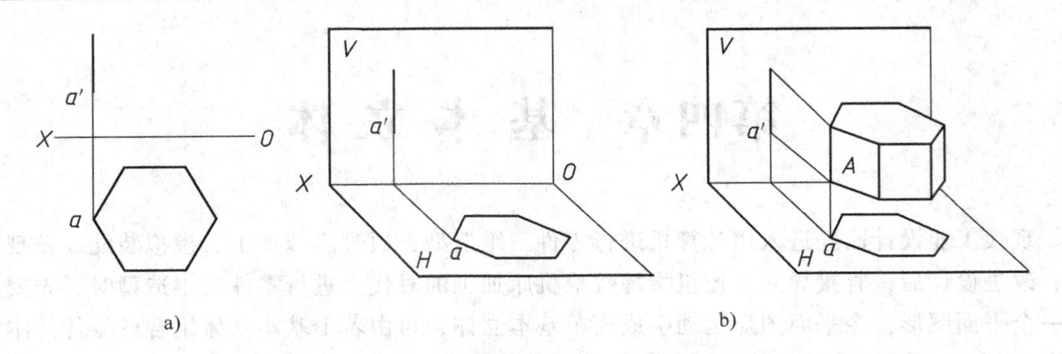

图 4-3 拉伸体的构型要素表示法

a）构型要素表示法 b）构型要素可确定立体的形状和空间位置

二、拉伸体

如图 4-4 所示，拉伸体可分为正拉伸体和变截面拉伸体两类。构成立体的基图又可分为多边形基图和组合线基图两类。

1. 多边形基图拉伸体

多边形基图的正拉伸体称为棱柱体，多边形基图的变截面拉伸体称为棱锥体。

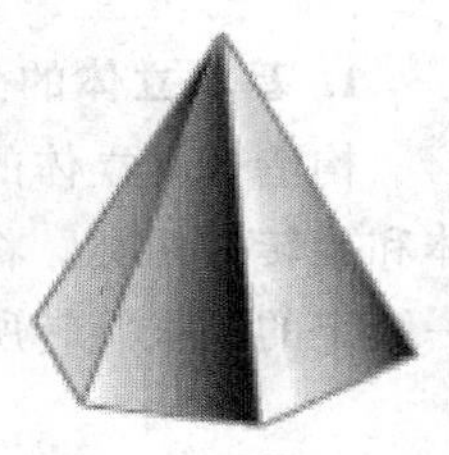

图 4-4 拉伸体按拉伸方法分两类

（1）棱柱体 如图 4-5 所示，棱柱体的几何特征是：有两个相互平行的基图构成上下底面，各个侧面均为矩形，且与上下底面垂直。为了作图方便，画棱柱体的三视图时将底面平行于某一投影面，此时上下底面在该投影面上的投影重合，并反映基图实形，称为对该投影面的拉伸体。图 4-5 中将拉伸体的底面平行于 H 面，称为 H 面拉伸体，其水平投影为基图实形。上下底面的另外两个投影积聚成两条水平直线，且距离等于拉伸厚度。基图的六个端点 a、b、c、d、e、f 生成的六条侧棱线是铅垂线，正面投影中 b'和 f' 重影，c'和 e' 重影。侧面投影中 b''和 c''重影，a''和 d''重影，f''和 e''重影。

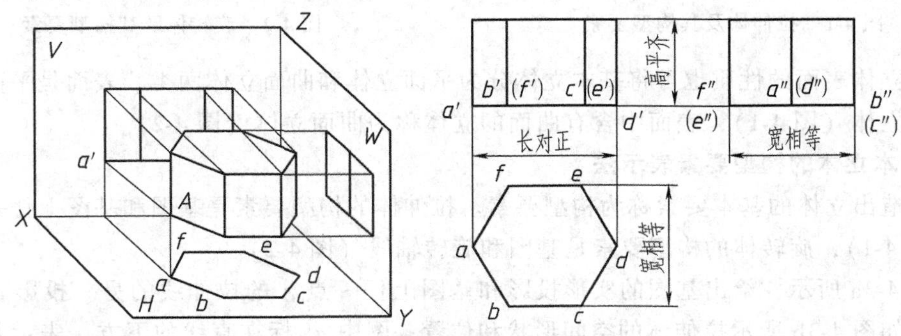

图 4-5 立体的三面视图表示法

（2）棱锥体 如图 4-6 所示，棱锥体的几何特征是：基图的初始位置构成棱锥体的下底面，基图均匀地缩小为一点时构成棱锥体的顶点，棱锥体的侧面均为三角形。

为了作图方便，画棱锥体的三视图时将底面平行于某一投影面。图 4-6 中将三棱锥的底面平行于 H 面，其水平投影反映基图实形，底面的另外两个投影积聚成一条水平直线。绘

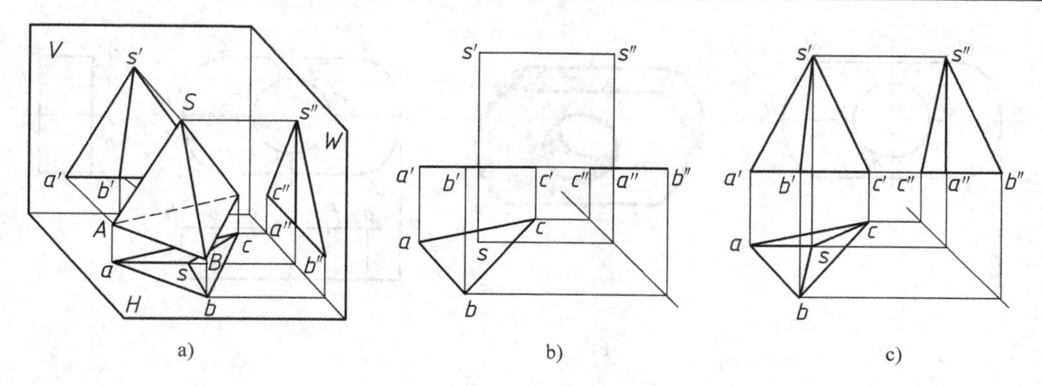

a)　　b)　　c)

图 4-6　棱锥体的三视图

a）立体图　b）画出基图的顶点　c）顶点与基图端点连线

图时先画出底面（基图）*ABC* 和顶点 *S* 的投影（图 4-6b），再过顶点与底面端点连线即得到棱锥体的三视图（图 4-6c）。

2. 组合线基图拉伸体

组合线基图是由直线、圆和弧组合成的平面图形，机械设计中的拉伸体多为组合线基图。

（1）组合线基图的设计原则　基图设计属于平面构成，设计基图时应体现出多样性、创新性、实用性。如图 4-7a 中的基图设计很简洁、清晰；而图 4-7b 中的基图设计则线条流畅且富有美感，静中有动。

a)

b)

图 4-7　组合线图拉伸体的基图设计

a）油田钻机中的基图设计　b）挖土机中的基图设计

（2）组合线基图拉伸体的画法　从图 4-8b 所示的立体图中可看出，组合线基图拉伸体的几何特征与棱柱体相似，也有两个相互平行的基图构成前后底面，各侧面也与两底面垂直，与棱柱体不同之处是侧面中有平面也有曲面，基图中的直线拉出的侧面是平面，基图中的圆或弧拉出的侧面是曲面。

与棱柱体一样，画三视图时也将底面平行于某一投影面，则两底面在该投影面上的投影重合，并反映基图实形。如图 4-8c 所示，拉伸体的两底面平行于 *V* 面，称为 *V* 面拉伸体，其主视图为基图实形，两底面的另外两个投影积聚成两条互相平行的直线，且距离等于拉伸厚度。

画组合线基图（主视图）时应根据平面图形的尺寸分析，先画已知线段，再画中间线段，最后画连接线。基图中的已知圆或弧，必须用细点画线标出其圆心，并在另外两个视图（俯视图和左视图）中用点画线画出圆心拉伸线的投影。

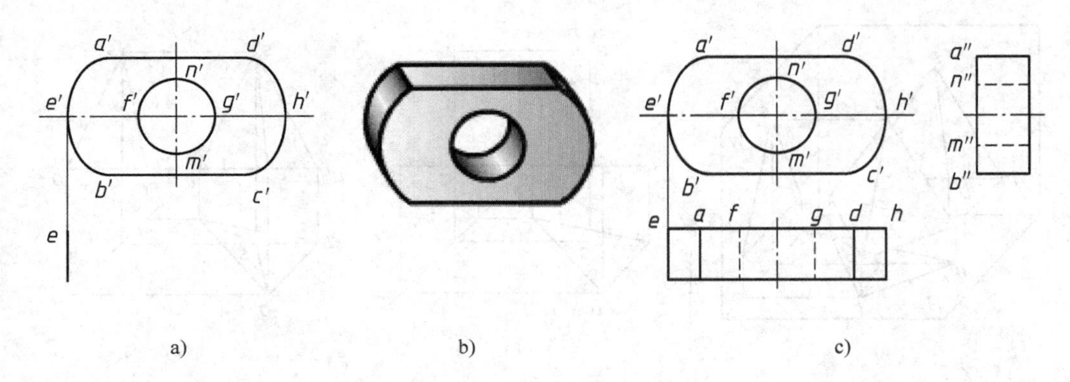

a) b) c)

图 4-8 组合线基图拉伸体的构型要素和三视图

a）构型要素表示法 b）立体图 c）三视图

在另外两个视图中还应画出侧面棱线的投影。该基图中还有 a'、b'、c'、d'四个端点，拉伸时在侧面生成四条棱线，在视图中应根据长对正、高平齐的投影规律，画出各棱线的投影。

基图中已知圆或弧与点画线的交点称为象限点，图 4-8 中有 e'、f'、g'、h'、n'、m'六个象限点，在视图中还要画出这些象限点拉伸线的投影。点画线是很重要的定位基准线，当象限点拉伸线的投影与点画线重合时则应省略象限点拉伸线，因此俯视图中省略了 n'、m' 两个象限点的拉伸线投影，左视图中省略了 e'、h'两个象限点的拉伸线投影。视图中画出的象限点拉伸线投影称为曲面的转向线。

当组合线基图由两个或两个以上的封闭图形组成时，其内部的小封闭图形是被减去的空洞，如图 4-8a 中的圆所包围的区域已被减去，因此拉不出实体，即该圆将拉伸出一个圆孔。

3. 正拉伸体的投影特性

正拉伸体的投影特性为：一个视图为基图实形，另外两个视图反映同一拉伸厚度，并在视图中画出基图端点、象限点和圆心拉伸线的投影。

应用以上投影特性可完成拉伸体的两类基本作图：

1）由构型要素补全三视图（图 4-8）。

2）由拉伸体的两视图求第三视图。如图 4-9 所示，已知拉伸体的俯、左视图求主视图。作图时根据主、左视图反映同一拉伸厚度，画出主视图的厚度。过基图的四个图线交点 a、

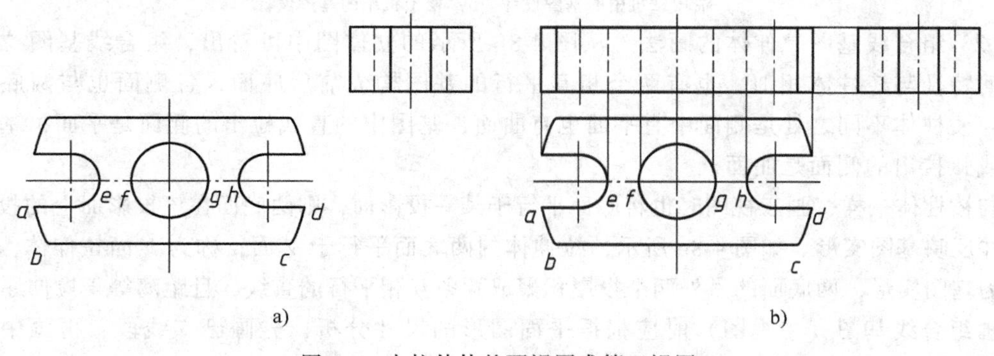

a) b)

图 4-9 由拉伸体的两视图求第三视图

a）已知条件 b）作图

b、c、d 向上作垂线，求出四条棱线的主视图。再过基图中的四个象限点 e、f、g、h 向上作垂线，求出主视图上的四条不可见的转向线。并过三个圆心向上作垂线，用点画线画出三条圆心的拉伸线。

三、旋转体

1. 旋转体的素线和纬线

如图 4-10 所示，基图线在立体上的任一位置，称为素线；基图线上任一点的回转轨迹是一个垂直于轴线的圆，称为纬线。在旋转体表面上取点时，通常选用素线或纬线作辅助线。

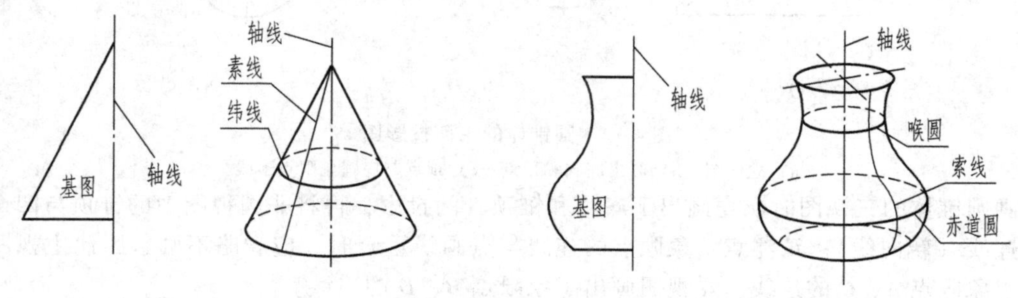

图 4-10 旋转体的素线和纬线

2. 常用的旋转体

（1）圆柱体 如图 4-11 所示，圆柱体是以矩形为基图，以矩形的某一边为轴线生成的旋转体，在构型要素表示法中，与轴线重合的基图线可省略不画。

圆柱体也可看成是以圆为基图的正拉伸体，因此圆柱体既是旋转体也是拉伸体。

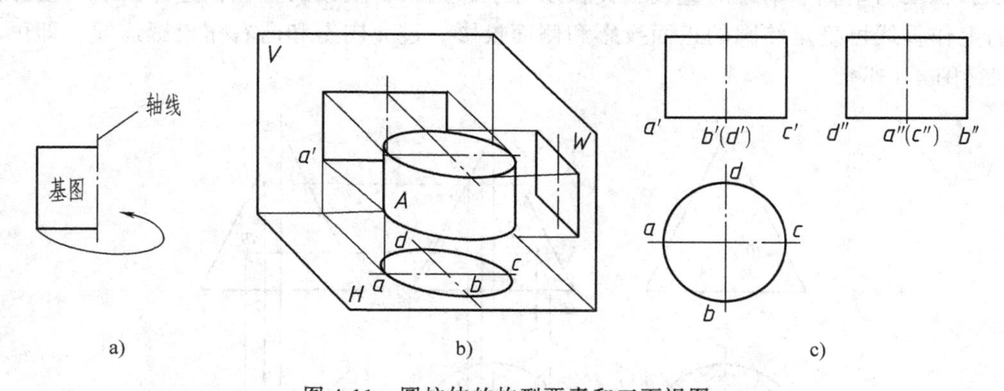

图 4-11 圆柱体的构型要素和三面视图

a）构型要素表示法 b）构型要素确定的空间形体 c）三面视图

圆柱体的几何特征与棱柱体相似，也有两个相互平行的圆形上下底面，其侧面为曲面，且与上下底面垂直。为了作图方便，画圆柱体的三视图时也将底面平行于某一投影面，则圆柱体在该投影面上的投影是圆，另外两个投影全等，且均为以轴线为对称的两个基图。

若将圆柱体视为拉伸体，则圆形视图中有四个象限点 a、b、c、d 在两个全等的非圆视图中应画出象限点的拉伸线，且象限点的拉伸线与点画线重合时，应省略不画，因此在图 4-11c 中，主视图只画出了象限点 A、C 的拉伸线，左视图只画出了象限点 B、D 的拉伸线。

（2）圆锥体 如图 4-12 所示，圆锥体是以直角三角形为基图，以某一直角边为轴线旋转所生成的旋转体。圆锥体也可看成是以圆为基图的变截面拉伸体，因此圆锥体既是旋转体也是拉伸体。

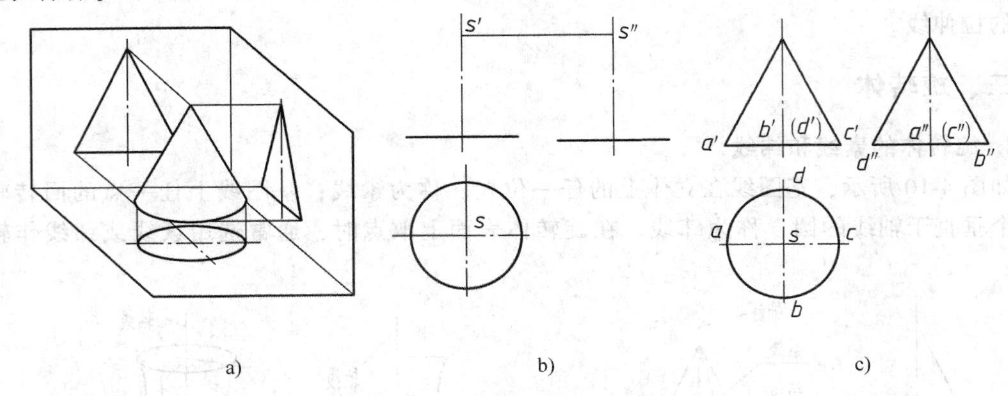

图 4-12　圆锥体的三面投影图

a）立体图　b）画出底圆和顶点　c）顶点与底圆象限点连线

画圆锥体的三视图时，先画出下底圆和锥顶 S 的投影，再将非圆视图中的锥顶与四个象限点连线（转向线）。请注意：象限点的连线与点画线重合时，应省略不画，因此主视图只画出了象限点 A、C 的连线，左视图画出了象限点 B、D 的连线。

例 4-1　求圆锥面上的点 M 和点 N 的另外两投影（图 4-13）。

解法一　用素线法求解：如图 4-13b 所示，先过 m' 和顶点 s' 作一素线 $s'a'$，求出其水平投影 $s\,a$，过 m' 向下作垂线，即可在 sa 上求得 m，最后由 m、m' 求 m''。

解法二　用纬圆法求解：过 n 作纬圆的水平投影，此圆与底圆同心。纬圆的正面投影和侧面投影积聚为垂直于轴线的直线，其长度等于纬圆水平投影的直径，过纬圆水平投影的最右点向上作垂线可确定纬圆的正面投影和侧面投影。过 n 向上和向右作投影连线，即可求出 n'、n''（图 4-13b）。

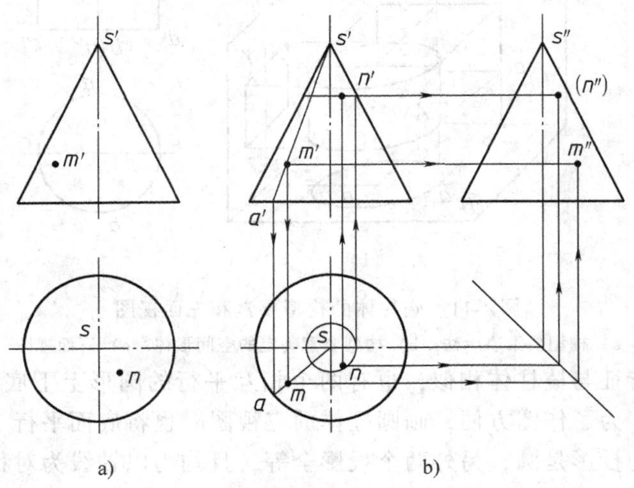

图 4-13　圆锥面上取点

a）已知条件　b）作图

（3）圆球体　如图 4-14 所示，圆球体是以半圆作基图，以其直径为轴线所生成的旋转体。圆球体的三个视图都是圆，但三个圆的空间位置不同，主视图圆是前半球和后半球的分界线，俯视图圆是上半球和下半球的分界线，左视图圆是左半球和右半球的分界线。

在球面上取点只能使用纬圆法。如图 4-14b 所示，已知圆球面上点 A 的正面投影 a'，求另外两投影。作图步骤为：过 a' 作水平直线，得纬线圆的正面投影，以纬线的正面投影长为直径，在水平投影上画圆即为过点 A 的纬线圆的水平投影。过 a' 向下作垂线可在纬线圆的水平投影上求出 a，再根据水平投影中的 Y 坐标，即可求出点 A 的侧面投影。

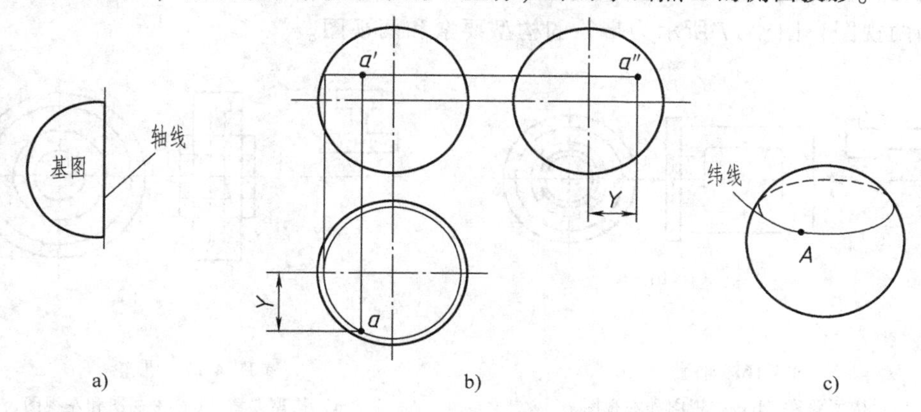

图 4-14　圆球的投影和尺寸标注

a）构型要素表示法　b）三面视图表示法　c）立体图

3. 旋转体的投影特性

上述旋转体的投影特性为：一个视图为圆或一组同心圆，另外两个非圆视图全等，均由以轴线对称的两个基图和两基图的对应端点连线所组成。旋转体的一个非圆视图便能表达出该旋转体的全部构型要素，因此工程图样中表达旋转体常只画一个非圆视图。

应用以上投影特性可完成旋转体的两类基本作图：①由构型要素补全三视图；②由旋转体的两视图求第三视图。

例 4-2　已知机械零件弹簧座的构型要素，试补全弹簧座的三视图（图 4-15a）。

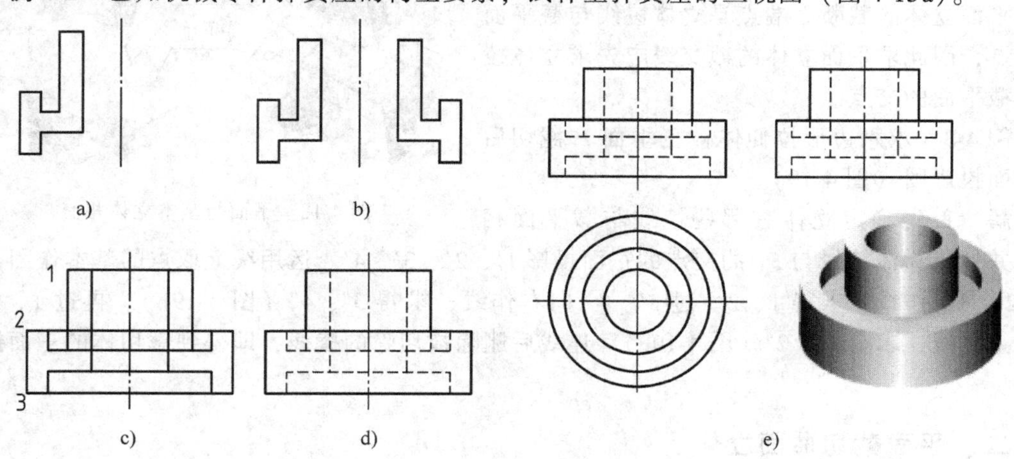

图 4-15　由旋转体的构型要素画三视图

a）构型要素表示法　b）画对称基图　c）对称端点连线　d）不可见线画虚线　e）三视图表示法

解　在构型要素中再画一个以轴线为对称的基图（图 4-15b），将基图的对称端点连线

(图4-15c)，最外侧端点1、2、3的连线画实线，内侧端点连线和不可见的基图线画成虚线，即得到该旋转体的非图视图（图4-15d）。基图中有四个半径尺寸，因此同心圆视图应画四个圆。

很多机械零件是旋转体，如各种轴类零件、套类零件、带轮、手柄等，这些旋转体零件均可根据旋转体的投影规律，由构型要素画出零件的视图。例如，图4-16所示为轴套的构型要素和两视图，图4-17所示为带轮的构型要素和两视图。

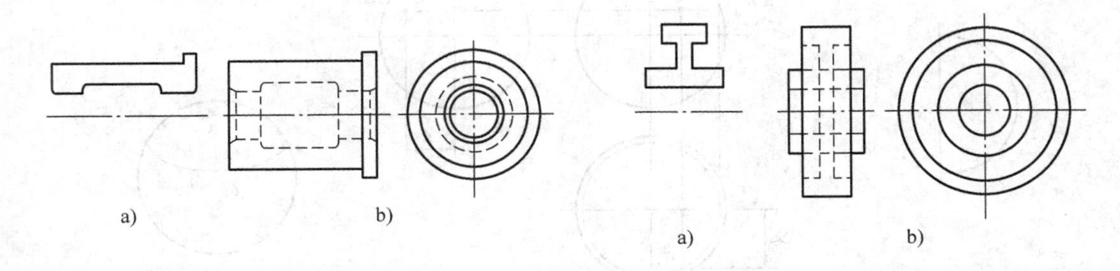

图4-16 轴套
a）构型要素 b）主视图和左视图

图4-17 带轮
a）构型要素 b）主视图和左视图

第二节 平面截切基本立体

利用平面截切基本立体的方法生成较复杂形体，是立体构成的方法之一。截切基本立体的平面称为截平面，截平面与立体表面的交线称为截交线，截交线围成的平面图形称为截断面（图4-18）。

一、平面截切平面立体

平面立体的截断面端点是立体棱线与截平面的交点，因此求平面立体的截交线应先求立体棱线与截平面的交点。

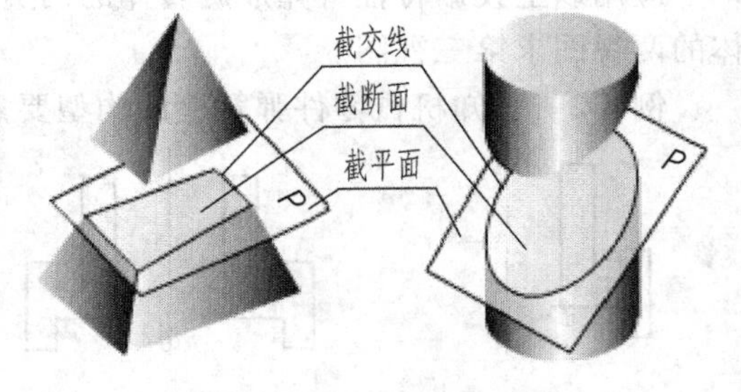

图4-18 平面与基本立体相交

例4-3 求六边形拉伸体被正垂面P截切后的三面投影图（图4-19）。

解 首先确定立体有哪些棱线与截平面相交，并标出立体棱线与P_V的交点的正面投影$1'$、$2'$、$3'$、$4'$。运用线上取点的基本作图，过$1'$、$2'$向下作线，求得1、2。过$3'$、$4'$向右作线，求得$3''$、$4''$（图4-19b）。再过1、2向右、上作线，求得$1''$、$2''$（图4-19c）。连线后删除被切除的棱线，即得到截切体的三面投影图。

二、平面截切曲面立体

1. 平面截切圆柱体

圆柱体的截交线可分为表4-1所示的三种情况：截平面垂直于轴线时，截交线为圆；截平面平行于轴线时，截交线为矩形；截平面倾斜于轴线时，截交线为椭圆。

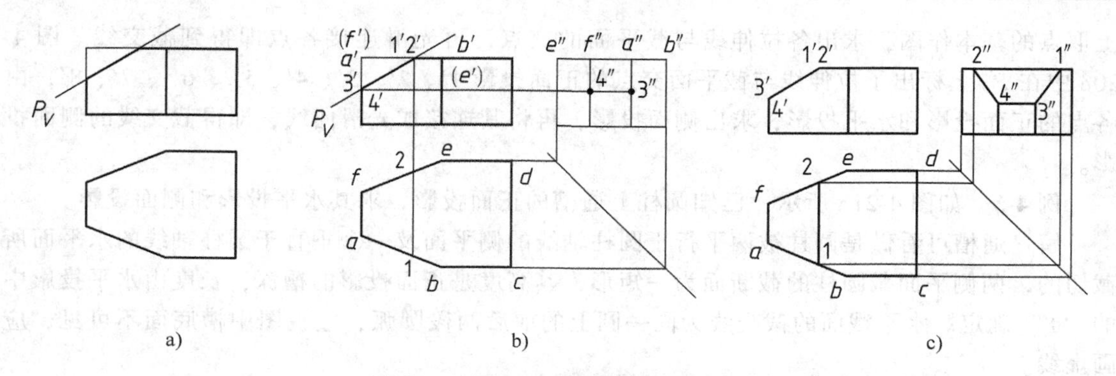

图 4-19　多边形拉伸体截交线的画法

a）已知条件　b）分析被截棱线　c）画截交线

表 4-1　圆柱体的截交线

截平面位置	垂直于轴线	平行于轴线	倾斜于轴线
截交线名称	圆	矩形	椭圆
三面正投影图及立体图	圆	矩形 矩形	α 椭圆 椭圆

例 4-4　圆柱被正垂面 P 截切，试补画截切体三视图（图 4-20）。

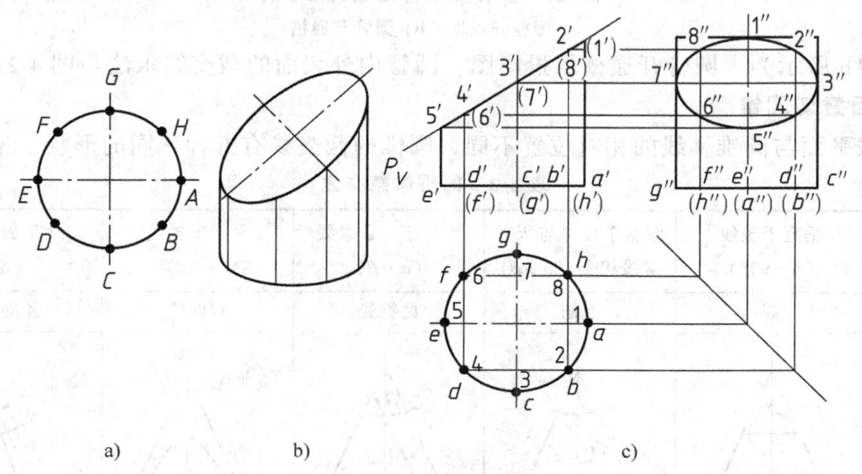

图 4-20　正垂面截切圆柱体

a）基图　b）立体图　c）三视图

解　平面斜截圆柱体时可在基图圆上取若干点，如图 4-20a 中的点 A、B、C、D、E、F、G、H，画出这些点的拉伸线，将圆柱面假想成由这些线构成的平面立体（棱柱）。用线上取点的基本作图，求出各拉伸线与截平面的交点，再光滑连接各点即得到截交线。图 4-20c 中在 P_V 上标出了拉伸线与截平面交点的正面投影 1′、2′、3′、4′、5′、6′、7′、8′，由各点的正面投影和水平投影，求出侧面投影，再将其连接成光滑曲线，即得截交线的侧面投影。

例 4-5 如图 4-21a 所示，已知圆柱上通槽的正面投影，求其水平投影和侧面投影。

解 通槽可看做是圆柱被两平行于圆柱轴线的侧平面及一个垂直于圆柱轴线的水平面所截切的，两侧平面截圆柱的截断面为一矩形，其高度是正面投影的槽深，长度由水平投影中的“*Y*”确定。水平截面的截交线为同一圆上的前后两段圆弧，左视图中槽底面不可见，应画虚线。

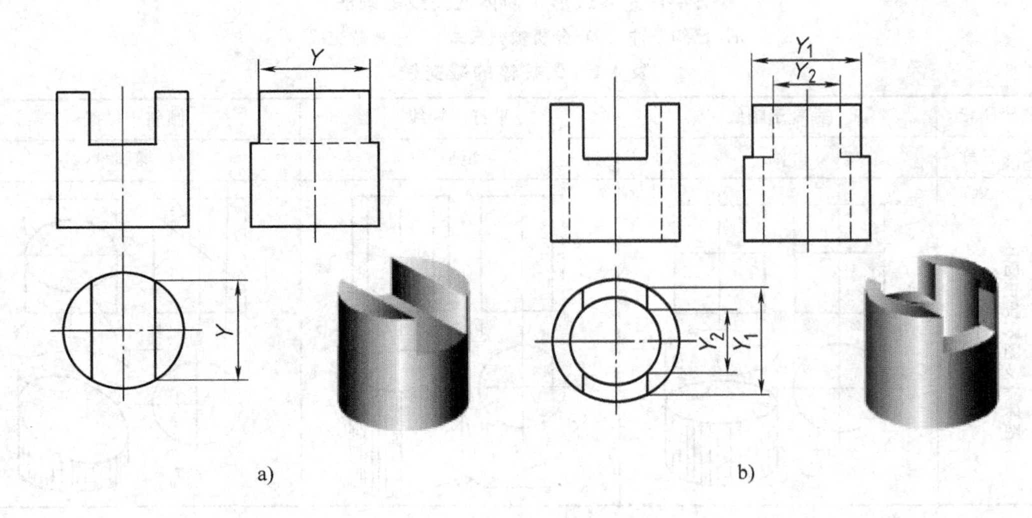

图 4-21 投影面平行面截切圆柱体

a) 圆柱开通槽 b) 圆管开通槽

图 4-21b 所示为一圆管开通槽的投影图，圆管内外表面的截交线求法与图 4-21a 相同。

2. 平面截切圆锥

由于截平面与圆锥轴线的相对位置不同，圆锥的截交线有五种不同的形状，见表 4-2。

表 4-2 圆锥体截交线

截平面位置	垂直于轴线 ($\alpha=90°$)	倾斜于轴并与所有素线相交 ($\alpha>\beta$)	平行于一条素线 ($\alpha=\beta$)	平行于轴线 ($\alpha<\beta$)	截平面通过锥顶 ($\alpha<\beta$)
截交线名称	圆	椭圆	抛物线	双曲线	相交两直线
投影图	α 圆	β α 椭圆	β α 抛物线	双曲线	α β 相交两直线

（续）

截平面位置	垂直于轴线（$\alpha=90°$）	倾斜于轴并与所有素线相交（$\alpha>\beta$）	平行于一条素线（$\alpha=\beta$）	平行于轴线（$\alpha<\beta$）	截平面通过锥顶（$\alpha<\beta$）
截交线名称	圆	椭圆	抛物线	双曲线	相交两直线
立体图	圆	椭圆	抛物线	双曲线 特例（$\alpha=0$）	相交两直线

例 4-6 已知切头圆锥的正面投影图，补画另外两投影图（图 4-22）。

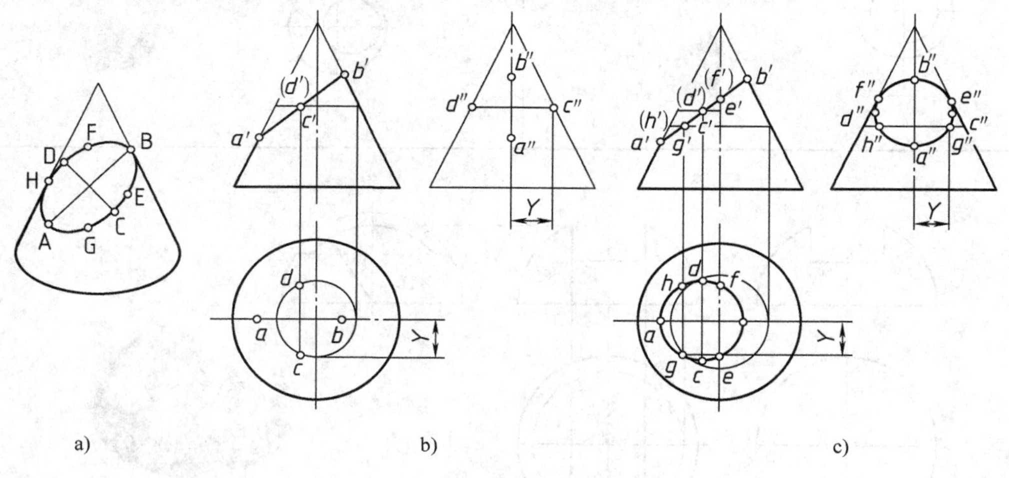

图 4-22 圆锥与平面相交

a）立体图 b）求长、短轴 c）求其他点

解 分析：由表 4-2 可知截交线的空间形状是椭圆，其正面投影积聚成直线（是已知投影），水平投影和侧面投影仍是椭圆（特殊情况下为圆）。

1）求椭圆长、短轴的投影（图 4-22b）。椭圆长轴两端点 A、B 是正面投影转向线上的点，可直接作出 ab 和 $a''b''$。椭圆短轴 CD 的正面投影 c'（d'），重影于 $a'b'$ 的中点，用纬线法或素线法可由 c'（d'）求出点 C、D 的其余两投影（图中用纬线法作图）。由长短轴即可画出椭圆。

2）为使作图准确，可以再求出最前和最后素线上的点 E、F 和一般点 G、H。点 E、F 可由 e'、f' 直接求得 e、f 和 e''、f''。求一般点时，可在正面投影上适当位置取点 g'、h'，用纬线法或素线法求出另两投影（图中用纬线法作图）。

3. 平面截切圆球

平面从任何方位截切圆球所得的截交线均为圆。其投影可以是直线、圆或椭圆，见表 4-3。

例 4-7 已知半圆球的三面投影和切口的正面投影，试补全切口的另外两投影（图 4-

23a)。

解　本题的切口是由一个水平面和两个侧平面截切而成的。水平截面的截交线是水平圆，其水平投影反映实形，半径 R_1 可由正面投影求得。两个侧平截面的截交线是侧平圆，其侧面投影反映实形，半径 R_2 也可由正面投影求得。球面的侧面投影转向线在切口处已被切去，因此应当删除。

表 4-3　球体截交线

截平面为投影面平行面	截平面为投影面垂直面
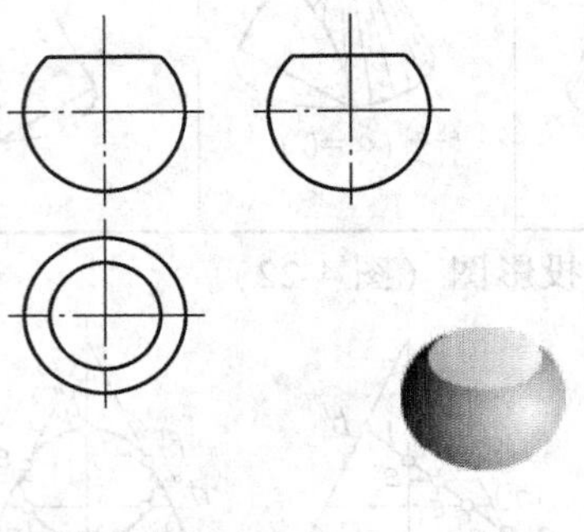	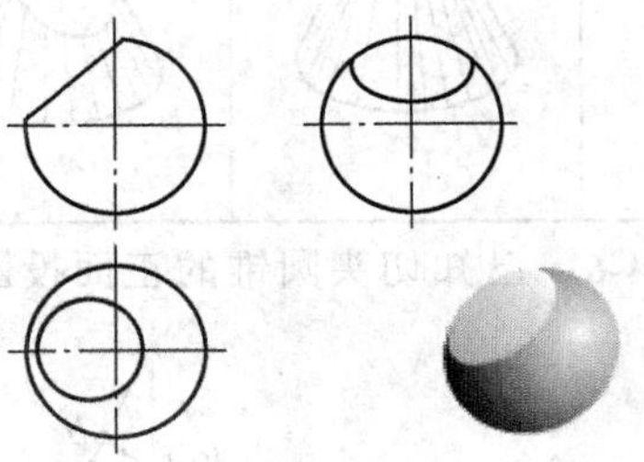

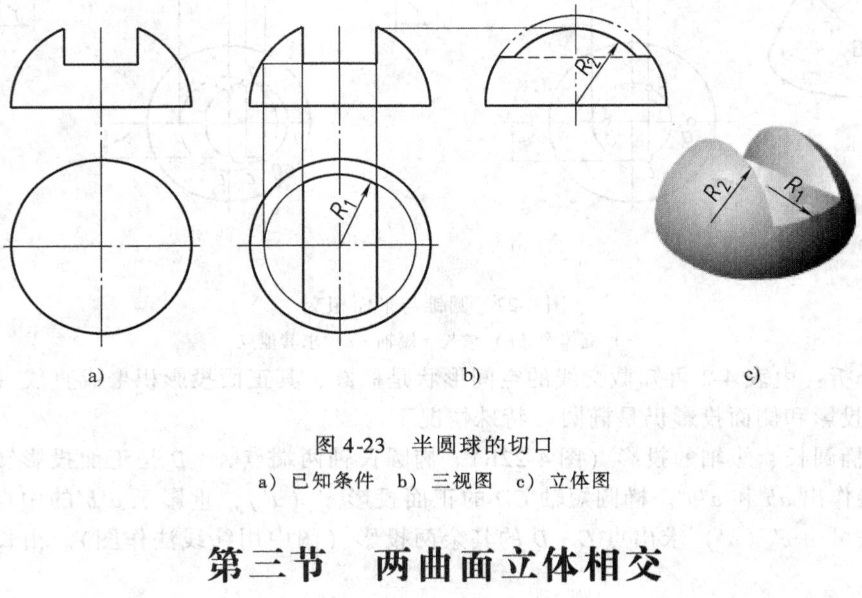

a)　b)　c)

图 4-23　半圆球的切口

a）已知条件　b）三视图　c）立体图

第三节　两曲面立体相交

利用两基本立体相交的方法生成较复杂形体，也是立体构成的方法之一。两立体相交时立体表面上产生的交线称为相贯线，如图 4-24 所示。

基本立体有平面立体和曲面立体，所以两基本立体相交有三种情况：两平面立体相交，平面立体与曲面立体相交，两曲面立体相交。由于前两种情况可看成是用平面立体的表面去截切另一立体的，其交线的画法与求截交线相同，所以本节不重复讨论，这里只讨论两曲面立体相交的作图方法。

一、两曲面立体相贯线的特性

两曲面立体的相贯线有以下特性：

1）相贯线一般是闭合的空间曲线，特殊情况下可以是平面曲线或直线（图4-24）。

2）相贯线是相交两立体表面的共有线，相贯线上的点是两曲面立体表面的共有点。

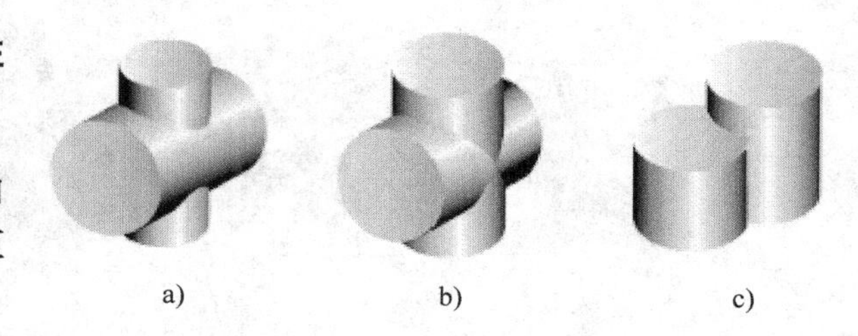

图4-24 两曲面立体相贯
a）交线是空间曲线 b）交线是平面曲线 c）交线是直线

二、求相贯线的方法

1. 表面取点法

表面取点法是指参加相交的两曲面立体表面中，若某一立体表面的投影有积聚性，则相贯线与该表面的积聚投影重合，即相贯线的该投影已知，可以在相贯线已知投影上取若干点，用在另一立体表面上取点的作图方法求出各点的其余投影，并将各点光滑连接，即得相贯线的投影。

例4-8 求作图4-25a所示两圆柱相贯线的投影。

解 从图4-25c可知，相贯线为上下两条封闭的空间曲线，且上下、前后、左右对称。竖放圆柱的俯视图为积聚投影，因此相贯线的俯视图与该圆柱的投影重合，在该投影上取若干点（图中取了点1、2、3、4、5、6）。过各点向右、上作投影连线，求出各点的侧面投影1″、2″、3″、(4″)、(5″)、(6″)。由各点的两投影求出第三投影1′、2′、3′、4′、5′、6′，用曲线板依次光滑连接各点，并画出下方的对称曲线，即得相贯线的主视图。

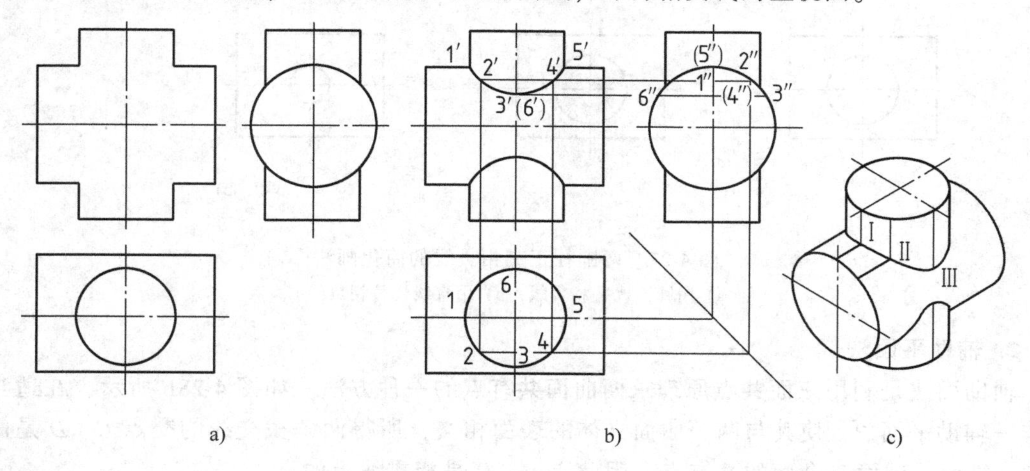

图4-25 两圆柱相贯线的求法
a）已知条件 b）作图 c）立体图

图4-26所示是同样的两个正交圆柱*A*、*B*相贯生成的不同形体，但因参加相交的圆柱*A*、*B*相同，因此相贯线的投影完全相同。

正交两圆柱相贯线的投影可以采用简化画法。如图4-27a所示，当两圆柱半径相差不大

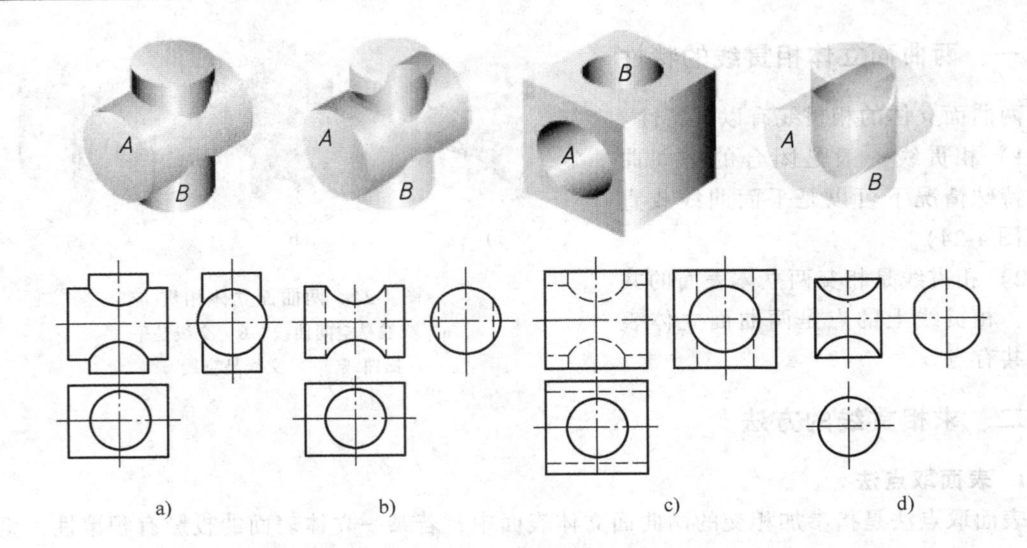

图 4-26 两正交圆柱相贯的不同形式

a）两外表面相交 b）内外表面相交 c）两内表面相交 d）两圆柱体共有部分

时，相贯线的投影可用大圆柱的半径画圆弧来代替。如图 4-27b 所示，当小圆柱的直径与大圆柱相差很大时，相贯线的投影可用直线来代替。

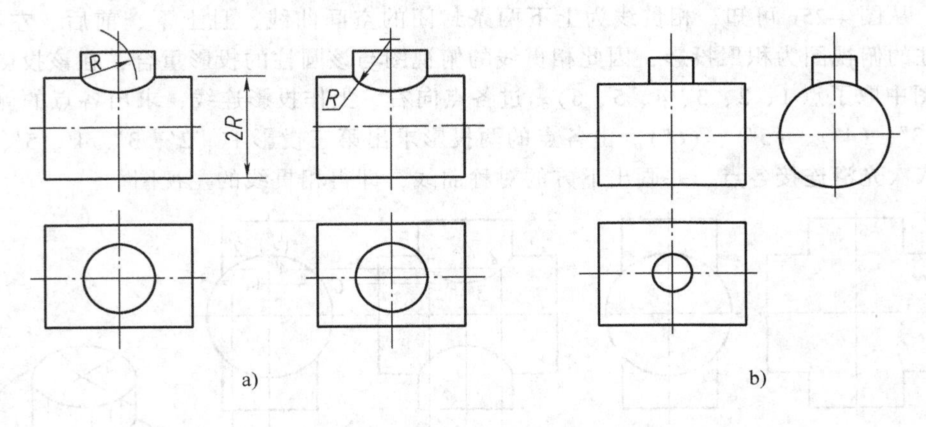

图 4-27 两圆柱正交相贯线的简化画法

a）用圆弧代替相贯线 b）用直线代替相贯线

2. 辅助平面法

辅助面法是利用三面共点原理求两曲面共有点的一种方法。如图 4-28b 所示，在适当位置作一辅助平面 P，使其与两个曲面立体的表面相交，所得两条截交线的交点 C、D 是截平面 P、锥面、球面三个面的共有点。因此点 C、D 是相贯线上的点。

在三视图中作若干个辅助平面，就可求出一组相贯线上的点。用曲线板光滑连接这些点，即得相贯线的三视图。

为了便于作图，所选辅助平面与曲面立体的截交线应为直线或圆。

例 4-9 求作圆球与圆锥的相贯线（图 4-28）。

解 球面和圆锥面的投影都没有积聚性，因此不能用表面取点法而只能用辅助平面法求

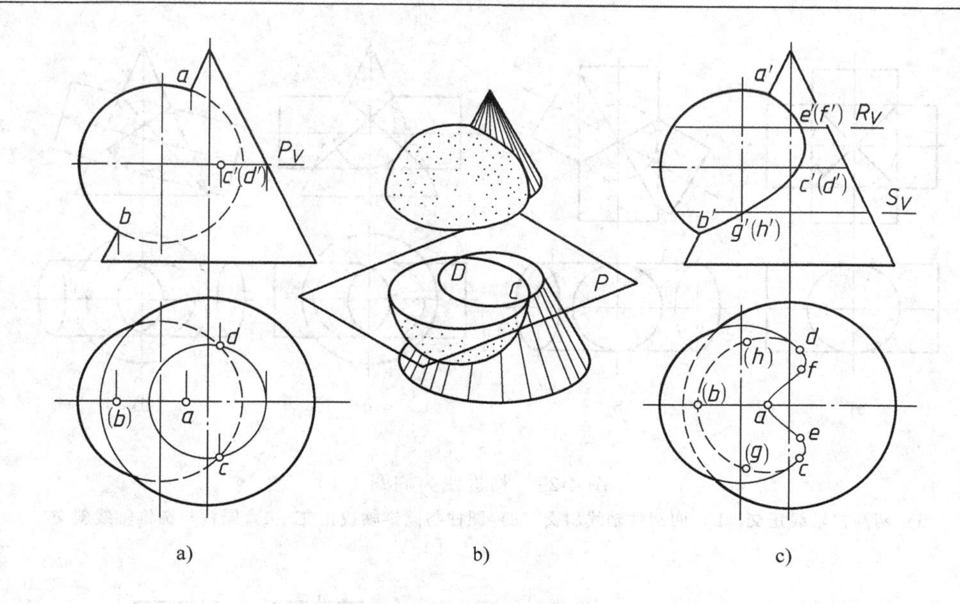

图 4-28　求圆球与圆锥的相贯线

a）已知条件与特殊点分析　b）立体图　c）完成作图

其相贯线的投影。根据圆球和圆锥的形状特征及其相对位置，应选择水平面作为辅助平面，其与圆球和圆锥的截交线均为圆，且水平投影反映实形。

（1）求曲面转向线上的点　圆球和圆锥的正面投影转向线的交点 a'、b'是相贯线上的点，其水平投影 a、（b）应在俯视图的水平中心线上；过球心作水平辅助平面 P，P 与球面的截交线为球的水平投影转向线，与圆锥的截交线为水平圆，两圆水平投影的交点 c、d 即为相贯线在球面转向线上点的水平投影，其正面投影 c'、（d'）重合在球的水平中心线上。

（2）求一般点　如图 4-28c 所示，在适当位置作辅助平面 S、R，求出共有点的投影 e'（f'）、g'（h'）、e、f、g、h。

（3）依次光滑连接各点并判断可见性　由于相贯线前后对称，在正面投影中，相贯线前后重合，故用实线依次连接各可见点。在水平投影中，圆锥面投影全可见，球的上半球面可见，以相贯线在球面转向线上的点 c、d 为界，$ceafd$ 可见，用实线连接，而下半球面上的点 c（g）（b）（h）d 不可见，用虚线连接。

（4）补画转向线　在水平投影中将球的转向线用实线补画到点 c、d。圆锥的底面是完整的，故其被圆球遮挡的轮廓线用虚线补全。

3. 相贯线的投影为直线的特殊情况

（1）两个旋转体外切于同一个球　如图 4-29 所示，两个旋转体同时外切于一个圆球时，其相贯线是两条平面曲线——椭圆。因两旋转体轴线平行于 V 面，故这两个椭圆垂直于 V 面，其正面投影积聚为两条相交直线。

如图 4-30 所示，等径正交油孔和直角弯头是零件的常见结构，其相贯线的投影均为直线。

（2）共轴旋转体　当两个旋转体共轴时，其相贯线一定是与轴垂直的圆。图 4-31a 所示为圆柱与圆锥共轴；图 4-31b 所示为圆柱与球共轴；图 4-31c 所示为圆锥与圆球共轴，其相贯线的正面投影均为直线。

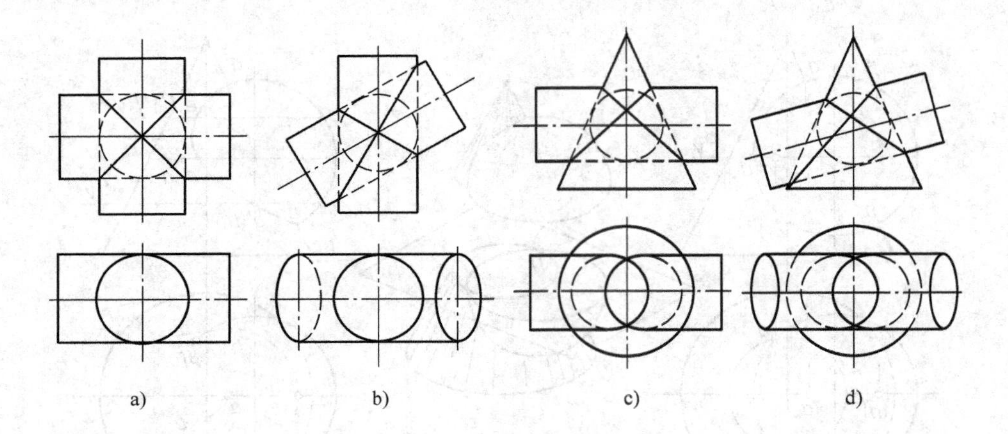

图 4-29　相贯线为椭圆

a）两圆柱轴线正交　b）两圆柱轴线斜交　c）圆柱与圆锥轴线正交　d）圆柱与圆锥轴线斜交

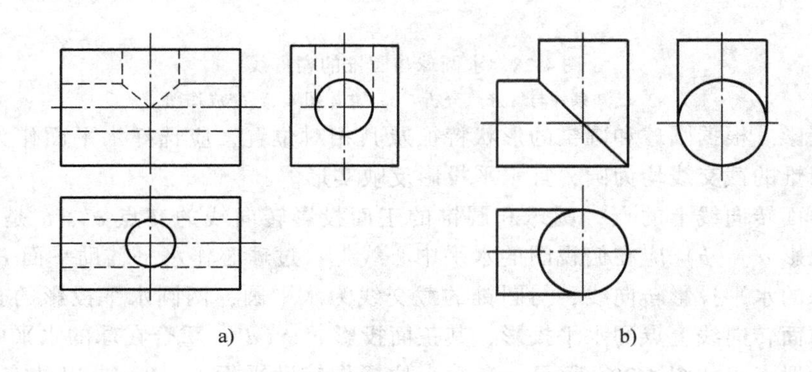

图 4-30　两等径圆柱正交的零件示例

a）等径正交油孔　b）直角弯头

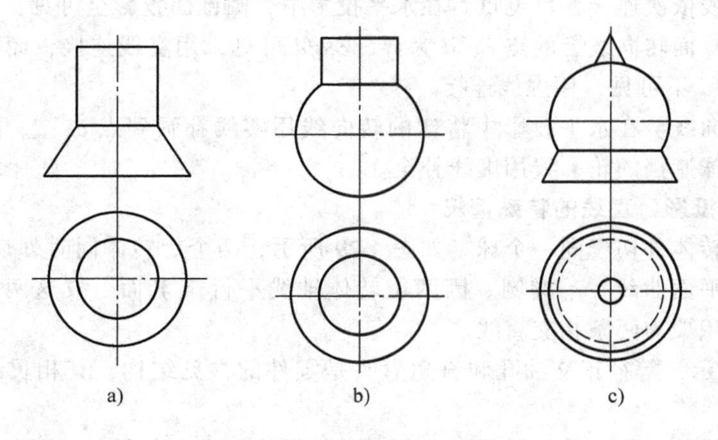

图 4-31　相贯线为圆和直线

第五章　组　合　体

由多个基本立体组合而成的较复杂形体称为组合体。本章主要介绍组合体的构型及表面连接、视图画法、尺寸标注、读组合体视图的方法。

第一节　组合体的构型及表面连接

一、组合体的构型

基本立体可通过并集、差集、交集三种方式组合成组合体。图 5-1b 所示为两圆柱体 A、B 的并集（$A+B$）；图 5-1c 所示为两圆柱体 A、B 的差集（$A-B$）；图 5-1d 所示为两圆柱体 A、B 的交集（两形体的共有部分）。并集组合体也称为叠加式组合体，差集和交集组合体也称为截切式组合体。例如，图 5-1c 所示组合体可看成是圆柱面 B（曲面）截切基本立体 A 构成的；图 5-1d 所示组合体可看成是圆柱面 A 截切基本立体 B 构成的。

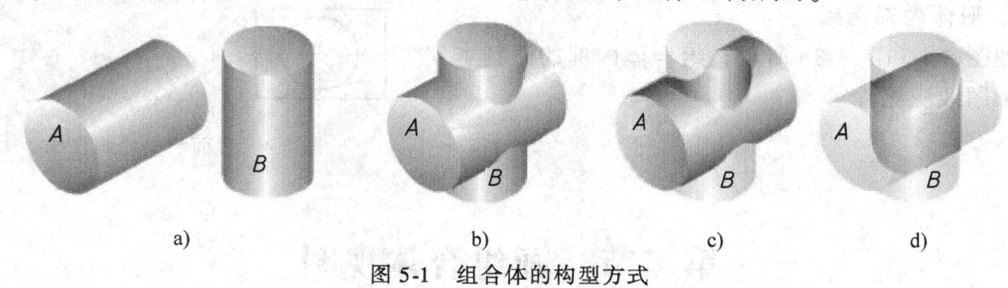

图 5-1　组合体的构型方式

a）基本立体 A、B　b）并集（$A+B$）　c）差集（$A-B$）　d）交集（A 交 B）

二、组合体中基本立体的表面连接

两基本立体组合时连接表面的棱线可能发生变化，绘图时应注意以下四种情况：

1. 表面平齐不画线

当相邻两基本立体的表面平齐（共面）时，表面平齐处原基本立体的表面棱线消失，因此在组合体的视图上表面平齐处不画分界线，如图 5-2 所示。

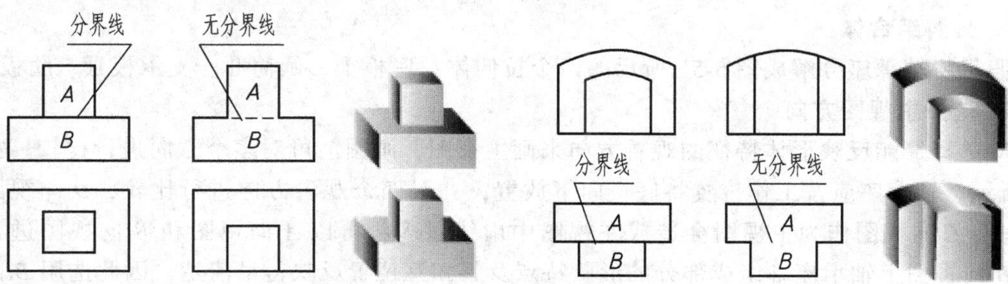

图 5-2　相邻两形体的表面平齐不画分界线

2. 表面相切不画线

两相邻基本立体的表面相切时，其表面光滑过渡，因此相切处原基本立体的表面棱线消失，图 5-3a 所示为构型要素表示法，改画成图 5-3c 所示的视图表示法时，相切处不画线。

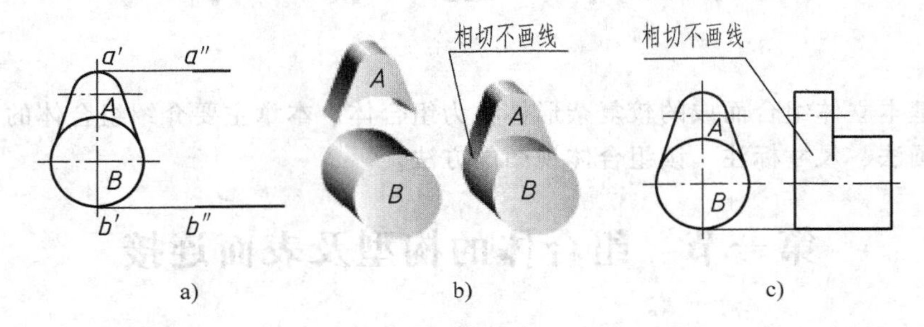

图 5-3 组合体视图中表面相切不画线

a）构型要素表示法 b）组合过程 c）视图表示法

3. 相交画交线

两基本立体表面相交时，基本立体的连接处会产生表面交线，在视图中要按投影关系画出表面交线，如图 5-4 所示。

4. 形体内部无线

如图 5-4 和图 5-3c 所示，组合体内部的原基本立体投影图线应删除。

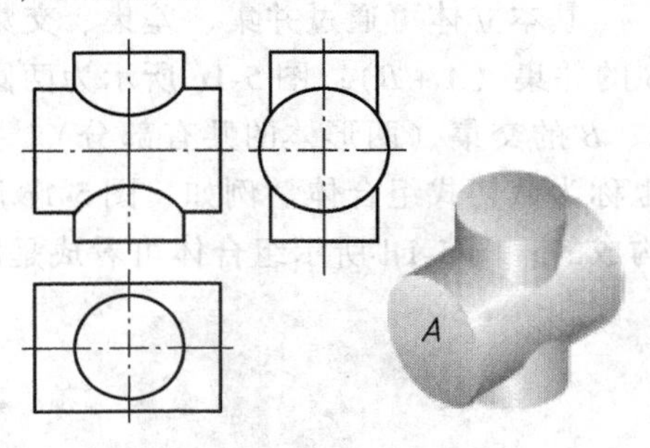

图 5-4 表面相交应画交线

第二节 画组合体视图

画组合体视图的方法有形体分析法、构型分析法和线面分析法。

一、形体分析法

形体分析法是假想将组合体分解成若干个基本立体，分别画出各基本立体的视图，并根据相邻基本立体的表面连接关系，调整基本立体在连接处的图线。

下面以图 5-5a 所示轴承座为例，说明形体分析法画图的方法和步骤。

1. 分解组合体

假想将轴承座分解成图 5-5b 所示的四个拉伸体：底板Ⅰ、圆筒Ⅱ、支承板Ⅲ、肋板Ⅳ。

2. 选择主视图方向

应选择最能反映形体特征的观看方向来画主视图，画图前可对多个方向进行比较。如图 5-6 所示，轴承座应按工作位置将底板向下放置，并对四个观看方向进行比较，*D* 向视图虚线较多，*C* 向视图作为主视图会造成左视图中虚线过多；再以 *A* 向视图和 *B* 向视图进行比较，*B* 向视图上轴承座各组成部分的形状特点及其相互位置反映得最清楚，因此选用 *B* 向作为主视图投射方向最好。主视图一旦确定，俯视图和左视图也就确定了。

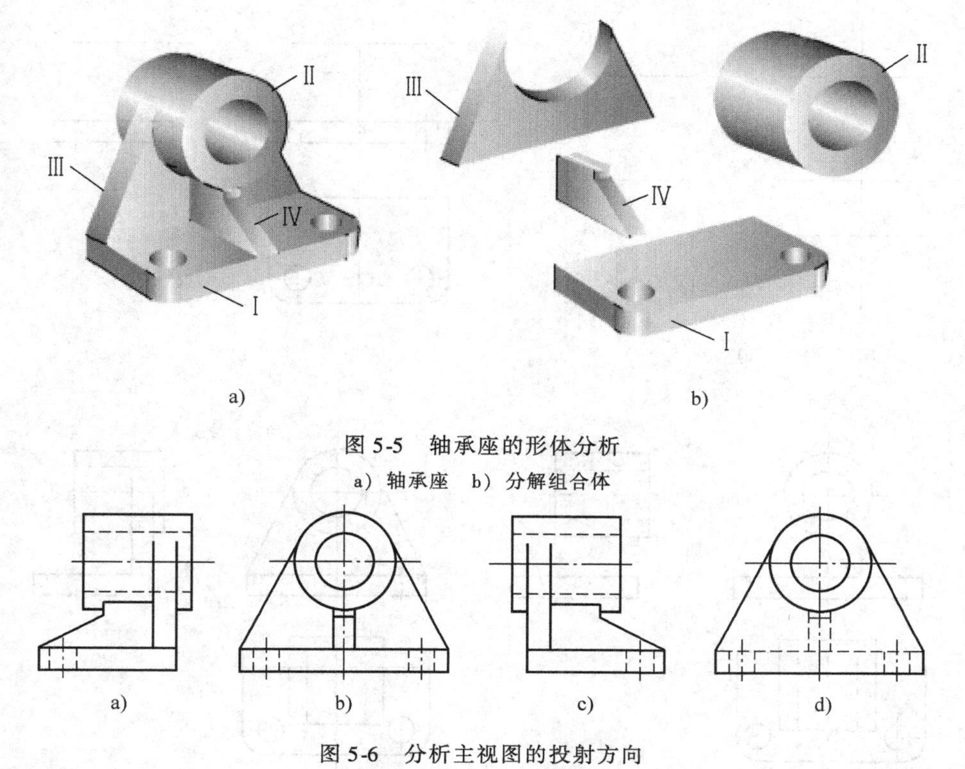

图 5-5　轴承座的形体分析

a）轴承座　b）分解组合体

图 5-6　分析主视图的投射方向

3. 画三视图

1）选比例、定图幅。根据组合体的大小，选择适当的比例和图幅。

2）布图、画基准线。在图纸上均匀布置三视图的位置（图 5-7a）。

3）画底稿。根据拉伸体的投影规律，逐个画出各拉伸体的三视图，并处理好相邻基本立体表面的连接关系，如图 5-7b 中画出了底板的三视图；图 5-7c 中根据前后相对位置画出了圆筒的三视图，此时俯视图中圆筒下方的底板棱线要改为虚线；图 5-7d 中画出了支承板三视图，此时应注意相切不画线和形体内无线，即左视图和俯视图中，相切处支承板的棱线和圆筒在形体内部的转向线应删除；图 5-7e 中画肋板基图时，应注意基图上方的边线是肋板与圆筒的交线，它比圆筒的转向线高，因此要先画主视图，再根据高平齐的投影关系求左视图中的截交线，并删除圆筒在形体内部的转向线。

4）检查、描深。完成底稿后，经仔细检查，擦掉作图线，描深全图。描深时应先描深圆、圆弧，后描深直线。细实线和点画线也应描深，使所画的图线保持粗细有别、浓淡一致。

二、构型分析法

1. 设计基本立体构型要素

形体分析法是将已知的空间立体分解成若干基本立体。但创新设计时并没有已知立体，而要先进行立体构型设计：通过平面构成，设计绘制出若干基本立体基图，然后用构型要素表示法表达出多种初步设计方案，再选择最佳初步设计方案改画成三视图。

例如，图 5-8a 所示是设计机床床身时，通过多种方案比较后选定的最佳初步设计方案，图中用拉伸线 a' 确定了多边形基图 1 的厚度，用拉伸线 b''确定了组合线基图 2 的厚度。

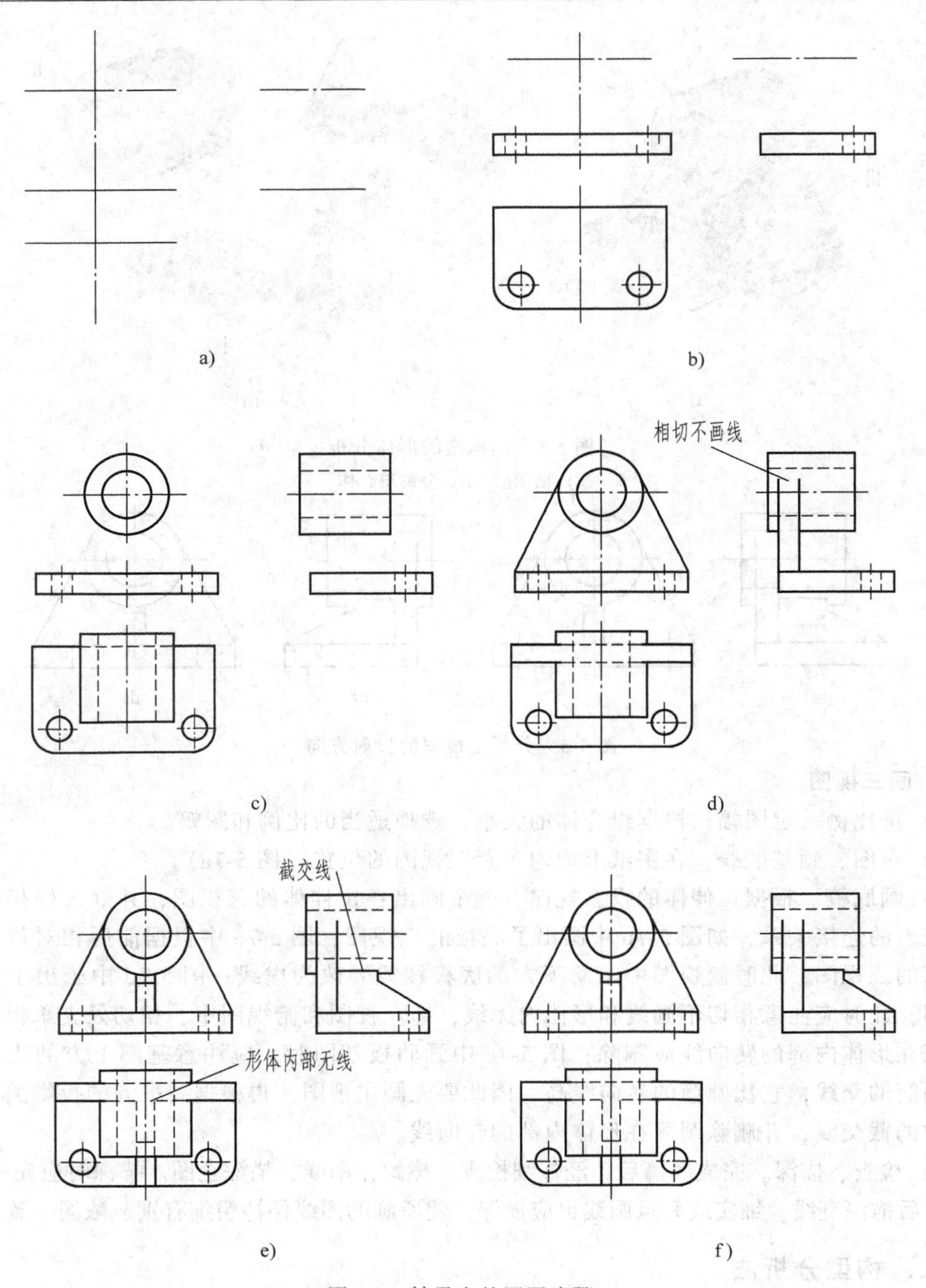

图 5-7 轴承座的画图步骤

a）布图、画基准线 b）画底板的三视图 c）画圆筒的三视图 d）画支承板的三视图 e）画肋板的三视图 f）画细节，检查、加深

2. 由构型要素表示法改画三视图

机床床身初步设计确定后，要运用上一章所学的由基本立体构型要素画三视图的方法画出两个拉伸体的三视图。例如根据拉伸线 a'，可画出拉伸体 1 的主视图（图 5-8b）。按照主、俯视图长对正和俯、左视图宽相等的投影关系画出拉伸体 1 的俯视图（图 5-8c）。

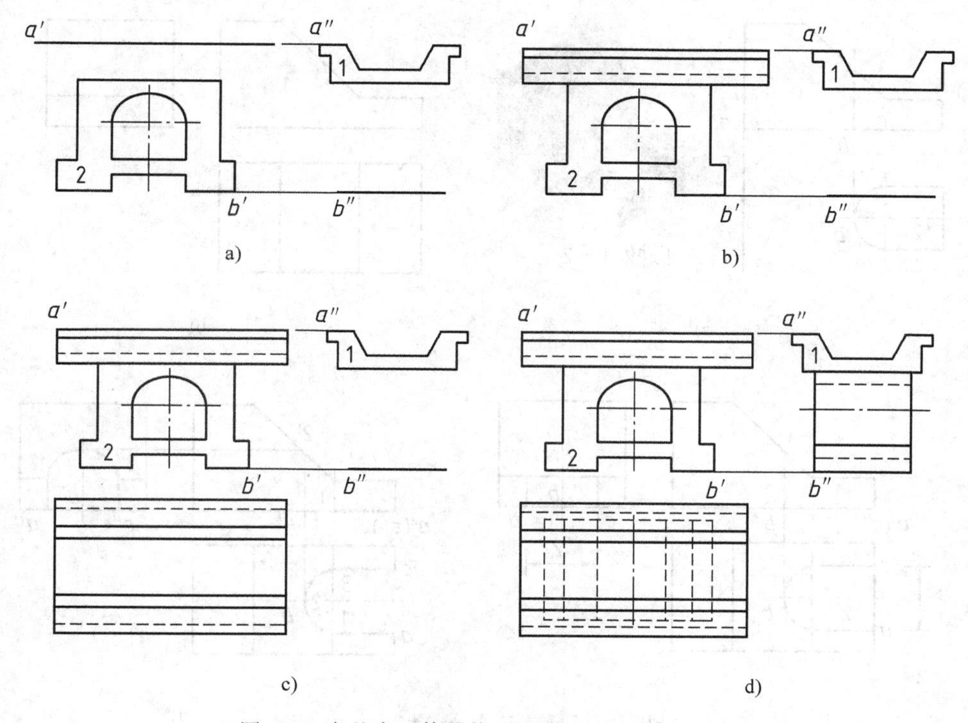

图 5-8　由基本立体的构型要素画组合体三视图

a）初步设计　b）画拉伸体 1 的主视图　c）画拉伸体 1 的俯视图　d）用同样方法绘制拉伸体 2

根据拉伸线 b''和主、左视图高平齐的投影关系，画出拉伸体 2 的左视图（图 5-8d）。再按照主、俯视图长对正和俯、左视图宽相等的投影关系，画出拉伸体 2 的俯视图。

请注意，拉伸体 2 在俯视图中不可见，应画成虚线。

三、线面分析法画图

画某些较复杂的形体时，要在形体分析或构型分析的基础上，进一步分析表面交线或复杂表面的投影特性，这种分析形体交线或表面的方法称为线面分析法。

现以图 5-9 所示的组合体为例说明线面分析法的作图步骤。

1. 选定最佳初步设计（图 5-9a）

该设计是基图 1 和基图 2 生成的两拉伸体的差集（1 – 2）。

2. 线面分析

基图 1 的斜边拉出的斜面（正垂面），与基图 2 拉出的半圆柱面相交，其截交线为半个椭圆。截交线俯视图与基图 2 重合，截交线主视图与基图 1 的斜边重合，因此截交线的两视图已知，可由已知两投影求截交线侧面投影。

3. 画三视图

1）先画出拉伸体 1 的三视图。

2）在俯视图中标出基图 2 端点 a、c 和半圆弧象限点 b，并画出其拉伸线的主、左视图。

3）标出半圆弧的象限点 1、2、3 和其拉伸线与立体 1 上正垂面的交点的正面投影 1′、2′、3′，并求出其侧面投影 1″、2″、3″，过 1″、2″、3″作半个椭圆。

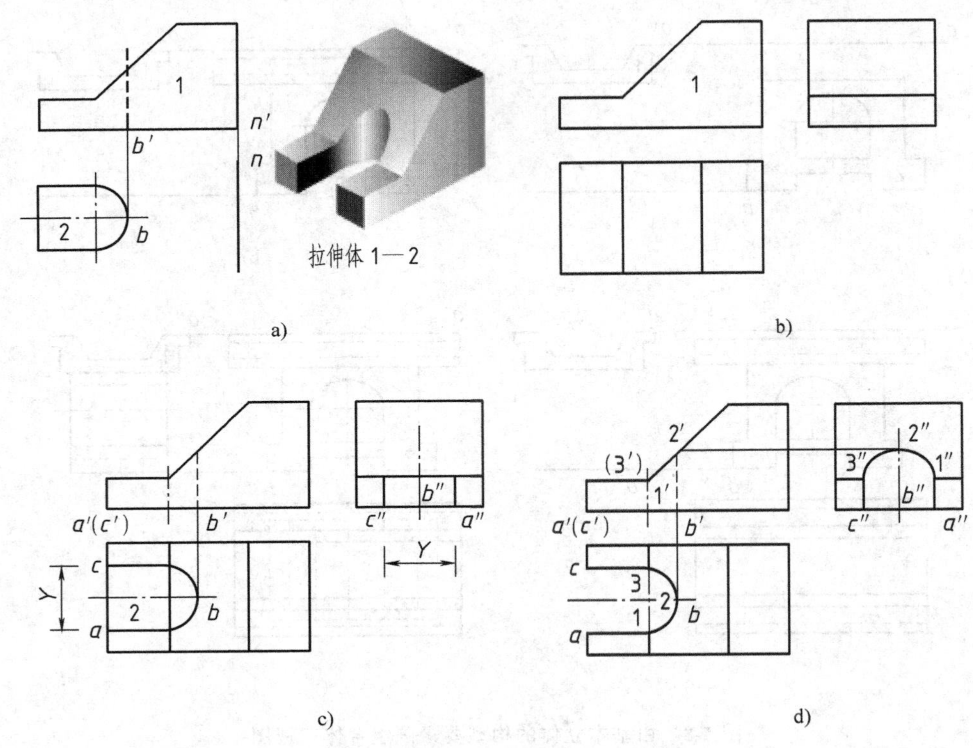

图 5-9 线面分析法画组合体三视图

a）初步设计 b）画拉伸体 1 c）画拉伸体 2 d）求截交线并删除被减去的棱线

4）删除拉伸体 1 中被减去的棱线。

第三节 组合体的尺寸标注

组合体的三视图只能表达它的形状，而各部分大小和各部分之间的相对位置关系，则必须由图上所标注的尺寸来确定，因此在三视图上应标注尺寸。

一、标注尺寸的基本要求

标注尺寸的基本要求是：①在图上所注的尺寸要完整，不能有遗漏或多余；②要正确无误，且符合制图标准的规定；③尺寸标注布置要清晰，便于读图；④尺寸标注要合理。

二、组合体三视图中的尺寸种类

组合体的尺寸有三类：

（1）定形尺寸 确定组合体中各基本立体形状大小的尺寸。

（2）定位尺寸 确定组合体中各基本立体之间相对位置的尺寸。

（3）总体尺寸 确定组合体总长、总宽、总高的尺寸。

三、基本立体的尺寸标注

组合体是由基本立体组成的，熟悉基本立体的尺寸标注是组合体尺寸标注的基础。图

5-10a所示为常见基本立体尺寸的标注，图中的拉伸体应标注基图尺寸和拉伸厚度；旋转体应标注旋转直径和轴向长度。

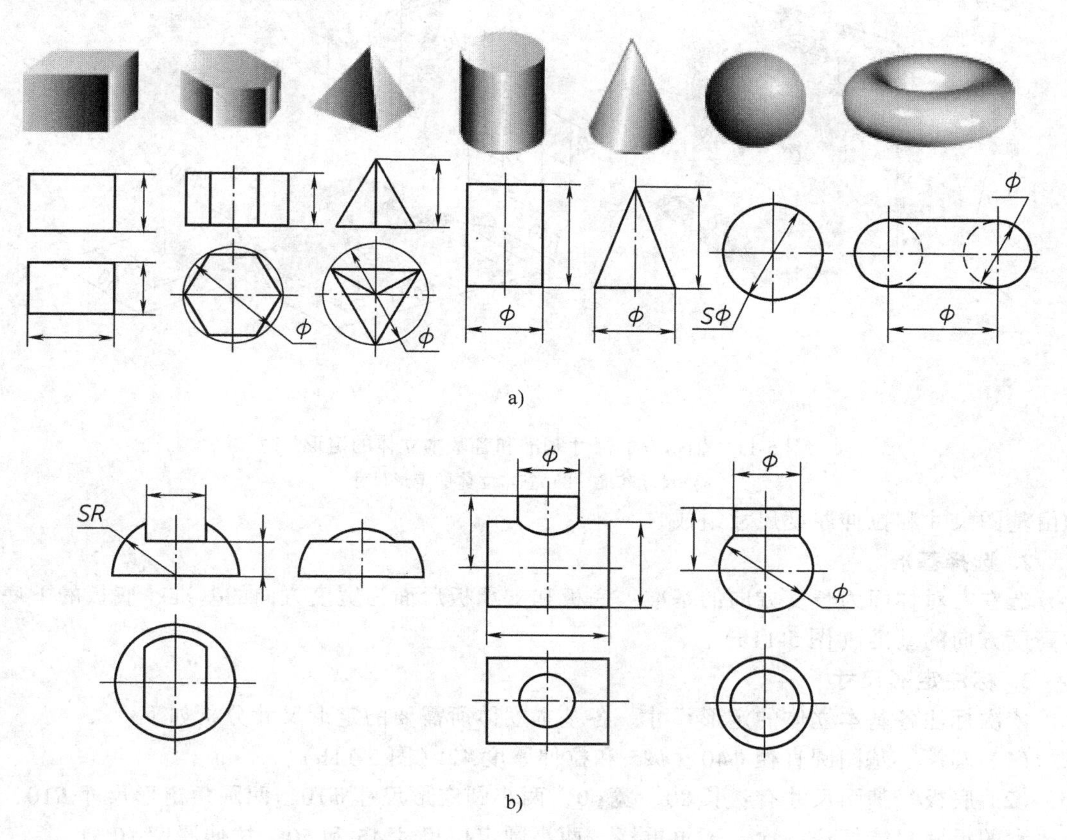

图 5-10　基本立体的尺寸标注

a）常见基本立体的尺寸注法　b）截交线和相贯线不能注尺寸

标注尺寸时应注意截交线和相贯线上不能注尺寸，因为它们是加工时自然形成的。

四、组合体的尺寸标注

标注组合体尺寸时，首先要标注各基本立体的定形尺寸，然后选择尺寸基准，确定各基本立体的定位尺寸。尺寸基准是标注尺寸的起点，选择尺寸基准应考虑设计、制造、验收、尺寸公差及技术要求。在组合体尺寸标注中只要求从几何的角度出发，在组合体长、宽、高三个方向选定尺寸基准。一般选择组合体重要的基面、对称平面、旋转体的轴线作为尺寸基准。在标注各基本立体的定形尺寸和定位尺寸后，还要调整标出组合体的总体尺寸。为了标注组合体总体尺寸而又不使所标注尺寸重复，可在标注总体尺寸的同时减去该方向上的某一定形或定位尺寸。

下面以图 5-11 所示的轴承座为例，说明如何标注组合体的尺寸。

1. 形体分析

图 5-11b 所示为构成轴承座的基本立体和各基本立体的定形尺寸。其中支承板下部长度与底板相同，而上部圆柱面与圆筒一样，因此定形尺寸只标一个 60，其余的基本立体尺寸

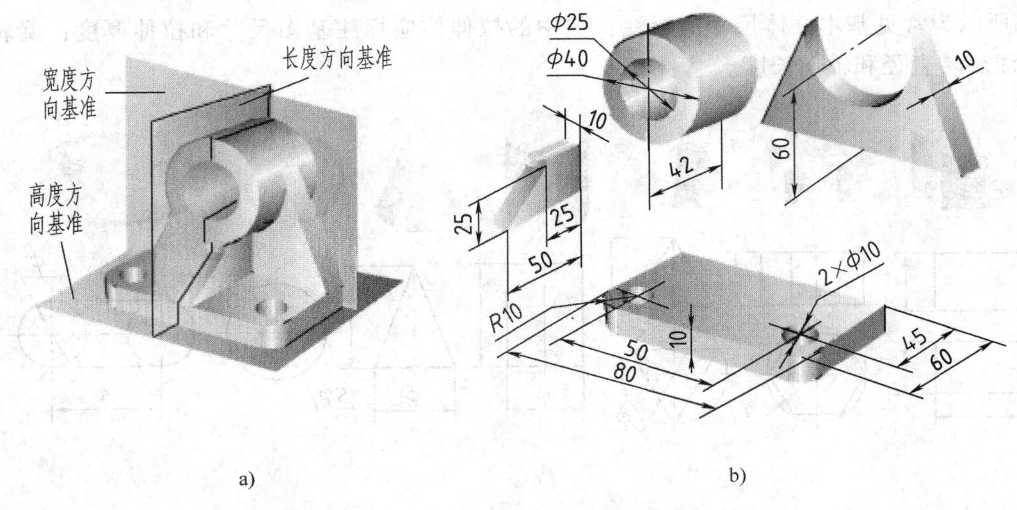

图 5-11 轴承座的尺寸基准和各基本立体的定形尺寸

a）尺寸基准 b）基本立体的定形尺寸

均由基图尺寸和拉伸厚度尺寸组成。

2. 选择基准

选左右对称面为长度方向的基准；底板和支承板后面为宽度方向的基准；底板的下底面为高度方向的基准（图 5-11a）。

3. 标注定形尺寸

依次标注各基本立体的定形尺寸。各基本立体所需要的定形尺寸分析如下：

（1）圆筒 基图圆直径 $\phi 40$、$\phi 25$ 和拉伸厚度 42（图 5-11b）。

（2）底板 基图尺寸有：长 80、宽 60，两小圆定形尺寸 $\phi 10$，两圆角定形尺寸 $R10$，相同要素的尺寸只能标注一次，不再重标。两小圆定位尺寸 45 和 50。拉伸厚度 10。

（3）支承板 基图尺寸 60，拉伸厚度 10。

（4）肋板 基图尺寸有：下部宽度 50，倾斜部分的高度 25，上部与圆筒相交部分的宽度 25（此处的交线上不能标注高度尺寸），拉伸厚度 10。

4. 标注定位尺寸

（1）圆筒 后端面定位尺寸 7，轴线高度定位尺寸 60。

（2）肋板 后端面定位尺寸 10。

5. 标注总体尺寸

由于组合体的总长与底板的长相同，而总宽为底板的宽加上圆筒后端面的定位尺寸，总高等于圆筒中心高加上圆筒外圆半径，所以均不需再标注。

6. 检查、调整和布置尺寸

首先要检查有没有遗漏或重复的尺寸，这里特别要注意的是：各基本立体相邻表面因截交或相贯产生的交线不能标注尺寸。例如肋板的基图上方边线是肋板与圆柱的交线，所以不需要标注交线的高度尺寸。图 5-12 所示标注了尺寸的组合体的三视图。

五、清晰布置尺寸的一些原则

1）尺寸应尽量注在视图之外，同一形体的尺寸应尽量集中标注，并尽量标注在该形体

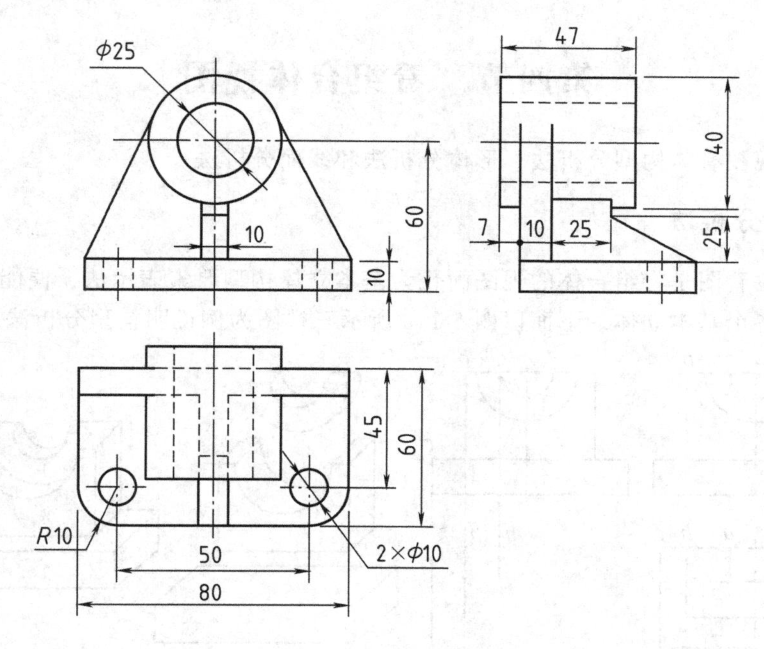

图 5-12　组合体的尺寸标注

的两视图之间，以便于读图和查找尺寸，如底板的尺寸集中标注在主、俯视图上。

2）尺寸应尽量标注在反映形体特征最明显的视图上，如底板的圆孔和圆角应标注在俯视图上。

3）尽量避免在虚线上标注尺寸。

4）对于同方向的并联尺寸，应使小尺寸在内、大尺寸在外；串联尺寸应首尾相接，箭头对齐。图 5-13b 中尺寸线与尺寸界线相交，不正确。

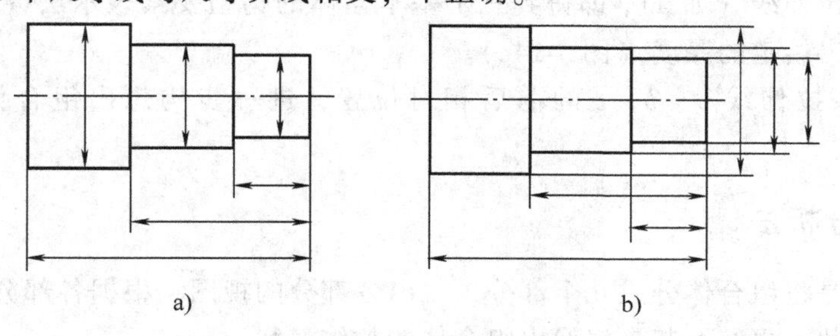

图 5-13　合理布置尺寸
a）正确　b）错误

5）旋转体的直径尺寸一般注在非圆的视图上。

6）图线穿过尺寸数字时，图线应断开。

7）半径不能标注个数，也不能标注在非圆视图上，只能标注在投影为圆弧的视图上。

8）对称图形的尺寸，只能标注一个尺寸，不能分成两个尺寸标注。如图 5-12 所示底板的长度尺寸为 80，不能标注成两个长度为 40 的尺寸。

第四节 看组合体视图

看组合体视图有：构型分析法、形体分析法和线面分析法。

一、构型分析法

构型分析法看图是将组合体的视图简化为基本立体构型要素表示法，便能很快构思出组成该组合体的各个基本立体。下面以图 5-14a 所示三视图为例说明构型分析法的看图思路。

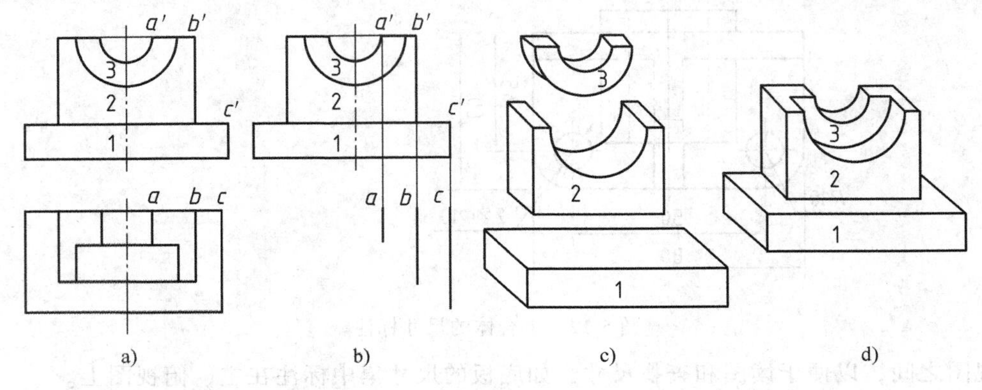

图 5-14 构型要素分析法看图

a）已知条件 b）构型要素表示法 c）将基图拉出给定厚度 d）三个基本立体相加

1）在主视图中找出三个拉伸体的基图（线框 1、2、3）。

2）通过对投影关系，找出基图 1 的任一拉伸线（如 c）、基图 2 的任一拉伸线（如 b）和基图 3 的任一拉伸线（如 a），即得到三个基本立体的构型要素表示法（图 5-14b），根据拉伸线将基图拉出给定的厚度（图 5-14c）。

3）根据三条拉伸线 a、b、c 的前后相对位置，进一步构想出组合体的形状（图 5-14d）。

二、形体分析法

形体分析法是将组合体分成几个部分，找出各部分的视图。根据各部分的视图分别想像出每一部分的形状，再综合起来想像出组合体的整体形状。

下面以图 4-15a 所示的组合体为例，说明形体分析法的看图的步骤。

1）将主视图分为 1、2、3 三个部分（图 5-15a）。

2）根据投影关系找出各部分对应的另一视图（图 5-15b）。

3）根据各部分的视图，想像出它们的形状（图 5-15c）。

4）综合起来想整体（图 5-15 d）。

三、线面分析法

线面分析法看图是通过分析视图中图线和线框的空间含义，想象出物体棱线和表面形状及其相对位置的一种方法。用线面分析法看图应先了解视图中图线和线框的含义。

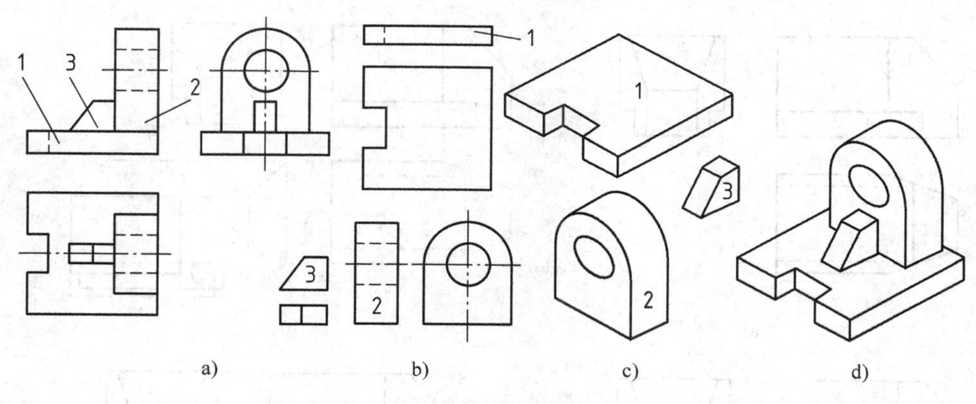

图 5-15　形体分析法看图

a）分形体　b）找出各形体对应的另一视图　c）想形体　d）综合起来想整体

1. 图线的含义

视图中的一条线，可能是形体上的线的投影（如棱线、截交线、相贯线等），也可能是具有积聚性的平面或曲面的投影，也可能是曲面的转向线，还可能是旋转体的轴线或对称面的积聚投影（点画线）。如图 5-16a 所示的 l 是棱线，m 是积聚性的平面的投影，n 是曲面的转向线。

2. 线框的含义

视图中的一个封闭线框可能是平面、曲面或孔的投影。如图 5-16a 中的线框 E、B 是曲面的投影，线框 A、C、D 是平面的投影，图 5-16b 的线框 F 是平面与曲面相切得到的组合面的投影。

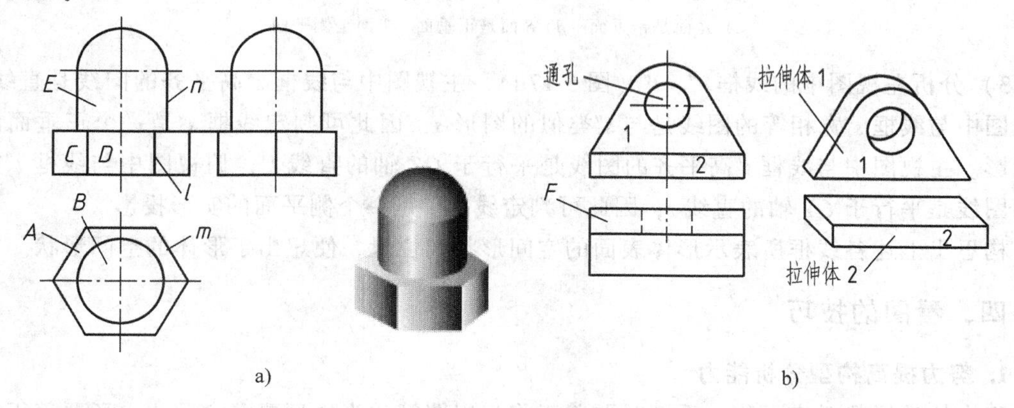

图 5-16　视图中图线和线框的含义

在视图中相邻的两个线框，必定是物体上两个相交或一前一后的表面，如图 5-16a 中所示线框 C、D 是两个相交表面，线框 E、D 是两个一前一后的表面。

3. 线面分析法看图举例

下面以图 5-17a 所示的视图为例，说明用线面分析法读图的步骤。

1）先分析主视图中的线框 p'、q'（图 5-17b）。根据高平齐找到左视图中的积聚性投影 p''、q''，由 p''、q''可判定 P、Q 为正平面，P 面在前、Q 面在后，线框 p'、q'反映实形。

2）分析主视图中的线框 r'（图 5-17c）。根据高平齐找到左视图中类似的图形 r''，根据长对正找到俯视图中的积聚性投影 r，可判定线框 r'是两个前后对称的铅垂面的投影。

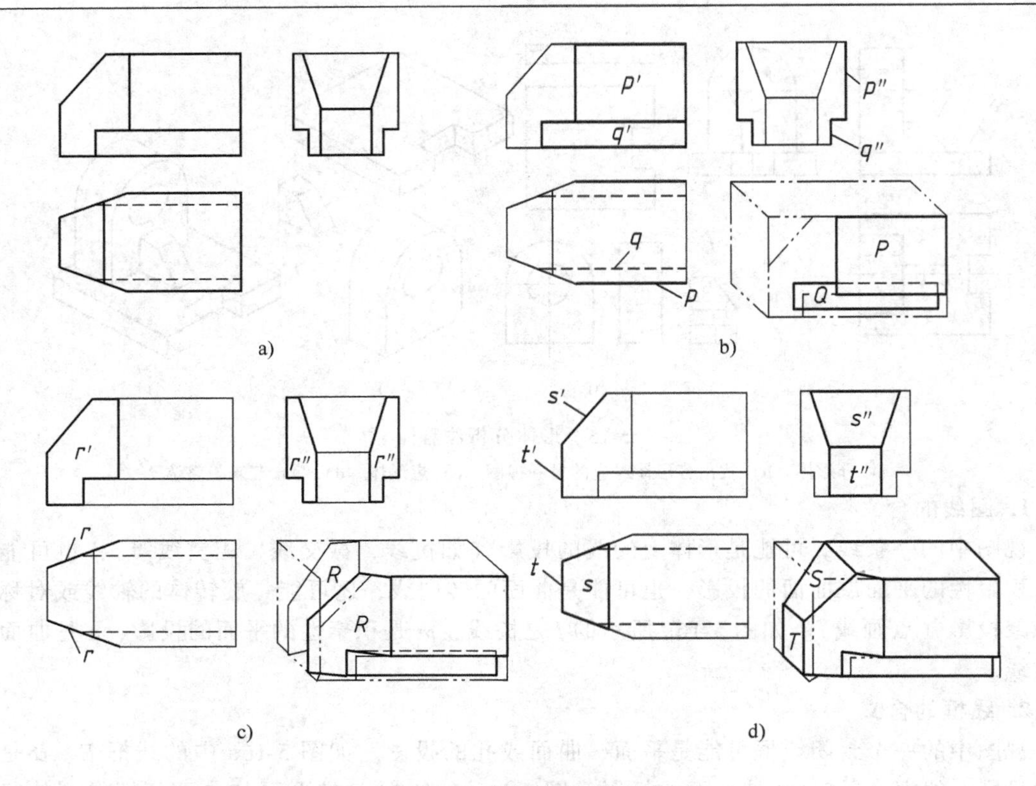

图 5-17 线面分析法读图

a）已知条件 b）P 面和 Q 面是一前一后的正平面

c）R 面是铅垂面 d）S 面是正垂面，T 面是侧平面

3）分析左视图中的线框 s''、t''（图 5-17d），主视图中与线框 s''高平齐的图线是直线 s'，俯视图中与线框 s''宽相等的图线是与 s''类似的图形 s，因此可判定线框 s''是一个正垂面的类似投影。主视图中与线框 t''高平齐的图线是平行于 OZ 轴的直线 t'，俯视图中与线框 t''宽相等的图线是平行于 OY 轴的直线 t，因此可判定线框 t''是一个侧平面的实形投影。

构思出上述各线框所表示形体表面的空间形状和位置，便想出了形体的空间形状。

四、看图的技巧

1. 努力提高构型分析能力

组合体的形状千变万化，看图时要善于将三视图简化为构型要素表示法，还要善于分析并集、差集和交集三种组合形式，并通过看图努力提高自己的构型分析能力。

例如，由图 5-18a 所给定的两视图构思空间形体时，从主视图中找出两个基图 1、2，从俯视图中找出一个基图 3，和各基图所对应的任一拉伸线（基图 1 的 a 线、基图 2 的 b 线和基图 3 的 c'线），便可将三视图简化为图 5-18b 所示的基本立体的构型要素表示法。还要进一步明确组合形式是拉伸体 1 +2 后减去拉伸体 3，才能构思出组合体的形状。

要善于找出交集组合体的构型要素。如读图 5-19 所示的三视图时，应根据主视图构思一个拉伸体 A，再根据俯视图构思一个拉伸体 B，并将两拉伸体组合成的交集（两形体共有部分）构思出来。

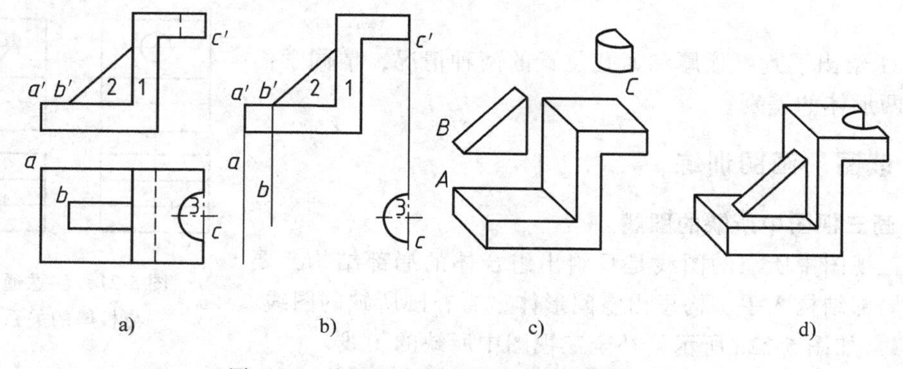

图 5-18　从视图中找出基本立体的构型要素

a）两视图　b）构型要素表示法　c）拉伸体　d）位伸体 1 + 2 – 3

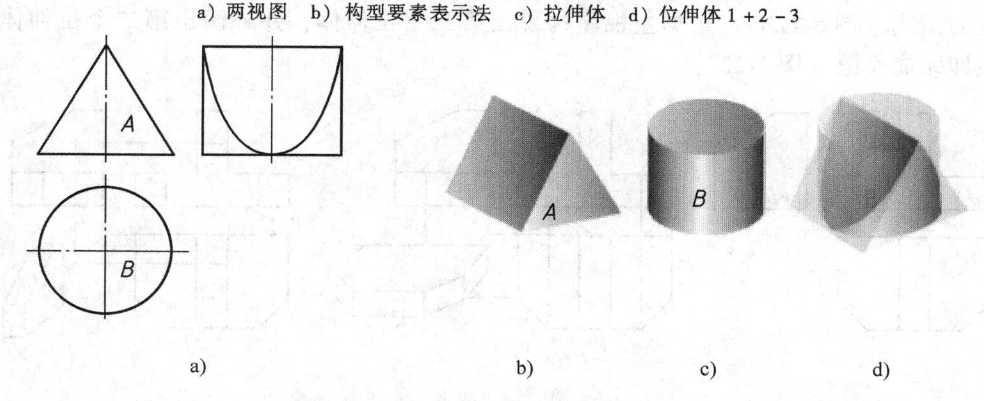

图 5-19　交集组合体可以用截切法构型

a）三视图　b）拉伸体 *A*　c）拉伸体 *B*　d）*A* 交 *B*

2. 找出位置特征最明显的视图

在图 5-20 中，如果只看主、俯视图，则不能确定 1、2 两线框哪个凸出、哪个凹进，因为这两个视图可以分别表示图 5-20b 所示的两种情况。但如果找出位置特征最明显的左视图，则很容易确定是 1 凸出、2 凹进。看图时，如能通过分析，抓住最能反映物体形状特征和各组成部分相对位置特征的视图，并从它入手，就能较快地构思出空间形体。

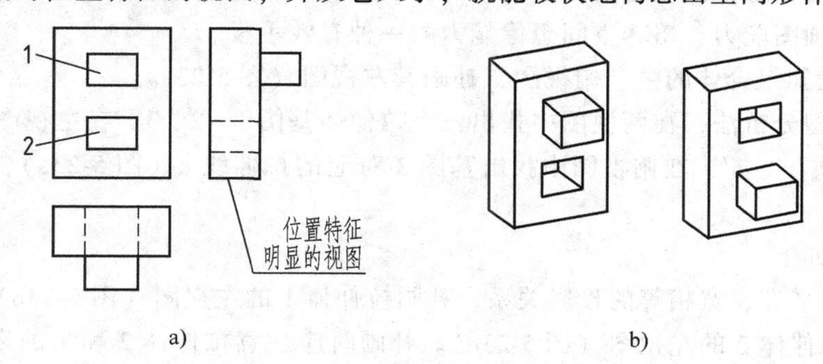

图 5-20　位置特征明显的视图

3. 注意通孔与板厚的关系

若某个视图上有表示通孔的圆，则在其他视图上一定有细虚线表示的孔转向线。根据虚线的范围，可以看出有孔的板是哪一块及其板厚。以通孔为线索，可以迅速看懂一些有孔的结构。

图 5-21 给出了判断板厚和通孔位置的两种情况，请同学们自行分析两形体的差别。

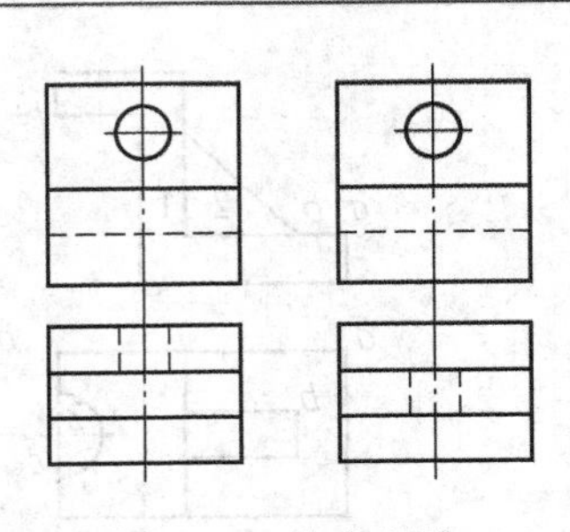

图 5-21　注意通孔与板厚的关系

五、读图、画图训练

1. 补画三视图中所缺的图线

补画三视图中所缺的图线是只给出组合体的局部结构，要从给定的局部结构入手，构思出空间形体，再补画所缺的图线。

例 5-1　如图 5-22a 所示，补全三视图中所缺的图线。

解　将给定的俯视图外轮廓线作为拉伸体的基图，构思出一个拉伸体，再补画出该拉伸体所缺的图线（图 5-22b）。根据左视图构思出第二个拉伸体，并补画出第二个拉伸体所缺的图线即完成作图（图 5-22c）。

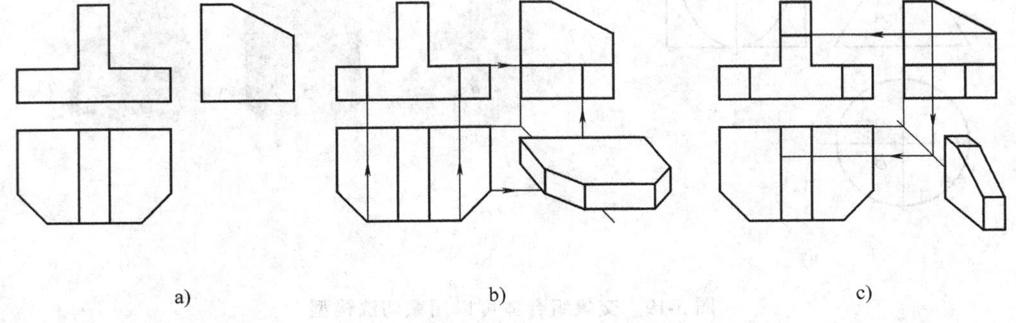

图 5-22　补画三视图中所缺的图线

a）已知条件　b）根据俯视图构思拉伸体　c）根据左视图构思拉伸体

2. 由两视图求第三视图

根据组合体的两视图补画第三视图（简称“二补三”）是训练读图、画图能力的一种基本方法。在这种训练过程中，要根据已知的两视图读懂组合体的形状，然后按照投影规律正确画出相应的第三视图。这包含了由图到构型再到物和由物到图的反复思维过程，因此，它是提高综合画图能力、培养空间想像能力的一种有效手段。

例 5-2　已知组合体的主、俯视图，补画其左视图（图 5-23a）。

解　用构型分析法，在两视图中找出三个拉伸体基图 1、2、3，在主视图中找出基图 1、2 对应的拉伸线 a'、b'，在俯视图中找出基图 3 对应的拉伸线 c（图 5-23a），由拉伸线确定拉伸厚度。

作图步骤如下：

1）根据高平齐、宽相等的投影关系，补画拉伸体 1 的左视图（图 5-23b）。

2）补画拉伸体 2 的左视图（图 5-23c）。补画时应注意拉伸体 2 和 1 的表面关系，两相切的表面不画分界线。

3）补画拉伸体 3 的左视图（图 5-23d）。补画时应注意相交的圆柱面，要用简化画法画出相贯线。图中外圆柱面相贯线为实线，内圆柱面相贯线为虚线。

4）检查无误后描深，完成整个作图。

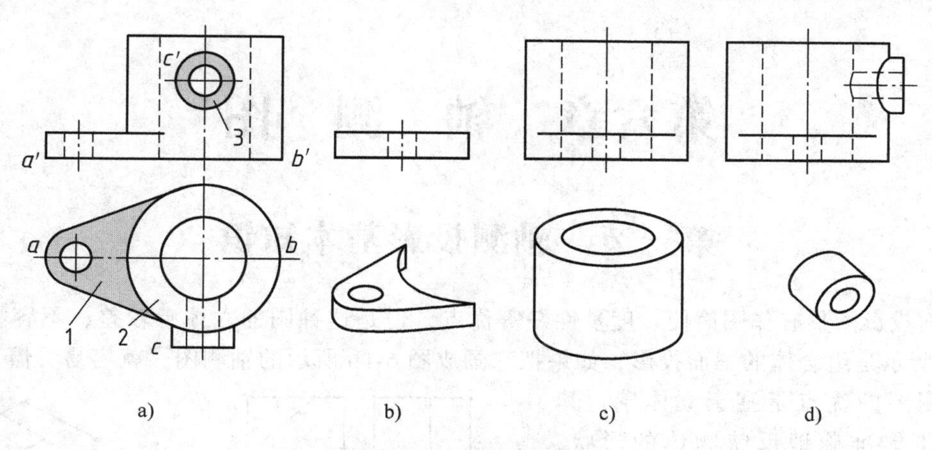

图 5-23 根据主、俯视图补画左视图

a）已知条件 b）画拉伸体 1 c）画拉伸体 2 d）画拉伸体 3

第六章　轴　测　图

第一节　轴测投影基本知识

三面投影图具有作图简便、度量性好等优点，但是这种图的立体感较差，不容易看懂。图 6-1a 所示是组合体的三面投影，如果把它画成图 6-1b 所示的轴测图，就容易看懂。

轴测图的优点是富于立体感，其缺点是不能准确地反映物体的形状，作图不便，度量性差，所以多数情况下只能绘制一些简单结构，以及作为辅助图样。

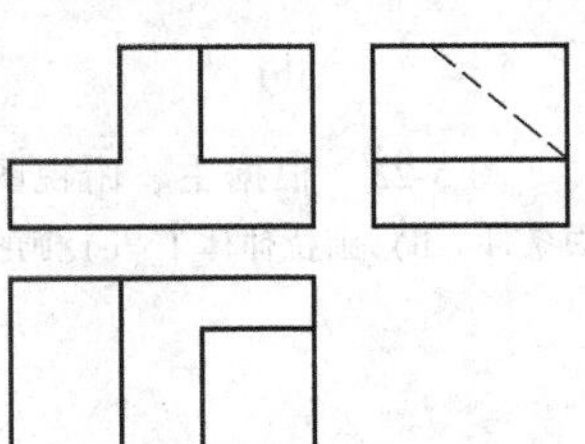

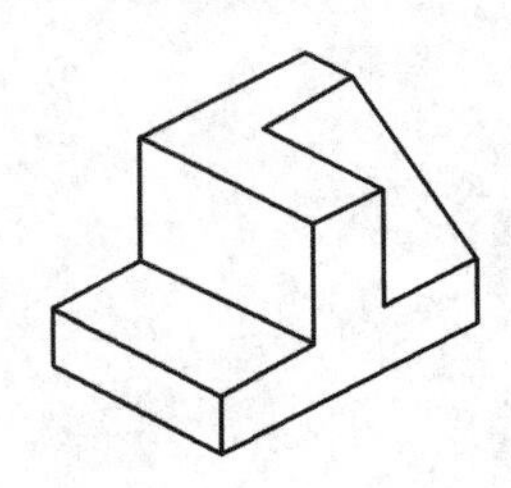

a)　　b)

图 6-1　三面投影图与轴测图

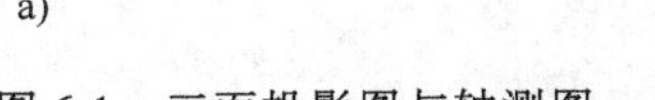

a）三面投影图　b）轴测图

一、轴测投影的形成

轴测投影是将空间物体连同其直角坐标系，沿不平行于任一坐标面的方向 S，用平行投影法投射到投影面 P 上所得到的单面投影图，投影面 P 称为轴测投影面。当投射线垂直于轴测投影面 P 时得到的图形称为正轴测图（图 6-2）；当投射线倾斜于轴测投影面 P 时得到的图形则称为斜轴测图（图 6-3）。

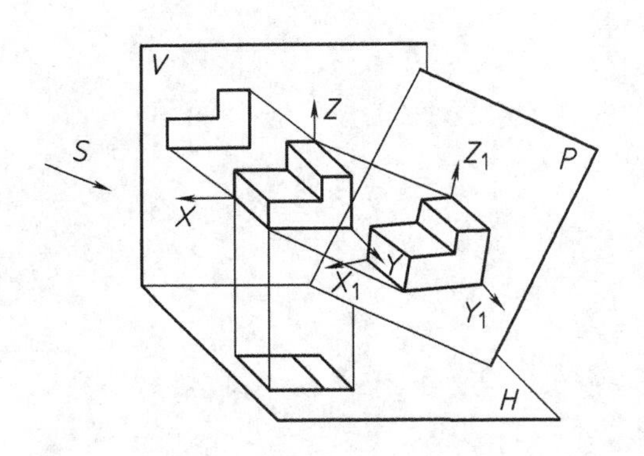

图 6-2　正轴测图的形成

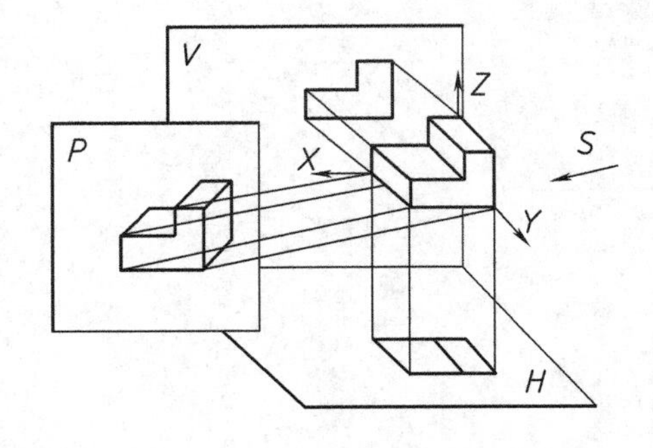

图 6-3　斜轴测图的形成

二、轴测投影的轴间角和轴向伸缩系数

在图 6-2 中，OX、OY、OZ 为空间坐标轴，O_1X_1、O_1Y_1、O_1Z_1 是坐标轴在轴测投影面 P 上的投影，称为轴测轴。轴测轴之间的夹角称为轴间角。

轴测轴上的单位长度与相应空间坐标轴上的单位长度的比值称为 X_1、Y_1、Z_1 轴的轴向伸缩系数，分别用 p_1、q_1、r_1 表示，简化系数分别用 p、q、r 表示。

轴间角和轴向伸缩系数是绘制轴测图时必须具备的要素，不同类型的轴测图有其不同的轴间角和轴向伸缩系数。

三、轴测投影的分类

根据轴向伸缩系数的不同，常用的轴测投影可分为以下三种：

（1）等测投影　三个轴向伸缩系数都相等的轴测图，即 $p=q=r$。

（2）二测投影　有两个轴向伸缩系数相等的轴测图，即 $p=q\neq r$，$p=r\neq q$，$p\neq q=r$。

（3）三测投影　三个轴向伸缩系数均不相等的轴测图，即 $p\neq r\neq q$。

因此在正轴测投影中有正等轴测图、正二轴测图、正三轴测图。同理，在斜轴测投影中有斜等轴测图、斜二轴测图、斜三轴测图。

四、轴测投影的特性

轴测投影具有以下特性：

（1）平行性　凡相互平行的直线其轴测投影仍然相互平行。

（2）度量性　凡物体上与坐标轴平行的直线尺寸，在轴测图中均可沿轴测轴的方向度量。

（3）定比性　一个线段的分段比例在轴测投影中比值不变。

第二节　正等轴测图

一、轴间角和轴向伸缩系数

如图 6-4 所示，正等轴测图的三个轴间角均为 120°，规定 Z 轴是铅垂方向，根据理论计算，其轴向伸缩系数 $p_1=q_1=r_1=0.82$，为了作图简便，画图时将轴测图放大 1/0.82≈1.22 倍，使其轴向伸缩系数变为 $p=q=r=1$，这样沿轴向的尺寸就可以直接量取物体实长。

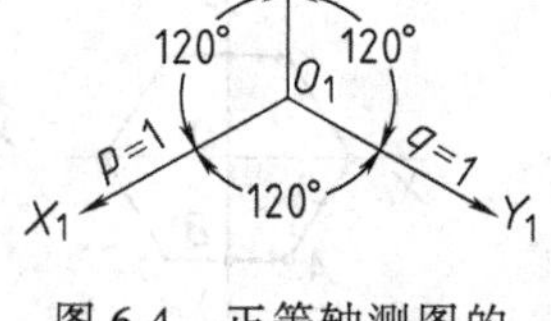

图 6-4　正等轴测图的轴间角和简化伸缩系数

二、坐标法画正等轴测图

坐标法是根据立体上每个顶点的坐标，画出各点的轴测投影，然后连线，从而获得立体轴测投影的方法。下面以三棱锥为例，说明坐标法画正等轴测图的方法。

1）在两视图上确定直角坐标系，本题的坐标原点取为点 A（图 6-5a）。

2）画轴测轴（图 6-5b）。

3）根据正投影图中的坐标尺寸求作立体各顶点的轴测图（图 6-5b）。点 A 在坐标原点上，点 B、C 是坐标轴上的点，可直接量取。点 S 可先量取 X 坐标 $A_1s_{x1}=as_x$，再量取 Y 坐标 $s_{x1}s_1=s_xs$，最后量取 Z 坐标。

4）连接各顶点，并将不可见线画成虚线，即完成三棱锥的正等轴测图（图 6-5c）。

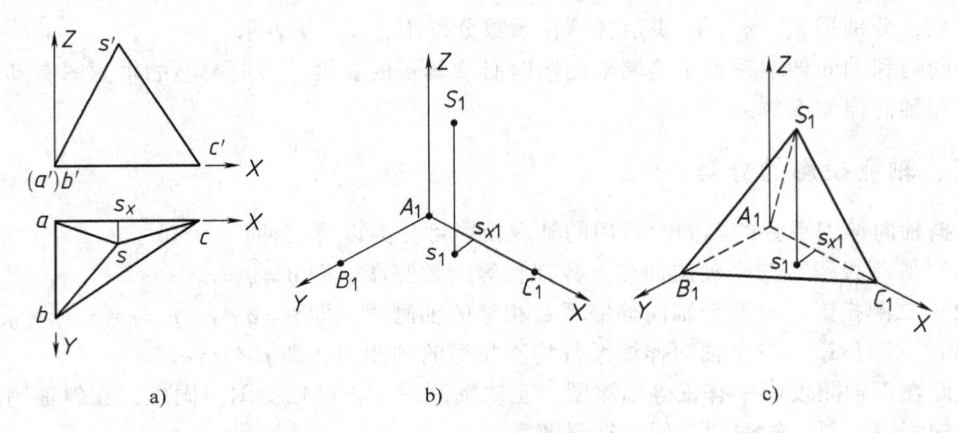

图 6-5 坐标法画线框体的正等轴测图

三、基图拉伸法

基图拉伸法是先画出拉伸体基图的轴测图，再沿与基图垂直的坐标方向拉伸。如图 6-6a 所示，已知正六边形拉伸体的主、俯视图，求作正等轴测图。作图步骤如下：

1）在两视图上确定直角坐标系，坐标原点取为顶面的中心（图 6-6a）。

2）画轴测轴（图 6-6b）。

3）用坐标法作基图的轴测图。例如点 A 的坐标 $X=AB$、$Y=OB$，在轴测图上沿 Y 轴取 $O_1B_1=OB$，再沿平行于 X 轴的方向取 $B_1A_1=BA$，即求得点 A 的轴测图 A_1。用同样的方法求其他点。图 6-6b 中还画出了坐标轴上的点，图 6-6c 中求出了基图的各顶点。

4）根据拉伸厚度将基图的可见端点沿 Z 坐标向下拉伸，作出拉伸线和下底面的轴测图（图 6-6d）。

5）加深可见线，擦去作图线（图 6-6e）。

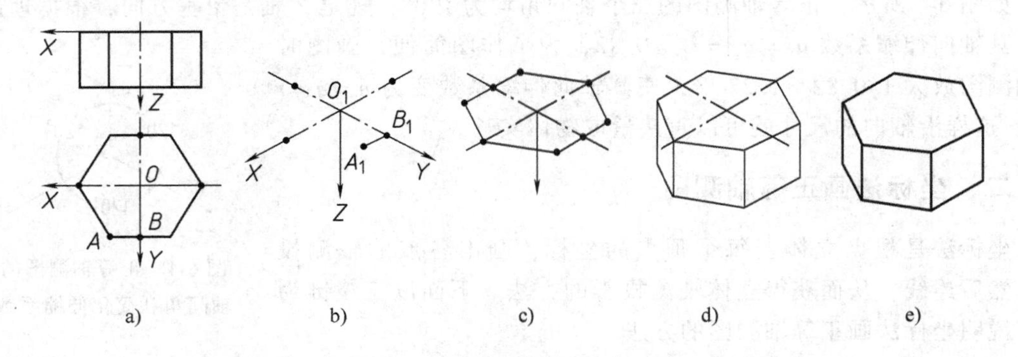

图 6-6 作正六棱柱的正等轴测图

四、切割法

如图 6-7a 所示的形体可分析为，以左视图外框线为基图的 W 面拉伸体，被切去左上角。因此可先画出拉伸体基图的正等轴测图（图 6-7b）；用拉伸法画出拉伸厚度（图 6-7c）；求切口线（图 6-7d）；再画切口（图 6-7e）。

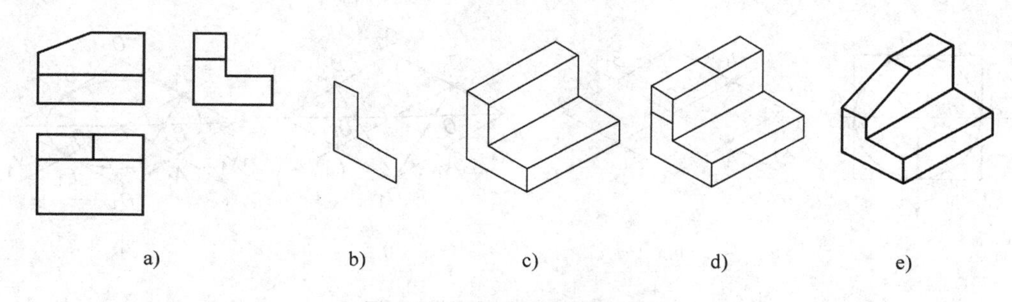

图 6-7　切割法作正等轴测图

a）三视图　b）基图　c）画拉伸体　d）定切口线　e）完成全图

五、叠加法

叠加法是指对于某些以叠加为主的立体，可按形体形成的过程逐一叠加。

图 6-8a 所示是两个拉伸体相加的组合体，可先画出下方的拉伸体四棱柱；在四棱柱上端面画出定位中心线（图 6-8b）；用坐标法画出六棱柱基图的轴测图（图 6-8c）；按三面视图中的高度向上拉伸，完成六棱柱（图 6-8d）。

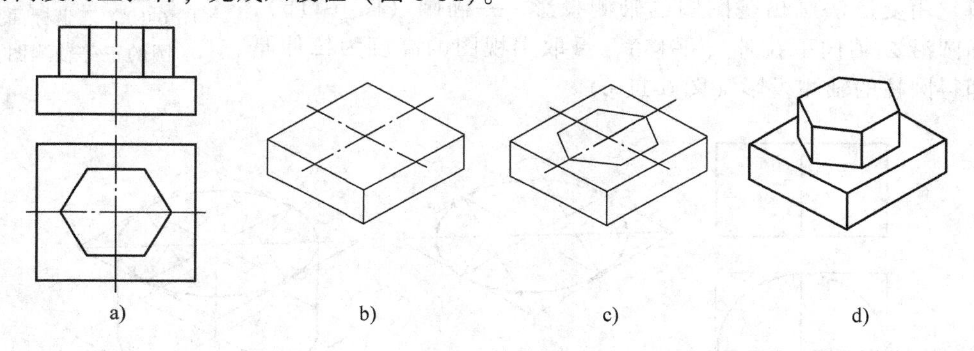

图 6-8　叠加法作正等轴测图

六、旋转体的正等轴测图

作旋转体的正等轴测图，关键在于画出立体表面上圆的轴测投影。

1. 平行于坐标面圆的正等轴测投影

圆的正等轴测投影为椭圆，该椭圆常采用菱形法近似画出，即用四段圆弧近似代替椭圆弧，不论圆平行哪个投影面，其轴测投影的画法均相同。图 6-9 所示为水平圆正等轴测投影的画法。作图步骤如下：

1）先确定原点与坐标轴，并作圆的外切正方形，切点为 A、B、C、D（图 6-9a）。

2）作轴测轴和切点 A_1、B_1、C_1、D_1（图 6-9b），通过切点作外切正方形的轴测投影（菱形）。

3）作菱形的对角线，连接 O_1D_1、O_1B_1，得圆心 O_1、O_2、O_3、O_4，如图 6-9c 所示。

4）以 O_1、O_2 为圆心，O_1B_1 为半径，作圆弧 D_1B_1、A_1C_1；以 O_3、O_4 为圆心，O_3D_1 为半径，作圆弧 A_1D_1、B_1C_1，连成近似椭圆，如图 6-9d 所示。

图 6-10 所示为平行于三个坐标面上圆的正等轴测图，它们都可用菱形法画出。只是椭

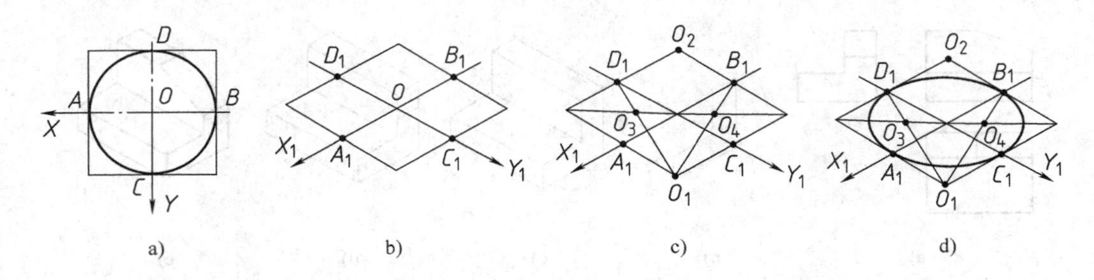

图 6-9 菱形法的近似椭圆画法

圆的长、短轴的方向不同，并且三个椭圆的长轴构成等边三角形。

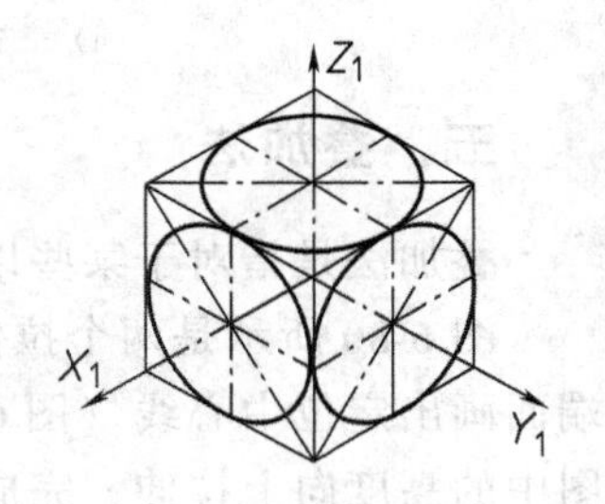

图 6-10 三坐标面上圆的正等轴测图

2. 圆柱的正等轴测图的画法

画圆柱的正等轴测图，只要先画出底面和顶面圆的正等轴测图——椭圆，然后作出两椭圆的公切线即可。

例 6-1 如图 6-11a 所示，已知圆柱的主、俯视图，作出其正等轴测图。

解 用菱形法画出基图圆的轴测投影——椭圆（图 6-11b），将该椭圆沿 Z 轴向下拉伸（平移），量取主视图的高度为拉伸厚度，即得圆柱的轴测投影（图 6-11 c）。

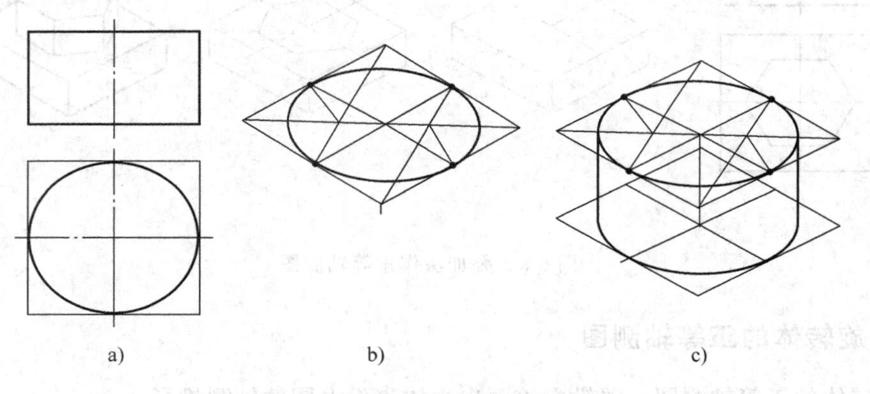

图 6-11 圆柱的正等轴测图画法

3. 圆角的正等轴测图的画法

立体上 1/4 圆角在正等轴测图上是 1/4 椭圆弧，可用近似画法作出，如图 6-12 所示。作图时根据已知圆角半径 R，找出切点 A_1、B_1、C_1、D_1，过切点分别作圆角邻边的垂线，两垂线的交点即为圆心，以此圆心到切点的距离为半径画圆弧即得圆角的正等轴测图。底面圆角可将顶面圆弧下移 H 即得，如图 6-12b、c 所示。

七、组合体正等轴测图画法

例 6-2 画出图 6-13 所示的直角支板的正等轴测图。

解 1）在投影图上定出坐标系。

2）画底板的正等轴测图，确定侧板上圆弧的圆心，如图 6-14a 所示。

3）画底板圆角、侧板上圆孔及上半圆柱面的正等轴测图，如图 6-14b 所示。

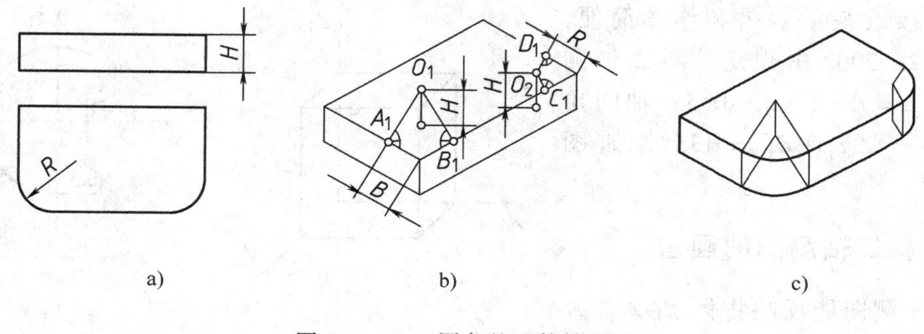

图 6-12　1/4 圆角的正等轴测图

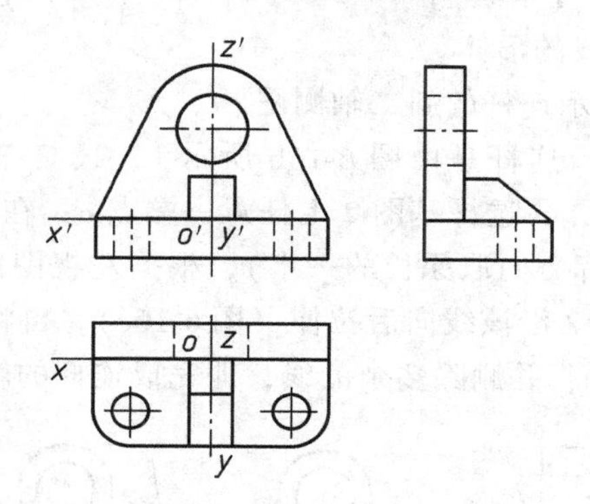

图 6-13　直角支板的视图

4）画底板圆孔和中间肋板的正等轴测图，如图 6-14c 所示。

5）整理并加深即完成全图，如图 6-14d 所示。

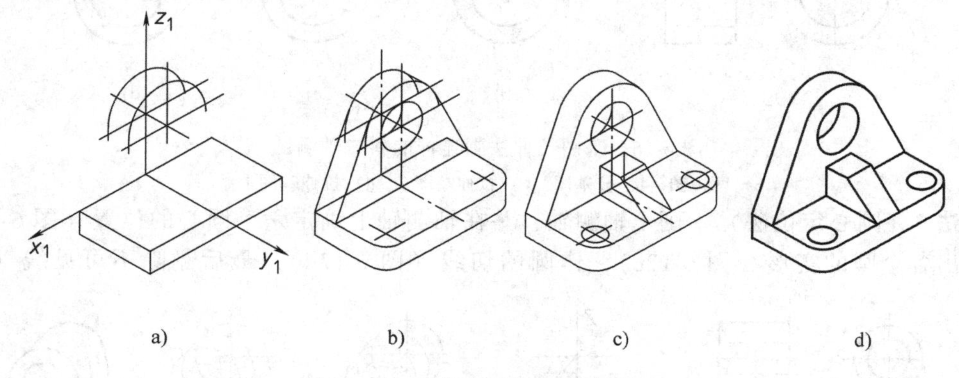

图 6-14　直角支板的正等轴测图

第三节　斜二轴测图

一、轴间角和轴向伸缩系数

斜二轴测图是轴测投影面平行于某个坐标平面的斜投影，因此该坐标平面上的两个坐标轴的轴向伸缩系数相等。如图 6-15a 所示，一般选择轴测投影面平行于正面（XOZ 坐标面），$p_1=r_1=1$，$\angle X_1O_1Z_1=90°$，只有 Y 轴伸缩系数和轴间角随着投射方向的不同而变化。为了使图形更接近视觉效果和作图简便，GB/T14692—2008 中规定，斜二轴测图中，取 $p=r=1$，$q=0.5$，轴间角 $\angle X_1O_1Y_1=\angle Y_1O_1Z_1=135°$，如图6-15b所示。

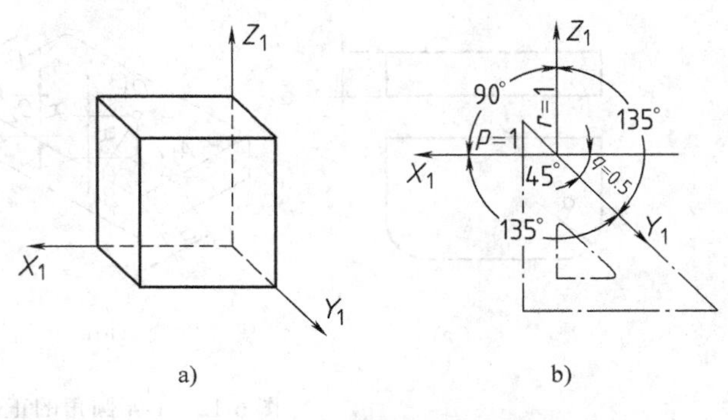

图 6-15 斜二测轴间角

二、斜二轴测图的画法

斜二轴测图能反映物体 *XOZ* 面及其平行面的实形，故特别适合于绘制只有一个坐标面上有圆或曲线的形体。

例 6-3 画出图 6-16a 所示连杆的斜二轴测图。

解法 1（基图拉伸法） 连杆是由图 6-16b 所示 1、2、3 三个基图的拉伸体相加而成的。作图时先画出基图 1、3，再选择基图 2 上任意一端点 *a*，在基图 3 上沿 *Y* 坐标方向作出点 *a* 拉伸线的轴测图（*Y* 坐标方向取原长的一半），根据左视图的前后相对位置，画出基图 2 的轴测图（实形），将基图 2 沿该线向后拉伸（图 6-16c）。再将基图 1、3 也向后拉伸（平移），画出前后基图圆的切线，并删除多余的线，即完成连杆的轴测图。

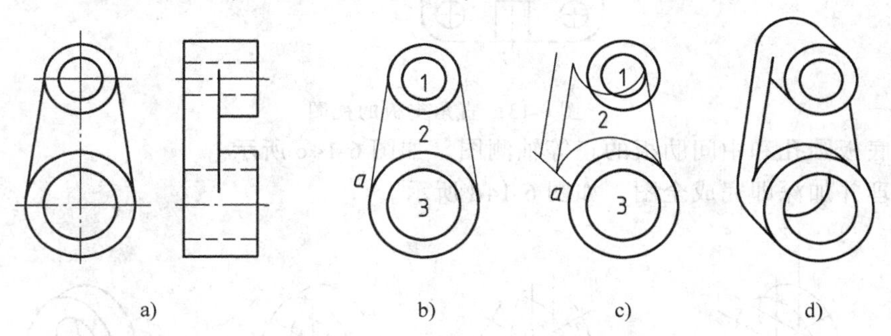

图 6-16 基图拉伸法画连杆的斜二轴测图

a）两视图 b）分基图 c）拉伸基图 2 d）拉伸基图 1、3

解法 2（圆心定位法） 画出轴测轴，并在轴测轴上确定六个圆心的位置（图 6-17b），分别画出各个圆的实形（图 6-17c），作圆的切线（图 6-17d），最后删除不可见线（图 6-

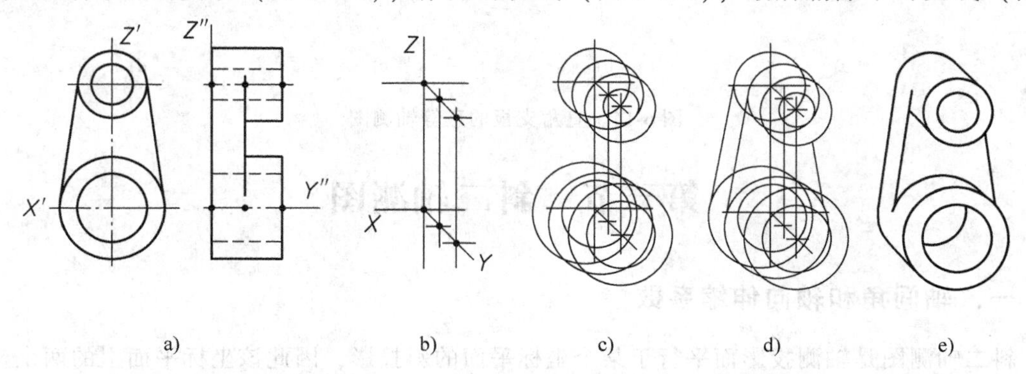

图 6-17 圆心定位法画连杆的斜二轴测图

a）两视图 b）定圆心 c）画圆 d）作圆的切线 e）删除不可见线

17e)。

第四节 轴测剖视图

在轴测图中，为了表达物体内部结构形状，可假想用剖切平面沿坐标面方向将物体剖开，画成轴测剖视图。

一、剖切平面的选择

为了清楚表达物体的内外形状，通常采用两个平行于坐标面的垂直相交平面剖切物体，如图 6-18b 所示。一般不采用单一剖切平面全剖物体，如图 6-18a 所示。

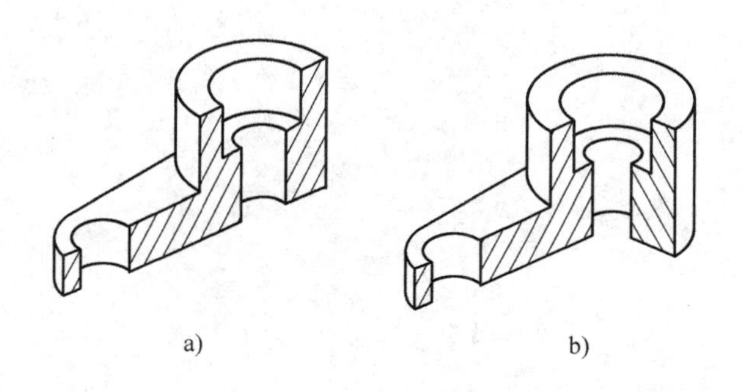

图 6-18 轴测剖视图的剖切方法

二、剖面线的画法

当剖切平面剖切物体时，断面上应画上剖面线，剖面线画成等距、平行的细实线，其方向如图 6-19 所示。

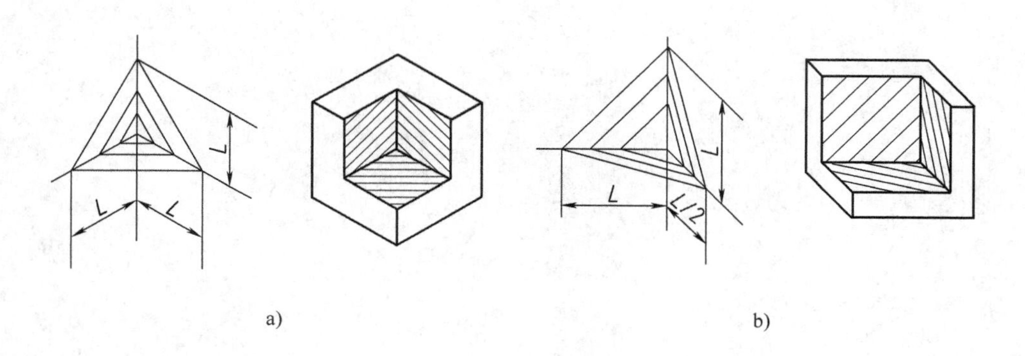

图 6-19 轴测图中剖面线画法

a）正等测 b）斜二测

剖切平面通过机件的肋或薄壁等结构的纵向对称平面时，规定这些结构不画剖面线，而用粗实线将它与相邻部分分开，如图 6-20 所示。轴测装配图中，剖面部分应将相邻零件的剖面线方向或间距区别开，如图 6-21 所示。

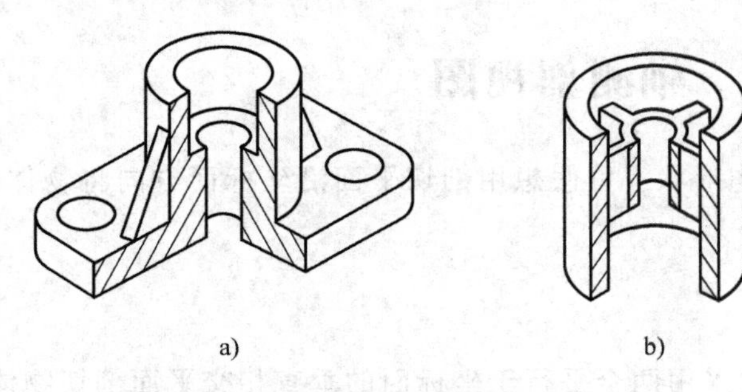

图 6-20 轴测剖视中肋板和薄壁的剖切画法

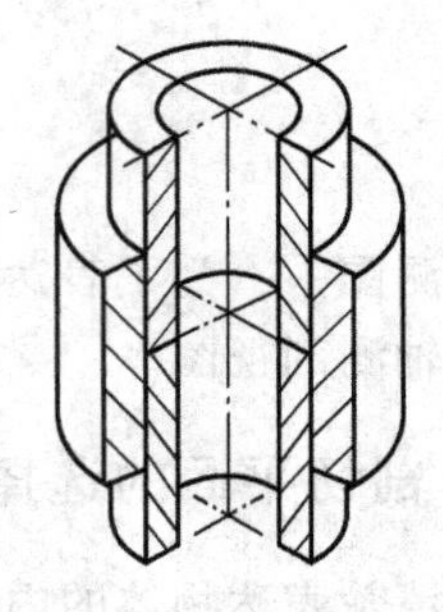

图 6-21 轴测装配图的画法

第七章　机件的表达方法

机件的形状和结构是多种多样的，要想把它们表达得既完整、清晰，画图、读图又都很简便，只用前面介绍的三面投影图就难以满足要求。为此 GB/T 17451 ~ 17453—1998、GB/T 4458.1 ~ 6—2002、GB/T 16675.1—2012 中规定了各种表达方法，可供设计人员绘图时选用。现将各种常用表达方法分述如下。

第一节　视　　图

视图主要用于表达机件的外形，一般只画出机件的可见部分，必要时才用虚线画出其不可见部分。视图可分为基本视图、向视图、斜视图和局部视图。

一、基本视图

1. 基本视图的生成与展开

制图标准中规定，以正六面体的六个面作为基本投影面，将机件置于正六面体内所生成的六个正投影图称为基本视图，如图 7-1a 所示。六个基本投影面展开方式如图 7-1b 所示。

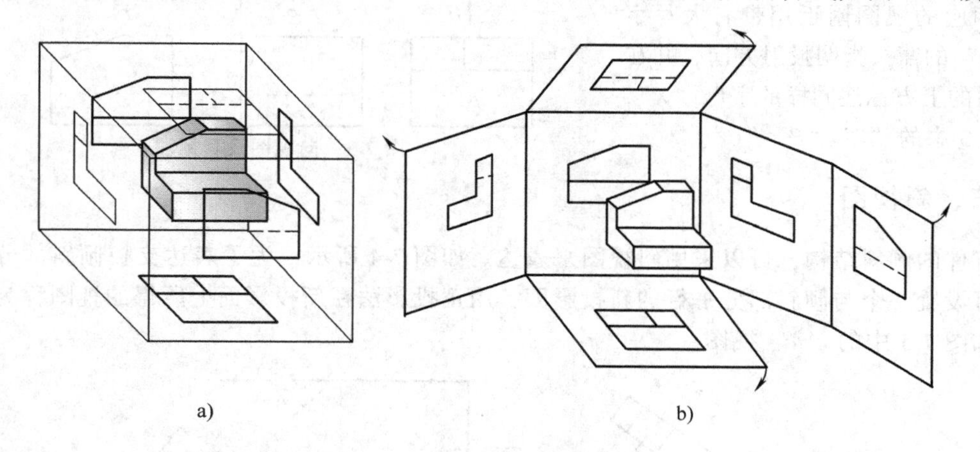

图 7-1　基本视图的生成与展开

a）六个基本投影面　b）投影面的展开

2. 六个基本视图的名称和配置

如图 7-2 所示，六个基本视图分别称为主视图、左视图、右视图、后视图和仰视图。

在同一张图纸内按图 7-2 所示的位置配置视图时，一律不注写视图的名称。

3. 六个基本视图之间的投影关系

视图之间仍然符合“长对正、高平齐、宽相等”的投影规律。即：主、俯、后、仰视图之间符合“长相等”；主、左、后、右视图之间符合“高相等”；俯、左、仰、右视图之间符合“宽相等”。

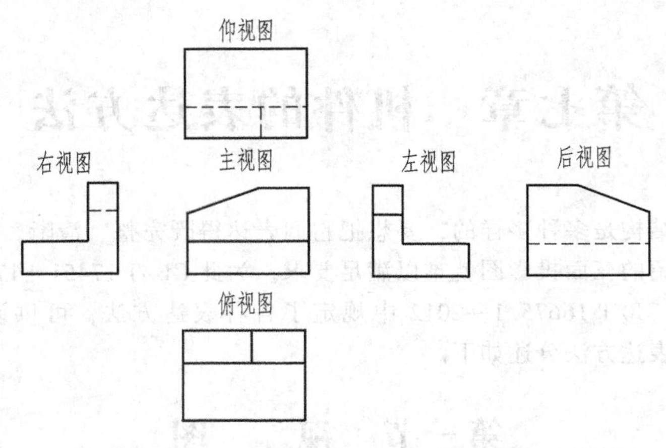

图 7-2　六个基本视图的名称和配置

绘制机件的图样时，应根据机件形状的复杂程度和结构特点，确定选用基本视图的数量。例如，由旋转体组成的轴类零件，只选用一个视图便可表达出旋转体的全部构型要素；对于一般零件优先选用主、俯、左视图。

二、向视图

向视图是可以自由配置的基本视图，采用向视图表达机件时，必须在相应的视图附近用带有大写字母“X”的箭头指明投射方向，并在该视图的上方标注同样的字母“X”，如图 7-3 中的“*A*”“*B*”“*C*”。

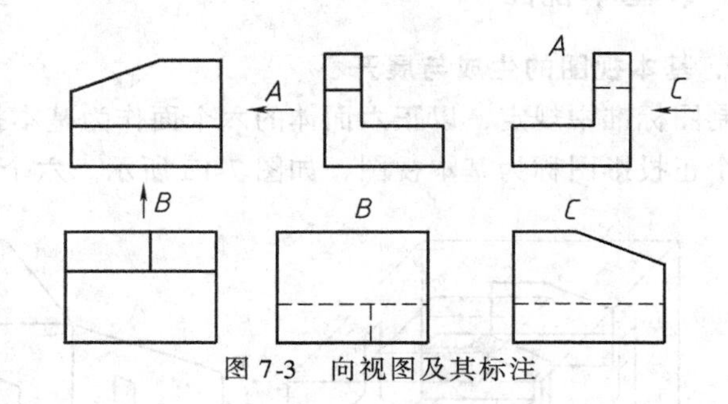

图 7-3　向视图及其标注

三、斜视图

机件的倾斜结构，可以采用斜视图来表达。如图 7-4 所示，为了表达支板倾斜部分的实形，可设置一个与倾斜部分平行的新投影面，用正投影法在新投影面上所得的视图称为斜视图，如图 7-5 中的“*A*”视图。

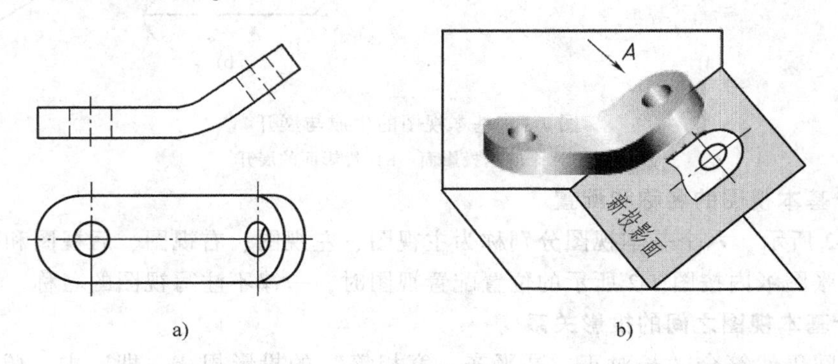

图 7-4　支板的基本视图及斜视图的形成

a）基本视图　b）斜视图

斜视图一般按投影关系配置，标注与向视图相同。必要时也可配置在其他适当的位置，在不致引起误解的情况下，允许将斜视图旋转配置，标注时加旋转符号“⌒↘ x”或“x ↗⌒”，其字母靠近箭头端，如图 7-5b 中的“A”视图。斜视图也常常画成局部视图。

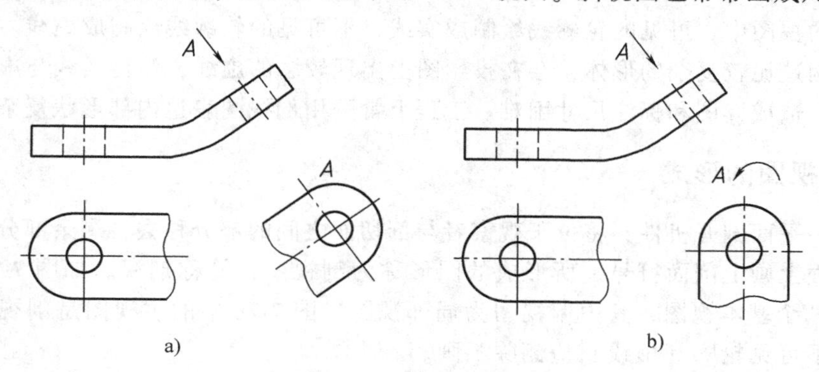

图 7-5　支板的斜视图和局部视图

四、局部视图

将机件的某一部分向基本投影面投射所得的视图称为局部视图，如图 7-6 中的俯视图和 A 向视图均为局部视图，它实际上是某视图的一部分，其断裂处的边界线用波浪线或双折线表示，波浪线是细实线。

当局部视图的外形轮廓是完整封闭图形时，断裂边界可省略不画，如图 7-6 中的“A”视图。

在机件的实体上才有断裂线，因此通孔或机件外不能画波浪线（图 7-6c）。

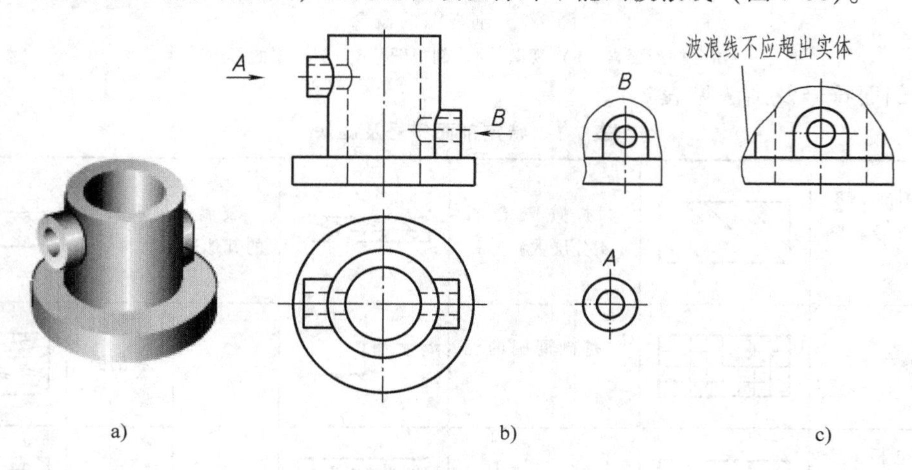

图 7-6　局部视图

局部视图不按基本视图的位置配置时，应按向视图标注，如图 7-6 所示。

局部视图按基本视图的位置配置时，可省略标注。如将图 7-6 中的“B”向视图画在主视图的左边，或将“A”向视图上移到与主视图的对应部分高平齐，均可省略标注。

第二节 剖 视 图

在形体的视图中，可见的轮廓线绘制成实线，不可见的轮廓线绘制成虚线。因此，对于内部形状或构造比较复杂的形体，会在投影图上出现较多的虚线，使得实线与虚线相互交错而混淆不清，造成读图和标注尺寸困难。工程上常采用剖视图表达内部形状复杂的形体。

一、剖视图的形成

假想用一平面剖开机件，将位于观察者与剖切面之间的部分移去，剩余部分向投影面投射并在截断面上画上剖面符号，所形成的图形称为剖视图，简称剖视。如图 7-7c 所示，图 7-7b 所示是两个基本视图，其中俯视图为局部视图。图 7-7c 中的主视图是剖视图，剖视图中剖面后的不可见轮廓（虚线）应删除不画。

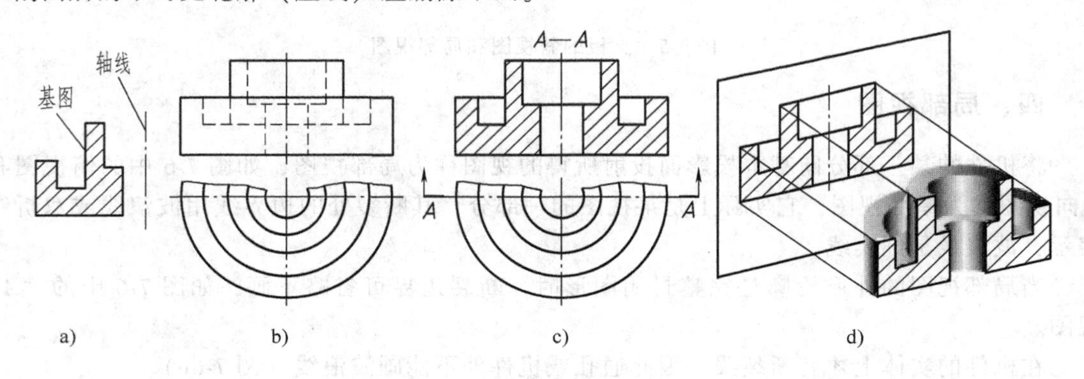

图 7-7 剖视图的概念
a）构型要素 b）视图 c）剖视图 d）剖视图的形成

特定剖面符号及画法见表 7-1。

表 7-1 特定剖面符号及画法

金属材料（已有规定剖面符号者除外）		木质胶合板（不分层数）		玻璃及供观察用的其他透明材料	
线圈绕组元件		基础周围的泥土		木材 纵剖面	
转子、电枢、变压器和电抗器等的叠钢片		混凝土		木材 横剖面	
非金属材料（已有规定剖面符号者除外）		钢筋混凝土		格网（筛网、过滤网等）	

（续）

型砂、填砂、粉末冶金、砂轮、陶瓷刀片、硬质合金刀片等		砖		液体	

注：1. 剖面符号仅表示材料的类别，材料名称和代号必须另行注明。
2. 由不同材料嵌入或粘贴在一起的物体，用其中主要材料的剖面符号表示。例如：夹丝玻璃的剖面符号用玻璃的剖面符号表示，复合钢板的剖面符号用钢板的剖面符号表示。
3. 除金属材料外，在装配图中相邻物体的剖面符号相同时，应采用疏密不一的方法以示区别。
4. 叠钢片的剖面线方向，应与束装中叠钢片的方向一致。
5. 液面用细实线绘制。
6. 窄剖面区域不宜画剖面符号时，可不画剖面符号。
7. 木材、玻璃、液体、叠钢片、砂轮及硬质合金刀片等剖面符号，也可在外形视图中画出部分或全部，作为材料的标志。

二、剖视图的标注

如图 7-7c 所示，剖切符号由短粗线、箭头和大写拉丁字母三部分组成，短粗线表示剖切面的迹线所在的位置，箭头标出剖切后的投射方向，字母“*A*”是剖切面名称。在剖切符号所对应的剖视图上方应标注对应的图名“*A—A*”。

当剖视图配置在箭头所指的投射方向时，剖切符号可省略箭头。当剖切位置很明显（例如剖切面通过机件的对称面）时，可以省略标注，如图 7-7b 中的剖切面通过机件的对称面，因此剖切符号和图名“*A—A*”均可省略。

三、剖视图的种类

剖视图分为全剖视图、半剖视图和局部剖视图三种。

1. 全剖视图

用剖切面完全剖开机件所得的剖视图称为全剖视图（图 7-7）。全剖视图适用于表达外形简单内部结构较复杂的机件。

2. 半剖视图

当机件为对称形体时，可以用对称线（细点画线）分界，一半画剖视图，另一半画外形视图，这种图称为半剖视图。半剖视图只能用于对称机件，如图 7-8 所示。

半剖视图中表达外部形状的半个视图内不画虚线。

机件的形状接近于对称，且不对称部分已另有视图表达清楚时，也可以画成半剖视图。

3. 局部剖视图

用剖切面局部地剖开机件，以波浪线或双折线为分界线，一部分画成视图以表达外形，其余部分画成剖视图以表达内部结构，这种图形称为局部剖视图。它适用于内外结构都需要表达且不对称的机件。如图 7-9 所示，主视图采用两处局部剖，俯视图采用一处局部剖，将机件的内外结构都表达清楚了。

当对称机件的轮廓线与对称线重合时，不宜画半剖视图（图 7-10），只能画局部剖视图。

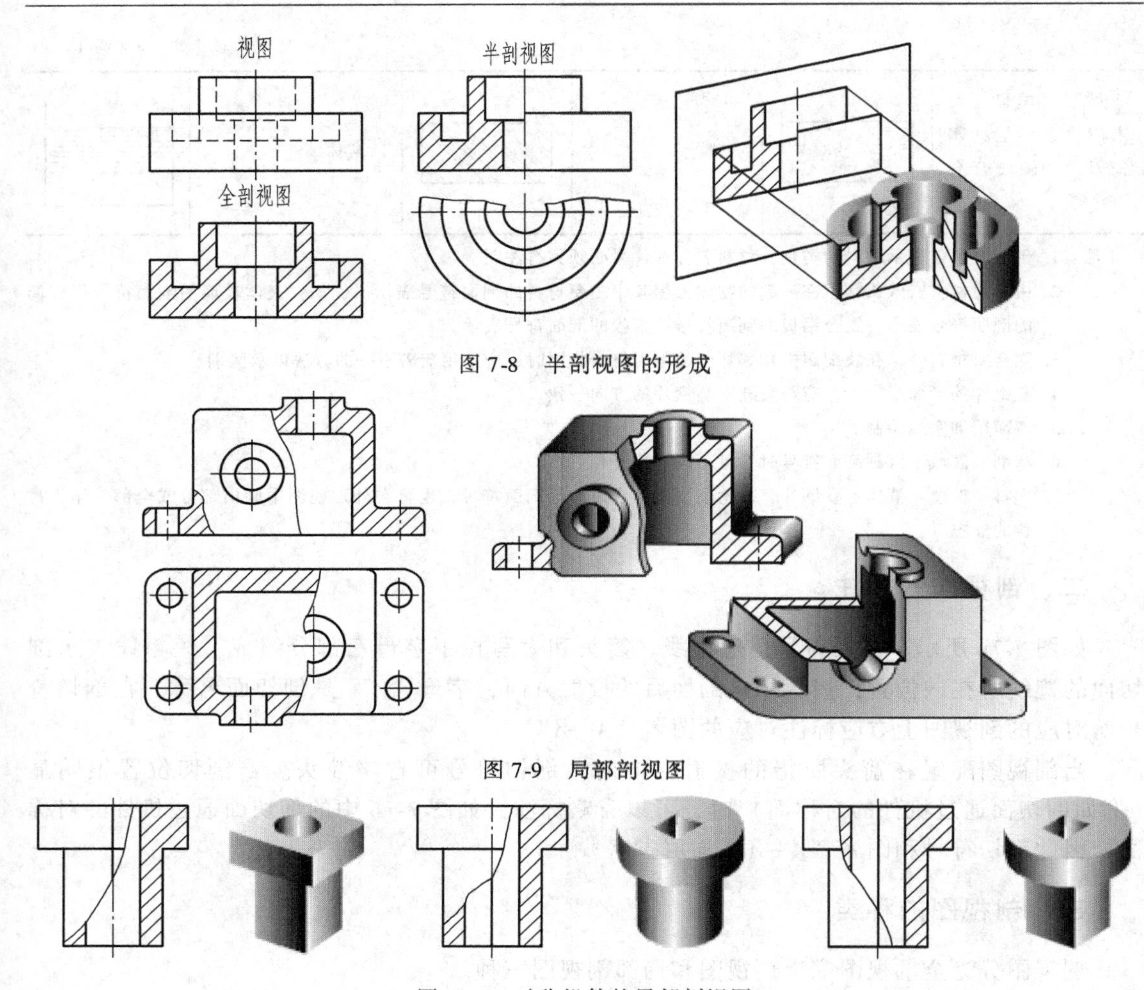

图 7-8 半剖视图的形成

图 7-9 局部剖视图

图 7-10 对称机件的局部剖视图

局部剖视图中的波浪线是假想断裂面的投影。其画法应注意以下几点：

1） 局部剖视图与视图之间用波浪线或双折线分界，但同一图样上一般采用一种线型。

2） 波浪线或双折线不能与图样上其他图线重合，如图 7-11 所示。只有当被剖切结构为回转体时，才允许将该结构的轴线作为局部剖视图与视图的分界线，如图 7-12 所示。

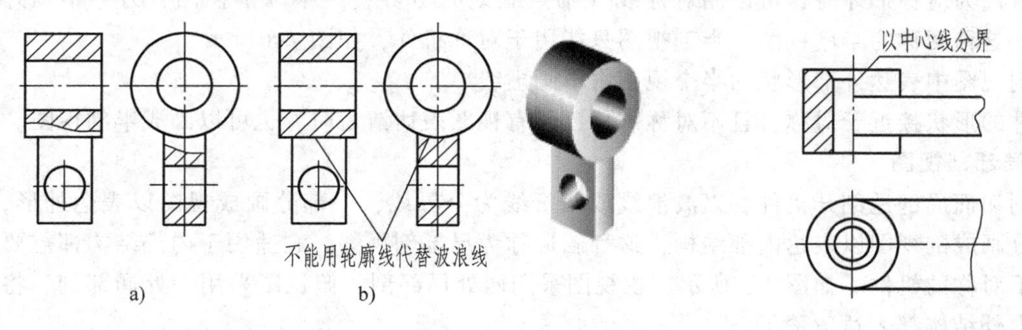

图 7-11 波浪线应单独画出
a）正确 b）错误

图 7-12 中心线作为分界线

3）波浪线应画在机件的实体部分，在通孔或通槽中应断开，不能穿空而过，如图 7-13 所示。当用双折线时，没有此限制，如图 7-14 所示。

4）波浪线不能超出视图轮廓之外（图 7-13）；双折线应超出轮廓线少许（图 7-14）。

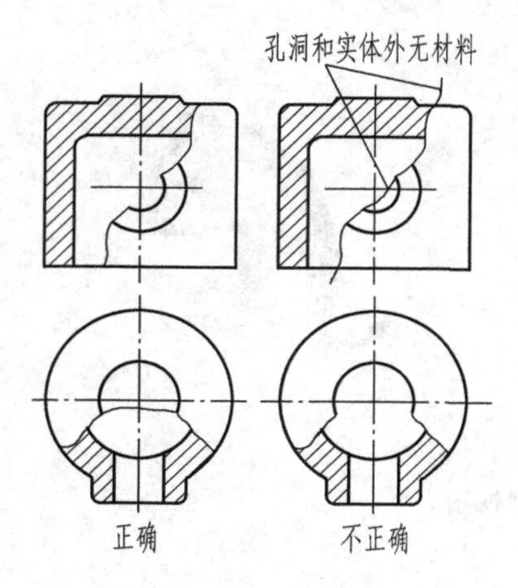

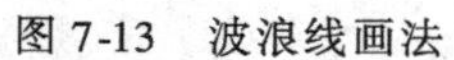
图 7-13　波浪线画法

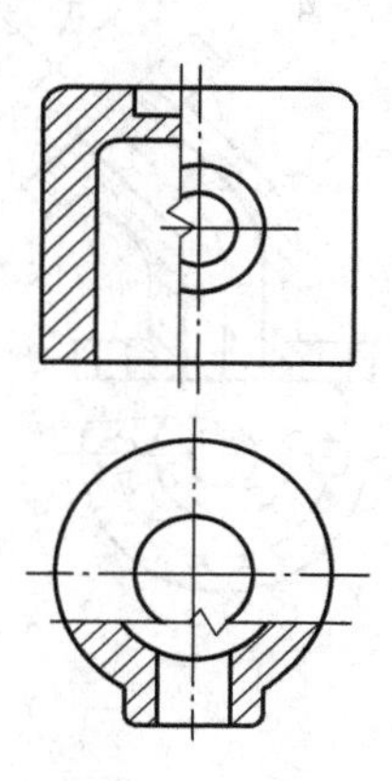

图 7-14　双折线画法

局部剖视图一般可省略标注，但当剖切位置不明显或局部剖视图未按投影关系配置时，则必须加以标注。

局部剖视图不受机件是否对称的限制，剖切的范围可大可小，所以局部剖视图是一种比较灵活的表达方法，但在一个视图中剖切处不宜过多，否则会使图形显得零碎。

四、剖切面的种类

上述全剖、半剖、局部剖三种剖视图均可用不同的剖切面剖开物体：用单一剖切面、几个相交的剖切面（交线垂直于某一基本投影面）和几个平行的剖切平面。

1. 单一剖切面

1）用一个平行某一基本投影面的平面剖切机件。上述的图例均为这种剖切方法。

2）用一个不平行于任何基本投影面的平面剖切机件，这种剖切方法称为斜剖。如图 7-15中“*A*—*A*”剖视图即为用斜剖的剖切方法所得的全剖视图。

用斜剖获得剖视图一般按投影关系配置在与剖切符号相对应的位置，也可将剖视图移至图纸的其他适当位置。在不致引起误解时允许将图形旋转，但旋转后的标注形式应为“⌒×—×”。

2. 几个平行的剖切平面

采用几个平行的平面同时剖开机件的剖切方法称为阶梯剖，如图 7-16 所示，主视图是用阶梯剖的剖切方法所获得的 *A*—*A* 全剖视图。

采用阶梯剖画剖视图时应注意：

1）各个剖切面的断面图应重合成一个完整的图形，剖切平面转折处不画线（图 7-17a）。

2）剖切符号的转折处不应与图中的轮廓线重合，如图 7-17b 中的俯视图。

3）要正确选择剖切平面的位置，在剖视图中不应出现不完整的要素（图 7-18a）。

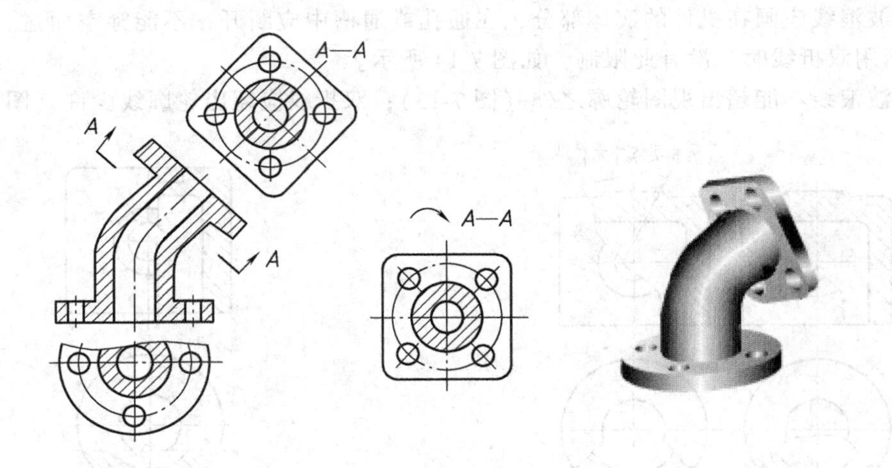

图 7-15　用斜剖获得剖视图

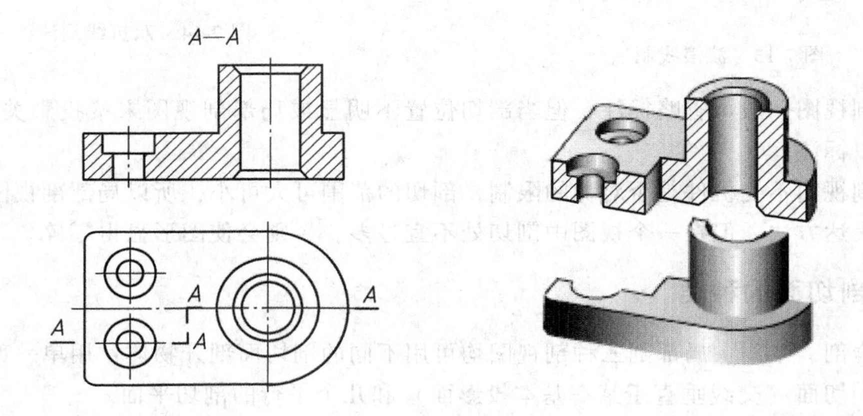

图 7-16　几个平行的剖切面剖切——阶梯剖

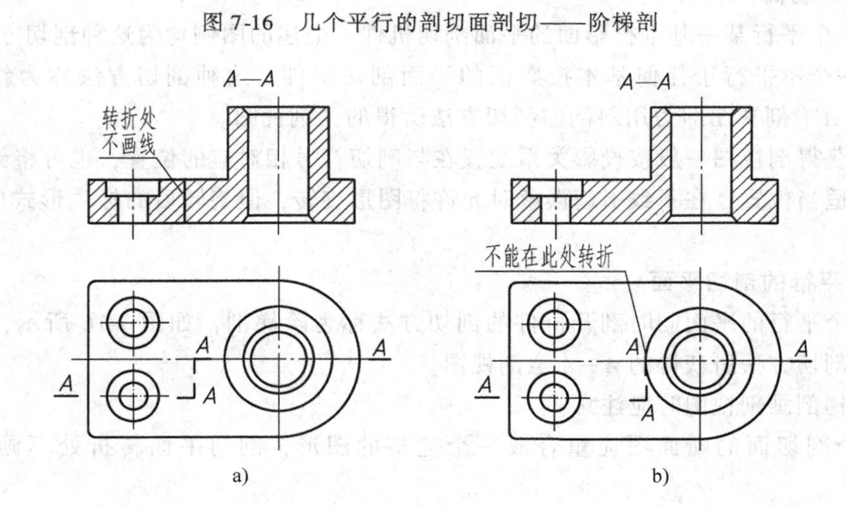

图 7-17　阶梯剖常见错误

4）公共对称中心线或轴线上的两个要素，可各画一半不完整的要素（图 7-18b）。

阶梯剖画剖视图时必须进行标注，用粗短线画出表示剖切面的起、迄和转折位置，并标上相同的大写字母，在起、迄外侧用箭头表示投射方向，在相应的剖视图上用同样的字母注出“x—x”表示剖视图名称，如图 7-18 所示，当转折处地方有限又不致引起误解时，允许省略字母。当剖视图按投影关系配置、中间又无其他视图隔开时，可省略表示投射方向的箭头。

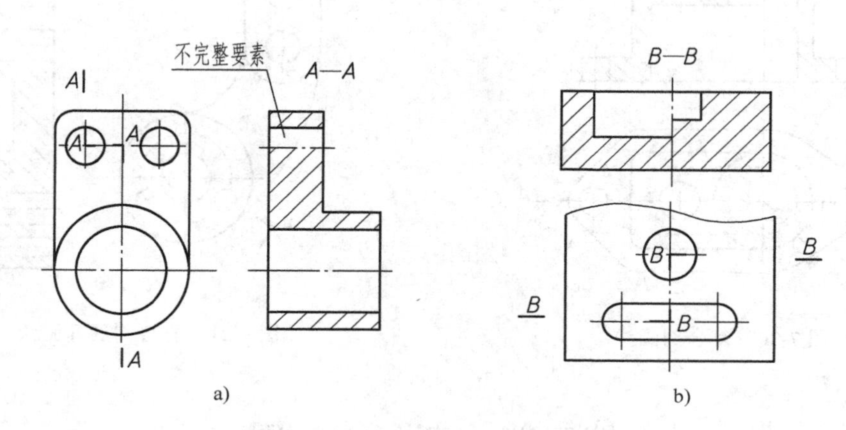

图 7-18 用几个平行的剖切面剖切注意点

a）不应出现不完整要素 b）允许出现不完整要素的情况

3. 几个相交的剖切平面

用两个相交的剖切面剖开机件后，将倾斜的剖切面上的结构旋转到与基本投影面平行的位置再投影的方法称为旋转剖。图 7-19 中的肋板，纵向剖切时不画剖面符号。

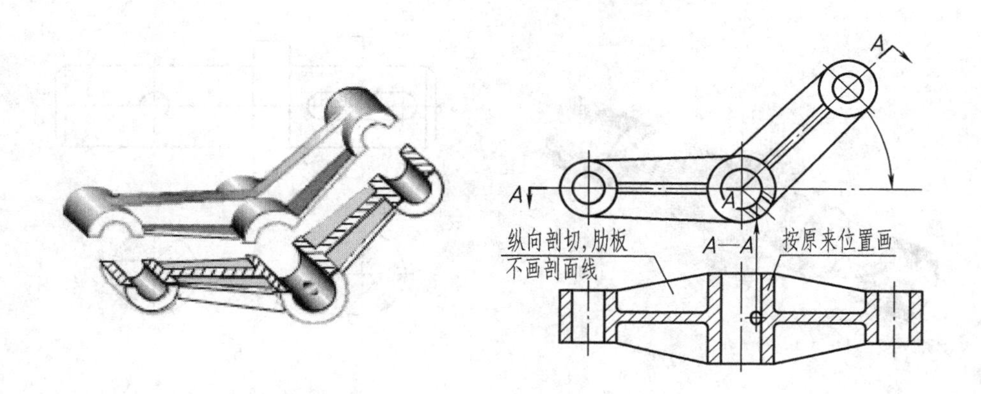

图 7-19 相交的剖切面剖切机件——旋转剖

采用旋转剖画剖视图时应注意：

1）当机件有回转轴时，两个剖切面的交线应与机件的回转轴线相重合（图 7-19）。

2）倾斜的剖切平面旋转时，处在剖切平面后边的其他结构，仍按原来位置投射，如图 7-20 所示机件下部的小圆孔，其在“A—A”中仍按原来位置投射画出。

3）采用旋转剖画出的剖视图必须标注，标注方法与阶梯剖相同。

对于复杂的机件还可以用几个相交的剖切平面剖切。用几个相交的剖切平面剖开机件的方法称为复合剖，其画法和标注如图 7-20 所示。采用复合剖时，可将剖切面展开画出，但在剖视图上方应标注“×—×展开”（图 7-21）。

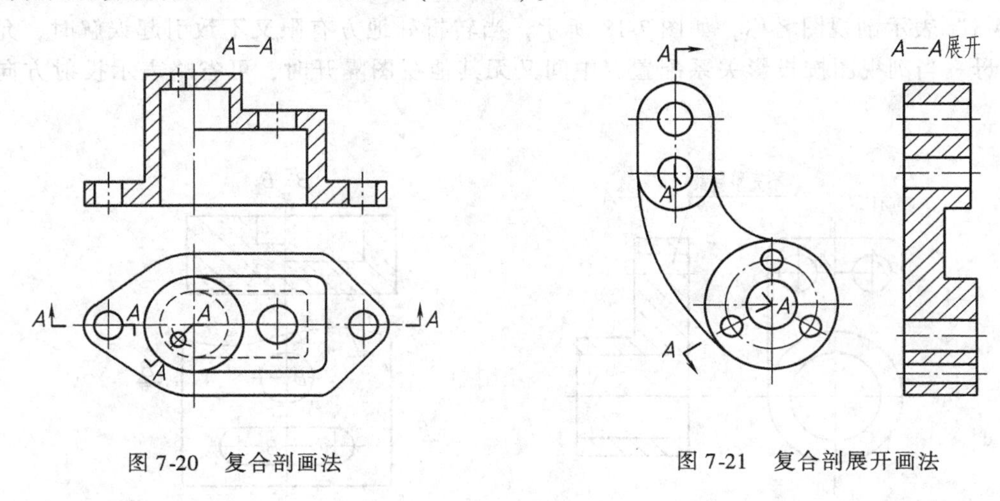

图 7-20 复合剖画法　　图 7-21 复合剖展开画法

第三节 断 面 图

一、断面图的概念

假想用剖切面将机件的某处切断，只画出剖切面上的截断面，这种图称为断面图，简称断面（图 7-22）。

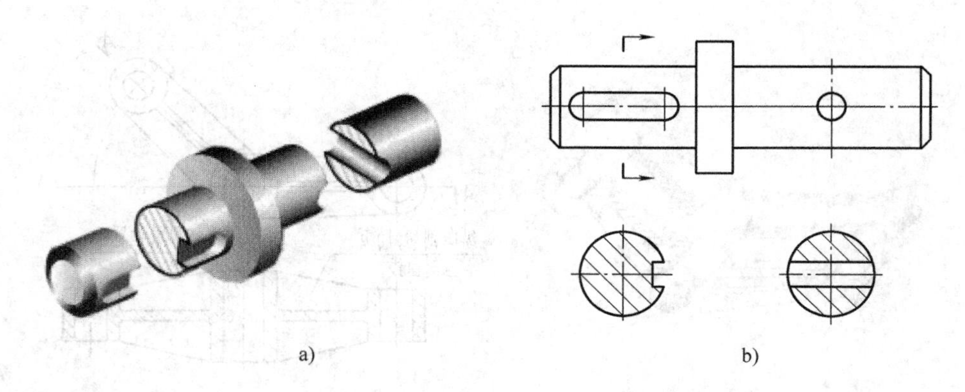

a)　　b)

图 7-22 断面图的概念

断面图与剖视图的区别在于断面图只画截断面，而剖视图不仅要画出截断面，还要画出截断面后边的可见轮廓线。

二、断面图的种类

断面图分移出断面图和重合断面图两种。

（一）移出断面图

画在视图之外的断面图称为移出断面图（简称移出断面）。

1. 移出断面图的画法

1）移出断面图的轮廓线用粗实线绘制，在断面区域内一般要画剖面符号。移出断面图应尽量配置在剖切符号或剖切平面迹线的延长线上，如图7-23a所示。

2）必要时可将移出断面配置在其他适当位置，如图7-23b和图7-24所示。

3）断面图形对称时，也可画在视图的中断处，如图7-23c所示。

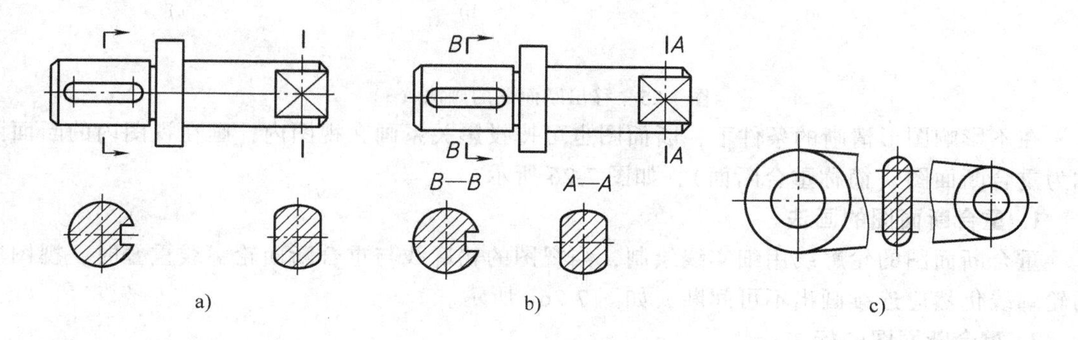

图7-23　移出断面图的画法（1）

4）当剖切平面通过回转面形成的孔或凹坑的轴线时，这些结构按剖视绘制（图7-24）。

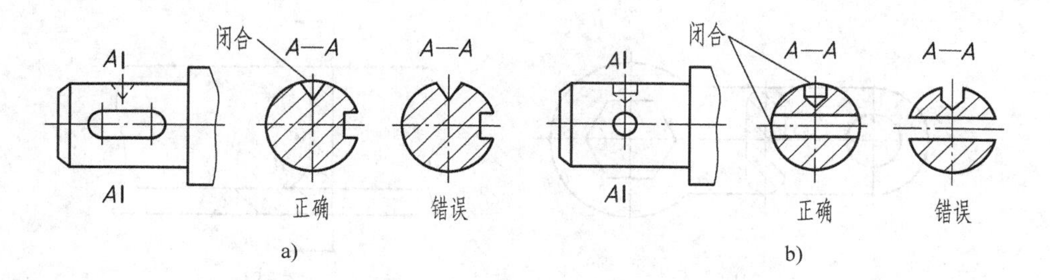

图7-24　移出断面图的画法（2）

5）非圆孔的断面分离成两图形时，该结构应按剖视绘制，并允许将图形旋转（图7-25a）。

6）断面图的剖切面要垂直于该结构的主要轮廓线或轴线，如图7-25b所示；由两个或多个相交剖切平面得出的移出断面，中间应断开，如图7-25c所示。

2. 移出断面图的标注

1）移出断面一般应用粗短画表示剖切位置，用箭头表示投射方向并注上字母，在断面图的上方应用同样字母标出相应的名称"×—×"（图7-23b、图7-25a）。

2）配置在剖切符号或剖切平面迹线的延长线上的移出断面图，可省略字母。如果断面图不对称则应标注箭头；如果图形对称可省略箭头，如图7-23a、图7-25b、c所示。

3）移出断面按投影关系配置，可省略投射方向的标注，如图7-24所示。

4）配置在视图中断处的移出断面，可省略标注，如图7-23c所示。

（二）重合断面图

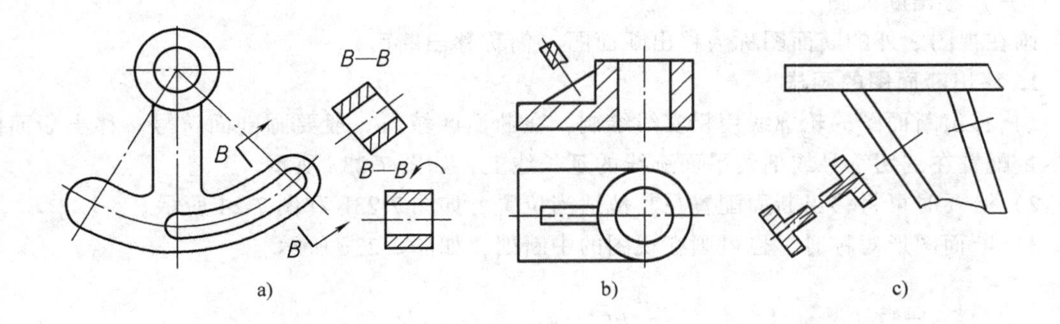

图 7-25 移出断面图的画法（3）

在不影响图形清晰的条件下，断面图也可按投影关系画在视图内，画在视图内的断面图称为重合断面图（简称重合断面），如图 7-26 所示。

1. 重合断面图的画法

重合断面图的轮廓线用细实线绘制，当视图的轮廓线与重合断面轮廓线重叠时，视图中的轮廓线仍然应连续画出不可间断，如图 7-26b 所示。

2. 重合断面图的标注

对称的重合断面图不必标注剖切符号和断面图的名称，如图 7-26a 所示。不对称重合断面图在剖切处标注投射方向，但不必标注字母，如图 7-26b 所示。

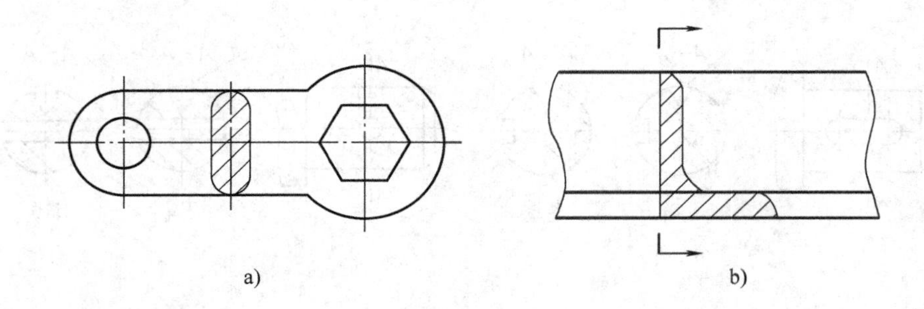

图 7-26 重合断面图的标注

第四节 其他表达方法

一、局部放大图

将机件的部分结构用大于原图形所采用的比例画出的图形称为局部放大图，如图 7-27 所示。局部放大图可画成视图、剖视图、断面图，它与被放大部分的表达方式无关。当机件上的某些细小结构在原图形中表示不清或不便于标注尺寸时，可采用局部放大图。

局部放大图应尽量配置在被放大部分的附近，用细实线圈出被放大的部位；当同一机件上有几个被放大的部位时，必须用罗马数字依次标明被放大的部位，并在局部放大图的上方标注出相应的罗马数字和采用的比例；当机件上被放大的部分仅有一处时，在局部放大图的上方只需注明所采用的比例，同一机件上不同部位的局部放大图，当图形相同或对称时，只需要画出一个。

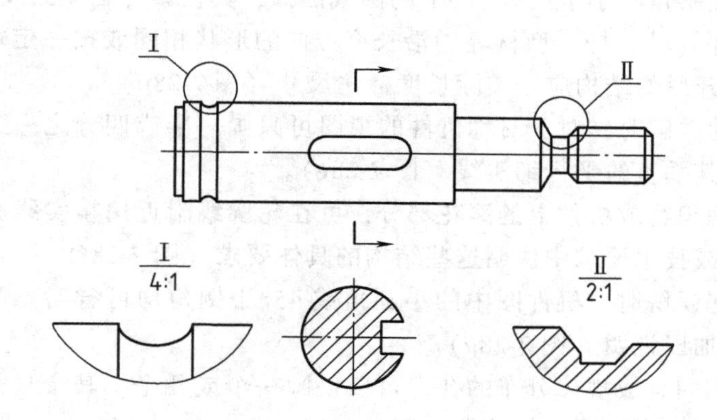

图 7-27　局部放大图

二、简化画法和其他规定画法

为了简化作图和提高绘图效率，对机件的某些结构在图形表达方法上进行简化，使图形既清晰又简单易画，这种画法称为简化画法。常用的简化画法如下：

1）机件上的肋、轮辐及薄壁等，若沿纵向剖切，则这些结构都不画剖面符号，而用粗实线将它与邻接部分分开。当回转体上均匀分布的孔、肋和轮辐等结构不处于剖切平面上时，可将这些结构旋转到剖切平面上画出（图 7-28a）。

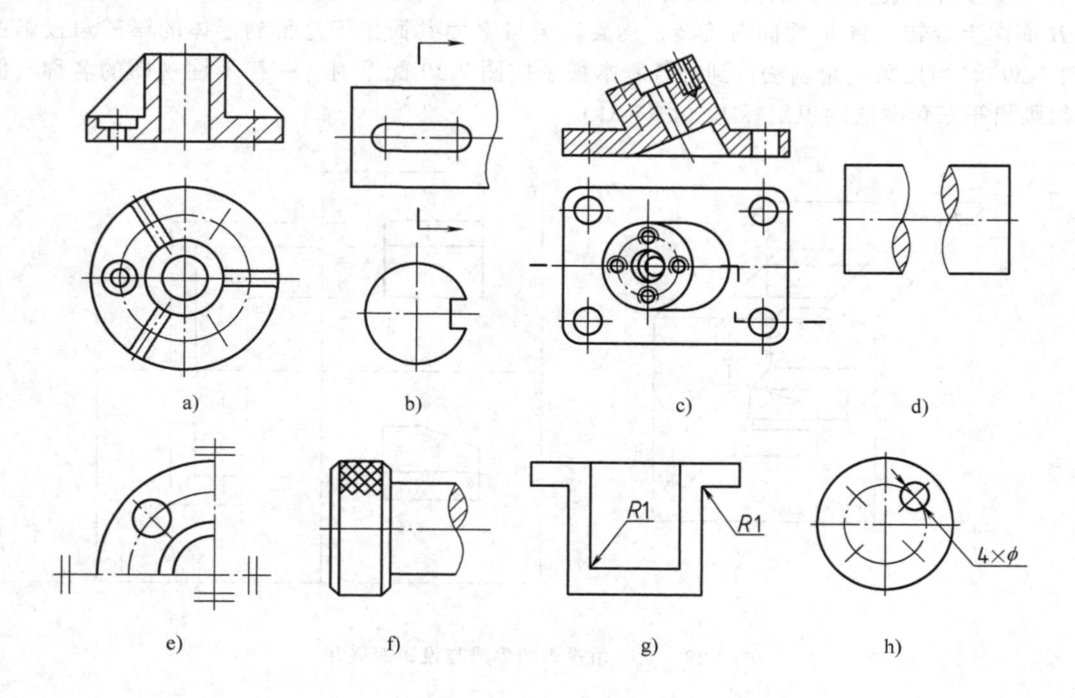

图 7-28　常用的简化画法

2）在不致引起误解的情况下，机件图中的移出断面允许省略剖面符号，但剖切位置和断面图的标注必须遵照原来的规定（图 7-28b）。

3）与投影面倾斜角度小于或等于 30°的圆或圆弧，其投影可画成圆或圆弧（图 7-28c）。

4）较长的机件（轴、杆、型材等）沿长度方向的形状相同或按一定规律变化时，可断开后缩短绘制，断开后的结构应按实际长度标注尺寸（图 7-28d）。

5）在不致引起误解时，对于对称机件的视图可只画一半或四分之一，并在对称中心线的两端画出两条与其垂直的平行细实线（图 7-28e）。

6）网状物、编织物或机件上的滚花部分，可在轮廓线附近用粗实线完全或部分表示出来，并在零件图上或技术要求中注明这些结构的具体要求（图 7-28f）。

7）在不致引起误解时，机件图中的小圆角或 45°小倒角均可省略不画，但必须注明尺寸或在技术要求中加以说明（图 7-28g）。

8）若干直径相同且成规律分布的孔，可以仅画一个或几个，其余只需用点画线表示其中心位置，在零件图中应注明孔的总数（图 7-28h）。

第五节　第三角投影简介

根据国家标准（GB/T 17451—1998）规定，我国工程图样按正投影绘制，可采用第一角画法或第三角画法，而美国、英国、日本、加拿大等国则采用第三角画法。

第一角画法是将物体放在第一分角，使物体处于观察者与对应的投影面之间，从而得到相应的正投影图。而第三角画法是将机件放在第三分角，使投影面处于观察者与物体之间，并假想投影面是透明的，从而得到物体的投影。第三角画法的投影面展开时 *V* 面仍然不动，将 *H* 面向上旋转，将 *W* 面向右旋转，均旋转至与 *V* 面共面，于是得到形体的第三角投影图（图 7-29）。当用第三角画法得到的各基本视图按图 7-30 配置时，一律不注视图的名称，但必须画出第三角画法的识别标志（图 7-31）。

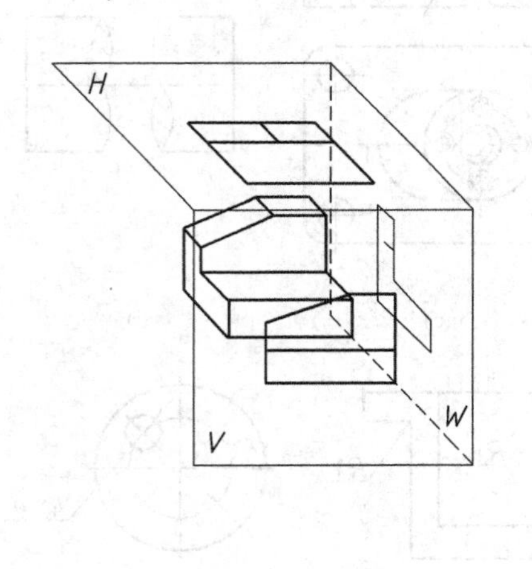

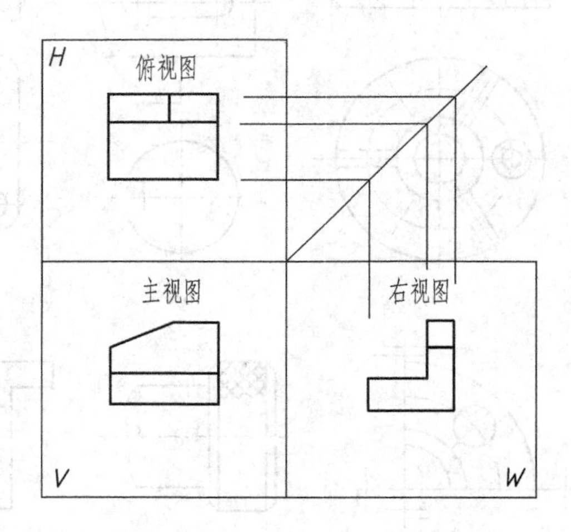

图 7-29　第三角投影的生成与投影面展开

采用第三角画法所得到的各面投影图，仍具有“长对正、高平齐、宽相等”的投影关系。

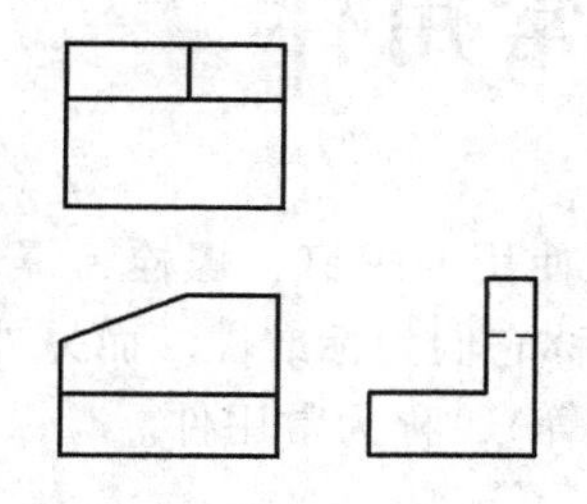

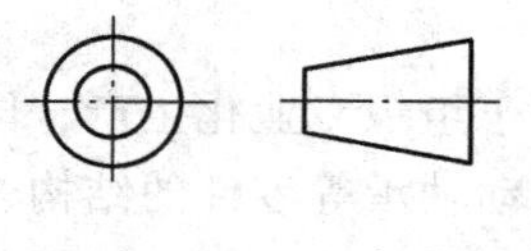

7-30　第三角投影的三视图配置　　　　图 7-31　第三角画法的识别标志

第八章　标准件与常用件

为了便于组织专业化生产，国家对各种机械中，广泛使用的螺钉、螺栓、螺母、垫圈、键、销、滚动轴承等零件的结构、尺寸实行了标准化，故称它们为标准件。而另外一些虽经常使用，但只是结构定型、标准化的零件（如齿轮、弹簧等），称为常用件。

第一节　螺　　纹

一、螺纹基本知识

1. 螺纹的形成

螺纹可认为是一平面图形（牙型）沿圆柱（或圆锥）表面上的螺旋线运动而形成的实体（图 8-1）。

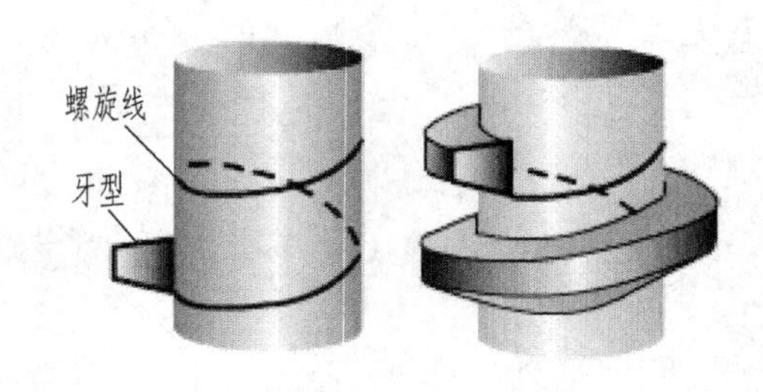

图 8-1　螺纹的形成

2. 螺纹的基本要素

（1）牙型　形成螺纹的平面图形称为螺纹牙型。

（2）螺纹直径　螺纹直径有大径、小径和中径（图 8-2），螺纹标注时用大径代表螺纹的直径，因此大径称为螺纹的公称直径。

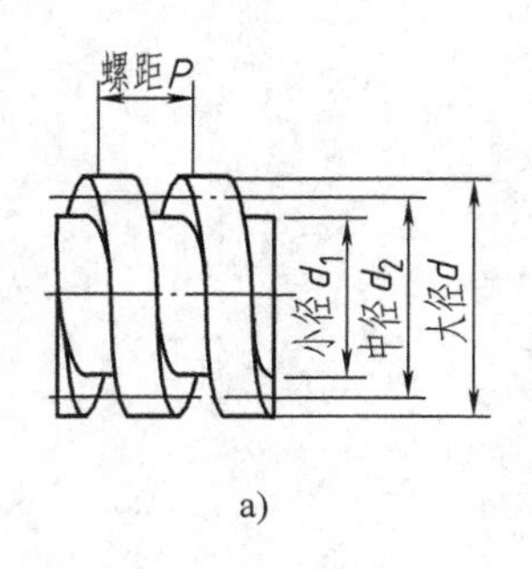

a)

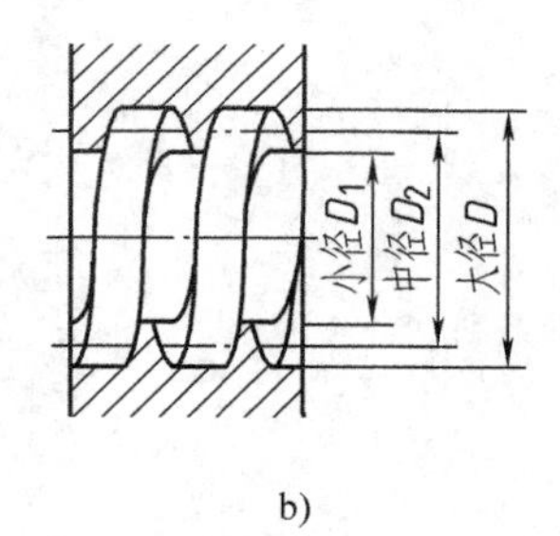

b)

图 8-2　螺纹的直径

a）外螺纹　b）内螺纹

（3）线数 n　螺纹有单线和多线之分，沿一条螺旋线形成的螺纹称为单线螺纹，沿两条或两条以上，在轴间等距分布的螺旋线所形成的螺纹称为多线螺纹，如图 8-3 所示。

（4）螺距 P 和导程 P_h　相邻两牙的轴向距离称为螺距 P。同一条螺旋线上相邻两牙的轴向距离称为导程 P_h，单线螺纹 $P_h = P$，多线螺纹 $P_h = nP$，如图 8-3 所示。

（5）旋向　螺纹的旋向有左、右旋之分（图 8-4），左旋的代号为 LH。

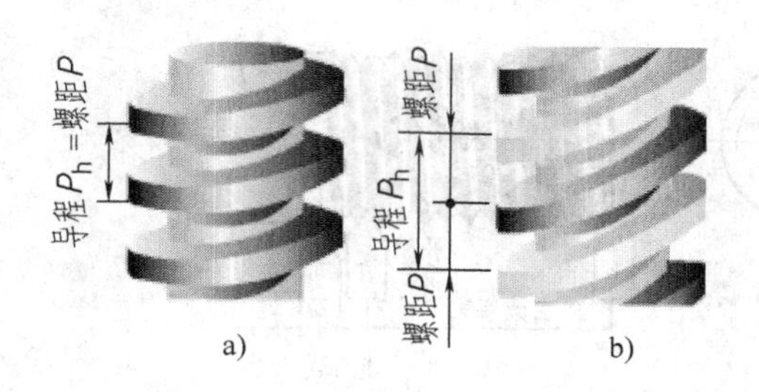

图 8-3　螺纹的线数

a) 单线　b) 双线

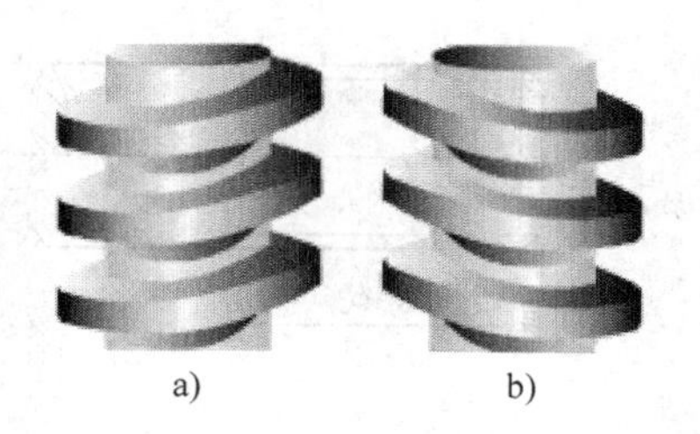

图 8-4　螺纹的旋向

a) 右旋　b) 左旋

以上五个要素完全相同的外螺纹和内螺纹才能相互旋合在一起。牙型、直径和螺距符合国家标准规定的螺纹称为标准螺纹，不符合标准则称为非标准螺纹。

3. 螺纹的代号及分类

螺纹按其用途可分为联接螺纹和传动螺纹两类。其种类、牙型和代号见表 8-1。

表 8-1　常用标准螺纹的分类

螺纹分类	螺纹种类	牙型图	特征代号	螺纹种类	牙型图	特征代号
联接螺纹	粗牙普通螺纹	60° 牙顶 牙底	M	55°非密封管螺纹	55°	G
	细牙普通螺纹			55°密封管螺纹	55°	R_1、R_2（外螺纹），Rc、Rp（内螺纹）
传动螺纹	梯形螺纹	30°	Tr	锯齿形螺纹	30° 3°	B

二、螺纹的规定画法

GB/T 4459.1—1995《机械制图　螺纹及螺纹紧固件表示法》中规定了螺纹的画法。

1. 单个外螺纹的画法

如图 8-5 所示，在投影为非圆的视图上，螺纹的大径画粗实线；螺纹小径画细实线，并画入倒角或倒圆内；有效螺纹的终止界线画粗实线（图 8-5）。

在圆视图上，大径圆用粗实线画整圆，小径圆用细实线画约 3/4 圆，倒角圆省略不画。

2. 单个内螺纹的画法

在投影为非圆的视图上画剖视图时，螺纹大径用细实线绘制，小径和螺纹终止线用粗实线绘制（图 8-6a）；不剖时全部按虚线绘制（图 8-6b）。

在圆视图上，小径用粗实线画整圆，大径圆用细实线画约 3/4 圆，倒角圆省略不画（图 8-6a）。

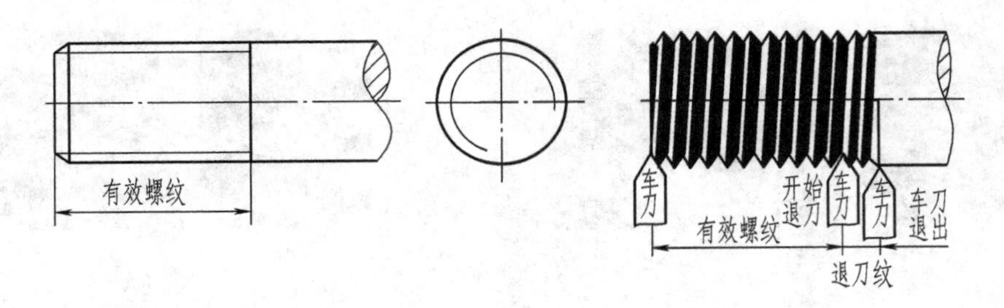

图 8-5　外螺纹的画法

在绘制不穿通的螺孔时，钻孔深度 H 一般应比螺纹深度 b 大 $0.5D$（D 为螺纹大径）。钻孔端部有一钻头加工出的圆锥面，锥顶角为 120°（图 8-6c）。

机件上有时会出现部分螺孔的情况，其圆形视图上螺纹的大径应空出一段距离（图 8-6d）。

螺孔与螺孔或光孔相交时，只在螺纹小径画一条相贯线（图 8-6e）。

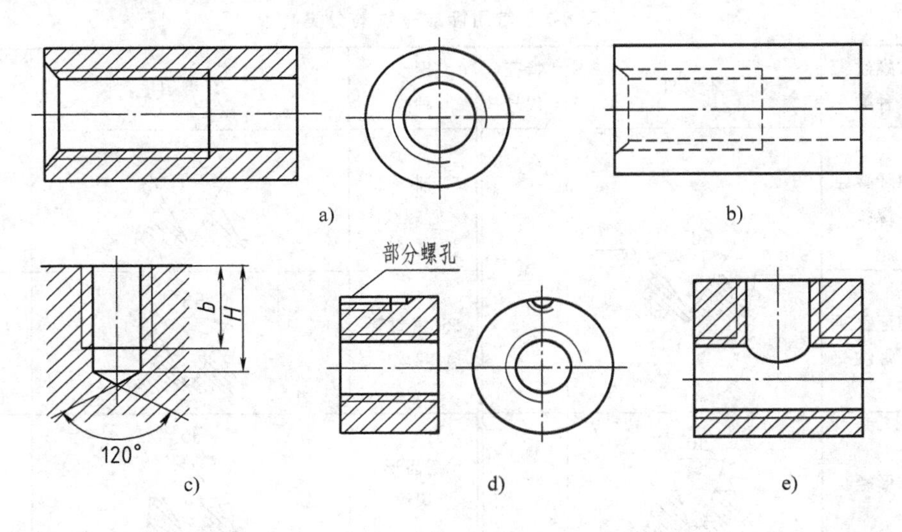

图 8-6　内螺纹的画法

3. 内、外螺纹联接画法

以剖视图表示内、外螺纹联接时，其联接部分应按外螺纹的画法绘制，其余部分仍按各自的画法表示（图 8-7）。内、外螺纹联接时，其大径和小径必须相等，因此在剖视图中，表示内、外螺纹牙顶和牙底的粗、细实线，必须在一条直线上。

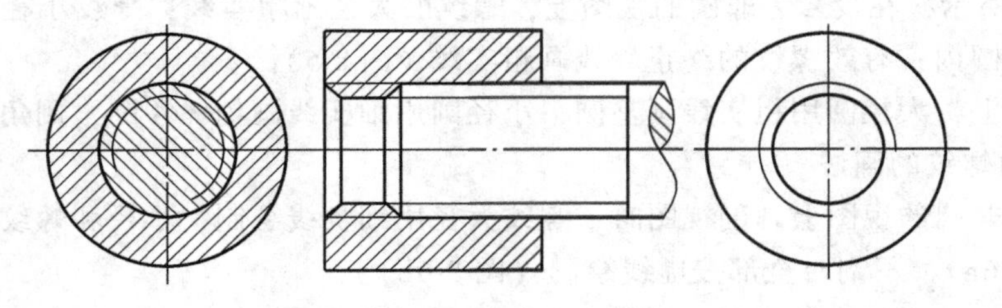

图 8-7　内、外螺纹联接画法

4. 圆锥螺纹的画法

圆锥螺纹的画法如图 8-8 所示。

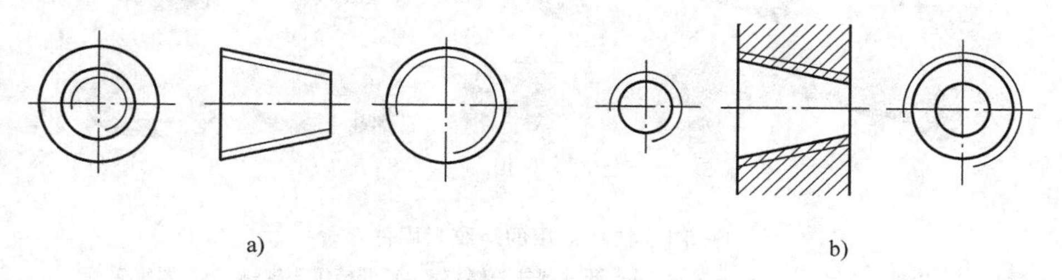

图 8-8　圆锥螺纹的画法

三、螺纹的标注方法

在图样中，为了表达螺纹的五要素及其允许的尺寸加工误差范围，必须对螺纹进行标注。

例如，M16 ×1.5-LH（图 8-9a），M 为普通螺纹特征代号，公称直径为 16mm，螺距为 1.5mm，LH 表示左旋。

普通螺纹的螺距有粗牙、细牙两种，标注时粗牙螺距应省略不注。右旋螺纹不注旋向。

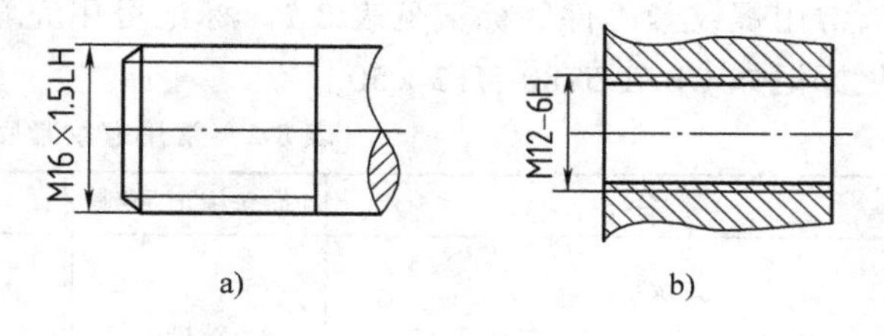

图 8-9　普通螺纹的标注

如图 8-9b 所示，M12-6H 为右旋粗牙普通螺纹，公差带代号为 6H。

如图 8-10 所示，Tr40 ×14（P7）-7e，Tr 为梯形螺纹特征代号，公称直径为 40mm，螺距为 7mm（P 为螺距代号），导程为 14mm，双线螺纹，公差带代号为 7e。

如图 8-11 所示，G1A 表示尺寸代号为 1 的 A 级右旋圆柱外管螺纹。管螺纹的标注一律注在引出线上，引出线应由大径处引出或由对称中心线处引出。G3/4 表示尺寸代号为 3/4 的管螺纹。

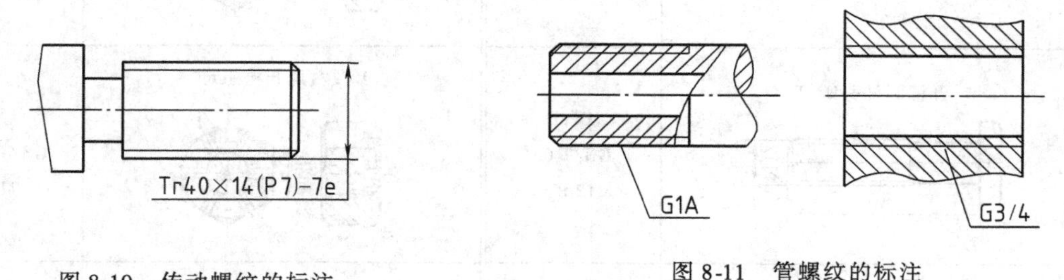

图 8-10　传动螺纹的标注

图 8-11　管螺纹的标注

第二节　螺纹紧固件

螺纹紧固就是利用一对内、外螺纹的联接作用来联接或紧固一些零件。常用的螺纹紧固件有螺栓、双头螺柱、螺钉、螺母和垫圈等，如图 8-12 所示。

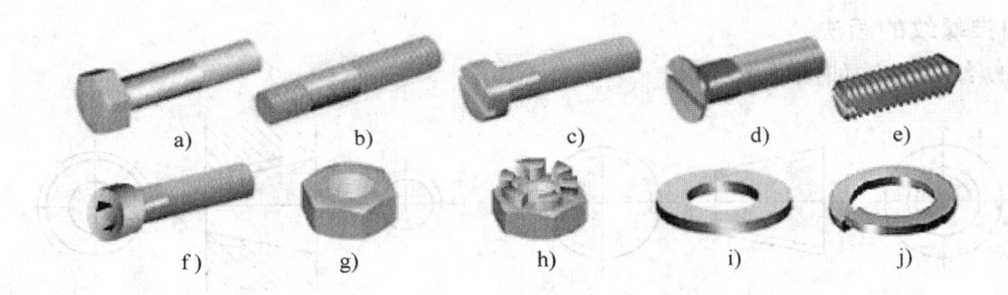

图 8-12 常用的螺纹紧固件

a）六角头螺栓 b）双头螺栓 c）开槽圆柱头螺钉 d）开槽沉头螺钉 e）紧定螺钉 f）内六角圆柱头螺钉 g）六角螺母 h）六角开槽螺母 i）平垫圈 j）弹簧垫圈

一、螺纹紧固件的标记（GB/T 1237—2000）

螺纹紧固件的结构、尺寸已标准化（见本书后面的附录）。因此，对符合标准的螺纹紧固件，不需画零件图，根据规定标记就可在相应的国家标准中查出有关尺寸。

常用螺纹紧固件的标记见表 8-2。标记可用完整标记如 GB/T 5780—2000 M12 ×50 或用简化标记如 GB/T 5780 M12 ×50。

表 8-2 常用螺纹紧固件的标记

名称	简化标记示例	名称	简化标记示例
六角头螺栓 M12 50	螺栓 GB/T 5780 M12 ×50	内六角圆柱头螺钉 M12 50	螺钉 GB/T 70.1 M12 ×50
双头螺柱 A 型 M12 50	螺柱 GB/T 897 AM12 ×50	六角螺母 C 级 M16	螺母 GB/T 41 M16
开槽圆柱头螺钉 M12 50	螺钉 GB/T 65 M12 ×50	1 型六角开槽螺母 M16	螺母 GB/T 6178 M16
开槽沉头螺钉 M12 50	螺钉 GB/T 68 M12 ×50	平垫圈 d_1	垫圈 GB/T 97.1 16

（续）

名称	简化标记示例	名称	简化标记示例
开槽锥端紧定螺钉 M12　50	螺钉 GB/T 71 M12 ×50	标准型弹簧垫圈 d	垫圈 GB/T 93 16

二、螺纹紧固件的画法

画螺纹紧固件的方法有以下两种。

1. 按标准数据画图

紧固件各部分可根据其标记在国家标准中查出有关尺寸画出，本书附录中列出了常用螺纹紧固件的有关数据。

2. 按比例画图

为提高画图速度，螺纹紧固件各部分的尺寸（有效长度除外）都可按螺纹公称直径 d 或 D 的一定比例关系画图，称为比例画法。工程实践中一般采用比例画法，常用螺纹紧固件的比例画法如图 8-13 所示。

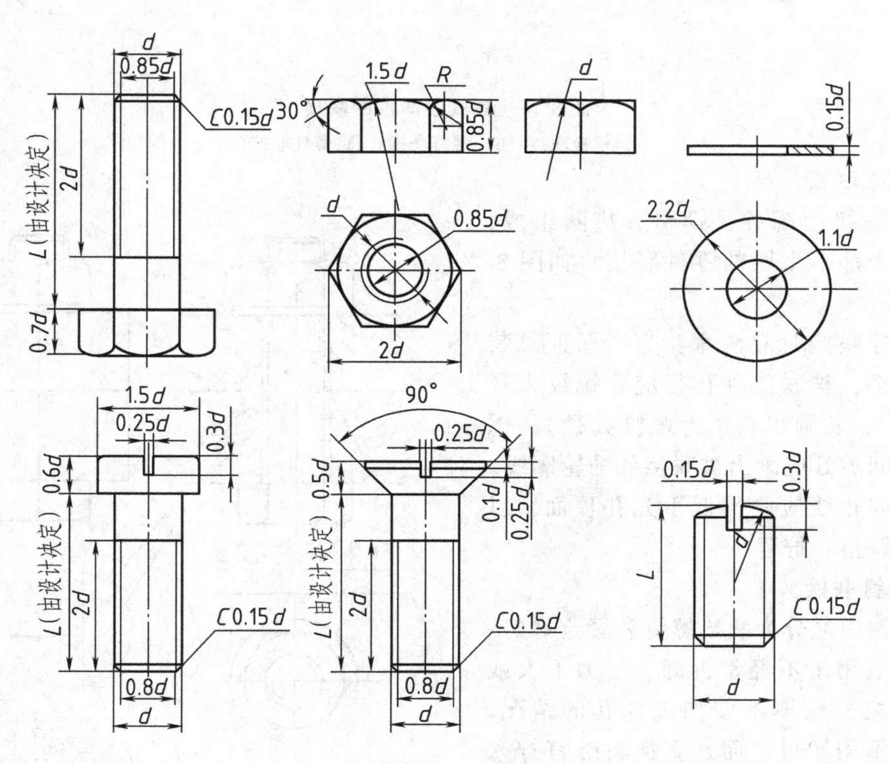

图 8-13　常用螺纹紧固件的比例画法

三、螺纹紧固件的装配画法

1. 基本规定

1）两零件的接触表面只画一条线，不接触表面无论间隔多小都要画成两条线。

2）在剖视图中，相邻两零件的剖面线方向应相反或间隔不同，而同一零件在不同的各剖视图中，剖面线的方向和间隔应相同。

3）当剖切平面沿实心零件和紧固件（如螺钉、螺栓、螺母、垫圈、键、销、球及轴等）的轴线剖切时，这些零件均按不剖绘制，即仍画其外形。但如果垂直其轴线剖切，则按剖视要求画出。

螺纹紧固件的联接通常有螺栓联接、螺钉联接和螺柱联接三种（图 8-14）。

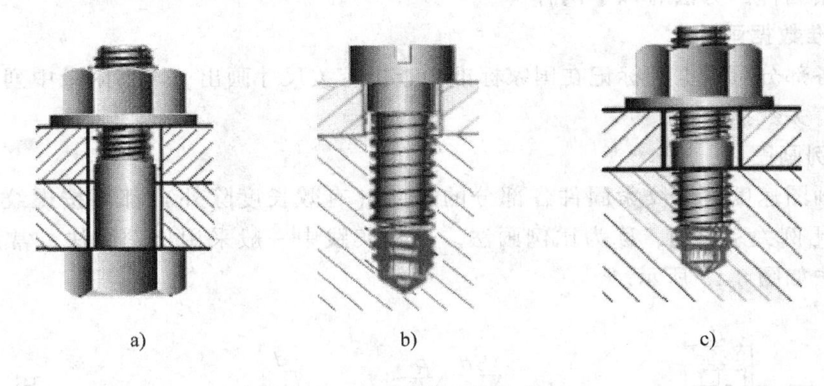

图 8-14　螺纹紧固件的联接
a）螺栓联接　b）螺钉联接　c）螺柱联接

2. 螺栓联接

螺栓联接由螺栓、螺母、垫圈组成，适用于两个都不太厚的零件联接，如图 8-15 所示。

画螺栓联接时应注意：为了保证总装配工艺合理，被联接件孔径应比螺纹大径大些，按 1.1d 画出（d 为螺纹大径）。螺栓与孔的间隙处应画出被联接件的轮廓线。

螺纹终止线应画得低于光孔顶面，以便于螺母调整、拧紧。

3. 螺钉联接

螺钉按用途分为联接螺钉和紧定螺钉。联接螺钉适用于不经常拆卸、受力不大或被联接件之一较厚不便加工通孔的情况。螺钉联接不用螺母，而是直接将螺钉拧入零件的螺孔内。螺钉根据头部的形状不同分为多种。

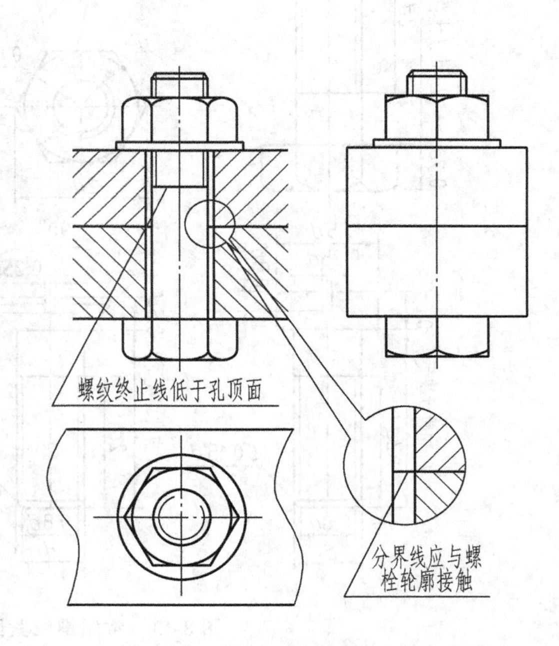

图 8-15　螺栓联接的装配画法

画螺钉联接时应注意：

1）螺钉的螺纹终止线不能与接合面平齐，而应画入光孔件范围。

2）螺纹孔深度应大于旋入螺纹的长度 $0.5d$。

3）钻孔深度应大于螺孔深度 $0.5d$，锥角为120°，被联接件的孔径为 $1.1d$。

4）螺钉头部的一字槽在通过螺钉轴线剖切图上应按垂直于投影面的位置画出，而在轴线垂直的投影面上，其投影应按45°画出，且向右倾斜（图8-16a、b）。

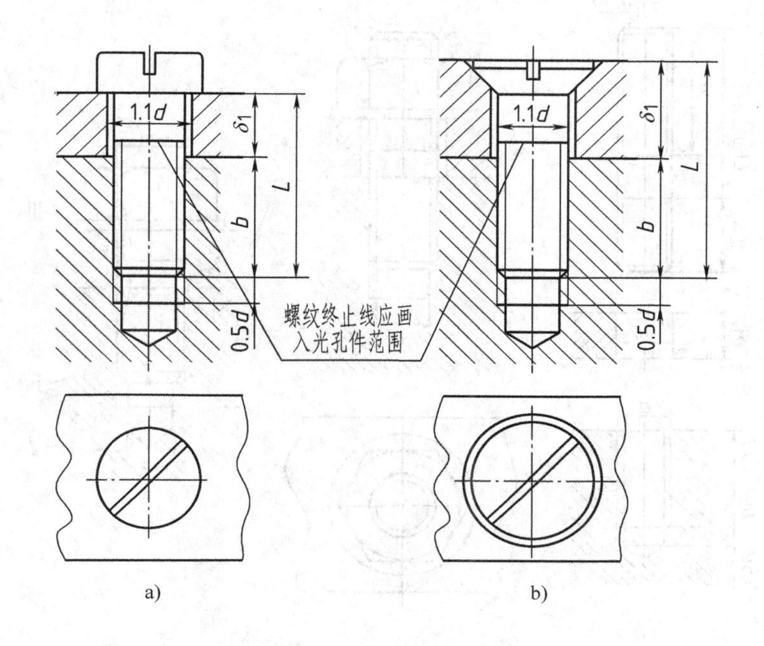

图8-16　螺钉联接的比例画法

a）圆柱头螺钉联接画法　b）沉头螺钉联接画法

如图8-17所示（图中只画出齿轮轮毂部分），用一个开槽锥端紧定螺钉旋入轮毂的螺孔，使螺钉端部的90°锥顶与轴上的90°锥坑压紧，从而固定了轴和齿轮的相对位置。

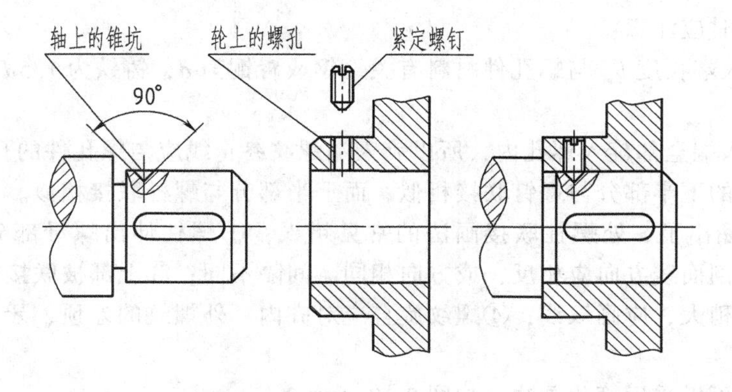

图8-17　紧定螺钉联接画法

4. 双头螺柱联接

当被联接两零件之一较厚时，在较厚的零件上加工出螺纹孔，在另一零件上加工出通孔，如图 8-18a 所示。将螺柱的一端（旋入端）全部旋入该螺孔内，再在另一端（称紧固端）套上通孔零件，加上垫圈，拧紧螺母，即完成了螺柱联接（图 8-18b）。

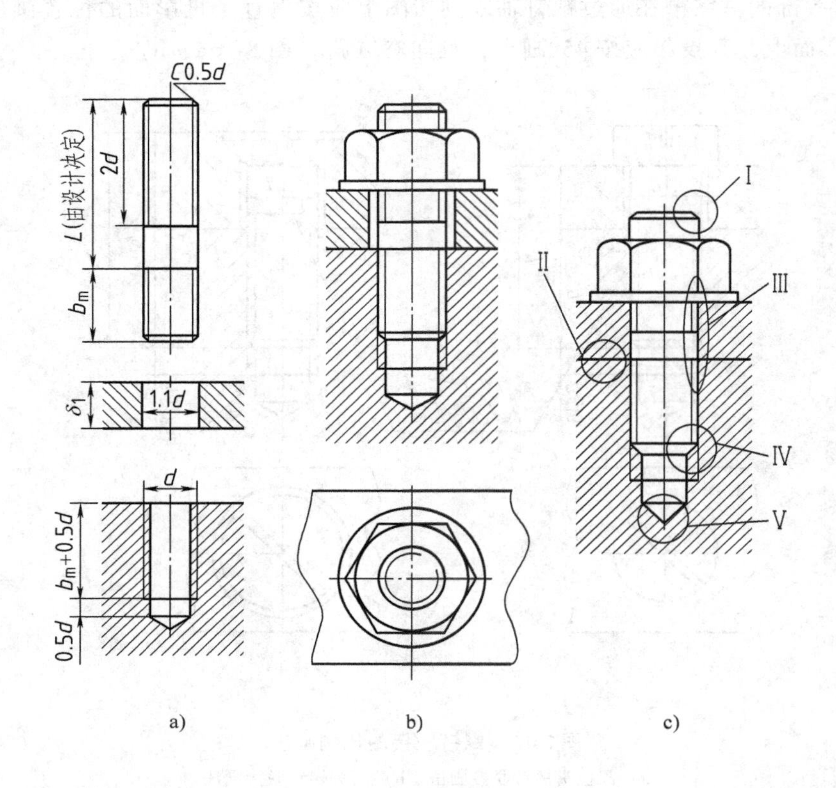

图 8-18　螺柱联接画法

a）联接前　b）螺柱联接画法　c）错误画法

画螺柱联接时应注意：

1）螺柱旋入端长度 b_m 与螺孔件材料有关，钢或青铜为 d，铸铁为 $1.5d$，铝或其他软材料为 $2d$。

2）螺柱旋入端全部旋入螺孔内，所以旋入端螺纹终止线应与螺孔件的孔口平齐。

螺柱联接图的下半部分与螺钉联接相似，而上半部分与螺栓联接相似。

图 8-18c 中圈出了 5 处螺柱联接画法的常见错误：①螺柱伸出螺母部分螺纹表达不完整；②相邻零件剖面线方向应相反，或方向相同、间隔不同；③上部被联接零件的孔径应比螺柱的螺纹大径稍大，应画双线；④螺纹旋合应对齐内、外螺纹的牙顶、牙底线；⑤钻孔锥顶角应为 120°。

螺纹紧固件可以采用简化画法，如图 8-19 所示。

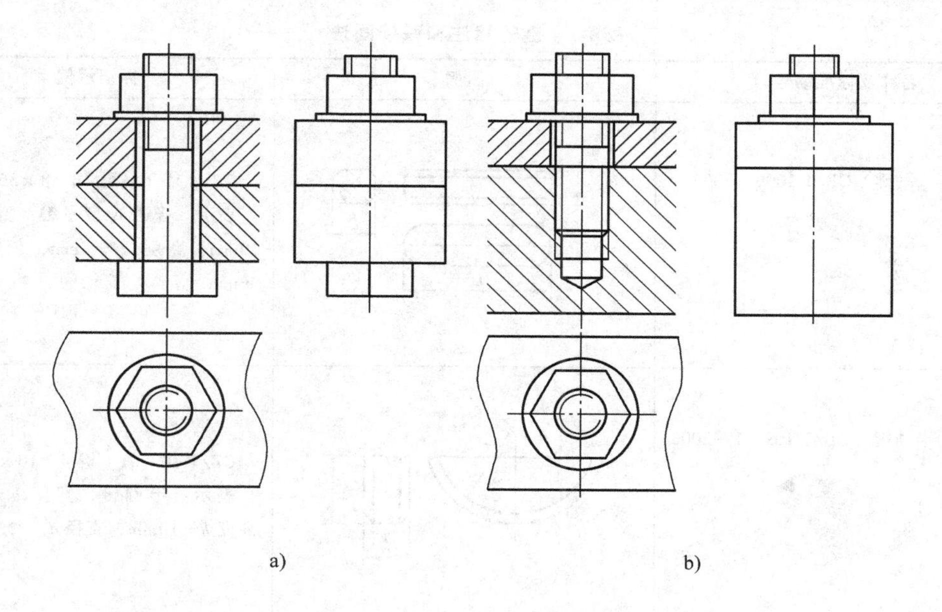

a)　b)

图 8-19　螺纹紧固件联接简化画法

a）螺栓联接简化画法　b）螺柱联接简化画法

第三节　键　和　销

一、键联接

键用来联接轴与装在轴上的零件（如齿轮、带轮等）。其中键的一部分嵌在轴上的键槽内，另一部分嵌在轮上的键槽内（图 8-20），保证轮与轴一起转动，主要起传递转矩的作用。这种联接称为键联接。

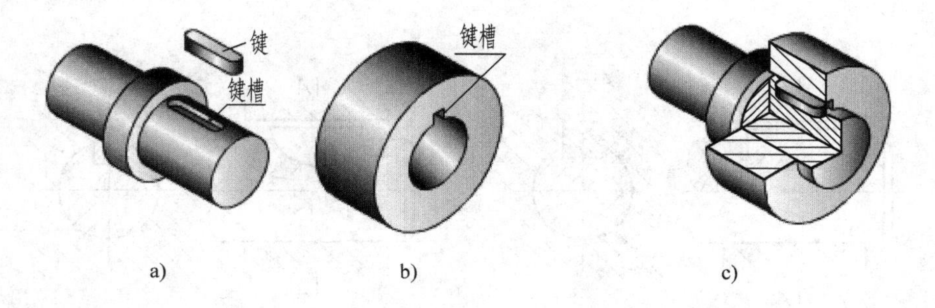

a)　b)　c)

图 8-20　普通平键联接

a）轴和键　b）轮毂　c）联接

1. 常用键及其标记

键的种类很多，常用的有普通平键、半圆键、钩头型楔键等，它们的型式和规定标记见表 8-3。国家标准规定，键的尺寸应根据强度计算后查表选标准值，设计时也可根据轴的直径查本书附录确定键和键槽的尺寸。

表 8-3　键的标注和联接画法

名称及标准编号	图例	标记示例
普通型　平键　GB/T 1096—2003		GB/T 1096　键 10×8×36 表示：普通 A 型平键，宽度 b = 10mm，高度 h = 8mm，长度 L = 36mm
普通型　半圆键　GB/T 1099.1—2003		GB/T 1099.1　键 6×10×25 表示：半圆键，宽度 b = 6mm，高度 h = 10mm，直径 d_1 = 25mm
钩头型楔键　GB/T 1565—2003		GB/T 1565　键 8×7×40 表示：钩头型楔键，宽度 b = 8mm，高度 h = 7mm，长度 L = 40mm

2. 普通平键、半圆键联接装配图画法

普通平键和半圆键与被联接零件的两侧面和底面为接触面，而顶面有间隙。在剖视图中当剖切平面通过键的纵向对称面时，键按不剖绘制；当横向剖切时，键应画出剖面线（图8-21）。

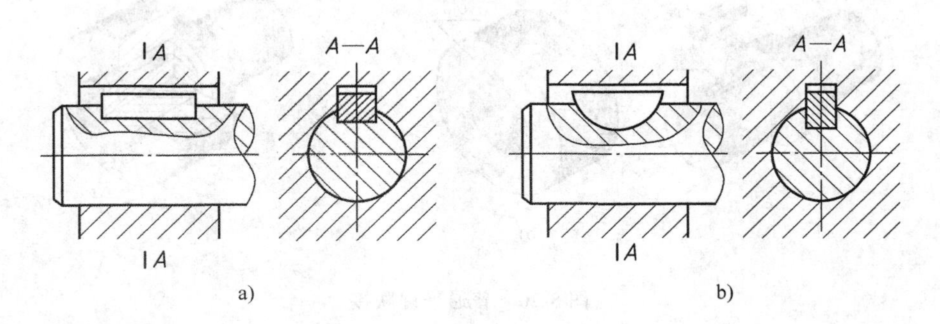

图 8-21　普通平键与半圆键联接装配图画法

3. 钩头型楔键联接装配图画法

钩头型楔键的顶面有 1∶100 的斜度。键的斜面与轮毂上键槽顶部的斜面是工作面，必须紧密接触，不能有间隙，而两侧面是非接触面，应画两条线（图 8-22）。

二、销联接

销主要用来联接和定位，常用的有圆柱销、圆锥销和开口销等（图 8-23）。

用销联接和定位的两个零件的销孔，一般应一起加工，并在图上注写“装配时作”或“与 × ×件配作”的字样。圆锥销的公称尺寸是指小端直径。

常用销及其联接画法和标注如图 8-24 所示。销的标记和尺寸可查阅本书后面的附录。

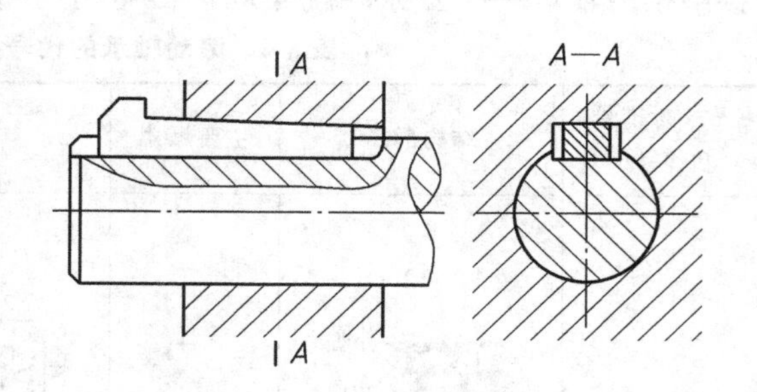

图 8-22　钩头型楔键联接装配图画法

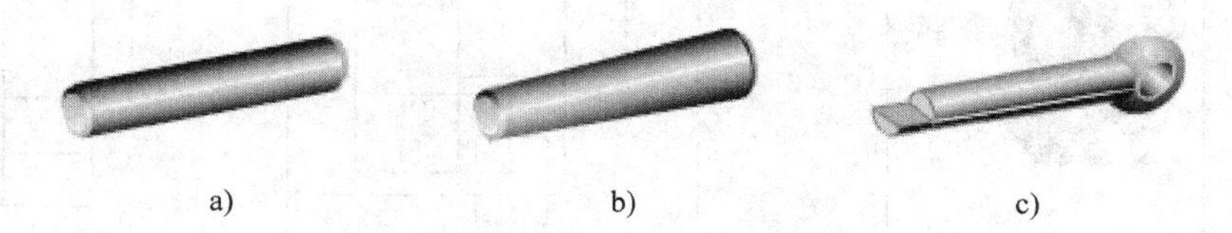

图 8-23　销的种类

a）圆柱销　b）圆锥销　c）开口销

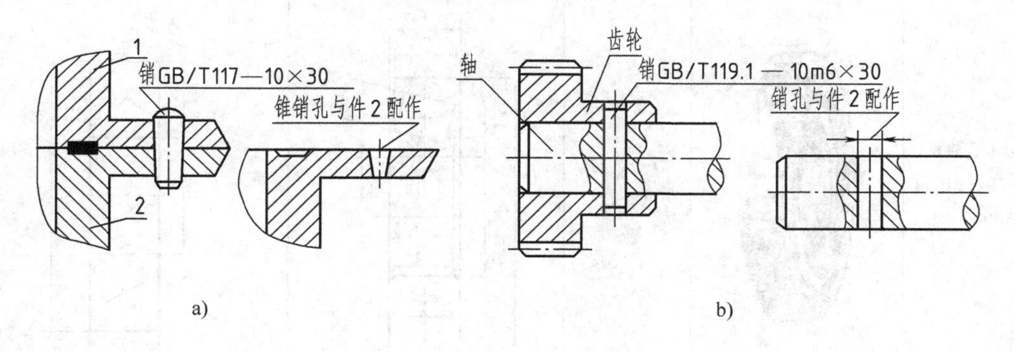

图 8-24　销联接的画法和标注

a）圆锥销　b）圆柱销

第四节　滚 动 轴 承

一、滚动轴承的结构及分类（GB/T 271—2008）

滚动轴承是支承旋转轴的组件。滚动轴承的种类很多，它们一般都是由外圈、内圈、滚动体和保持架组成的。滚动轴承按所能承受力的方向或公称接触角的不同分为以下两类：

（1）向心轴承　主要承受径向载荷，其公称接触角从 0°到 45°。按公称接触角的不同又分为：径向接触轴承——公称接触角为 0°的向心轴承，如表 8-4 中的深沟球轴承；角接触向心轴承——公称接触角大于 0°到 45°的向心轴承，如表 8-4 中的圆锥滚子轴承。

（2）推力轴承　主要用于承受轴向载荷其公称接触角大于 45°到 90°。按公称接触角的不同又分为：轴向接触轴承——公称接触角为90°的推力轴承，如表8-4中的推力球轴承；角接触推力轴承——公称接触角大于45°但小于90°的推力轴承。

表8-4　滚动轴承的代号、结构形式和画法

名称、标准号和代号	结构形式	主要尺寸	规定画法	特征画法
深沟球轴承 GB/T 276—1994 6000	外圈 内圈 滚动体 隔离架	*D*、*d*、*B*	B　B/2　A　A/2　A/2　30°　d　D　2A/3　2B/3	2/3B　A　B/6　d　D
圆锥滚子轴承 GB/T 297—1994 30000		*D*、*d*、*T* *B*、*C*	T　C　A/2　A/4　15°　A/2　D　d　T/2　B	2B/3　A　30°　d　D　T
推力球轴承 GB/T 301—1995 51000		*D*、*d*、*T*	T/2　60°　T/2　A/2　A　d　D	T　A　d　D

二、滚动轴承的代号及标记（GB/T 272—1993）

1. 代号

滚动轴承的代号由前置代号、基本代号和后置代号构成。前置代号、后置代号是轴承在结构形状、尺寸、公差和技术要求等有改变时，在其基本代号前、后添加的补充代号，要了解它们的编制规则和含义可查阅有关标准。

基本代号由轴承类型代号、尺寸系列代号和内径代号组成。

轴承类型代号用数字或字母来表示，如深沟球轴承代号为6，推力球轴承代号为5，圆锥滚子轴承代号为3，其他类型的代号可查阅相关标准或设计手册。

尺寸系列代号由轴承的宽度（高度）系列代号和内径系列代号组合而成，内径代号是两位阿拉伯数字。其代号数字为00、01、02、03时，分别表示轴承内径 $d=10$mm、12mm、15mm、17mm；代号数字为04 ~96时，代号数字乘5mm即为轴承内径。

例如代号6209，其中6为深沟球轴承代号；2为宽度系列代号；09为内径系列代号，其内径 $d=9\times5\text{mm}=45\text{mm}$。

2. 标记

滚动轴承的标记由名称、代号和标准编号三个部分组成。其标记示例如下：

滚动轴承 6210 GB/T 276—1994

三、滚动轴承的画法

滚动轴承的规定画法和特征画法见表8-4。

滚动轴承是标准组件，不需要画各组成部分的零件图。在装配图上，只需按规定画法或特征画法表示，画图时应先根据轴承代号由国家标准中（见本书附录）查出轴承的外径 D、内径 d、宽度 B 等几个主要数据，然后，将其他尺寸按与主要尺寸的比例关系画出。

第五节　齿　　轮

齿轮是机械传动中广泛应用的传动零件，它可用来传递动力、改变速度和运动方向。齿轮根据其传动情况可以分为圆柱齿轮、锥齿轮和蜗轮蜗杆三类。

一、圆柱齿轮

1. 圆柱齿轮各部分的名称及尺寸关系

现以标准直齿圆柱齿轮为例来说明圆柱齿轮各部分的名称及尺寸关系（图8-25）。

（1）齿顶圆　用 d_a 来表示。

（2）齿根圆　用 d_f 来表示。

（3）分度圆　齿轮传动时两个齿轮上线速度相等的圆称为分度圆，用 d 来表示。

（4）齿高　齿顶圆与齿根圆之间的径向距离称为齿高，用 h 来表示。分度圆将齿高分为两个不

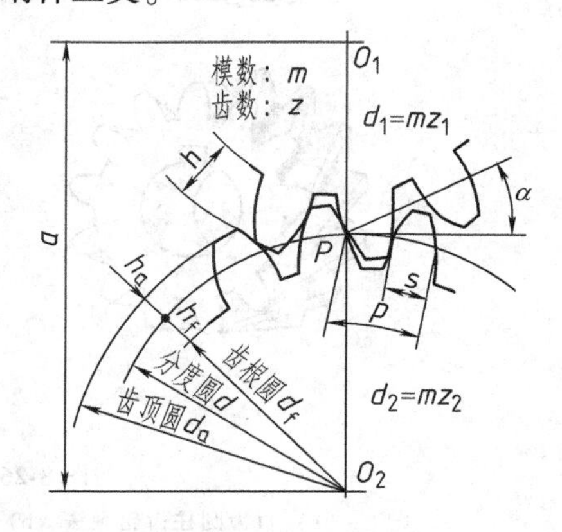

图8-25　圆柱齿轮各部分的名称

等的部分。齿顶圆与分度圆之间称为齿顶高，用 h_a 来表示。分度圆与齿根圆之间称为齿根高，用 h_f 来表示。齿高是齿顶高与齿根高之和，即 $h=h_a+h_f$。

（5）齿距　分度圆上相邻两齿的对应点之间的弧长称为齿距，以 p 表示。

（6）模数　p/π 称为模数，用 m 来表示。模数 m 是设计、制造齿轮的重要参数，m 值越大，齿距 p 越大，表示齿轮承载力越大。不同模数的齿轮，要用不同模数的刀具来加工制造，为了便于设计和加工，模数的值已标准化。渐开线圆柱齿轮模数系列见表 8-5。

表 8-5　渐开线圆柱齿轮模数系列（GB/T 1357—2008）　　（单位：mm）

第一系列	1	1.25	1.5	2	2.5	3	4	5	6	8	10	12	16	20	25	32	40	50
第二系列	1.125	1.375	1.75	2.25	2.75	3.5	4.5	5.5	(6.5)	7	9	11	14	18	22	28	36	45

注：优先采用第一系列法向模数，应避免采用第二系列中的法向模数 6.5。

（7）压力角　两个啮合轮齿的齿廓在连心线上接触时的受力方向与运动方向的夹角称为压力角，用 α 来表示。我国标准齿轮的分度圆压力角为 $\alpha=20°$。只有模数和压力角都相同的齿轮，才能相互啮合。

齿轮各部分的尺寸与模数和齿数都有一定的关系，其计算公式如下：

分度圆直径：　$d=mz$（z 为齿数）　　齿顶高：　$h_a=m$

齿顶圆直径：　$d_a=m(z+2)$　　齿根高：　$h_f=1.25m$

齿根圆直径：　$d_f=m(z-2.5)$

2. 单个圆柱齿轮的画法（GB/T 4459.2—2003）

齿轮的轮齿是在专用的机床上用专用刀具加工出来的，一般不必画出其真实投影。

1）齿顶圆和齿顶线用粗实线绘制；分度圆和分度线用细点画线绘制，齿根圆和齿根线用细实线绘制（图 8-26a），也可省略不画。

2）剖视图中，剖切平面通过齿轮时，轮齿一律按不剖处理，齿根线用粗实线绘制。

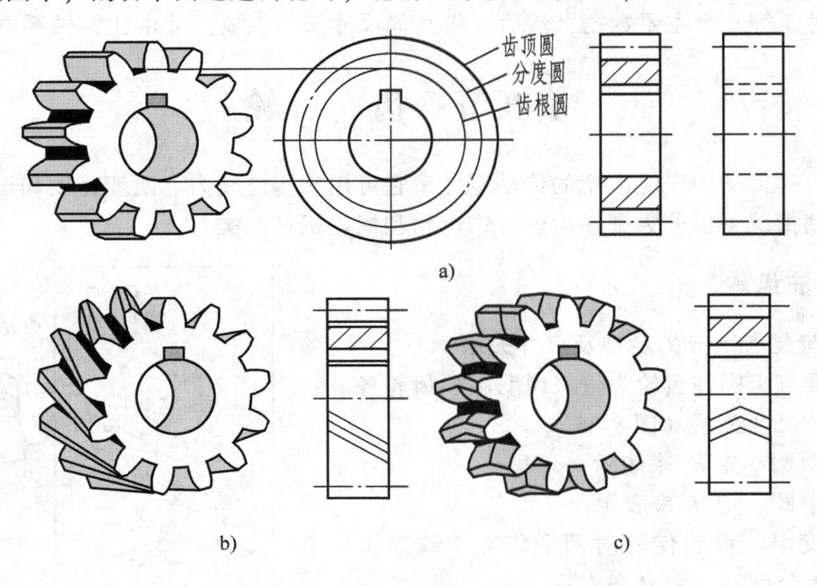

图 8-26　单个圆柱齿轮的画法

a）直齿圆柱齿轮画法　b）斜齿圆柱齿轮画法　c）人字齿圆柱齿轮画法

3）如为斜齿轮或人字齿轮，当需要表示齿线的特征时，可用三条与齿线方向一致的细实线表示（图 8-26b、c）。

3. 啮合画法

两标准齿轮相互啮合时，它们的分度圆处于相切位置，其中心距 $a = m(z_1 + z_2)/2$，此时分度圆又称节圆。啮合部分的规定画法如下（图 8-27）：

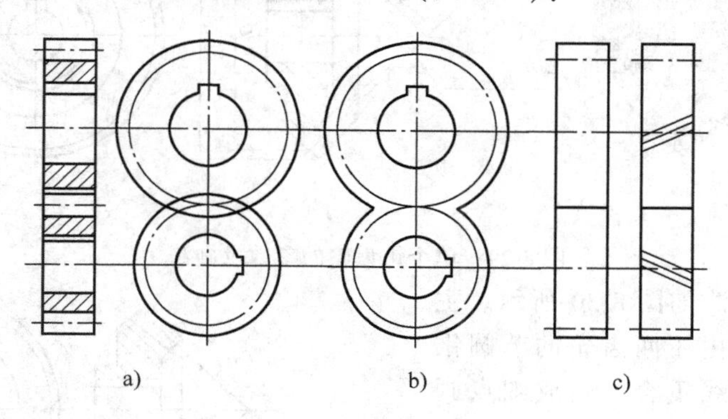

图 8-27　啮合齿轮的画法
a）剖视图　b）齿顶圆的两种画法　c）外形视图

1）在圆形视图中，两分度圆相切；啮合区的齿顶圆用粗实线绘制，也可省略不画（图 8-27b）；齿根圆全部不画。

2）在非圆的外形视图中，啮合区内的齿顶线不画；分度线画成粗实线（图 8-27c）。

3）在非圆的剖视图中，两齿轮的分度线重合，用点画线表示。齿根线用粗实线表示。

齿顶线的画法是将主动轮的轮齿作为可见用粗实线表示，从动轮的轮齿被遮挡，齿顶线画虚线（图 8-27a 和图 8-28），也可以省略不画。

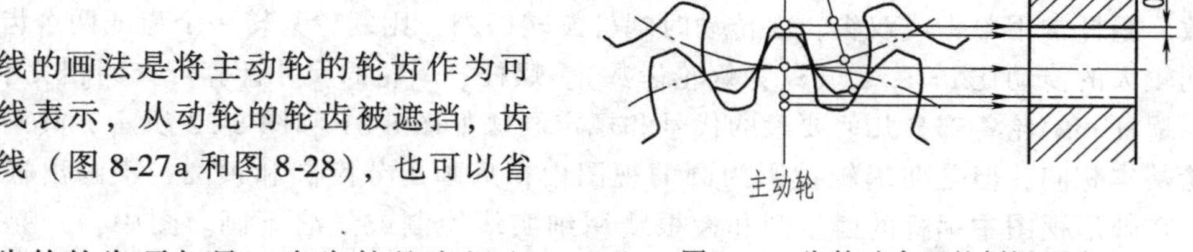

图 8-28　齿轮啮合区的剖视画法

一个齿轮的齿顶与另一个齿轮的齿根之间应有 0.25m 的间隙。当剖切平面通过啮合齿轮的轴线时，轮齿一律按不剖绘制。

二、锥齿轮

锥齿轮通常用于垂直相交的两轴间的传动。

1. 锥齿轮的基本参数（图 8-29）

锥齿轮的轮齿一端大、另一端小，设计时以大端的模数为准，计算大端的齿顶高 $h_a = m$，齿根高 $h_f = 1.2m$，齿高 $h = 2.2m$，分度圆直径 $d = mz$。再根据分度圆锥角 δ，计算齿顶圆直径 $d_a = m(z + 2\cos\delta)$，齿根圆直径 $d_f = m(z - 2.4\cos\delta)$。

2. 锥齿轮的规定画法

单个锥齿轮一般用主、左两视图表示，主视图画成全剖视图，左视图中，用粗实线表示齿轮大端和小端的齿顶圆，用点画线表示大端的分度圆，齿根圆省略不画（图 8-29）。

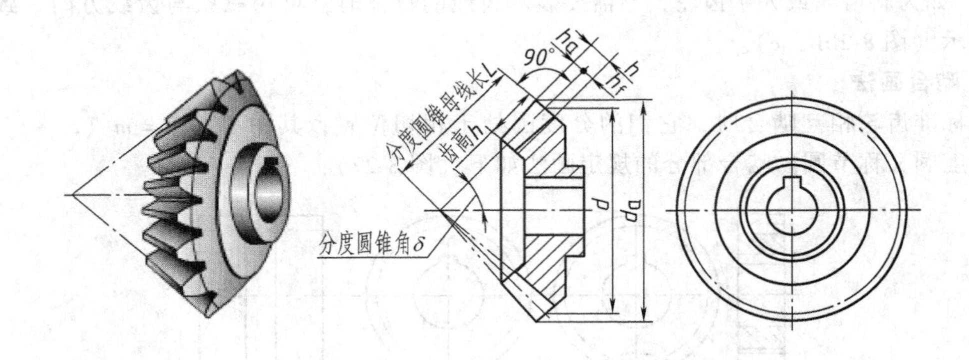

图 8-29 单个锥齿轮的参数及画法

锥齿轮啮合画法如图 8-30 所示。主视图画成剖视图，由于两齿轮的节圆锥面相切，因此其节线重合，画成细点画线。在啮合区内应将其中一个齿轮的齿顶线画成粗实线，而另一个齿轮的齿顶线画成虚线或省略不画。左视图画成外形视图。

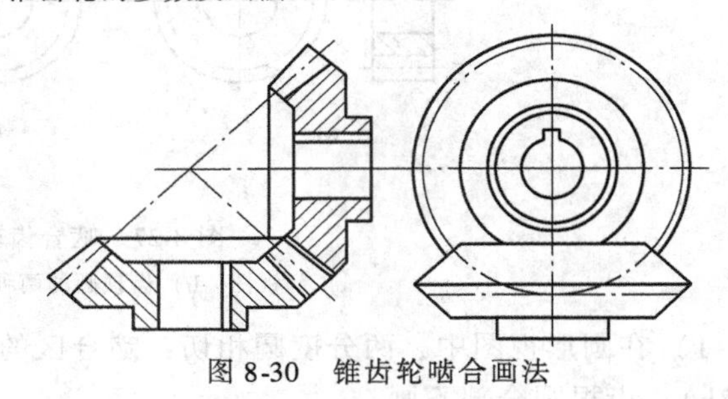

图 8-30 锥齿轮啮合画法

三、蜗轮和蜗杆

蜗轮和蜗杆用于垂直交叉两轴之间的传动，而且蜗杆是主动件，蜗轮是从动件（单向传动）；蜗杆、蜗轮的传动比大，结构紧凑，但效率低。蜗杆的头数 z_1 相当于螺杆上的螺纹线数，蜗杆常用单头或双头，在传动时蜗杆旋转一圈，则蜗轮只转一个齿或两个齿，因此可得到较大的传动比 $i=z_2/z_1$（z_2 为蜗轮齿数）。蜗杆、蜗轮的尺寸计算可查阅相关手册。

蜗杆和蜗轮各部分几何要素的代号和规定画法如图 8-31 和图 8-32 所示，其画法与圆柱齿轮基本相同，但是在蜗轮投影为圆的视图中，只画出分度圆和顶圆，不画出喉圆与齿根圆；在外形视图中蜗杆的齿根圆和齿根线用细实线绘制或省略不画。图中，p_x 是蜗杆的轴向齿距；d_{e2}是蜗轮顶圆直径，d_{a2}是蜗轮喉圆直径。

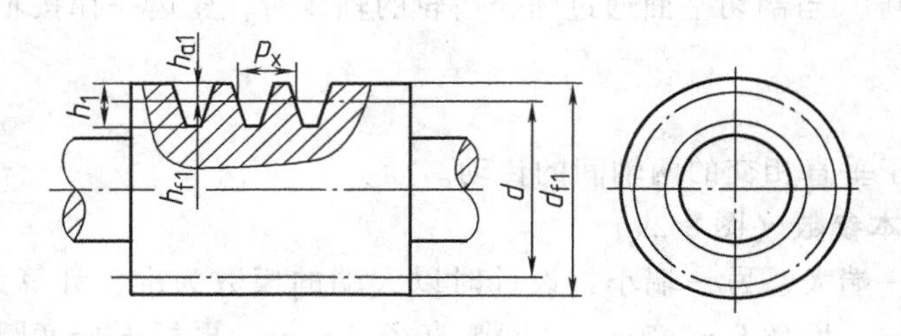

图 8-31 蜗杆的画法

蜗杆和蜗轮啮合的画法：在主视图中，蜗轮被蜗杆遮住的部分不画出；在左视图中，蜗轮的分度圆与蜗杆的分度线相切，其余如图 8-33 所示。

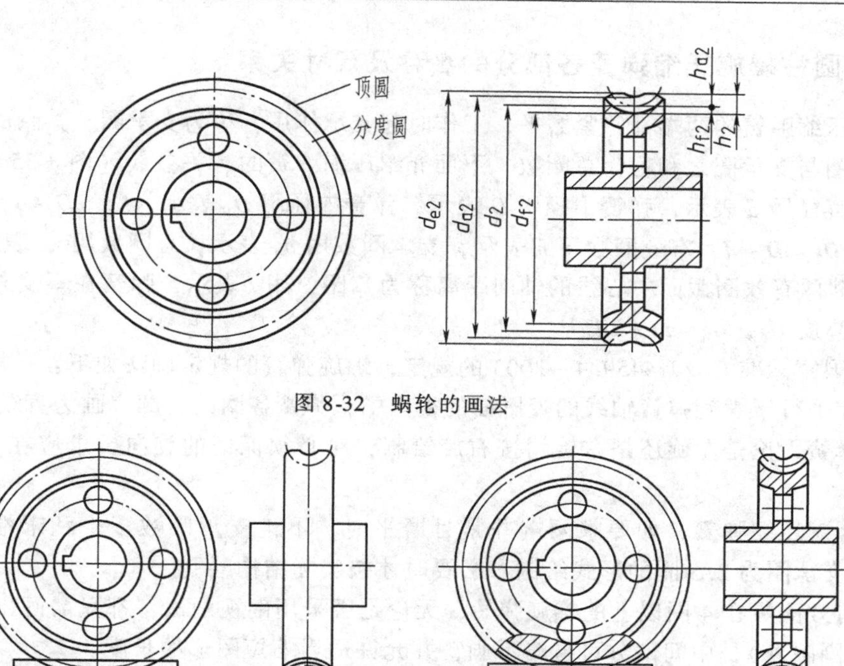

图 8-32　蜗轮的画法

a)　　b)

图 8-33　蜗杆和蜗轮啮合的画法

第六节　弹　　簧

弹簧在机器或仪器中起减振、复位、测力、储能等作用。

弹簧的种类和形式很多，最常用的弹簧有压缩弹簧、拉伸弹簧、扭转弹簧和涡卷弹簧等（图 8-34）。下面以圆柱螺旋压缩弹簧为例，介绍弹簧的一些规定画法。

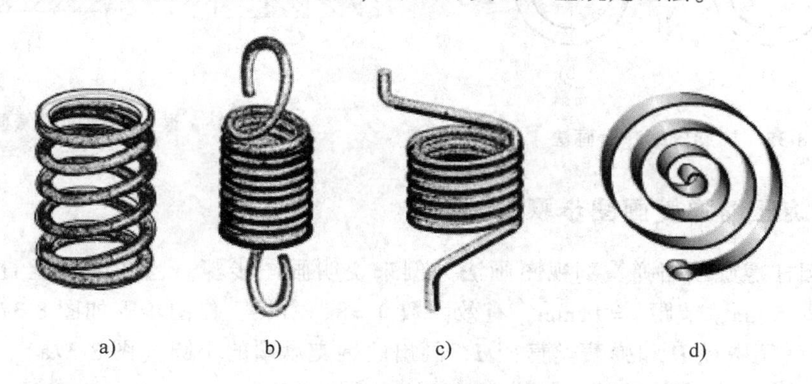

a)　b)　c)　d)

图 8-34　常用弹簧种类

a）压缩弹簧　b）拉伸弹簧　c）扭转弹簧　d）涡卷弹簧

一、圆柱螺旋压缩弹簧各部分的名称及尺寸关系

多数压缩弹簧的两端都并紧磨平，工作时起支承作用，称为支承圈，其余的圈称为有效圈。有效圈与支承圈之和称为总圈数。下面介绍压缩弹簧的有关参数（图 8-35）。

簧丝直径用 d 表示，弹簧中径用 D 表示，弹簧内径用 D_1 表示，$D_1=D-d$；弹簧外径用 D_2 表示，$D_2=D+d$。有效圈数用 n 表示，支承圈数用 n_2 表示，总圈数用 n_1 表示，则 $n_1=n+n_2$。相邻两有效圈截面中心线的轴向距离称为节距，用 t 表示，弹簧在不受外力时的高度称为自由高度 H_0，$H_0=nt+2d$。

根据国家标准 GB/T 4459.4—2003 的规定，螺旋弹簧的规定画法如下：

1）在平行于螺旋弹簧轴线的投影面的视图中，弹簧各圈的轮廓应画为直线。

2）弹簧无论是左旋还是右旋均按右旋绘制，对必须保证的旋向要求应在“技术要求”中注明。

3）螺旋压缩弹簧，如要求两端并紧且磨平时，不论支承圈数多少和末端贴紧情况如何，均按支承圈为 2.5 圈的形式绘制，必要时才按实际结构绘制。

4）有效圈数在 4 圈以上的螺旋弹簧，无论是否采用剖视画法，都只需画出两端的 1～2 圈（支承圈除外），中间部分可省略不画，并允许适当缩短图形的长度。

5）在装配图中，当弹簧型材直径或厚度在图样上等于或小于 2mm 时，其簧丝断面可用涂黑表示；若簧丝直径不足 1mm 时，允许用示意图绘制，如图 8-36 所示。

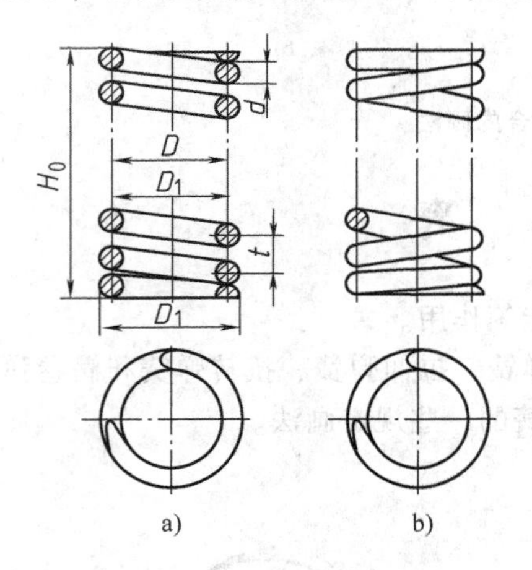

图 8-35　螺旋压缩弹簧画法

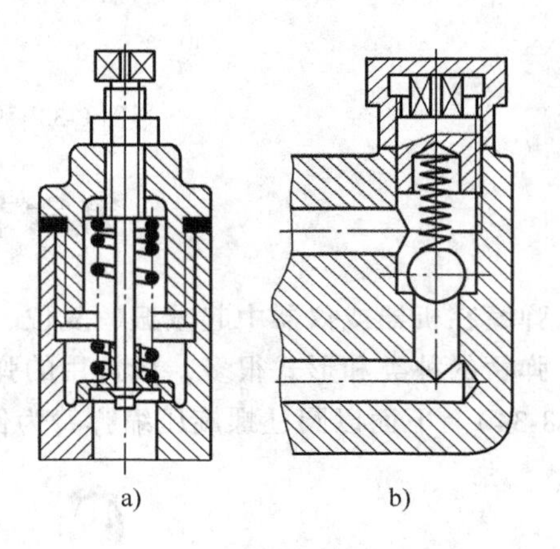

图 8-36　装配图中的弹簧画法

二、螺旋压缩弹簧画图步骤

下面以圆柱螺旋压缩弹簧剖视图画法为例来说明画图步骤。已知弹簧丝直径 $d=6$mm，弹簧中径 $D=35$mm，节距 $t=11$mm，有效圈数 $n=8$，右旋，作图步骤如图 8-37 所示。

1）根据弹簧中径 D 和弹簧丝直径 d，画出两端支承圈的小圆（图 8-37a）。

2）根据节距 t 作有效圈部分的弹簧丝剖面（图 8-37b）。

3）用直线连接弹簧丝的剖面线，即完成弹簧的剖视图，如图 8-37c 所示。

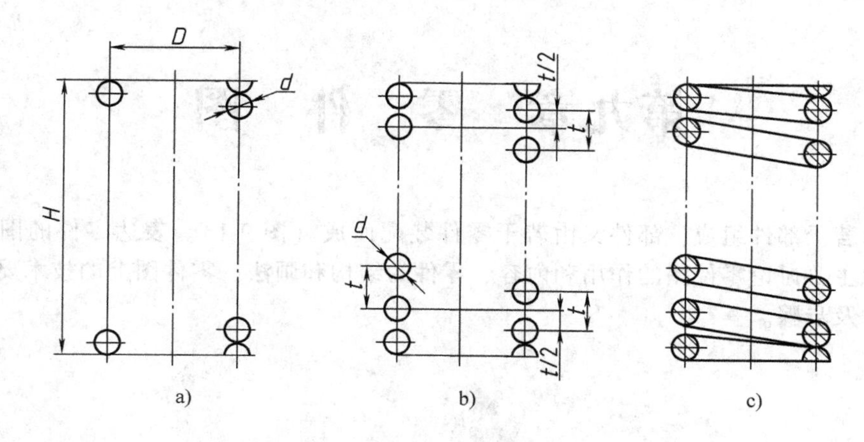

图 8-37　圆柱螺旋压缩弹簧画图步骤

第九章　零　件　图

机器由若干部件组成，部件又由若干零件装配而成（图 9-1）。表达零件的图样称为零件图。本章主要讨论零件图的作用和内容、零件的结构和画法、零件图上的技术要求和看零件图的方法及步骤。

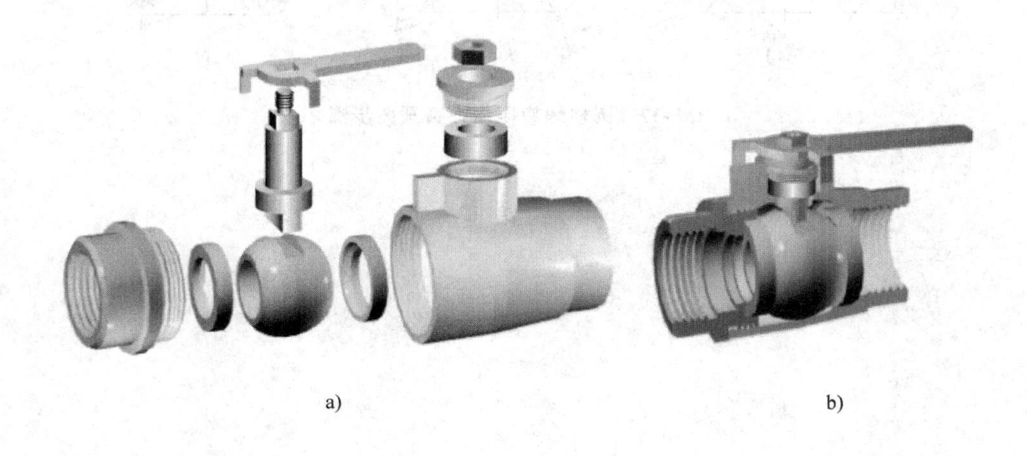

a)　　　　b)

图 9-1　球阀

a）零件　b）部件

第一节　零件图的作用和内容

一、零件图的作用

零件图是制造和检验零件的依据。从零件的毛坯制造、机械加工工艺路线的制订、工序图的绘制、工夹具和量具的设计到加工检验等，都要根据零件图来进行。

二、零件图的内容

从图 9-2 所示的零件图中可以看出，一张能指导生产的零件图应包含以下内容：

（1）一组视图　表达零件内外结构形状，如图中主视图用全剖视图表达了旋转体 1 的构型要素和拉伸体 2 和拉伸厚度，左视图（局部视图）表达了拉伸体 2 的基图。

（2）完整的尺寸　正确、清晰、合理地标注零件制造、检验所需的全部尺寸。

（3）技术要求　标注或说明零件在制造和检验过程中应达到的要求，如尺寸公差、几何公差、表面粗糙度、热处理、表面处理以及其他要求。

（4）标题栏　说明零件的名称、材料、数量、比例、图号及图样的责任人等内容。

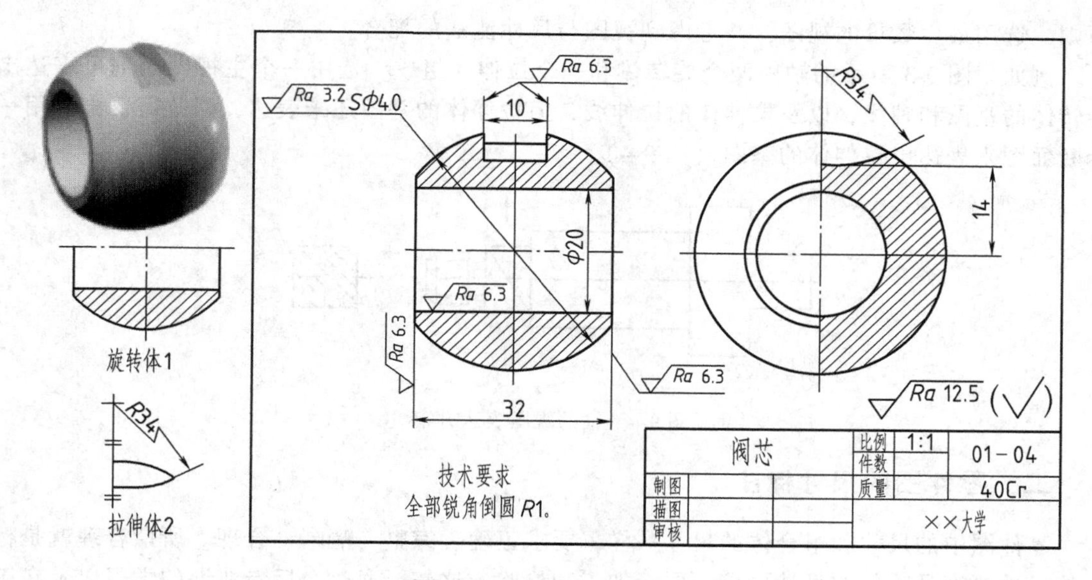

图 9-2　零件图的内容

第二节　零件图的视图选择及尺寸标注

一、零件图的视图选择

1. 选择主视图

零件主视图的选择要先根据零件的工作位置（图 9-3a）或加工位置（图 9-3b）确定主视图的安放位置，然后选择最能反映零件形状特征的方向作为主视图的投射方向。根据该轴的加工位置，将主视图平放便于加工测量和图、物对照。由于按 *A* 向投射比按 *B* 向投射更能反映该轴的形状特征，因此选用 *A* 向作为主视图的投射方向。

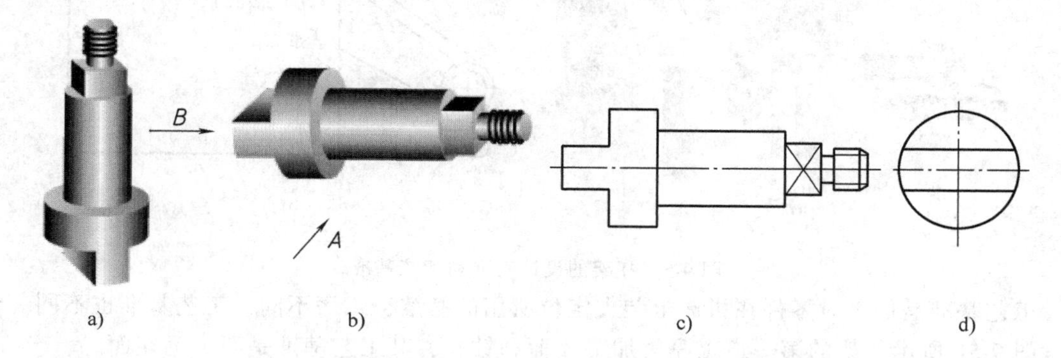

图 9-3　轴的主视图选择

a）工作位置　b）加工位置　c）*A* 向投影　d）*B* 向投影

2. 选择其他视图

在选择其他视图时，要综合运用前面机件的表达方法所学的知识，确定视图的表达方案。为了便于看图和画图简便，应分析零件的构型要素，根据视图中能包含全部构型要素的原则，选用最少数量的视图，并考虑到视图与尺寸注法的配合。

例如，图 9-3 所示的轴由两个旋转体和一个拉伸体组成，选用一个主视图全剖可表达出旋转体的基图和轴线，以及拉伸体的拉伸线，但拉伸体的基图还未表达，因此需要再选用一个断面图来表达出拉伸体的基图（图 9-4）。

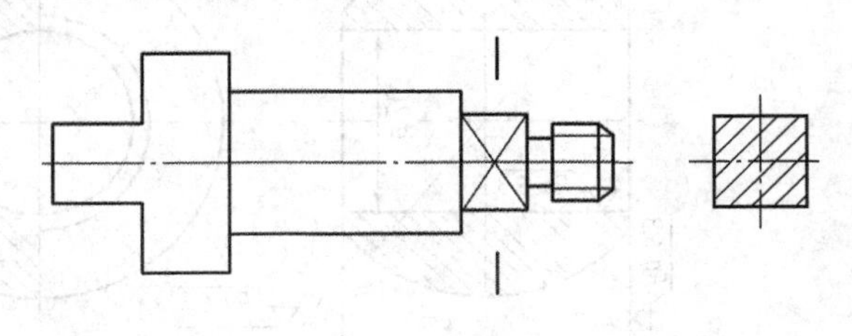

图 9-4 轴的视图表达方案

二、零件图的尺寸标注

零件图中的尺寸和组合体的尺寸一样，要求正确、完整、清晰、合理。所谓合理就是标注的尺寸要满足零件的设计要求，便于加工和检验。这需要通过今后专业课的学习以及在工作实践中逐步掌握。下面只介绍一些基本知识。

1. 尺寸基准的选择

基准有设计基准、工艺基准、测量基准、装配基准等。设计基准是设计人员为保证零件的设计要求而选定的基准。通常选择机器或部件中确定零件位置的接触面、对称面、回转面的轴线等作为设计基准。例如，图 9-5a 所示托架的 *A* 面为确定零件位置的接触面，因此托架零件图中，一般选用该接触面和安装孔的对称面为设计基准。

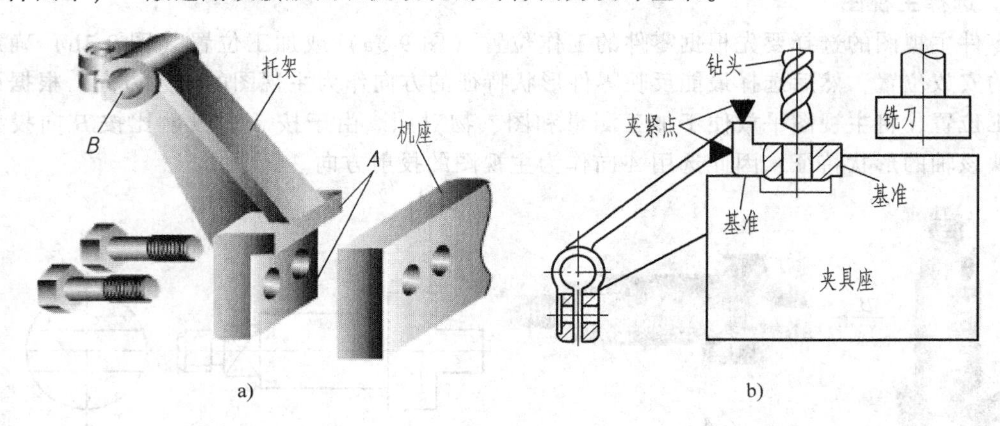

图 9-5 托架的设计基准和工艺基准

工艺基准是加工时零件在机床上装夹定位所用的基准，工序不同，工艺基准也不同。例如，图 9-5b 所示托架的第一道工序为加工 *A* 面和钻孔，其工艺基准是两个毛坯面。

测量基准是测量尺寸和几何公差等技术要求时所选用的基准，测量的项目不同，其测量基准也不同。

2. 合理标注零件尺寸时应注意的一些问题

1）零件图上的重要尺寸必须直接标注，以保证设计要求。重要尺寸是指影响零件工作性能的尺寸，如各基本体的定位尺寸、配合尺寸等。

2）尺寸不能注成封闭尺寸链。图 9-6a 所示为封闭的尺寸链，应按图 9-6b 所示，在尺寸链中选一个最不重要的尺寸不注，通常称之为开口环，开口环的误差是其他各环误差之和，对设计要求没有影响。

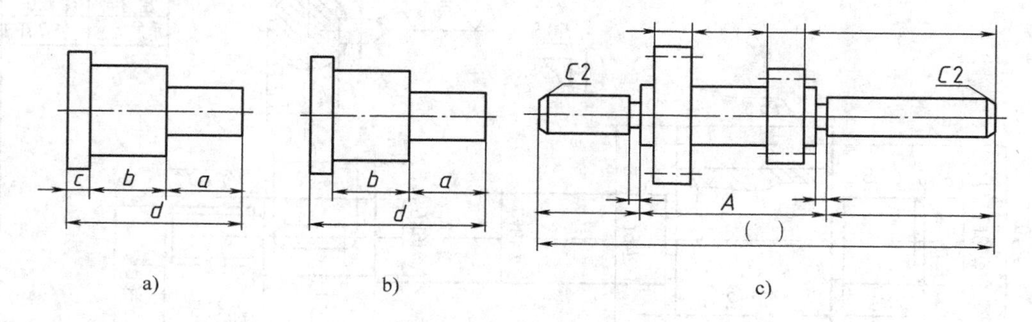

图 9-6　尺寸不要注成封闭形状

a）封闭尺寸链　b）开口环　c）参考尺寸

当需要把开口环尺寸注出作为参考尺寸时，该尺寸要用半圆括号括起来（图 9-6c）。

3）标注尺寸应符合加工顺序。图 9-7a 中轴的加工顺序是先加工长度 15，再切出槽宽 2。若按图 9-7b 所示形式标注，工人加工时要计算第一刀尺寸 13 + 2 = 15，因此不方便。

4）标注尺寸要便于加工和测量。图 9-7c 所示形式便于测量，图 9-7d 所示形式则不便于测量。

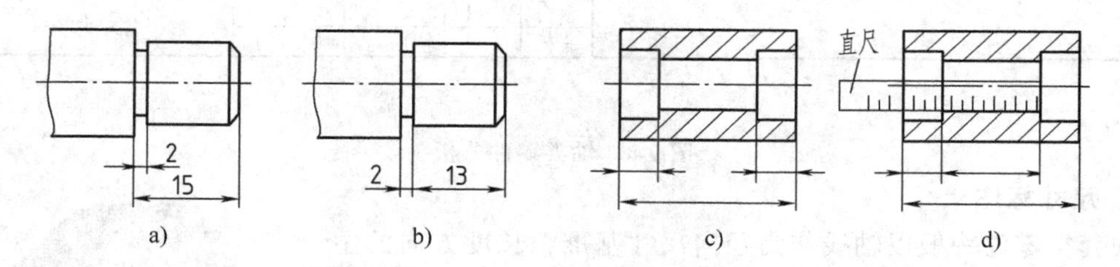

图 9-7　标注尺寸应便于加工和测量

a）便于加工　b）不便于加工　c）便于测量　d）看不见直尺刻度

5）标注尺寸应将不同加工方法的有关尺寸集中标注。

三、各类典型零件分析

根据零件的形状和结构特征，可将零件分为四大类：轴套类、盘盖类、叉架类和箱体类。下面分别介绍其视图选择及尺寸标注。

（一）轴套类零件

1. 视图选择

轴套类零件的构型特点是：主要结构为旋转体，表达旋转体的构形要素（基图和轴线）只要一个视图，因此轴套类零件一般只用一个基本视图，再加上适当的断面图、局部放大图和尺寸标注，就可以将零件表达清楚。如图 9-8 所示，齿轮轴选用轴线平放的主视图反映旋转体的构型要素。齿轮和螺纹是在旋转体上加工出的标准结构，只需在旋转体的视图中用规定画法画出。轴上的键槽是拉伸体，可采用移出断面图表示其拉伸深度，旋转体中砂轮越程槽的图形太小，为了便于标注尺寸采用局部放大图来表达。

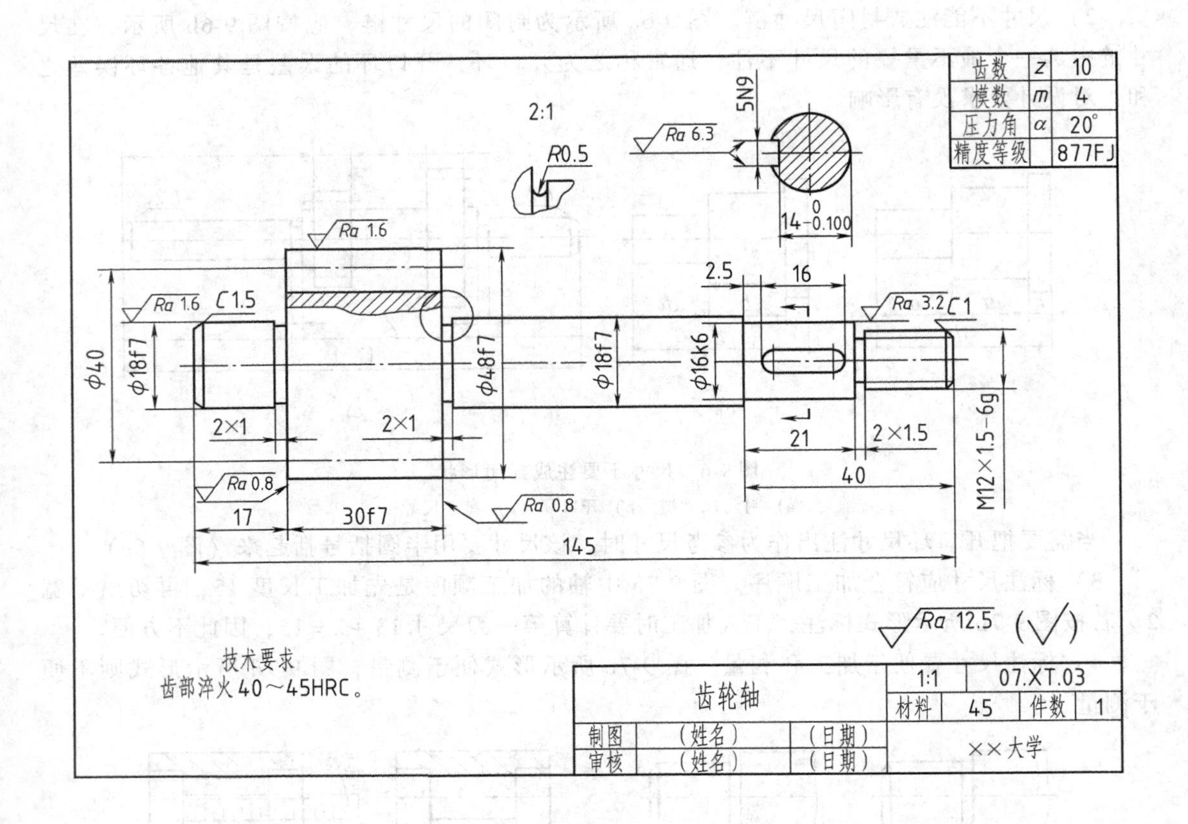

图 9-8　轴类零件分析

2. 尺寸标注

轴套类零件一般以轴线作为径向尺寸基准，长度方向的主要基准一般选重要的端面、接触面等，如图 9-8 中的 ϕ16k6 的右端肩被选为 40、21 和 2.5 等尺寸的基准。

（二）盘盖类零件

这类零件主要有手轮、齿轮、带轮、端盖等。

1. 视图选择

盘盖类零件的构型特点是：主要结构大体上是旋转体，通常还带有各种形状的凸缘、均布的圆孔和肋等局部结构，较轴套类零件复杂。视图选择时，一般以旋转轴线水平放置的剖视图作主视图，并适当增加其他视图。

图 9-9 所示为盘盖类零件——端盖，由旋转体 1 减去六个旋转体 2 构成。因此用一个轴线平放的全剖主视图，便表达了两种旋转体的构型要素，但旋转体 2 有六个，主视图中不能表达其相对位置，因此还要增加一个左视图，才能将端盖表达完整。其零件图如图 9-10 所示，为便于标注尺寸，图中还选择了一个局部放大图 。

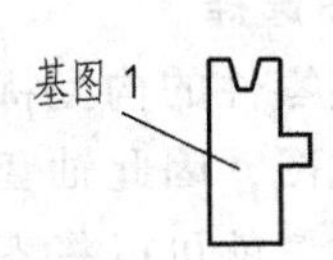

图 9-9　端盖及其构型要素

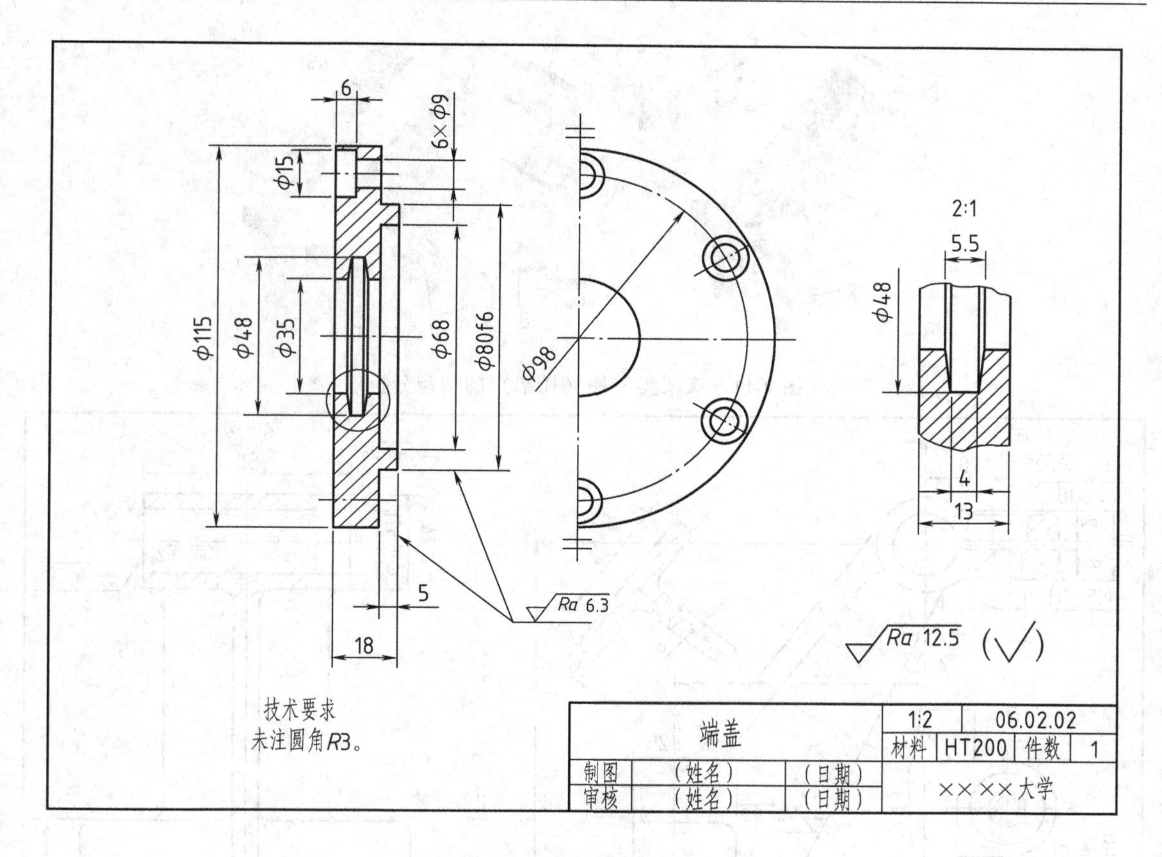

图 9-10　端盖的零件图

2. 尺寸标注

盘盖类零件一般以轴线作为径向尺寸基准，如图 9-10 中的 ϕ80f6、ϕ68 和 ϕ115 等尺寸。长度方向的主要尺寸基准常选用重要的端面或对称面，如端盖选用左端面作为长度方向的尺寸基准，标注 18、13 和 6 等尺寸。

（三）叉架类零件

1. 视图选择

叉架类零件结构形状较复杂，一般有倾斜、弯曲的结构。常用铸造和锻压的方法制成毛坯。各加工面往往在不同机床上加工。主视图按工作位置原则安放，投射方向选择最能反映其形状特征的方向。

如图 9-11 所示的叉架类零件（托架），由上、中、下三部分组成。构型设计时，上部由基本立体 2 + 3 − 9 − 1 构成，中部由基本立体 4 + 5 构成，下部由基本立体 6 + 7 − 8 构成。根据构型分析，可选用图 9-12 所示的主视图表达拉伸体 3、4、5、6 的基图和拉伸体 2、7、9 的拉伸厚度，选用左视图表达拉伸体 3、4、5、6 的拉伸厚度和 7、8 的基图，选用局部视图表达拉伸体 1、2 的基图，选用断面图表达拉伸体 4、5 的棱线和倒圆。

2. 尺寸标注

叉架类零件标注尺寸时，常选用轴线、安装面或零件的对称面作为主要尺寸基准。如图 9-12 所示，长度方向的主要基准选择安装面Ⅰ，标注 60、10 等尺寸，高度方向的主要基准

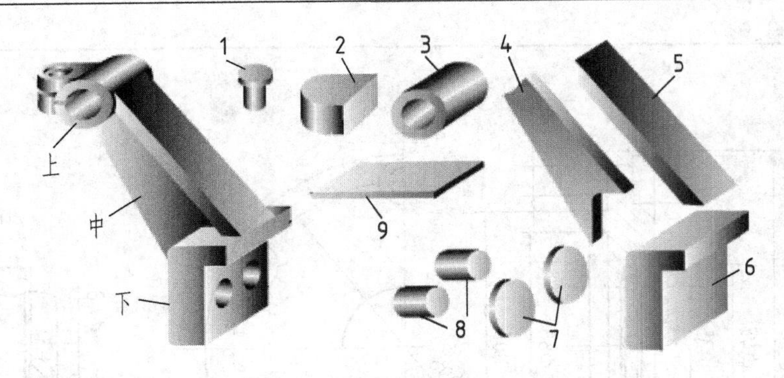

图 9-11 叉架类零件（托架）的构型分析

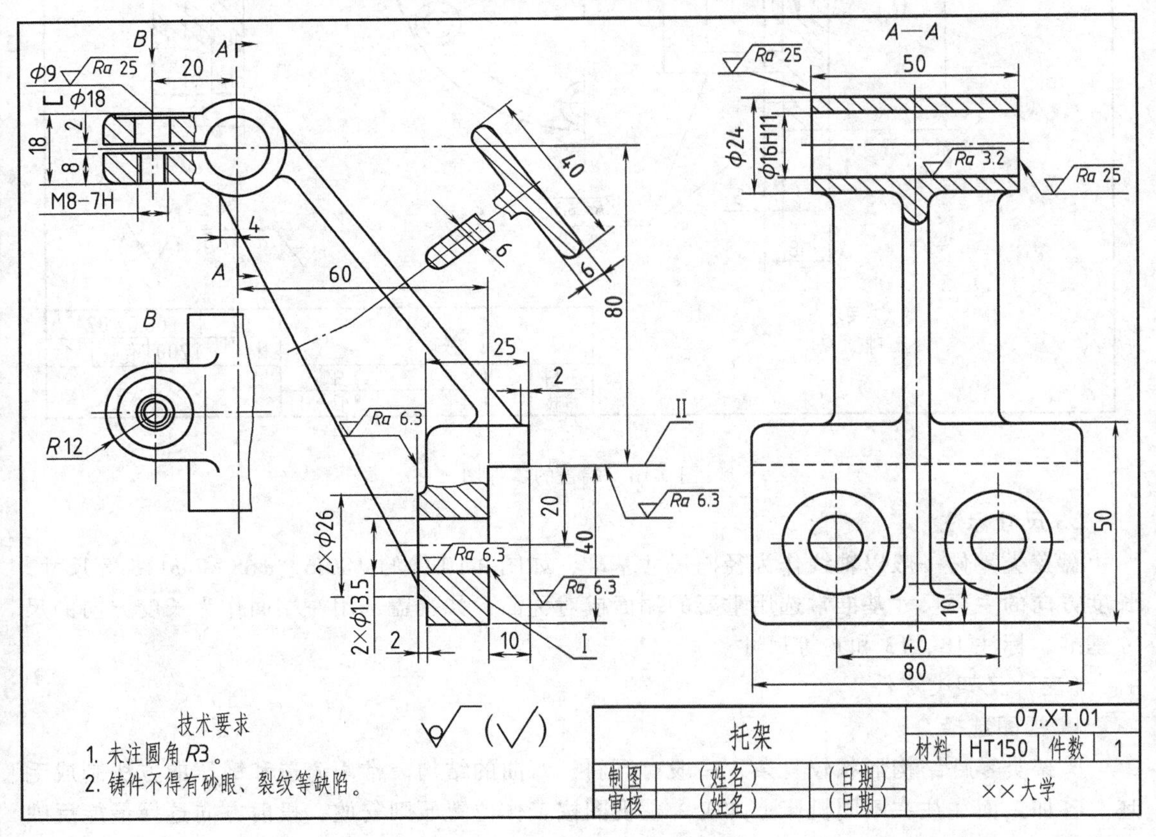

图 9-12 托架的零件图

选择安装面Ⅱ，标注了 80、40、20 等尺寸，宽度方向的主要基准选择对称面，标注了 80、40、50 等尺寸。

(四) 箱体类零件

机床床身、箱体、壳体、阀体、泵体等都属于箱体类零件，这类零件主要用来支承、包容和保护其他零件，结构形状最为复杂，而且加工位置变化也最多。

1. 视图选择

箱体类零件的主视图主要考虑零件的工作位置。根据能表达出全部构型要素的原则，运用剖视图、断面图、局部视图等多种表达方法，也可选择其他视图。

图 9-13a 所示为箱体类零件——壳体，由九个基本立体构成，其中拉伸体 6 带有平面截切的切口，基本立体 2、4、6、8、9 相加构成壳体的外形，再减去基本立体 1、3、5、7 构成壳体的内腔。根据以上构型分析，可选用图 9-13b 所示的全剖主视图表达旋转体 1、2、3、5、9 的构型要素和拉伸体 4、8 的拉伸厚度，用半剖左视图表达拉伸体 6 的基图和旋转体 7 的构型要素，用俯视图表达出拉伸体 4 的基图和拉伸体 6 的截切平面位置，上方两个垂直孔中的螺纹，可在主、俯视图中按螺纹的规定画法画出。

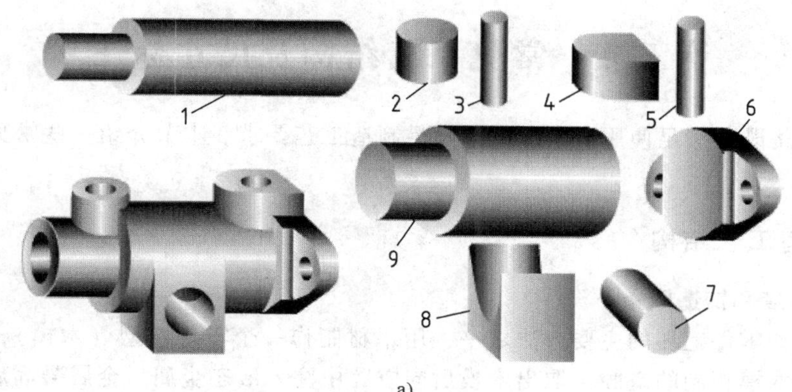

a)

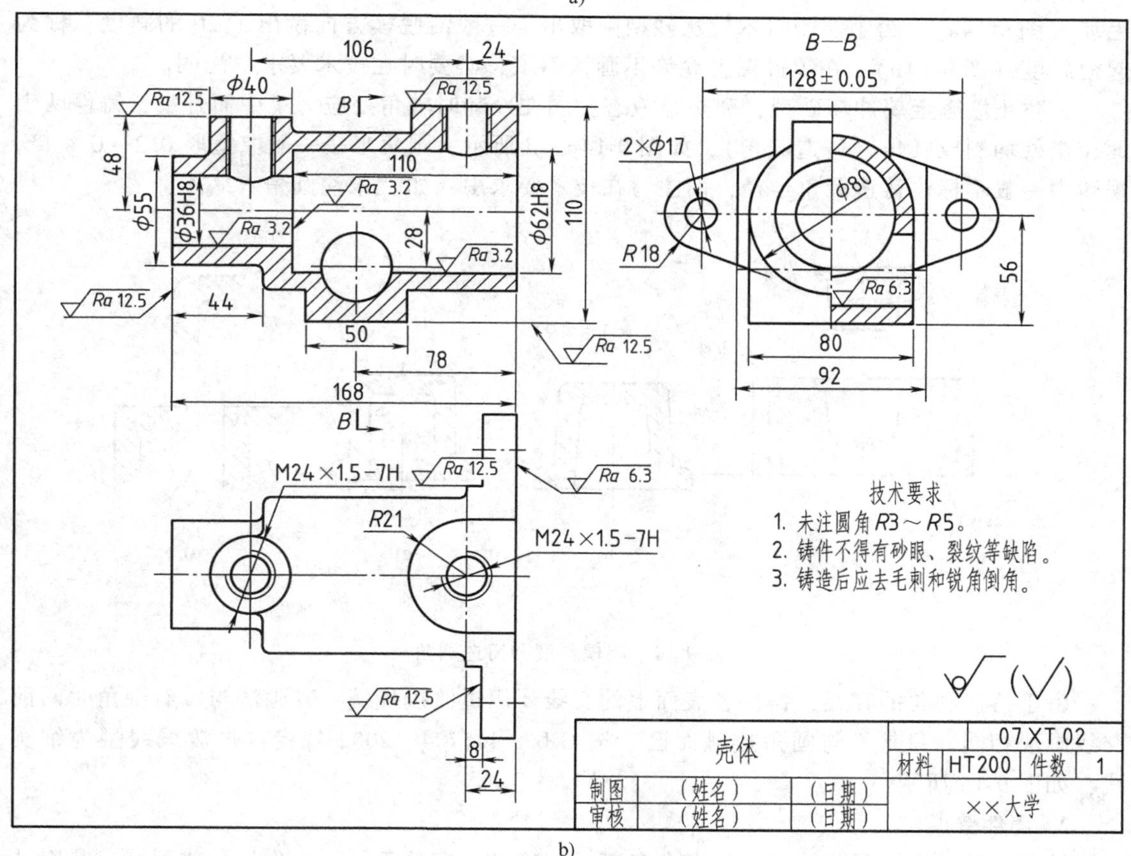

b)

图 9-13　箱体类零件——壳体的构型分析及其零件图

2. 尺寸标注

这类零件的尺寸基准常选用轴线、重要安装面、接触面（或加工面）和箱体的对称面等，对于箱体上需要切削加工的部分，要尽可能按便于加工和检验的要求来标注尺寸。如图9-13所示的壳体，选择壳体主孔的轴线作为径向和高度方向的尺寸基准，标注一系列直径尺寸和三个定位尺寸56、28、48；并以右端面作为长度方向的尺寸基准，标注尺寸24、78、168，定出左端面和主要的孔轴线；以左视图的对称平面作为宽度方向尺寸基准。

第三节　常见工艺结构及尺寸标注

零件的结构既要满足使用要求，又要满足制造工艺要求。本节介绍一些常见的工艺结构及尺寸标注。

一、铸造工艺结构

1. 起模斜度和铸造圆角

铸造是制作零件毛坯的主要方法之一，用木材制作一个零件模型（木模），将木模压入砂箱中形成与木模相同的空腔，取出木模后向空腔中注入液态金属，金属凝固后即形成零件毛坯（图9-14a）。为了便于将木模从砂型中取出，一般沿脱模方向做出1∶20的斜度，称为起模斜度（图9-14b）。在零件图上允许不画该斜度，必要时在技术要求中注明。

为防止液态金属冲坏砂型，和防止液态金属在冷却时转角处应力集中而开裂，铸件两表面相交处均制成圆角（铸造圆角），如图9-14c、d所示，圆角半径一般取壁厚0.2～0.4倍，视图中一般不标注铸造圆角半径，而注写在技术要求中，如“未注圆角*R*2”。

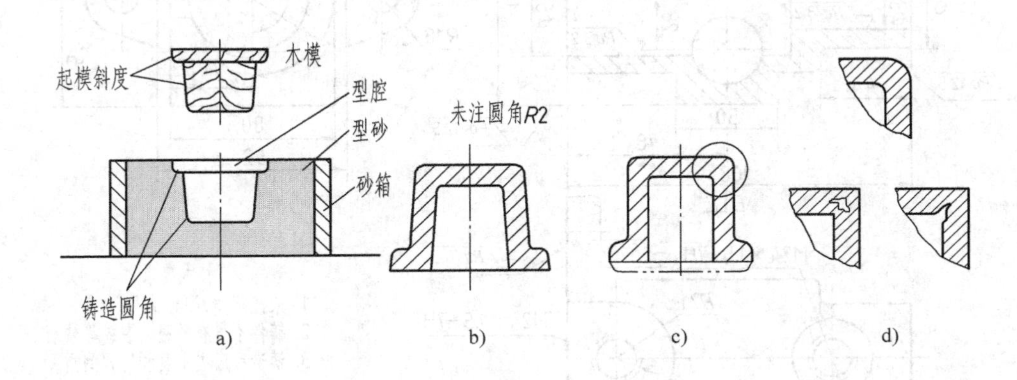

图9-14　起模斜度和铸造圆角

由于铸造圆角的存在，铸件各表面上的交线要用过渡线代替，其画法与没有圆角时两面交线画法相同，只是不与圆角接触而已，按GB/T 4457.4—2002规定：过渡线线型为细实线，如图9-15所示。

2. 铸件壁厚

铸件各处壁厚应尽量均匀，以避免各部分因冷却速度的不同而产生缩孔或裂缝。若因结构需要出现壁厚相差过大，则壁厚由大到小逐渐变化，如图9-16所示。

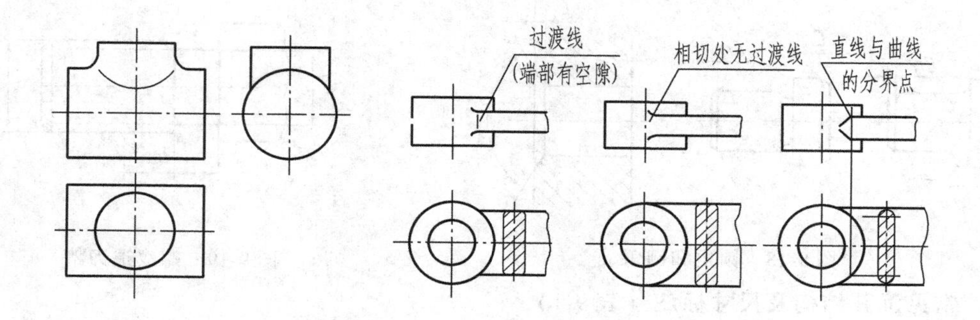

图 9-15　过渡线的画法

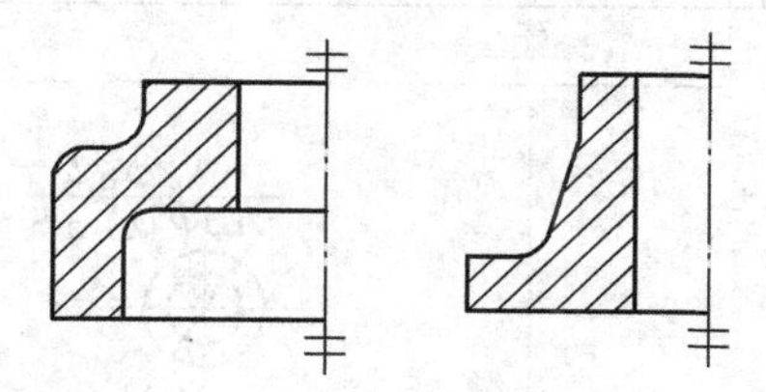

图 9-16　铸件壁厚

二、机械加工工艺结构

1. 凸台和凹坑

零件上与其他零件接触的表面，一般都要经过机械加工，为了减少加工面积，通常在铸件上设计凸台、凹坑等工艺结构，如图 9-17 所示。

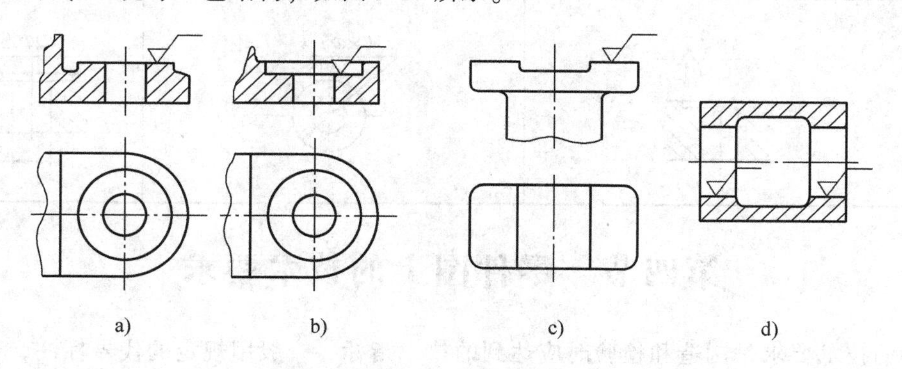

图 9-17　凸台和凹坑

2. 倒角和倒圆

为了便于装配，要去除零件上的毛刺、锐边，通常将尖角加工成倒角。如图 9-18 所示，为避免轴肩处的应力集中，该处加工成圆角。圆角和倒角的尺寸系列可查有关资料。其中倒角为 45°时，用代号 C 表示，与轴向尺寸 n 连注成 Cn。

3. 螺纹退刀槽

在车削螺纹时，为了便于退出刀具，常在零件的待加工表面的末端车出螺纹退刀槽，退刀槽的尺寸标注一般按“槽宽 × 直径”的形式标注，如图 9-19 所示。

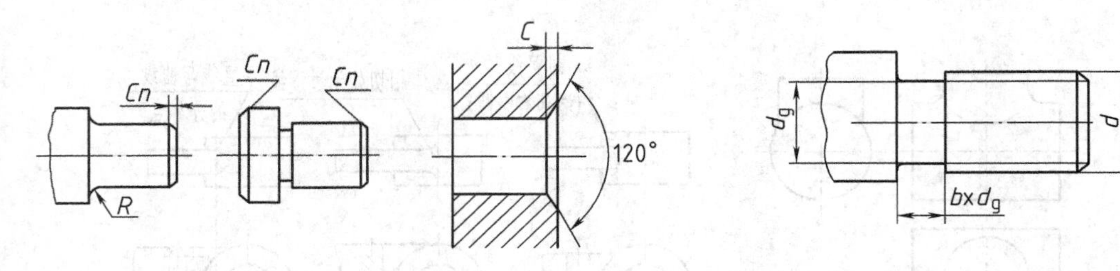

图 9-18　圆角和倒角　　　　图 9-19　螺纹退刀槽

4. 常见沉孔结构及尺寸标注（表 9-1）

表 9-1　常见沉孔结构及尺寸标注

结构类型	标注方法		
	旁注法		普通注法
柱形沉孔	4×φ6.4 ⌴φ12↧3.5	4×φ6.4 ⌴φ12↧3.5	φ12 3.5 4×φ6.4
锥形沉孔	4×φ7 ⌵φ13×90°	4×φ7 ⌵φ13×90°	90° φ13 4×φ7
锪平沉孔	4×φ7 ⌴φ15	4×φ7 ⌴φ15	⌴φ15 4×φ7

第四节　零件图上的技术要求

零件的技术要求是制造和检验时应达到的技术指标，一般用规定的代号标注，也可用文字说明。技术要求涉及的专业知识面很广，本节仅介绍常用技术要求的基本知识。

一、表面粗糙度

表面粗糙度是评定零件表面质量的重要技术指标。它与机器零件的耐磨性、抗疲劳强度、接触刚度、密封性、耐蚀性、配合以及外观都有密切的关系，也直接影响机器的使用寿命。因此零件的每个表面，在零件图中都要给定表面粗糙度的数值。

1. 表面粗糙度的概念

若将零件的表面放大，可将表面轮廓的高低不平的程度分成图 9-20 所示的粗糙度轮廓

（*R* 轮廓）、波纹度轮廓（*W* 轮廓）和原始轮廓（*P* 轮廓）三种表面结构。其中，粗糙度轮廓是较小间距的峰谷构成的微观几何形状，波纹度轮廓是间距比粗糙度轮廓大得多的部分，原始轮廓是忽略了粗糙度轮廓和波纹度轮廓之后的总轮廓，它具有宏观几何形状特征。

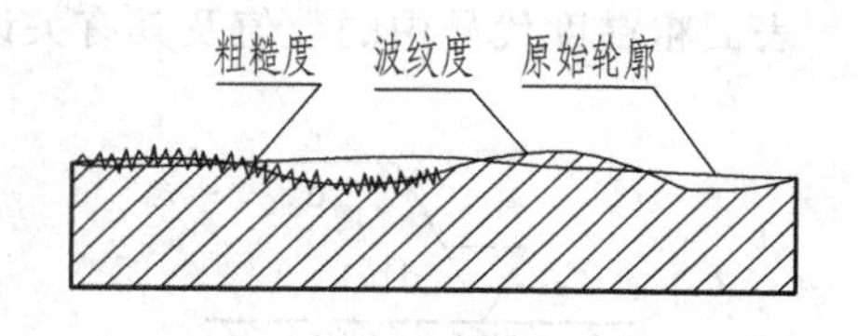

图 9-20　零件的表面结构

表面粗糙度的概念如图 9-21 所示。

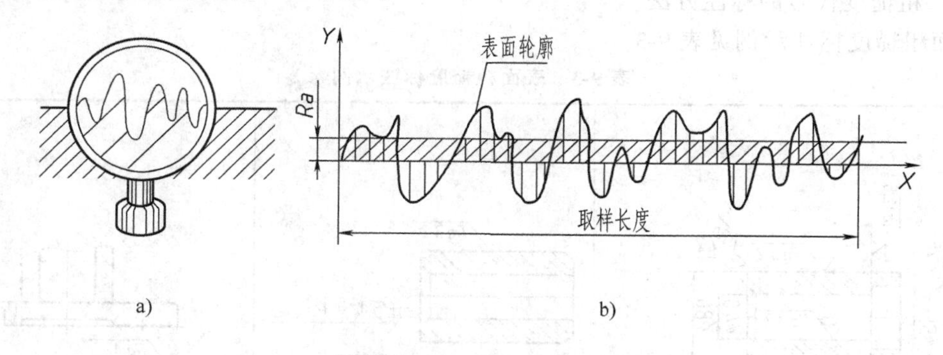

图 9-21　表面粗糙度的概念

a）表面粗糙度　b）轮廓算术平均偏差 *Ra*

2. 表面粗糙度的参数

与零件表面轮廓有关的国家标准有：轮廓参数（GB/T 3505—2009）、图形参数（GB/T 18618—2009）、支承率曲线参数（GB/T 18778.2—2003 和 GB/T 18778.3—2006）。下面主要介绍轮廓参数中的粗糙度轮廓（*R* 轮廓）。

在一般机械制造工业中，常用的参数是轮廓算术平均偏差 *Ra*。它是峰和谷的高、深程度的一种检测指标。*Ra* 的数值系列已标准化。

3. 表面粗糙度的标注

（1）表面粗糙度代号的组成　在图样中，零件表面粗糙度要求使用代号标注。表面粗糙度代号由图形符号、参数代号（如 *Ra*）及数值和相关说明组成。表面结构的图形符号见表 9-2。

表 9-2　表面结构的图形符号

基本图形符号	H_1　60°　60°　H_2	$H_1=1.4h$，$H_2=3h$ *h* 为图上尺寸数字高度，符号为细实线		未指定工艺方法的表面，当通过一个注释解释时，可单独使用
扩展图形符号		用去除材料的方法获得的表面；仅当其含义是“被加工表面”时，可单独使用	圆为正三角形的内切圆	不去除材料的表面
完整图形符号	允许任何工艺	去除材料	不去除材料	以上各种图形符号的长边加一横线，以使注写对表面结构的各种要求

表面粗糙度代号中的数值及其有关说明的注写位置如图 9-22 所示。

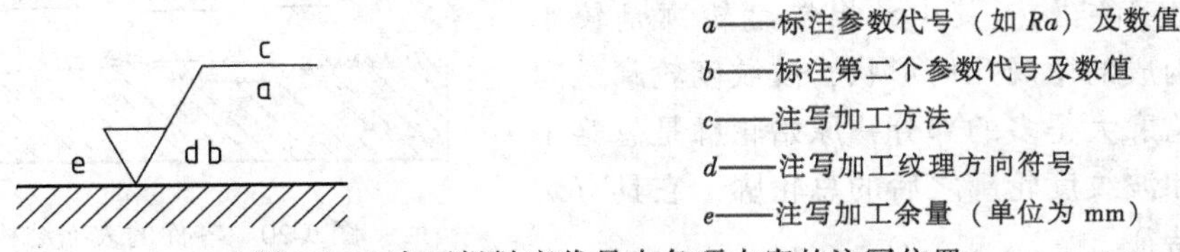

图 9-22 表面粗糙度代号中各项内容的注写位置

（2）粗糙度代号的标注方法

表面粗糙度标注示例见表 9-3。

表 9-3 表面粗糙度标注示例

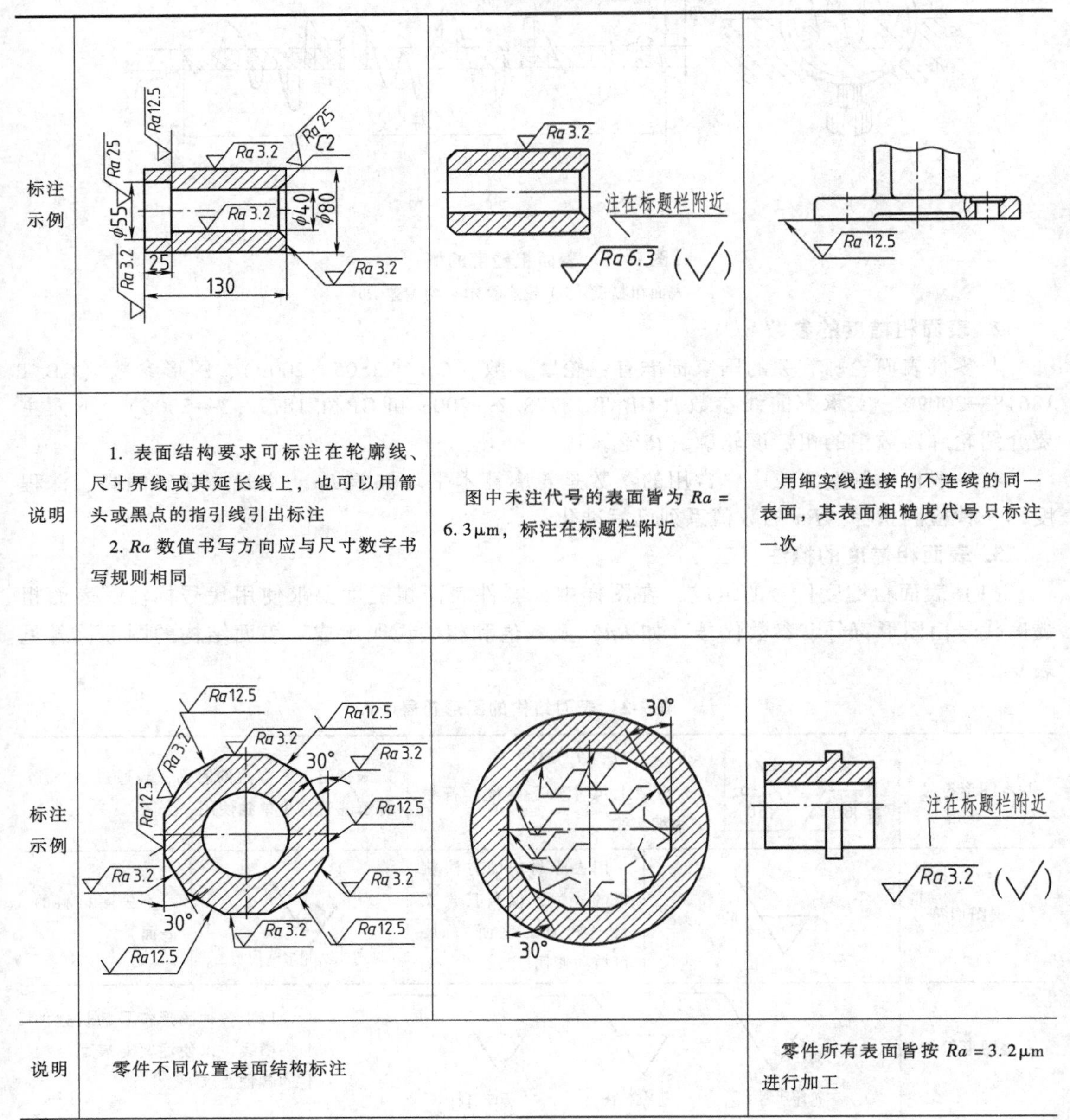

标注示例			
说明	1. 表面结构要求可标注在轮廓线、尺寸界线或其延长线上，也可以用箭头或黑点的指引线引出标注 2. *Ra* 数值书写方向应与尺寸数字书写规则相同	图中未注代号的表面皆为 *Ra* = 6.3μm，标注在标题栏附近	用细实线连接的不连续的同一表面，其表面粗糙度代号只标注一次
标注示例			
说明	零件不同位置表面结构标注		零件所有表面皆按 *Ra* = 3.2μm 进行加工

（续）

标注示例	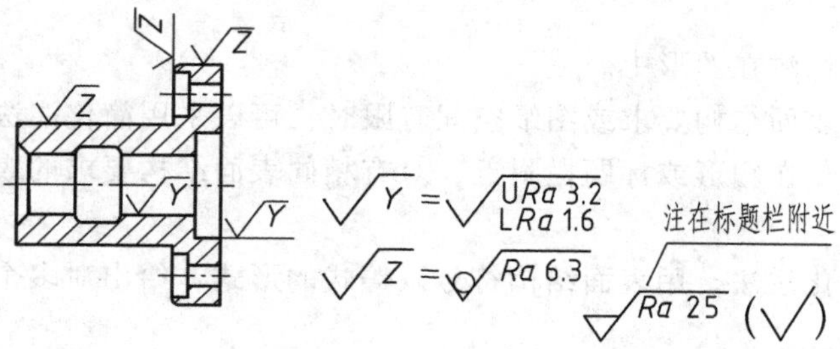	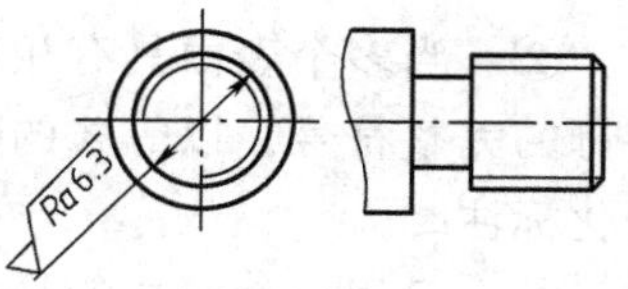
说明	1. 当标注位置受到限制时，可以标注简化代号，也可采用省略的注法，但均需在标题栏附近说明这些简化代（符）号的意义 2. 如果工件的多数（包括全部）表面有相同表面结构要求时，可统一标注在图样的标题栏附近。此时，表面结构要求的符号后面应在圆括号内给出无任何其他标注的基本符号	螺纹工作表面的表面粗糙度代号可按图中所示形式标注
标注示例	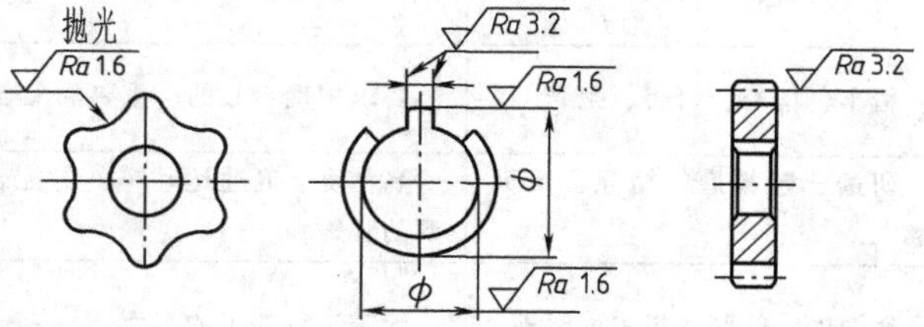	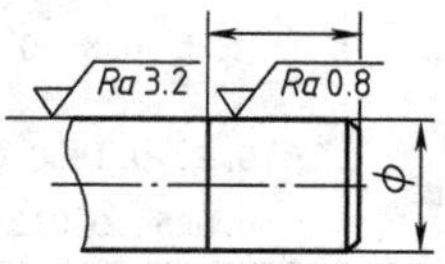
说明	零件上的连续表面及重复要素（如孔、槽、齿等）的表面，其表面粗糙度代号只标注一次	同一表面有不同表面粗糙度要求时，应用细实线作为分界线，并注出分界线的位置尺寸

1）表面粗糙度代号可标注在轮廓线或指引线上，其符号应从材料外指向表面，并与表面接触。必要时，表面结构符号也可用带箭头或黑点的指引线引出标注。在不致引起误解时，表面结构要求可以标注在给定的尺寸线上；表面结构要求可以直接标注在表面的延长线上。

2）表面结构的注写和读取方向与尺寸的注写和读取方向一致。

3）表面结构要求对每一表面一般只标注一次，并尽可能注在相应的尺寸及其公差的同一视图上。除非另有说明，所标注的表面结构要求是对完工零件表面的要求。

4）表面结构要求的简化注法。

①　如果在工件的多数（包括全部）表面有相同的表面结构要求，则其表面结构要求

可统一标注在图样的标题栏附近。此时（除全部表面有相同结构要求的情况外），表面结构要求的符号后面应有：在括号内给出无任何其他标注的基本符号，见表9-3；在括号内给出不同的表面结构要求。

不同的表面结构要求应直接标注在图形中。

② 当多个表面具有相同的表面结构要求或图纸空间有限时，可以采用简化注法。用带字母的完整符号，以等式的形式，在图形或标题栏附近，对有相同表面结构要求的表面进行简化标注。

③ 只用表面结构符号的简化注法。用表面结构符号以等式的形式，给出对多个表面共同的表面结构要求。

4. 表面粗糙度值的选用

表面粗糙度值的选择，既要考虑表面功能的需要，也要考虑产品的制造成本。因此，在满足使用性能要求的前提下，应尽可能选用较大的表面粗糙度值。

表9-4列出了 *Ra* 值所对应的表面特征、加工方法和使用范围，可供选择时参考。

表9-4　*Ra* 的数值及相应的加工方法

表面特征		*Ra*/μm	加工方法	使用范围
加工面	粗加工面	100，50，25	粗车、粗刨、粗铣	钻孔、倒角、没有要求的自由表面
	半光面	12.5，6.3，3.2	精车、精刨、精铣、粗磨	接触表面，不甚精确定心的配合面
	光面	1.6，0.8，0.4	精车、精磨、研磨、抛光	要求精确定心的、重要的配合表面
	最光面	0.2，0.1，0.05 0.025，0.012	研磨、超精磨、抛光、镜面磨	高精度、高速运动零件的配合表面、重要的装饰面
毛坯面		√（毛坯面符号）	铸、锻、轧制等经表面清理	无需进行加工的表面

注：表中所列 *Ra* 值为国家标准规定的数值系列中一组优先选用系列。

二、极限与配合

现代化大规模生产要求零件具有互换性，即从同一规格的一批零件中任取一件，不经修配就能装到机械上，并能满足使用要求。为了保证零件的互换性，我国制定了相应的国家标准，下面简要介绍GB/T 1800.1—2009《产品几何技术规范（GPS）　极限与配合　第1部分：公差、偏差和配合的基础》的基本内容。

1. 极限与配合的基本术语

在实际生产中，零件的尺寸不可能加工得绝对准确，因此设计者在图中标注尺寸时还要给定允许的尺寸偏差。如图9-23a所示，由设计者在图上标注的尺寸 $\phi12$ 称为公称尺寸。$\phi12$ 后方的小字 -0.016 和 -0.034 是设计者给定的允许尺寸偏差，其中 -0.016 称为上极限偏差（代号es），-0.034 称为下极限偏差（代号ei）。公称尺寸加上极限偏差 $\phi(12-0.016)=\phi11.984$ 称为上极限尺寸，公称尺寸加下极限偏差 $\phi(12-0.034)=\phi11.966$ 称为下极限尺寸。上极限尺寸减下极限尺寸或上极限偏差减下极限偏差（0.018）称为公差，它是允许尺寸的变动量。

在极限与配合图形中表示公称尺寸的一条直线称为零线。由代表上极限尺寸和下极限尺寸或上极限偏差和下极限偏差的两条直线所限定的区域称为公差带。公差带的宽度决定了加工的精确程度，称为尺寸精度或加工精度。

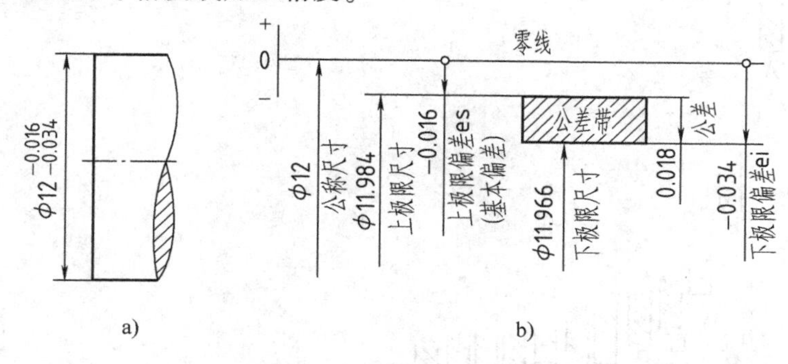

图 9-23　公差带图解

a）尺寸标注　b）基本术语

2. 标准公差和基本偏差

公差带由公差带宽度和公差带相对于零线的位置两个要素确定。

为了减少测量工具的数量，国家标准对公差带宽度作了统一规定，这些统一规定的公差带宽度数值称为标准公差。标准公差分为 20 级，即 IT01，IT0，IT1，IT2，…，IT18。IT 表示标准公差，数字表示公差等级。公差带的位置用图中靠近零线的极限偏差来表示，该偏差称为基本偏差。如图 9-24 所示，国家标准规定了基本偏差系列和代号，其中孔的代号用大写字母（如 H、K）表示，轴的代号用小写字母（如 s、h、f）表示。因此公差带的代号由基本偏差代号和公差等级代号组成，如 H8、K7、H9 等为孔的公差带代号，s7、h6、f9 等为轴的公差带代号，代号中的字母和数字分别为公差带的位置和宽度两个要素。

3. 配合

公称尺寸相同且相互结合的孔和轴公差带之间的关系称为配合。

（1）配合的种类　孔和轴相互结合时，若孔大轴小则产生间隙，若孔小轴大则形成过盈。

1）间隙配合——具有间隙（包括最小间隙等于零）的配合，此时孔的公差带在轴的公差带之上（图 9-25a）。

2）过盈配合——具有过盈（包括最小过盈等于零）的配合，此时孔的公差带在轴的公差带之下（图 9-25b）。

3）过渡配合——可能具有间隙或过盈的配合，此时孔的公差带与轴的公差带相互交叠（图 9-25c）。

（2）配合基准制　为了减少配合种类，国家标准规定只选用与零线重合的基本偏差 H（孔）或 h（轴）作为基准公差带的基本偏差。

1）基孔制配合——以孔为基准与不同基本偏差轴的公差带组成的配合（图 9-26a）。

2）基轴制配合——以轴为基准与不同基本偏差孔的公差带组成的配合（图 9-26b）。

由于孔加工一般采用定值（定尺寸）刀具，而轴加工则采用通用刀具，因此国家标准规定，一般情况应优先采用基孔制配合。基孔制可减少加工孔时定值刀具的品种、规格，便于组织生产、管理和降低成本。

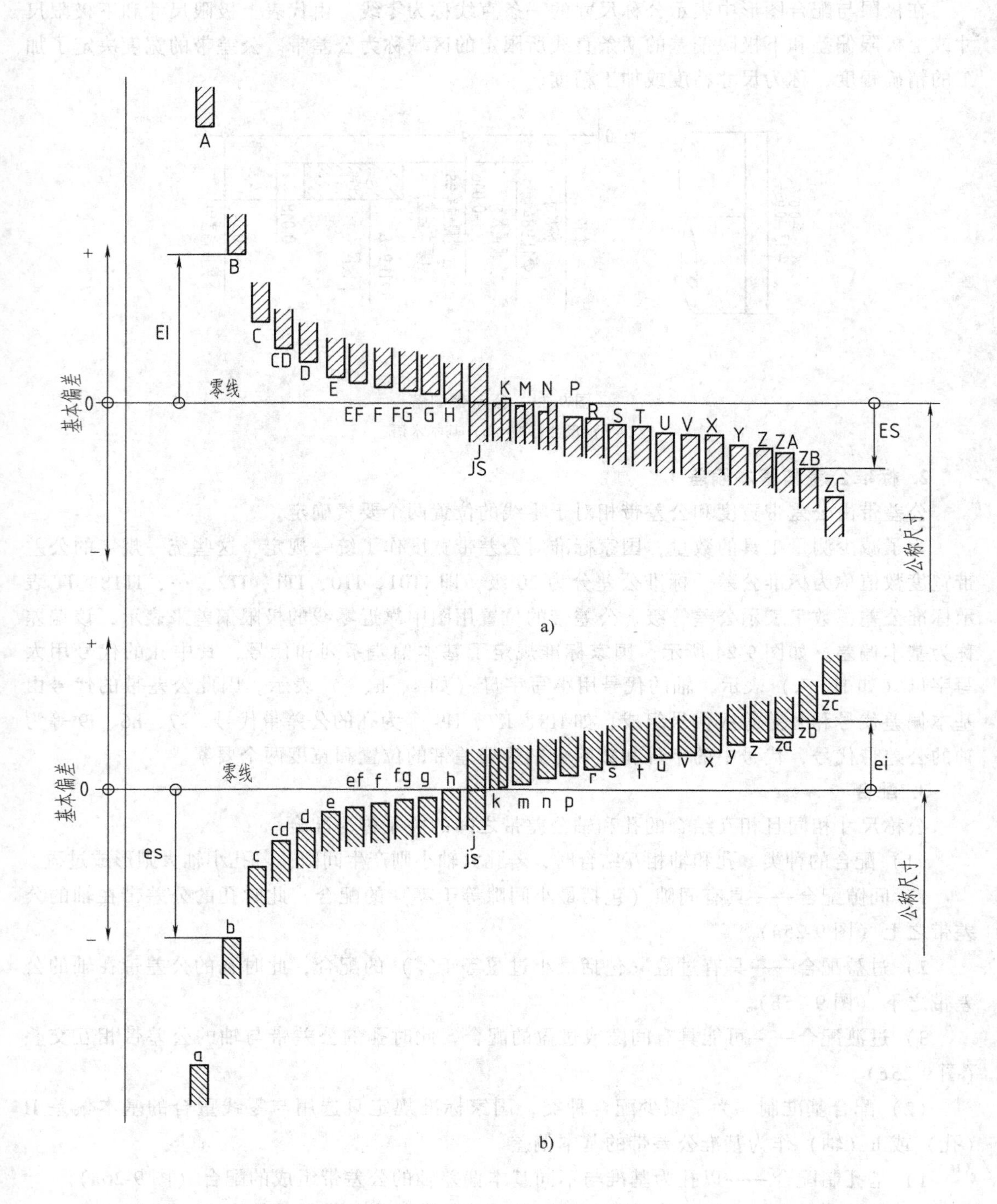

图 9-24 基本偏差符号及其与零线的相对位置

a）孔的基本偏差 b）轴的基本偏差

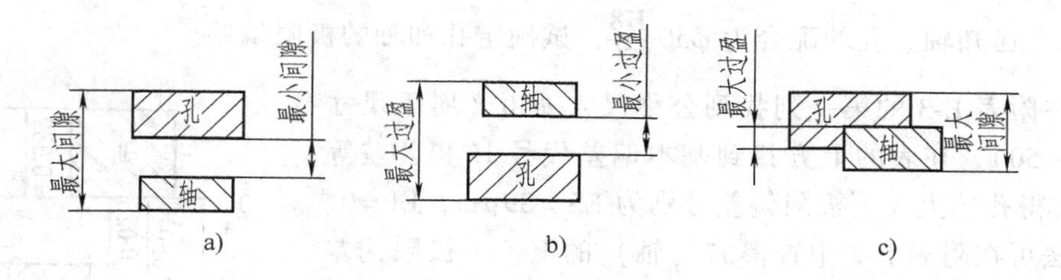

图 9-25　配合的种类

a）间隙配合　b）过盈配合　c）过渡配合

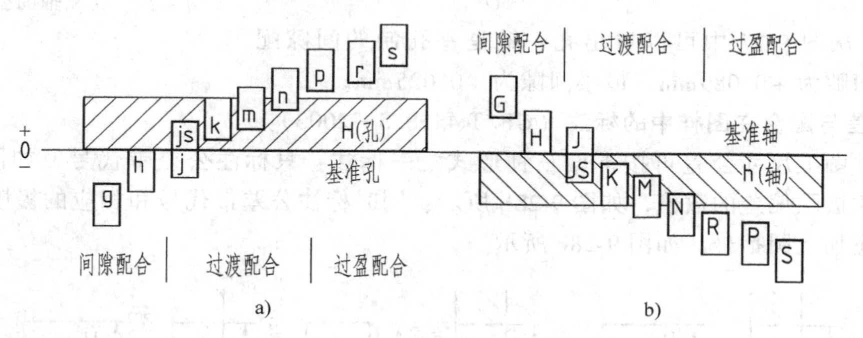

图 9-26　基孔制与基轴制

a）基孔制配合　b）基轴制配合

（3）配合代号　配合代号由组成配合的孔、轴的公差带代号组成，并将其写成分数的形式。国家标准规定分子为孔的公差带代号，分母为轴的公差带代号。

若为基孔制配合，配合代号为$\frac{\text{基准孔公差带代号}}{\text{轴公差带代号}}$，如$\frac{H6}{k5}$、$\frac{H8}{e7}$或 H6/k5、H8/e7 等。

若为基轴制配合，配合代号为$\frac{\text{孔公差带代号}}{\text{基准轴公差带代号}}$，如$\frac{K6}{h5}$、$\frac{E8}{h7}$或 K6/h5、E8/h7 等。

（4）优先和常用配合　为便于设计者选用各种配合，国家标准将配合分为优先、常用和一般用途三类。基孔制和基轴制各 13 种优先配合见表 9-5，常用配合可查阅国家标准或有关手册。

表 9-5　优先配合

	基孔制优先配合	基轴制优先配合
间隙配合	$\frac{H7}{g6}$、$\frac{H7}{h6}$、$\frac{H8}{f7}$、$\frac{H8}{h7}$、$\frac{H9}{d9}$、$\frac{H9}{h9}$、$\frac{H11}{c11}$、$\frac{H11}{h11}$	$\frac{G7}{h6}$、$\frac{H7}{h6}$、$\frac{F8}{h7}$、$\frac{H8}{h7}$、$\frac{D9}{h9}$、$\frac{H9}{h9}$、$\frac{C11}{h11}$、$\frac{H11}{h11}$
过渡配合	$\frac{H7}{k6}$	$\frac{K7}{h6}$
过盈配合	$\frac{H7}{n6}$、$\frac{H7}{p6}$、$\frac{H7}{s6}$、$\frac{H7}{u6}$	$\frac{N7}{h6}$、$\frac{P7}{h6}$、$\frac{S7}{h6}$、$\frac{U7}{h6}$

（5）由公差带代号确定极限偏差　已知公称尺寸和公差带代号，可通过查表获得其极限偏差数值。查表时，在表的第一列找到对应的公称尺寸，在表的上方找到对应的基本偏差代号和公差等级代号，便可查出上、下极限偏差数值。

例 9-1 已知轴、孔的配合为 $\phi 50\frac{H8}{f7}$，试确定孔和轴的极限偏差。

解 在附表 E-3 的第一列找到公称尺寸 $\phi 50$（属于尺寸分段 >40 ~ 50），在表的上方找到基本偏差代号 H 和公差等级 8，可查得孔的上、下极限偏差分别为 ES = 39μm，EI = 0。用同样方法可在附表 E-2 中查得 f7（轴）的上、下极限偏差分别为 es = −25μm，ei = −50μm。由此可知，孔的尺寸为 $\phi 50^{+0.039}_{0}$，轴的尺寸为 $\phi 50^{-0.025}_{-0.050}$。$\phi 50\frac{H8}{f7}$的公差带图如图 9-27所示。从图 9-27 中可以看出孔、轴是基孔制的间隙配合，最大间隙为 +0.089mm，最小间隙为 +0.025mm。

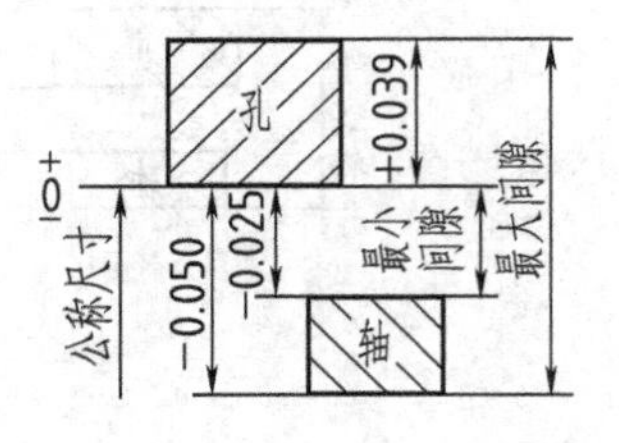

图 9-27 孔和轴的公差带图

4. 公差与配合在图样中的标注（GB/T 4458.5—2003）

在零件图上尺寸公差可按下面三种形式之一标注：只标注公差带代号，如图 9-28a 所示；只标注极限偏差的数值，如图 9-28b 所示；同时标注公差带代号和相应的极限偏差，且极限偏差应加上圆括号，如图 9-28c 所示。

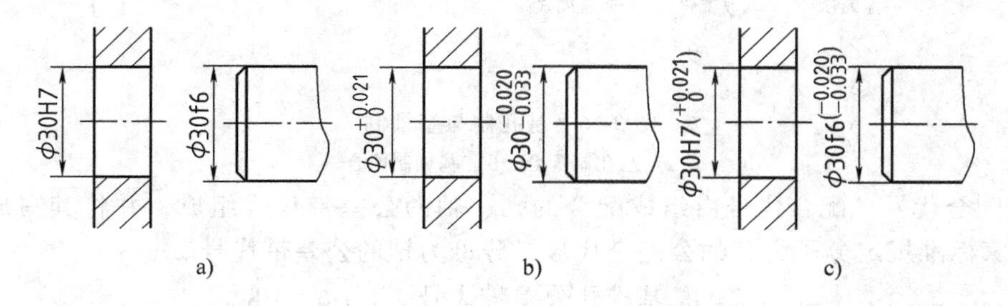

图 9-28 零件图中尺寸公差的标注方法

在装配图上，两零件有配合要求时，应在公称尺寸的右边注出相应的配合代号，并按图 9-29 所示方法标注。

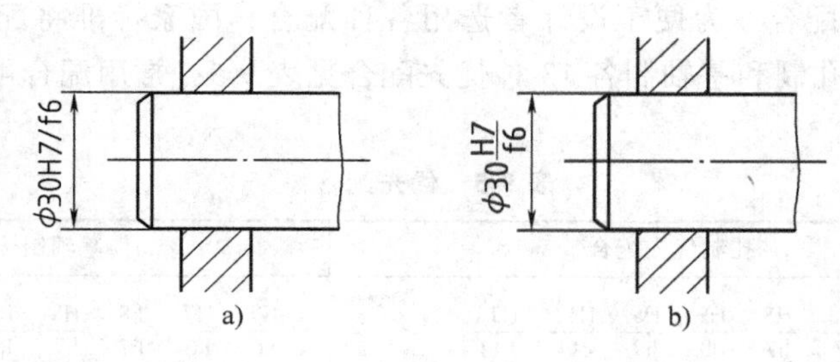

图 9-29 装配图中配合尺寸的标注方法

三、几何公差（GB/T 1182—2008）

经过加工的零件，除了会产生尺寸误差外，也会产生形状、位置、方向等误差。如图 9-30a所示，小轴的尺寸都合格，但形状变弯；如图 9-30b 所示，阶梯轴的相对位置不在同一轴线上，如不控制其形状或位置，将会影响配合质量。控制形状、位置等误差的参数称为几何公差。

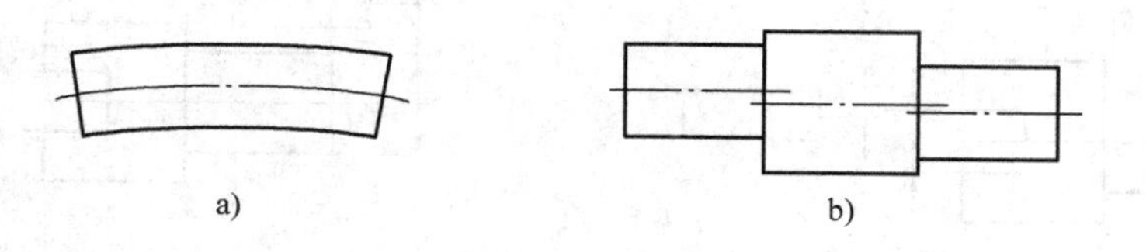

图 9-30　零件的几何误差

1. 几何公差的几何特征和符号

GB/T 1182—2008 将几何公差分为形状公差、方向公差、位置公差和跳动公差。几何公差的项目见表 9-6。

表 9-6　几何公差分类和符号

公差类型	几何特征	符号	有无基准	公差类型	几何特征	符号	有无基准
形状公差	直线度	—	无	位置公差	位置度	⌖	有或无
	平面度	▱			同心度（用于中心线）	◎	有
	圆度	○			同轴度（用于轴线）	◎	
	圆柱度	⌭			对称度	⌯	
	线轮廓度	⌒			线轮廓度	⌒	
	面轮廓度	⌓			面轮廓度	⌓	
方向公差	平行度	//	有	跳动公差	圆跳动	↗	
	垂直度	⊥			全跳动	⌰	
	倾斜度	∠					
	线轮廓度	⌒					
	面轮廓度	⌓					

2. 几何公差的标注

图样上的几何公差由公差框格、被测要素和基准要素三项组成。

（1）公差框格　公差框格由两格或多格组成，用细实线绘制，框格高度推荐为图内尺寸数字高度的 2 倍，框格中的内容从左到右分别填写几何公差特征符号、线性公差值（如公差带是圆形或圆柱形的，则在公差值前加注“ϕ”；如果是球形的，则加注“$s\phi$”），第三格及以后格为基准代号的字母和有关符号，如图 9-31 所示。公差框格可水平或垂直放置。

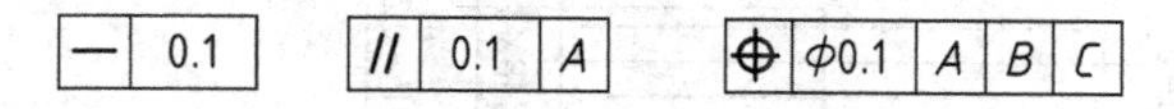

图 9-31　几何公差框格

（2）被测要素　用带箭头的指引线将框格与被测要素相连，按下列方式标注：

1）被测要素是线或面时，箭头垂直指向被测要素轮廓线或其延长线上，如图 9-32 所示。

2）被测要素是轴线或中心平面时，则带箭头的指引线应与尺寸线对齐，如图 9-33 所示。

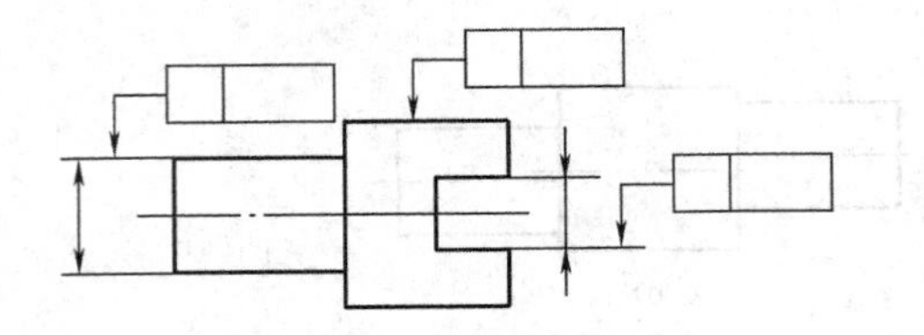

图 9-32 被测要素是实体的表面

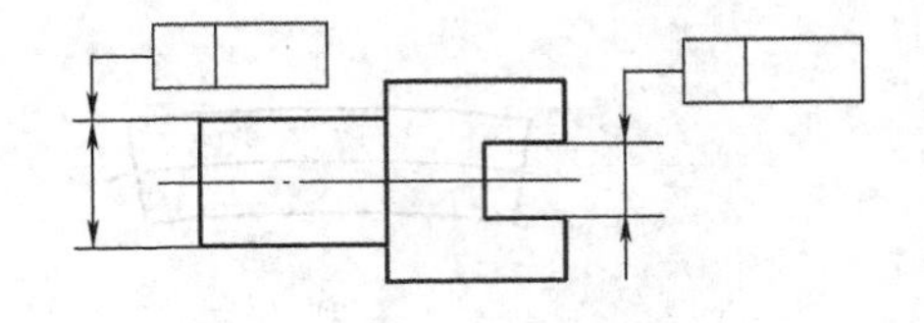

图 9-33 被测要素是轴线或对称面

（3）基准要素的标注 基准要素用基准符号和字母表示，基准符号如图 9-34 所示，涂黑或空白的基准三角形含意相同。

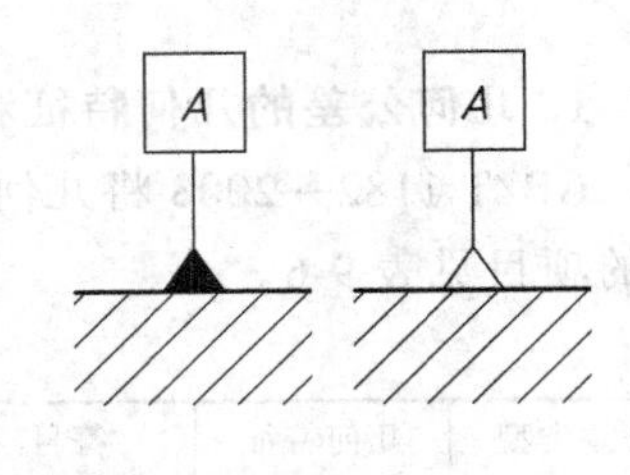

图 9-34 基准符号

基准符号的字母也应注在相应的公差框格内。单一基准如图 9-35a 所示；由两个要素组成的公共基准如图 9-35b 所示；由三个或三个以上要素组成的基准体系如图 9-35c 所示。

当基准要素是轮廓线或表面时，基准三角形应置于要素的外轮廓线上或它的延长线上（图 9-36）。当基准要素是轴线或对称平面时，则基准三角形应与尺寸线对齐（图 9-37）。基准三角形也可放置在轮廓面引出线的水平线上（图 9-38）。

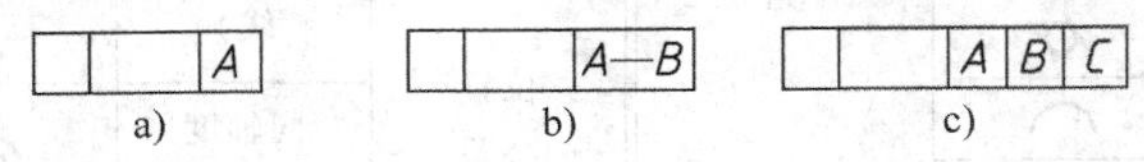

图 9-35 基准字母在公差框格内的表示

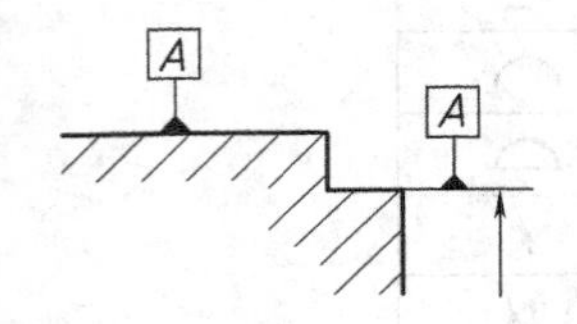

图 9-36 基准是实体表面

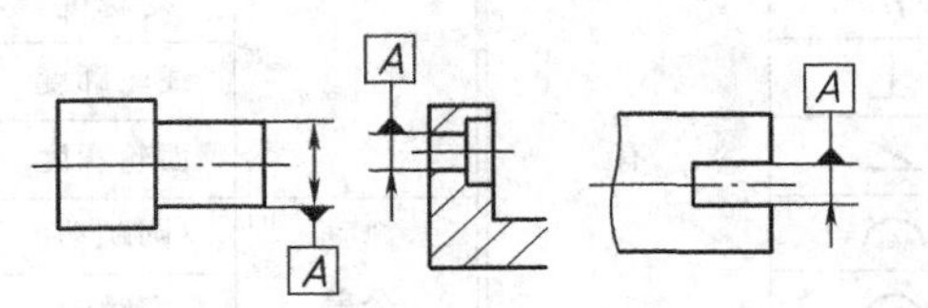

图 9-37 基准是轴线或对称面

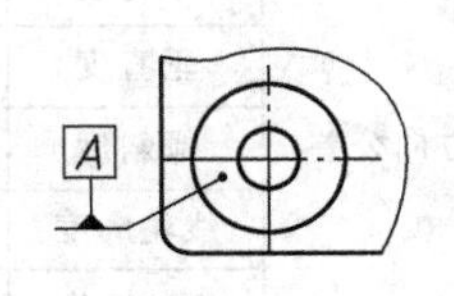

图 9-38 基准引出线上

3. 零件图上的几何公差标注示例

零件图上几何公差标注示例如图 9-39 所示。

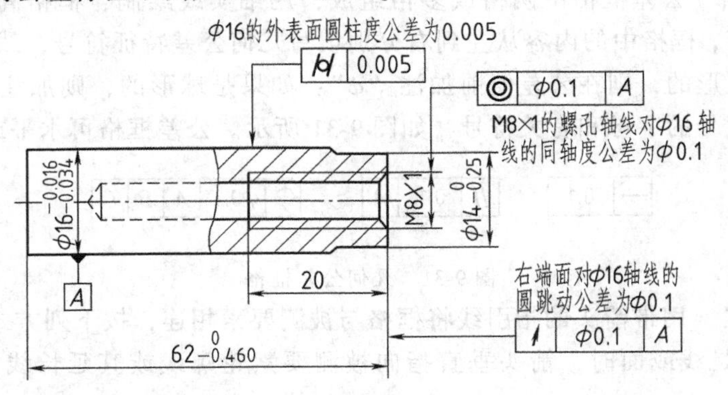

图 9-39 几何公差标注示例

第五节　看零件图的方法及步骤

看零件图就是根据零件图的视图，分析和想象该零件的结构形状，弄清全部尺寸及各项技术要求，根据零件的作用及相关工艺知识，对零件进行结构分析。下面以图 9-40 所示泵体的零件图为例，说明看零件图的方法和步骤。

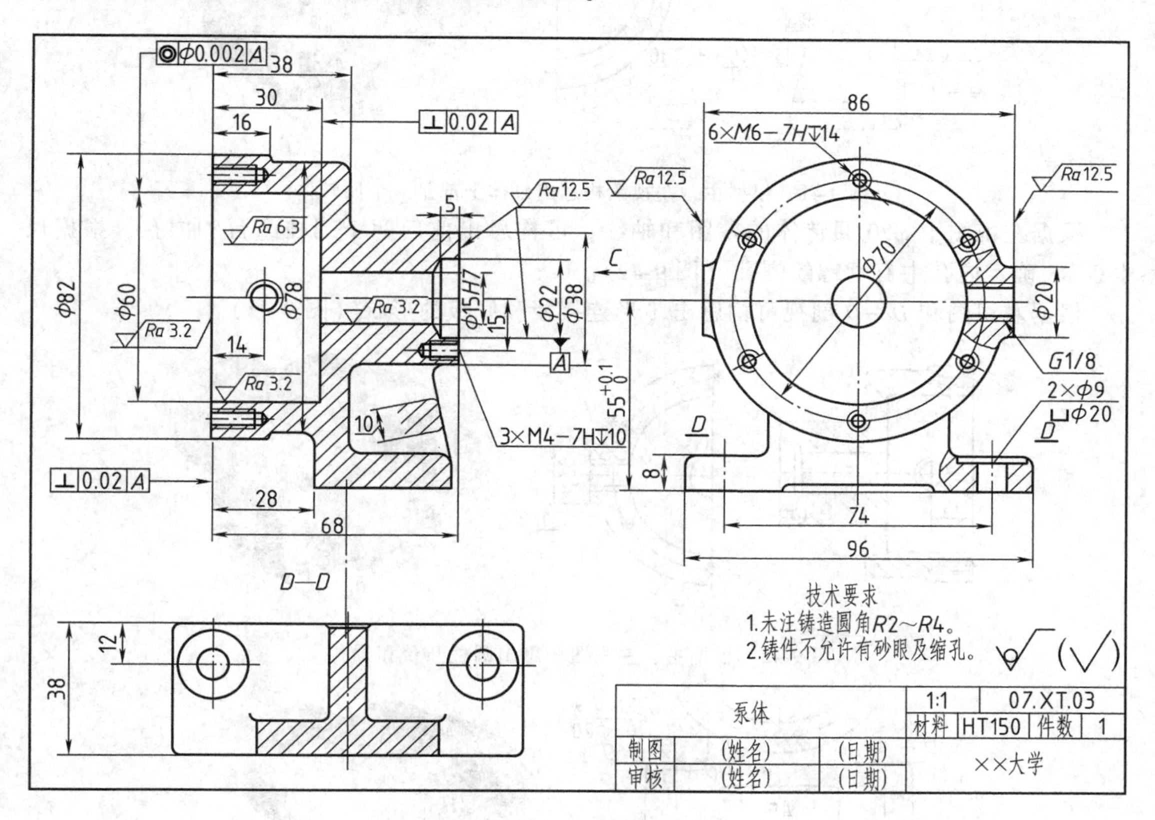

图 9-40　泵体零件图

一、概括了解

先从标题栏入手，了解零件的名称为泵体，材料是铸铁 HT150，加工件数为一件，零件编号为 07. XT. 03。从名称可以看出，该零件属箱体类零件。

二、看懂零件的结构形状

1. 分析视图表达方案

泵体采用了三个视图，其主视图为全剖视图；左视图中还画有局部视图，*D—D* 剖视图是从左视图下方切开后，向下投射并移到右下方绘制的全剖视图。

2. 分析零件的结构形状

从主视图中分离出图 9-41 所示的回转体基图，可构思出泵体上部是一个空心回转体。根据尺寸 6 × M6-7H↧14 可确定其左端面有 6 个深 14mm 的螺纹孔，并沿圆周均布的螺孔 M6-

H7；右端面有 3 个深 10mm，并沿圆周均布的螺孔 M4-H7。

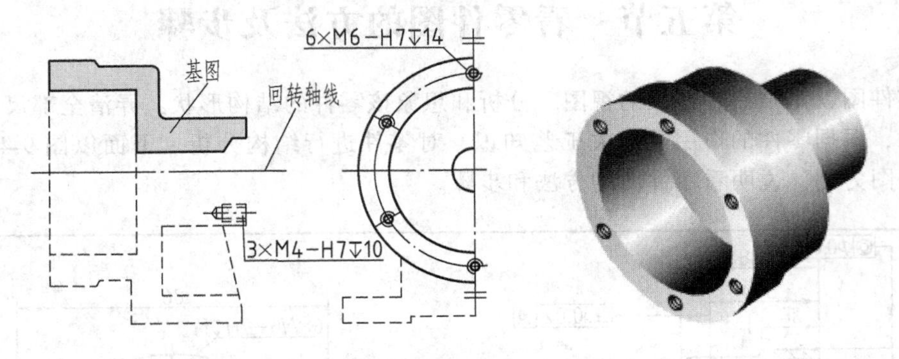

图 9-41　根据主、左视图构思出泵体上部是一个回转体

根据左视图中 ϕ20 回转体的基图和轴线，可构思出前后两个圆柱凸台和内孔，根据尺寸 G1/8 确定内孔中有管螺纹螺孔（图 9-42）。

根据左视图和 *D—D* 剖视可构思出 T 形连接板和底板的形状（图 9-43）。

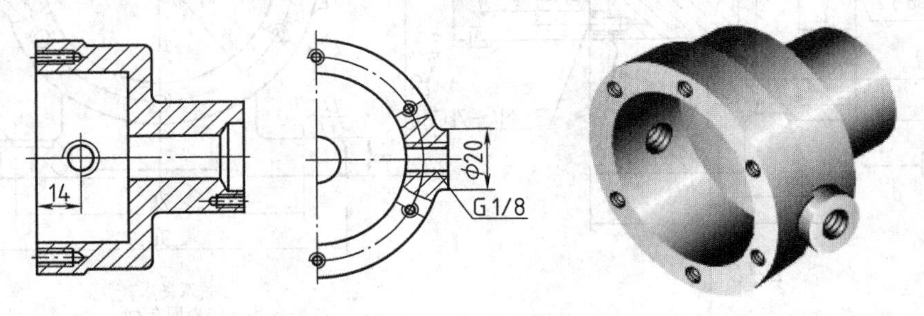

图 9-42　根据主、左视图构思出圆柱凸台和螺孔

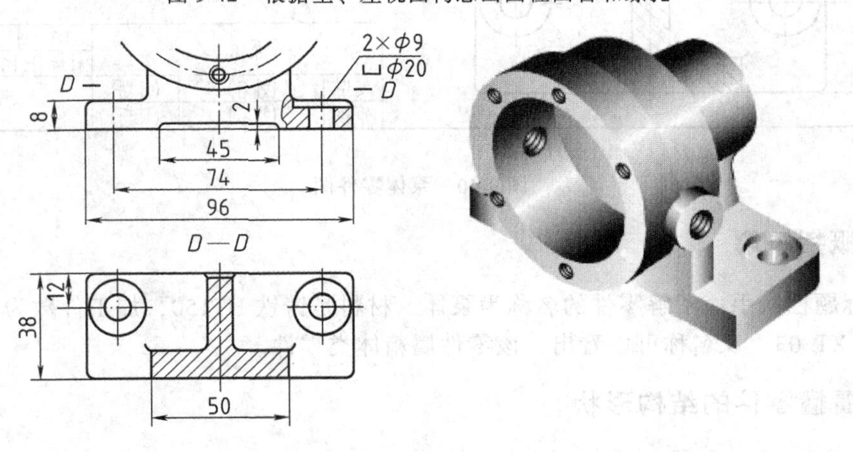

图 9-43　根左视图和 *D—D* 剖视图构思出连接板和底板

三、分析尺寸

分析尺寸时，应先分析长、宽、高三个方向的主要尺寸基准，了解各部分的定位尺寸和定形尺寸，分清楚哪些是主要尺寸。

泵体零件图中，长度方向的主要尺寸基准是左端面；宽度方向的主要尺寸基准是左视图的对称面；高度方向的主要尺寸基准是底板的底面。从这三个主要基准出发，结合零件的功用，进一步分析主要尺寸和各部分的定形尺寸、定位尺寸，以至完全确定泵体的各部分大小。

四、了解技术要求

了解零件图中表面粗糙度、尺寸公差、几何公差及铸造等技术要求。

如图 9-40 所示，从图中标注的表面粗糙度看出，左端面，主体内腔孔 $\phi60$ 和 $\phi15H7$ 的 Ra 值为 3.2μm，内腔右端面 Ra 值为 6.3μm，其他加工面 Ra 值为 12.5μm，其余为铸造表面。

图 9-40 中只有两个尺寸具有公差要求，即 $\phi15H7$ 和 $55^{+0.1}_{0}$，说明它们是该零件的重要表面。

第十章　装　配　图

第一节　装配图的作用和内容

一、装配图的作用

一台机器由若干部件组装而成，一个部件又由若干零件组装而成。表示一台完整机器的图样，称为总装配图；表示一个部件的图样，称为部件装配图。装配图主要表达机器或部件的工作原理、装配关系、结构形状和技术要求，用以指导装配、检验、调试、安装、维修等。因此，装配图是机械设计、制造、使用、维修以及进行技术交流的重要技术文件。

二、装配图的内容

装配图应有以下几方面内容（图 10-1）：

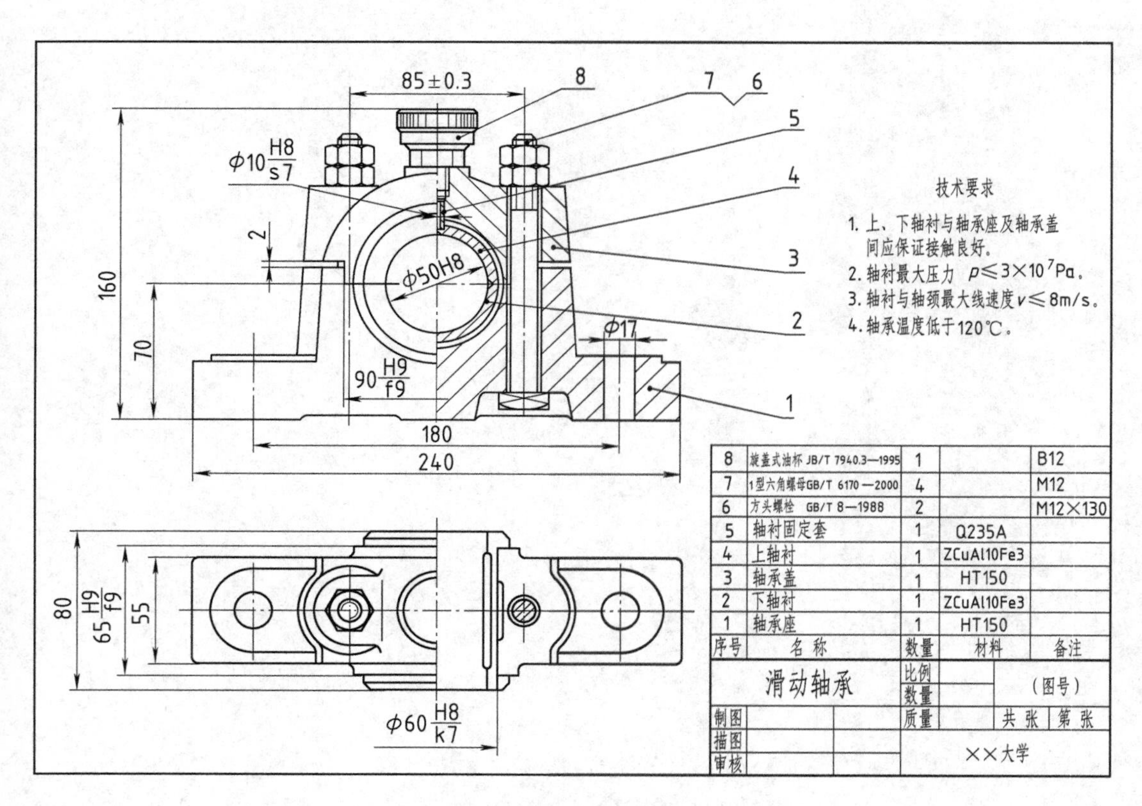

图 10-1　滑动轴承装配图

（1）一组必要的视图　用以表明机器或部件的工作原理和装配连接关系。

（2）必要的尺寸　装配图中应标注出机器或部件的规格（性能）尺寸、外形尺寸、安装尺寸、配合尺寸及其他重要尺寸。

(3) 技术要求　用文字或符号说明机器或部件性能、装配、检验、安装、调试以及使用、维修等方面的要求。

(4) 零件序号、明细栏和标题栏　用以说明机器或部件的名称、代号、数量、画图比例、设计审核签名，以及它所包含的零、部件的代号、名称、数量、材料等。

滑动轴承各零件的立体图如图 10-2 所示。

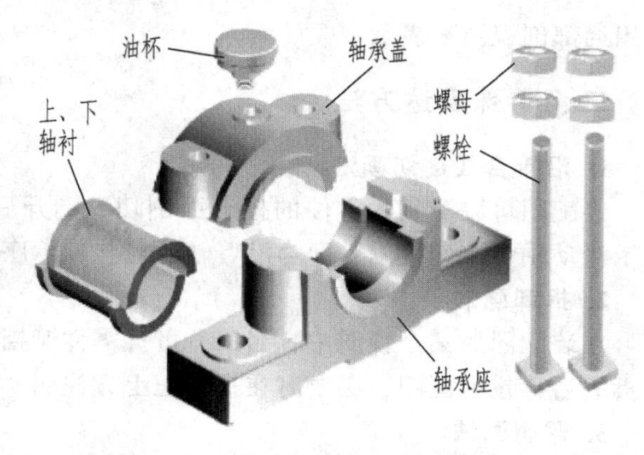

图 10-2　滑动轴承各零件的立体图

第二节　装配图的表达方法

装配图的视图表达方法和零件图基本相同，前面介绍的各种视图、剖视图、断面图等表达方法均适用于装配图。装配图的表达重点是机器或部件的工作原理、传动路线、零件间的装配关系和技术要求。根据装配图的这种表达特点，国家标准《机械制图》制定了装配图的规定画法和特殊表达方法。

一、装配图的规定画法

第八章介绍的螺纹紧固件联接画法，实质上就是一种简单装配图的画法，现将装配图中的规定画法再作一些解释。

1）两相邻零件的接触面和配合面只画一条线，不接触面应画出两条线，如图 10-3 所示。

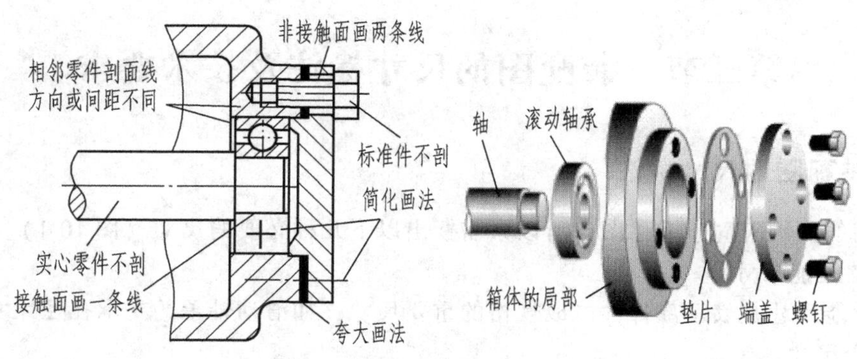

图 10-3　装配图的规定画法、夸大画法和简化画法

2）两相邻零件的剖面线的方向应相反，当有多个零件相邻剖面线的方面相同时，应错开或用不同的间隔以示区别，如图 10-3 所示。但应注意，同一零件在各视图中的剖面线方向和间隔应保持一致。

3）当剖切平面通过紧固件、销、键，以及实心轴、手柄、球等零件时，均按不剖切绘制，如图 10-3 中所示的实心轴和螺栓。若该零件上有连接关系需要表达，如键、销联接等，可用局部剖视图来表示。

二、特殊表达方法

1. 沿接合面剖切画法

装配图可以沿某些零件的接合面剖切，剖开后在接合面上不应画出剖面线。如图 10-1 所示滑动轴承的俯视图，即为沿着轴承盖与轴承座间的接合面剖切后画出的视图。

2. 拆卸画法

在装配图的某个视图中，当某些可拆零件遮挡了所需表达的结构时，可假想先将这些零件拆去后再投射画图，必要时在视图正上方注明“拆去××等”。

3. 假想画法

1）装配图中可用双点画线画出运动零件极限位置。

2）装配图中可用双点画线画出与本装配件有安装关系的其他部件的部分相关轮廓（图 10-4）。

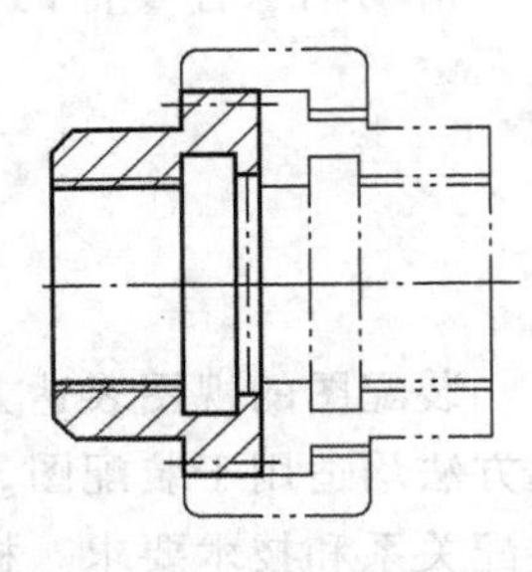

图 10-4 假想画法

4. 夸大画法

某些薄片零件、细丝弹簧、微小间隙等，根据它们的实际尺寸在装配图中难以明显表达，此时可不按比例而采用夸大的画法表达，如图 10-3 中的垫片采用了夸大画法。

5. 简化画法

1）多个相同规格的紧固组件，如螺栓、螺母、垫片组件，同一规格只需画出一组的装配关系，其余可用点画线表示其安装位置，如图 10-3 中的紧固组件。

2）装配图的滚动轴承可以采用图 10-3 中的简化画法。

3）外购成品件或另有装配图表达的组件，虽剖切平面通过其对称中心也可以简化为只画其外形轮廓，如图 10-1 中滑动轴承上方的油杯。

4）零件的一些工艺结构，如小圆角、倒角、退刀槽均可不画出。

第三节 装配图的尺寸标注及技术要求

一、装配图的尺寸标注

装配图的作用不同于零件图，所以只需标出以下几种必要的尺寸（图 10-1）。

1. 规格性能尺寸

规格性能尺寸是表示部件性能或规格的重要尺寸，如滑动轴承的支承孔径尺寸 $\phi50$。

2. 配合尺寸

机器或部件中重要零件间的配合要求，应标注其配合代号。如图 10-1 中轴承盖与轴承座的配合为 90H9/f9；上、下轴衬与轴承座的配合为 $\phi60$ H8/k7 等。此外，装配时需要保证一定间隙的尺寸，可标注调整尺寸。

3. 安装尺寸

机器或部件安装时涉及的尺寸应在装配图中标出，供安装时使用，如图 10-1 滑动轴承与机架安装时的安装孔 $\phi17$ 和孔距 180。

4. 外形尺寸

标注出部件或机器的外形轮廓尺寸，如滑动轴承的总长 240、总宽 80 及总高 160，为部件的包装和安装所占空间的大小提供数据。

5. 其他重要尺寸

其他重要尺寸是在设计中经过计算确定或选定的，但又未包括在上述几类尺寸中的重要尺寸。如图 10-1 中两螺栓的轴线距离 85 等。

必须指出：不是每一张装配图都具有上述五类尺寸，有时某些尺寸兼有几种意义。

二、装配图的技术要求

技术要求是装配图中必不可少的重要组成部分，它包括装配、调试、检验、运输、安装、使用和维护过程中应达到的要求和指标，归纳起来分为以下几方面：

1）加工、装配的工艺要求，是指保证产品质量而提出的工艺要求。

2）对产品及零、部件的性能和质量的要求（如噪声、抗振性、自动、制动及安全性）。

3）对间隙、过盈及个别结构要素的特殊要求。

4）对校准、调整及密封的要求。

5）试验条件和使用方法的要求。

6）其他说明。

装配图中的技术要求一般用文字注写在标题栏的上方或左方，也可以另编技术文件。

第四节　装配图序号及明细栏

为了便于读图、图样管理和生产准备工作，装配图中的零件或部件应进行编号，这种编号称为零件的序号。装配图中零件或部件序号及编排方法应遵循 GB/T 4458.2—2003。零件的序号应自下而上填写在标题栏上方的明细栏中，当零件很多时，可为装配图另附按 A4 幅面专门绘制的明细栏。

一、零件序号

1. 一般规定

1）装配图中所有的零件、组件都必须编写序号，且同一零件、部件只编一个序号。

2）图中的序号应与明细栏中的序号一致。

3）序号沿水平或垂直方向按顺时针或逆时针方向顺序排列整齐。

2. 序号的注写方法

1）序号的标注由小圆点、指引线（细实线）、水平线或圆（细实线）和编号组成（图 10-5a）。

2）编号的字高应比图中的尺寸数字大一或两号（图 10-5a）。

3）若所指零件很薄或为涂黑的剖面时，可用箭头代替小圆点，如图 10-5b 所示的零件 5。

4）指引线彼此不得相交，当指引线通过剖面区域时，不应与剖面线平行，必要时可画成折线但只允许曲折一次，如图 10-5b 中零件 1 的指引线。

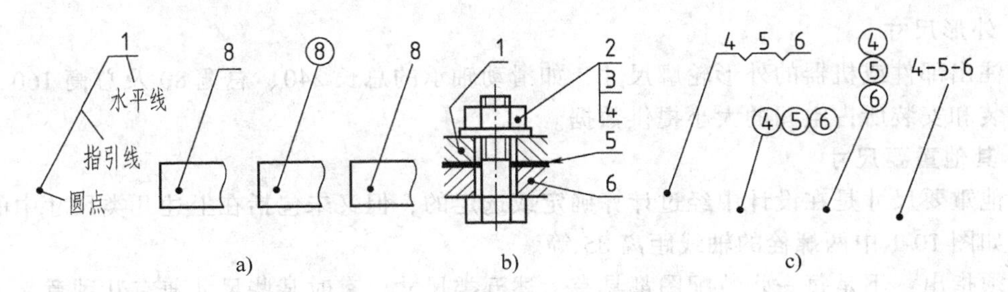

图 10-5 零件序号的编绘形式

5）对装配关系清楚的零件组，可以采用公共指引线进行编号，如图 10-5b 中螺栓组件的几种编号形式，以及图 10-5c 所示其他公共指引线的形式。

6）装配图中的标准化组件或成品件，如电动机、滚动轴承、油杯等，可视为一件只编一个序号。

二、明细栏

供学习时使用的明细栏格式如图 10-6 所示，明细栏一般画在标题栏的上方，当图面位置不够时，明细栏也可分段画在标题栏的左方。

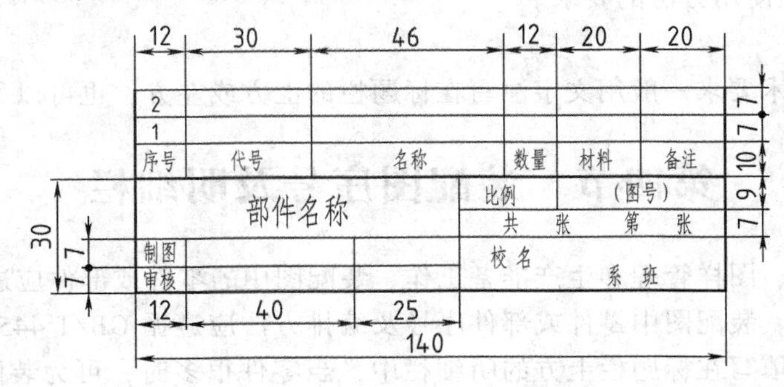

图 10-6 标题栏及明细栏

第五节 常见装配工艺结构

为了保证部件的装配质量和便于零件的装、拆，应使零件的装配结构合理。

一、接触面的合理结构

1）两零件在同一方向只宜有一对接触面，如图 10-7 所示。这样既保证了零件接触良好，又便于加工和装配。

2）孔与轴的端面需要接触时，孔应倒角或轴的根部应切槽，如图 10-8 所示。

二、装拆方便的合理结构

1）用轴肩或孔肩定位滚动轴承，应注意维修时拆卸的方便与可能，如图 10-9 所示。

2）当零件用螺纹紧固件联接时，应考虑到装、拆的可能性。图 10-10 所示为一些合理与不合理结构的对比。

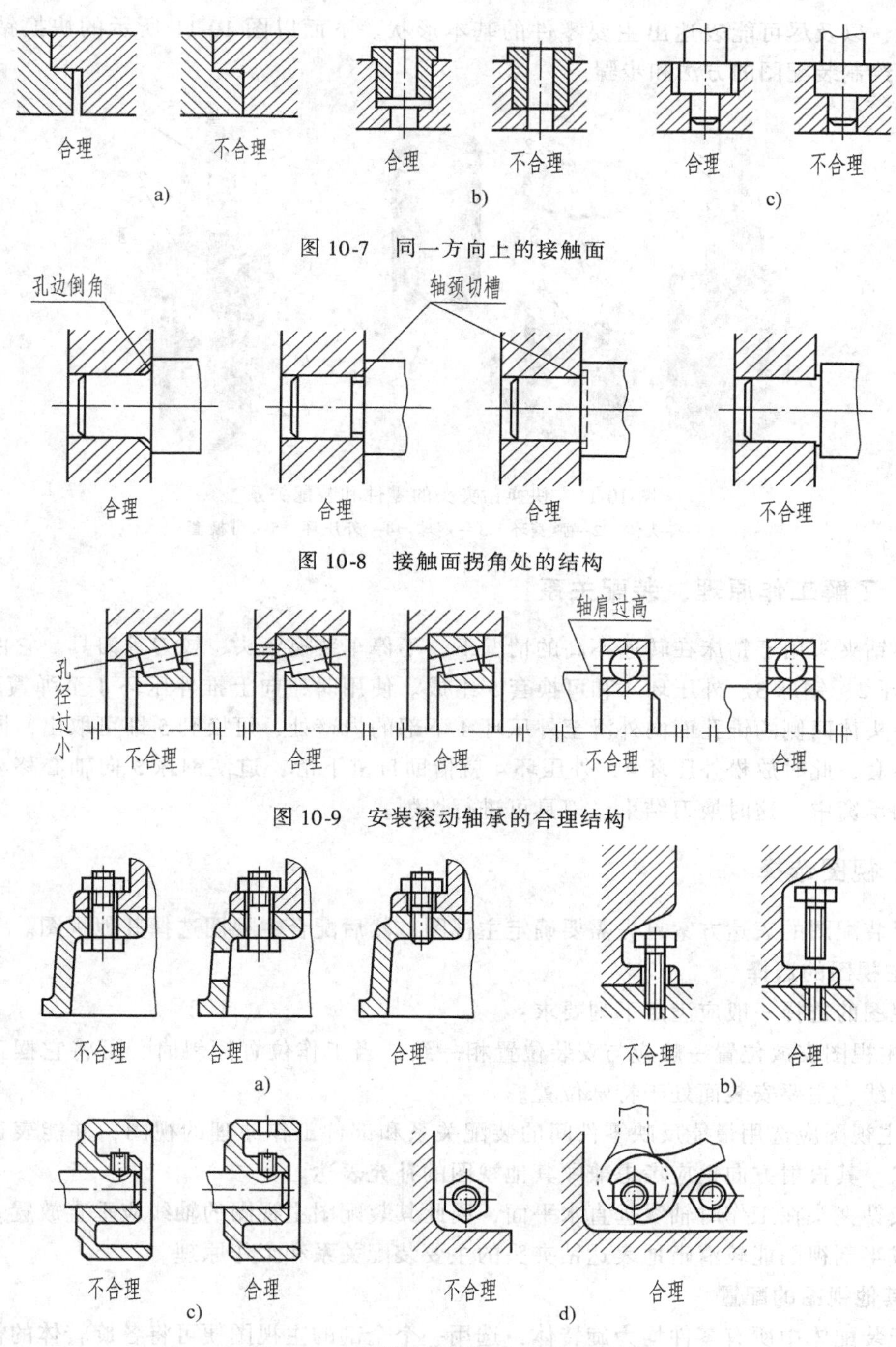

图 10-7　同一方向上的接触面

图 10-8　接触面拐角处的结构

图 10-9　安装滚动轴承的合理结构

图 10-10　螺纹紧固件装配的合理结构

第六节　画装配图的方法及步骤

装配图的视图必须清楚地表达机器（或部件）的工作原理、各零件之间的相对位置和装配关系，以及尽可能表达出主要零件的基本形状。下面以图 10-11 所示的快换钻夹头为例，讨论绘制装配图的方法和步骤。

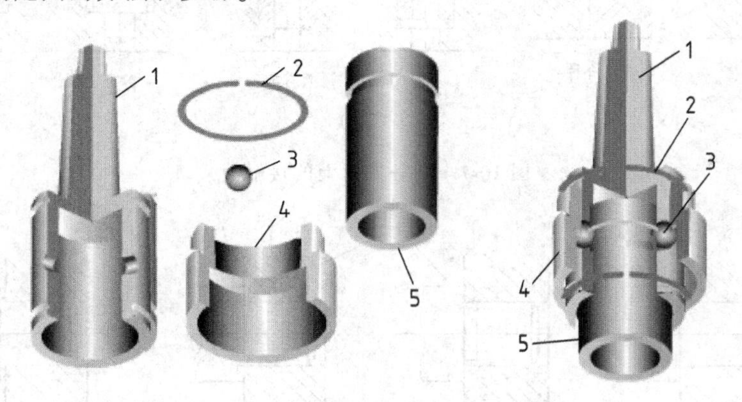

图 10-11 快换钻夹头的零件和装配关系

1—夹头体 2—弹簧环 3—钢球 4—外压环 5—可换套

一、了解工作原理、装配关系

快换钻夹头用于钻床在转速不高的情况下，不停车装换钻头、铰刀等刀具。它由夹头体 1、弹簧环 2、钢球 3、外压环 4 和可换套 5 组成。使用时，向上推外压环 4 至弹簧环 2，钢球 3 沿夹头体两侧的锥孔面向外滑至外压环 4 下部的内壁处，可换套 5 即可取出，同时可另装一可换套，此时放松外压环 4，外压环 4 就借助自重下滑，迫使钢球 3 向轴心移动而陷入可换套的承窝中，这时换刀结束，刀具可进行切削。

二、视图选择

选择装配图的表达方案首先需要确定主视图，然后配合主视图选择其他视图。

1. 主视图的选择

主视图的选择一般应满足下列要求：

1）主视图安放位置一般应与安装位置相一致。当工作位置倾斜时，可将它摆正，使主要装配轴线、主要安装面处于特殊位置。

2）主视图应选用最能反映零件间的装配关系和部件工作原理的视图，并能表达主要零件的形状。其投射方向也应考虑兼顾其他视图的补充表达。

快换钻夹头在工作时轴线垂直水平面，因此其装配图主视图的轴线应垂直放置。采用全剖视图或半剖视图能较清晰地表达钻夹头的主要装配关系和工作原理。

2. 其他视图的配置

由于装配体中所有零件均为旋转体，选用一个全剖的主视图便可将各旋转体的构型要素表达清楚，其最上方的非旋转结构可采用局部视图表示，钢球承窝也是非回转结构，可采用移出断面来表示。

三、画装配图的步骤

1）画图框和标题栏、明细栏的外框。

2）画出各基本视图的主要轴线（装配干线）、中心线和作图基线（图 10-12a）。

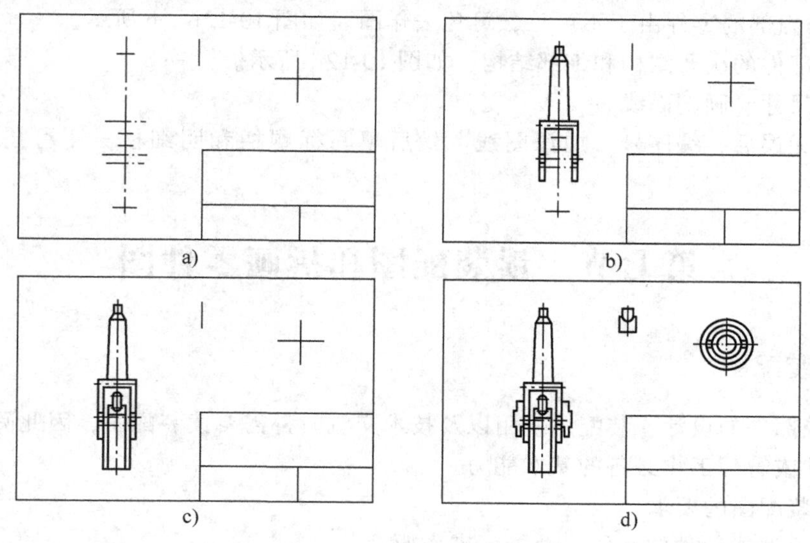

图 10-12 画装配图的步骤

3）按装配关系确定画图顺序。一般是先画出主体件或装配干线上主要零件的主要轮廓。在画部件的主要结构时应每个视图分别作图，但要注意各视图间的投影关系。画图时一般从主视图开始，若视图作剖视，则应采取由内向外画出各个零件，即首先画出装配干线上

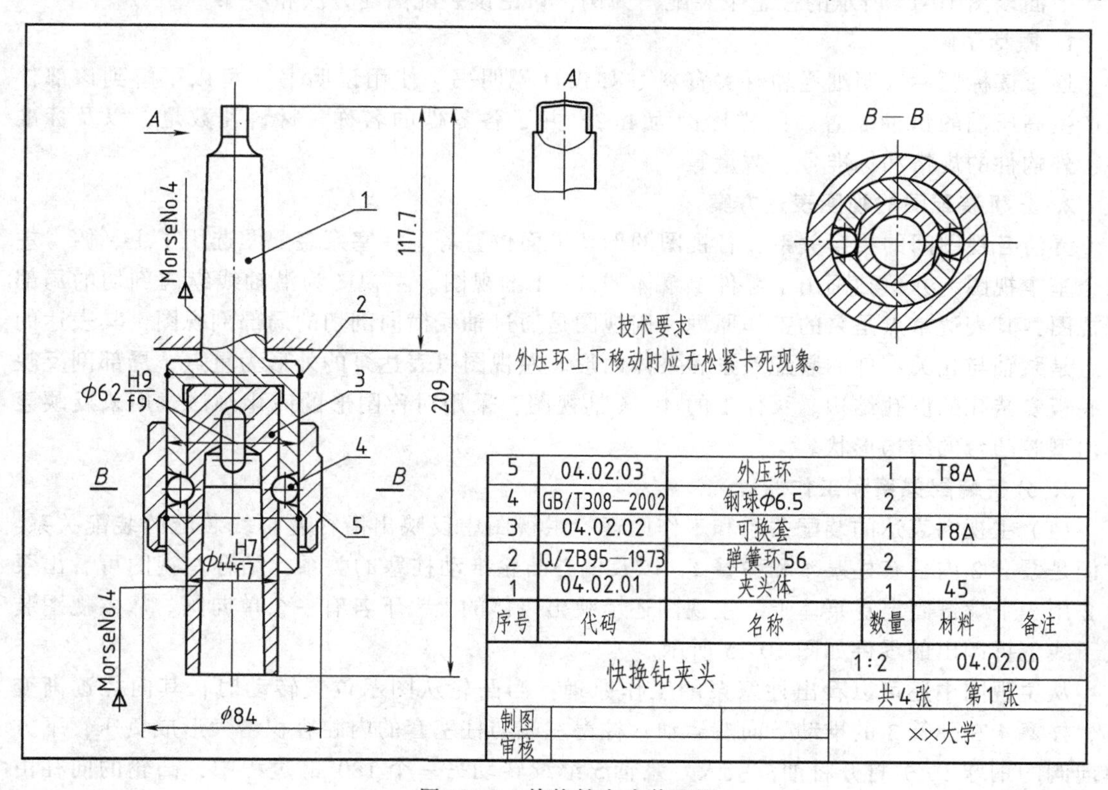

图 10-13 快换钻夹头装配图

最内部的零件，再逐一画出与该零件有关的其他零件。若视图不作剖视，则应采取由外向内的画法，这样内部的零件由于不可见，可免去作图。如图10-12b、c所示。

4）画出部件的次要结构和细部结构，如图10-12d所示。

5）标注尺寸、画剖面线。

6）检查无误后，编序号、加深图线。最后填写标题栏和明细栏，注写技术要求（图10-13）。

第七节　读装配图和拆画零件图

一、读装配图

在机器或部件的设计、装配、使用以及技术交流时都需要读装配图，因此阅读装配图是从事工程设计或管理工作必备的基本能力。

（一）读装配图的要求

1）了解机器或部件的性能、功能、工作原理。

2）明确各零件的主要结构，包括：零件如何定位、固定，零件间的装配关系等。

3）明确各零件的作用，以及工作或运动情况，弄清拆、装顺序和方法。

（二）读装配图的方法和步骤

下面以图10-14所示的柱塞泵装配图为例，讨论读装配图的方法和步骤。

1. 概括了解

通过读标题栏、明细栏和有关资料（如设计说明书、使用说明书）可以了解到该部件是产生高压油的供油装置。图样比例为1∶2，并了各零件的名称、材料和数量，以及标准件、外购件的规格和标准号、数量等。

2. 分析装配图的视图表达方案

弄清各视图间的投影关系，各视图的剖切平面位置等。柱塞泵装配图选用了主、俯、左三个基本视图，并单独画出了零件1泵体的*A—A*剖视图。主视图为沿轴线纵向剖切的局部剖视图，其表达重点是泵的工作原理。俯视图是通过轴线横向剖切的局部剖视图，其表达的重点是泵轴与相关零件的装配关系和泵体内形。左视图以表达泵的外形为重点，局部剖反映了底板安装孔的沉孔结构。泵体1的*A—A*剖视图，采用对称图形的简化画法，用来反映泵体内型腔凸台的结构形状。

3. 分析装配关系和工作原理

（1）主视图表达的装配关系和工作原理　主视图中反映出沿柱塞轴线装配的装配关系，它们是泵套2内装有柱塞4和弹簧3，以及偏心凸轮推动柱塞的关系；结合左视图可看出泵套2用3个螺钉固定在泵体上。主视图还反映出泵体的上、下各有一个单向阀。从主视图装配干线上拆卸出的零件如图10-15所示。

从主视图中还可以看出柱塞泵的工作原理：当凸轮从图示位置转动时，其向径逐渐变小，柱塞4在弹簧3的推动下向右运动；柱塞左端与柱塞套的内腔容积增大形成负压，下方单向阀的钢球16被打开将油液吸入。泵轴5继续转动另一个180°的过程中，凸轮的向径由小变大，推动柱塞向左运动，弹簧被压缩、油腔中的油液被挤压并推开上方单向阀中的钢

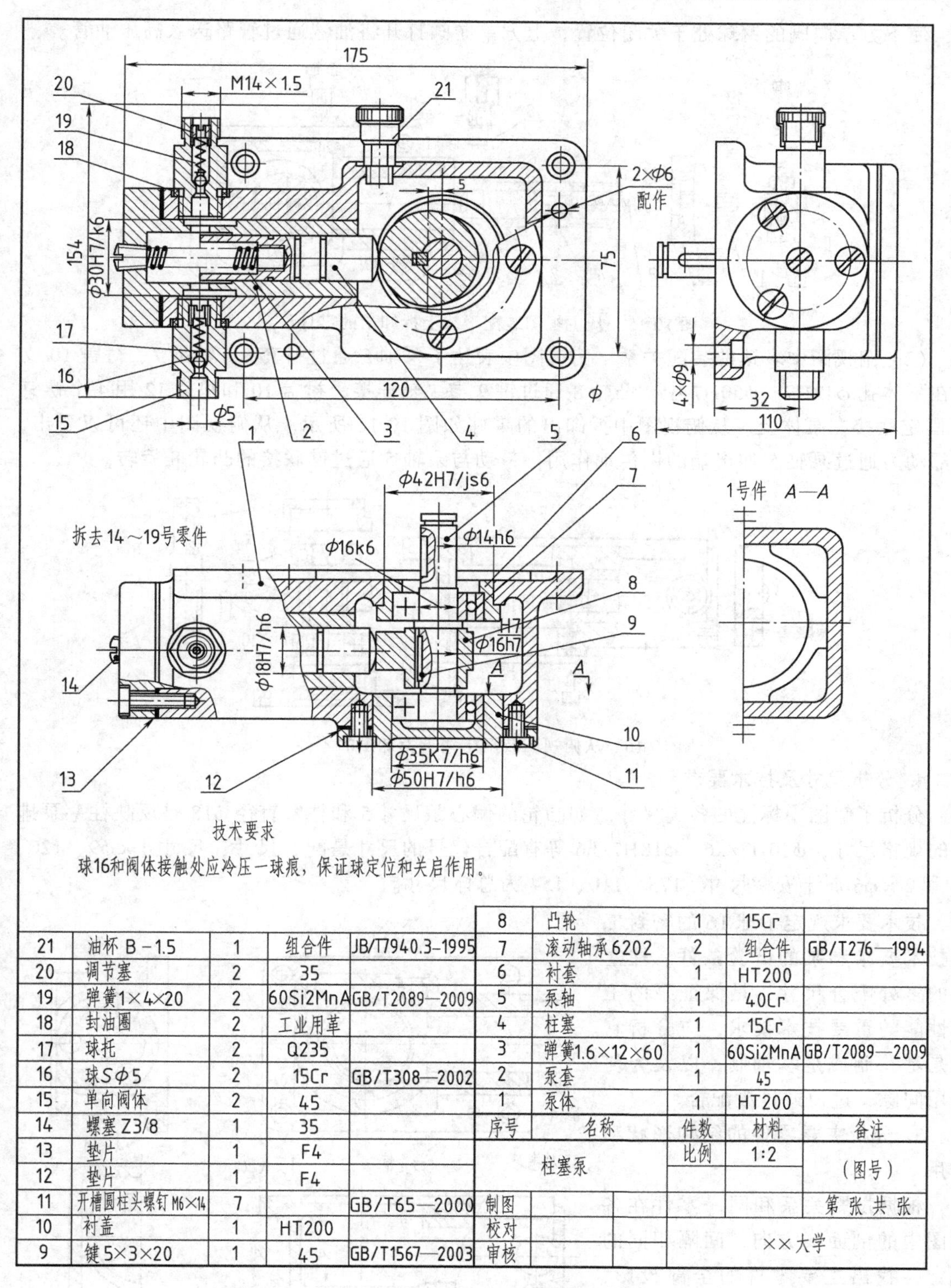

技术要求

球16和阀体接触处应冷压一球痕，保证球定位和关启作用。

序号	名称	件数	材料	备注
21	油杯 B－1.5	1	组合件	JB/T7940.3—1995
20	调节塞	2	35	
19	弹簧1×4×20	2	60Si2MnA	GB/T2089—2009
18	封油圈	2	工业用革	
17	球托	2	Q235	
16	球$S\phi$5	2	15Cr	GB/T308—2002
15	单向阀体	2	45	
14	螺塞 Z3/8	1	35	
13	垫片	1	F4	
12	垫片	1	F4	
11	开槽圆柱头螺钉 M6×14	7		GB/T65—2000
10	衬盖	1	HT200	
9	键 5×3×20	1	45	GB/T1567—2003
8	凸轮	1	15Cr	
7	滚动轴承6202	2	组合件	GB/T276—1994
6	衬套	1	HT200	
5	泵轴	1	40Cr	
4	柱塞	1	15Cr	
3	弹簧1.6×12×60	1	60Si2MnA	GB/T2089—2009
2	泵套	1	45	
1	泵体	1	HT200	

柱塞泵	比例	1:2	(图号)
制图			第 张 共 张
校对			××大学
审核			

图 10-14 柱塞泵装配图

球，使下方单向阀的钢球处于关闭位置，上方单向阀打开将油液通过管路送入高压油管。

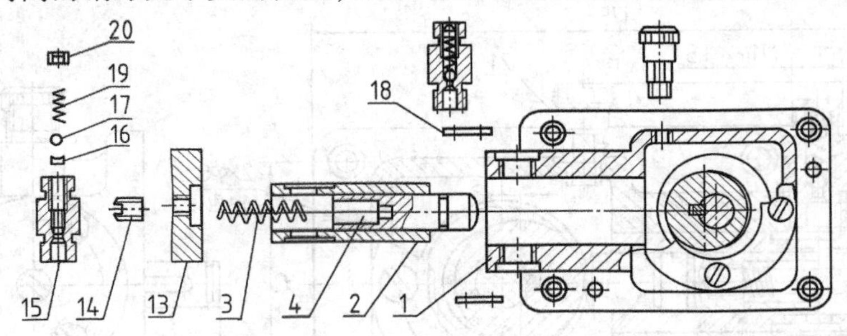

图 10-15　从主视图装配干线上拆卸出的零件

(2) 俯视图中表达的装配关系　俯视图中表达了泵轴 5 通过衬套 6、轴承 7、衬盖 10 支承在泵体孔 ϕ42H7、ϕ50H7 中。凸轮 8 通过键 9 与泵轴连接，衬盖 10 和垫片 12 用 4 个螺钉 11 固定联接在泵体上。从俯视图中拆卸出的零件如图 10-16 所示。从俯视图中还可以看出，外部动力通过泵轴 5 伸出端的键传动作用，带动与泵轴 5 通过键联接的凸轮 8 旋转。

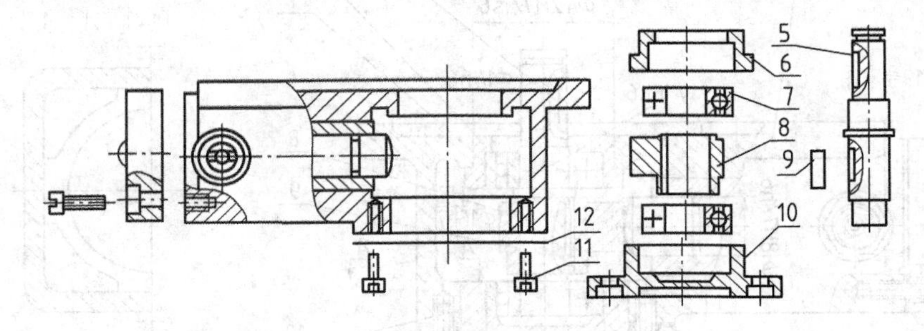

图 10-16　从俯视图装配干线上拆卸出的零件

4. 分析尺寸及技术要求

分析了解图中标注的各类尺寸。如凸轮的偏心距尺寸 5 和柱塞直径 ϕ18 是反映柱塞泵排量的规格尺寸，ϕ30H7/k6、ϕ18H7/h6 等有配合代号的尺寸是配合尺寸，尺寸 4 × ϕ9、120、75 和 2 × ϕ6 属于安装尺寸，175、110、154 为总体尺寸。

技术要求规定了球 16 的密封工艺技术要求和泵的试验条件。柱塞泵的多处配合尺寸，是保证泵的工作性能的重要技术要求，应分析它们是基孔制或是基轴制，以及为何采用间隙、过盈或过渡配合。

5. 分析主要零件的结构形状和作用

根据投影关系和同一零件在各视图中的剖面线方向、间隔相同的规定，找出主要零件的全部投影，例如分析泵体 1 的结构形状时，先从装配图中分离出图 10-17 所示泵

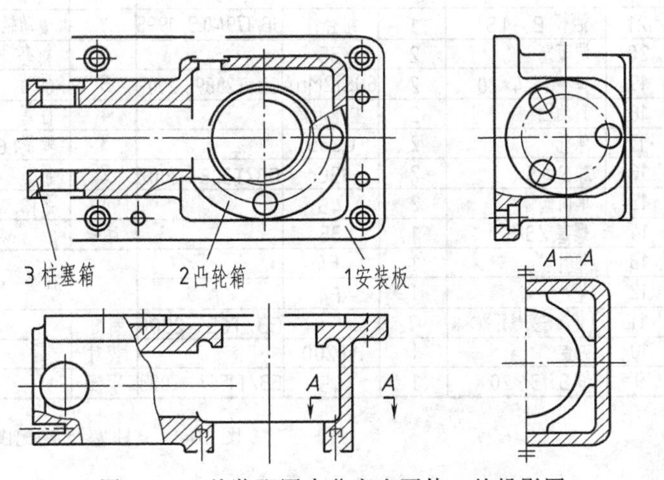

图 10-17　从装配图中分离出泵体 1 的投影图

体的投影。

用形体分析法将泵体投影图分为安装板1、凸轮箱2、柱塞箱3三个部分，然后用构型分析法找出每个部分的构型要素，并构思出该部分的结构。

（1）安装板1的构型分析　如图10-18a所示，安装板1由四个位伸体组合而成，在主视图中可找出三个拉伸体的基图1、2、3，在左视图中找出1、2的拉伸厚度，在俯视图中找出3的拉伸厚度，便得到图10-18 b所示三个拉伸体的构型要素表示法。

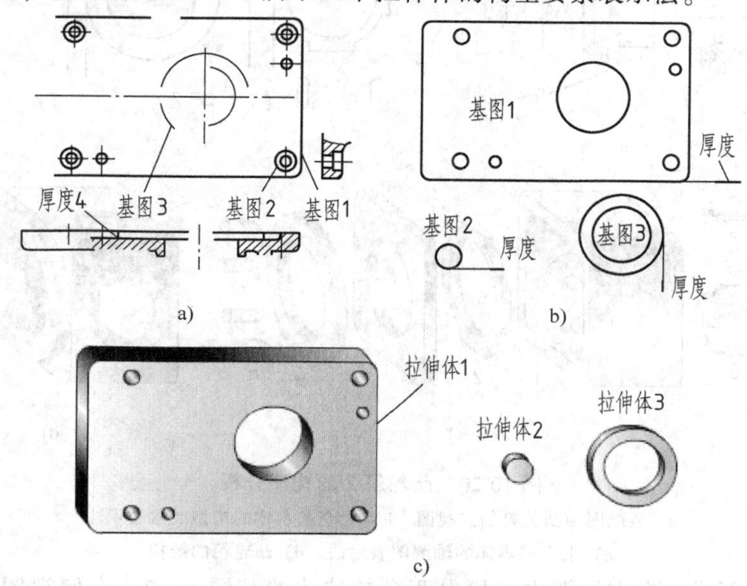

图10-18　安装板1的构型分析

a）装配图中安装板的三视图　b）三个拉伸体的构型要素表示法

c）三个拉伸体的轴测图表示法

由拉伸体1+3，构造出安装板前面的凸台，由拉伸体1－2，构造出四个供安装用的沉孔，（图10-19a）；装配图中没有拉伸体4的基图，只在俯视图中给出了位伸厚度，因此在由装配图拆画零件图时要进一步设计基图。图10-19b所示为该基图的设计方案之一。

（2）凸轮箱2的构型分析　如图10-20a所示，凸轮箱2由四个位伸体1、2、3、4和三个旋转体5、6、7组合而成，在主视图中可找出三个拉伸体的基图1、3、4和旋转体5、6、7的构型要素，在*A—A*剖视图左视图中可找出拉伸体2的基图，在俯视图中可找出四个拉伸体的拉伸厚度，便得到图10-20b所示七个基本体的构型要素表示法。图10-20c所示为七个基本体的轴测图表示法。

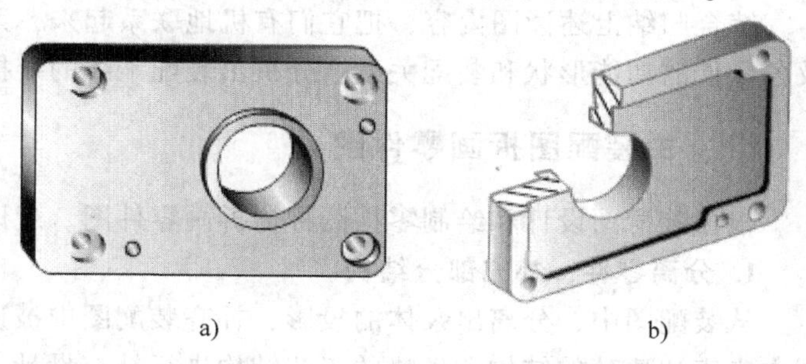

图10-19　安装板1的立体构成

a）位伸体1+3－2　b）拉伸体4的基图需要设计

将四个拉伸体相加再减去旋转体，便构造出图10-20d所示凸轮箱的结构。

（3）柱塞箱3的构型分析　如图10-21a所示，柱塞箱3由两个位伸体1、2和三个旋转

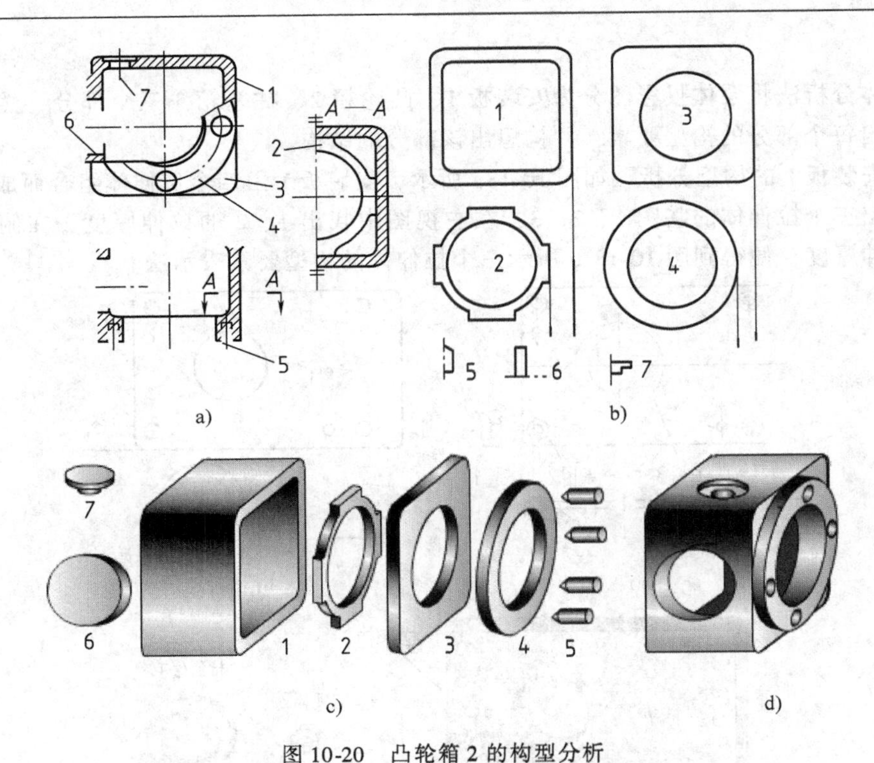

图 10-20 凸轮箱 2 的构型分析

a）装配图中凸轮箱的三视图 b）七个基本体的构型要素表示法

c）七个基本体的轴测图表示法 d）凸轮箱的结构

体 3、4、5 组合而成。在左视图中可找出两个拉伸体的基图 1、2，在俯视图中可找出 1、2 的拉伸厚度和旋转体 3 的构型要素，在主视图中找出旋转体 5 的构型要素，便得到图 10-21b 所示五个基本体的构型要素表示法。图 10-21c 所示为五个基本体的轴测图表示法。将两个拉伸体相加再减去三个旋转体，便构造出图 10-21d 所示柱塞箱的结构。

（4）泵体的构成 将安装板 1、凸轮箱 2 和柱塞箱 3 相加，便构成图 10-22 所示的泵体。

6. 归纳总结

综合归纳上述读图内容，把它们有机地联系起来，系统地理解工作原理和结构特点，以及各零件的功能形状和装配关系，分析出装配干线的装拆顺序等。

二、由装配图拆画零件图

根据装配图设计和绘制零件图称为拆画零件图。现以拆画零件泵体为例讨论拆图过程。

1. 分离零件、补充部分结构

从装配图中，分离出泵体的投影，补齐装配图中被遮挡部分的轮廓线和投影线，对装配图中未表达清楚的结构和省略的工艺结构进行补充设计。

2. 确定表达方案

零件在装配图中的位置是由装配关系确定的，不一定符合零件表达的要求。在拆画零件图时，应根据零件图视图选择的原则，重新选择合适的表达方案。

由于装配图的主视图能反映泵体的主要形体特征，零件图的主视图就可借鉴该图。但底板背面凹坑的形状，在主视图上不可见，若增加 *B* 视图反映背面形状，则可省略主视图上

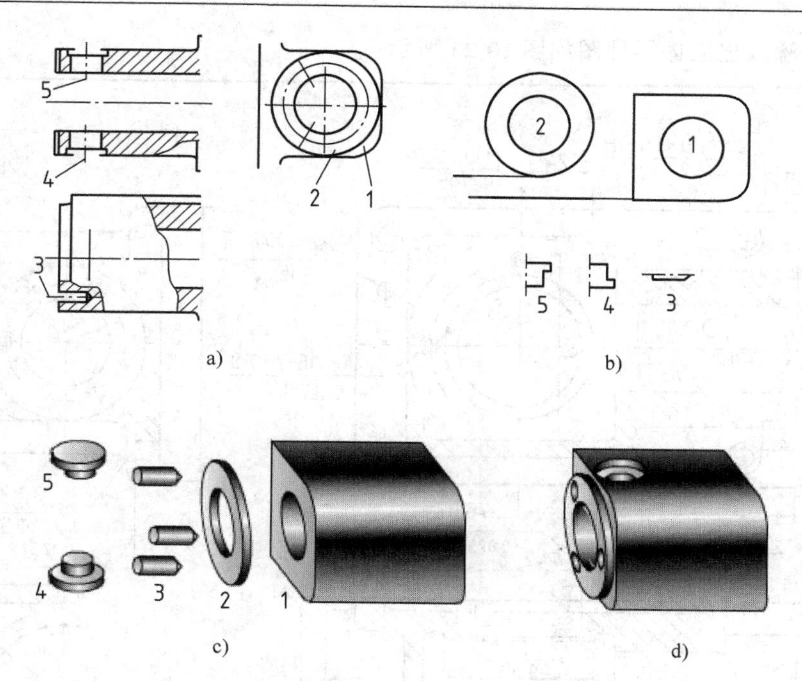

图 10-21　柱塞箱 3 的构型分析

a）装配图中柱塞箱的三视图　b）五个基本体的构型要素表示法

c）五个基本体的轴测图表示法　d）柱塞箱的结构

的虚线投影，有利于各视图表达重点明确和尺寸标注的清晰。

参照装配图画出俯视图、左视图；*A—A* 剖视图虽能表达凸轮箱前板内壁处凸台的基图，但在俯视图中需用虚线补画出该凸台的投影，才能更清楚地反映出其四角处的拉伸厚度。

装配图中的螺纹联接是按外螺纹画法绘制的，拆画零件图时要特别注意内螺纹结构要改用内螺纹画法。

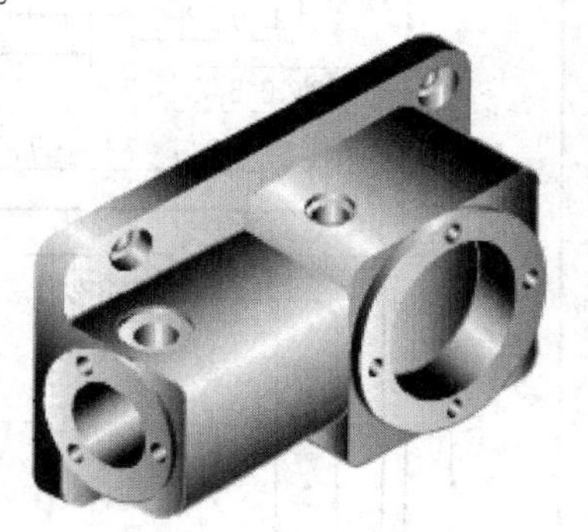

图 10-22　泵体的构成

3. 标注零件图尺寸

零件图上需注出制造、检验所需的全部尺寸。标注时应注意以下几点：

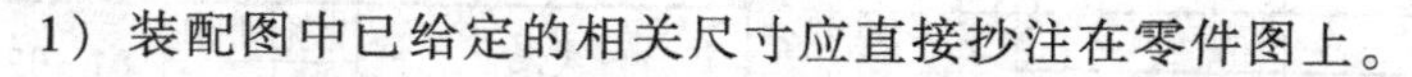

1）装配图中已给定的相关尺寸应直接抄注在零件图上。

2）装配图中的配合代号应注成零件公差代号，或查标准后注出尺寸的上、下极限偏差值。

3）根据明细栏中给出的参数算出有关尺寸，如齿轮的分度圆直径、齿顶圆直径等。

4）对零件上的工艺结构，查有关国家标准后注出或按工艺常规选用。

5）次要部位的尺寸，按比例在装配图上量取，数值经过圆整后标注。

4. 确定技术要求

零件各表面的表面粗糙度值及其他技术要求，应根据零件的作用和装配要求来确定。要恰当地确定技术要求，应具有足够的工程知识和经验。有时也可以根据零件加工工艺，查阅有关设计手册或参考同类型产品加以比较确定。

按上述步骤画出泵体零件图如图 10-23 所示。

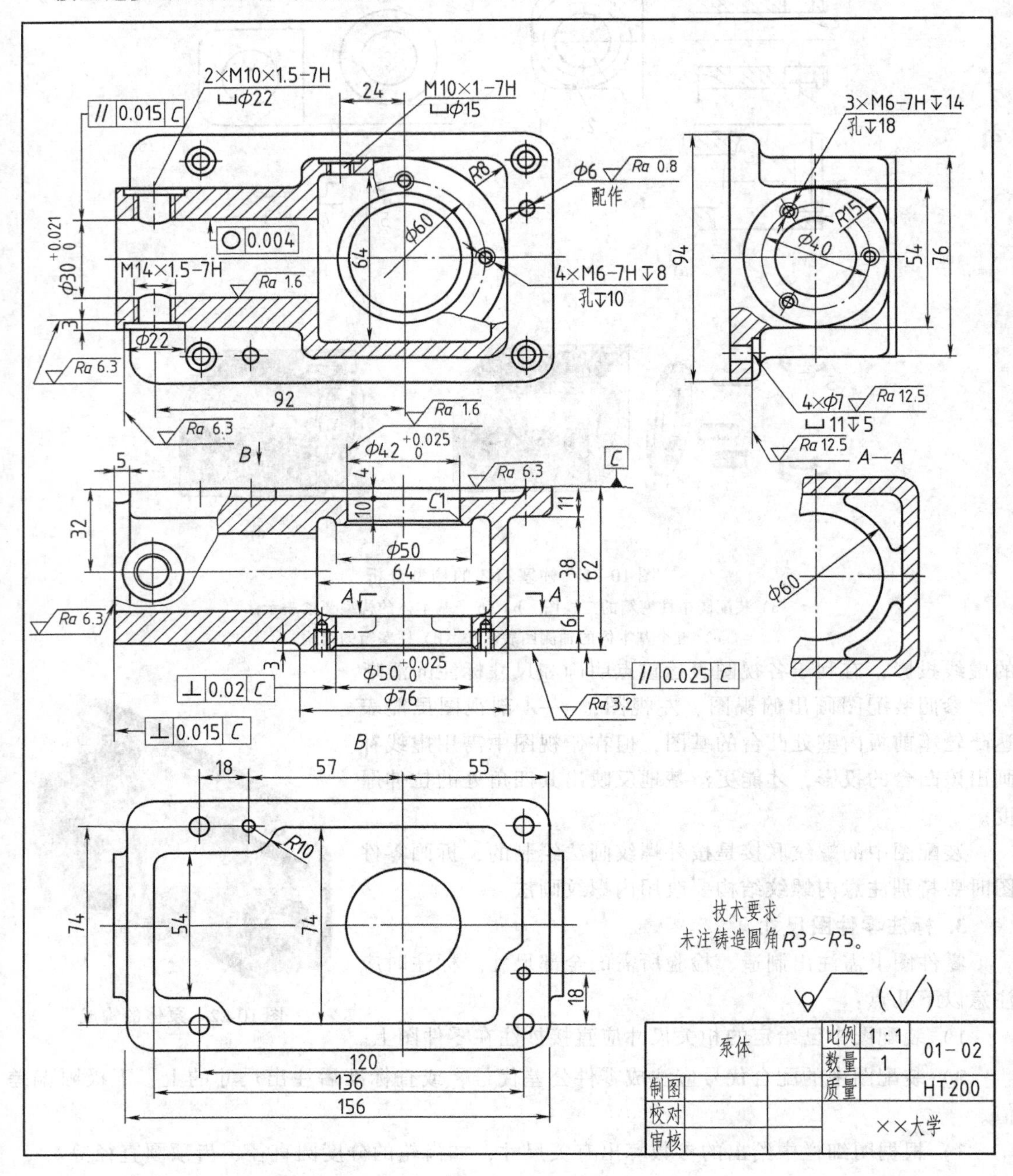

图 10-23　泵体零件图

第十一章　其他工程图简介

第一节　电　气　图

电气图主要介绍电气设备及零件的画法，和前面介绍的机械零件图与装配图相同。在描述电气工作原理，元件或产品装接和使用方法时，不采用正投影图，而是用一种称为电气图的简图。电气图以图形符号、线框或简化外形，来表示各有关组成部分的连接关系。

一、图形符号与图线

1. 图形符号

国家标准规定的图形符号很多，需要时可查阅相关标准。图 11-1 所示为部分常用的电气元器件符号。

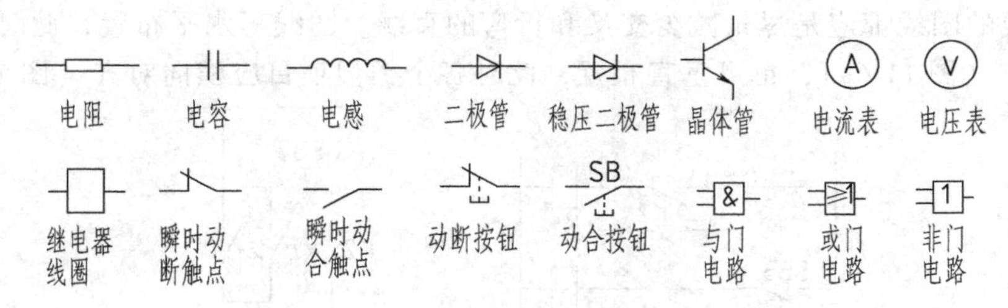

图 11-1　常用的电气元器件符号

标准中规定的符号有几种图形形式时（图 11-2），可按需要选择使用，但在同一套图中表示同一对象，应采用同一种形式。若标准中注明“优选形”时，应予优先选用。例如，电阻器符号有两种形式，应优先采用图 11-2a 所示的符号。

未注明“优选形”时，应以满足表达需要为原则。例如，图 11-3a 所示变压器符号为单线式，适用于画单线图；图 11-3b 所示符号为多线式，适用于需要示出变压器绕组、端子和其他标记的多线画法。

图 11-2　电阻器符号
a）优选形　b）其他形

图 11-3　变压器符号
a）单线形　b）多线形

2. 导线连接

导线连接有 T 形连接和十字形连接两种形式。T 形连接可加实心圆点“·”，也可以不加实心圆点，如图 11-4a 所示。十字形连接表示两导线相交时，必须加实心圆点“·”，如图 11-4b 所示；表示交叉而不连接（跨越）的两导线，在交叉处不加实心点，如图 11-4c 所示。

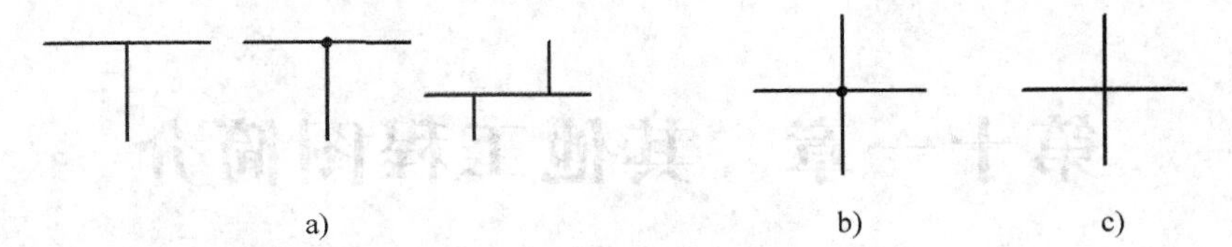

图 11-4　导线连接形式的表示方法
a）T 形连接　b）交叉并连接　c）交叉不连接

布图时功能上相关的项目要靠近，以使关系表达得清晰，如图 11-5a 所示；同等重要的并联通路，应按主电路对称地布置，如图 11-5b 所示；只有当需要对称布置电器元件时，可以采用斜的交叉线，如图 11-5c 所示；若电路中有几种可供选择的连接方式，则应分别用序号标注在连接线的中断处，如图 11-5d 所示的电阻串接和短接两种接法。

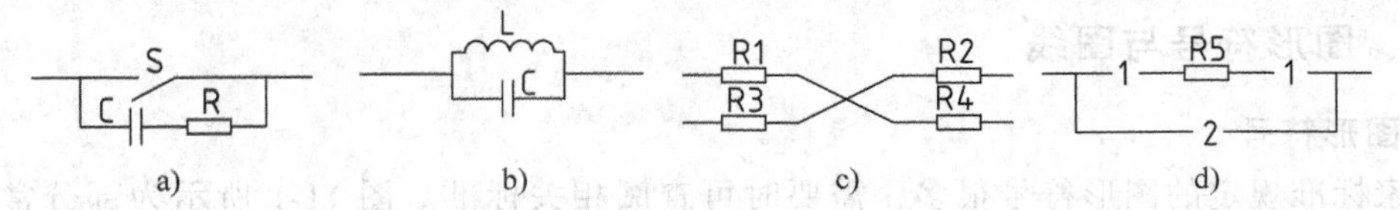

图 11-5　电路中几种连接方法示例

表示导线的图线都应是尽量减少交叉和折弯的直线。图线可水平布置，此时各个类似项目应纵向对齐（图 11-6a）；也可垂直布置，此时各个类似项目应横向对齐（图 11-6b）。

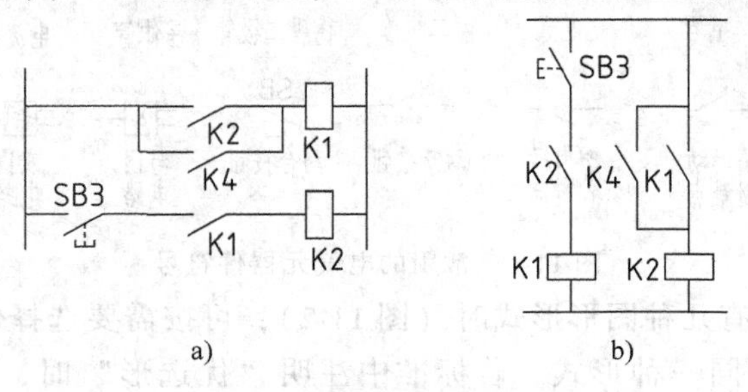

图 11-6　图线的布置方式
a）水平布置　b）垂直布置

3. 电气图用的图线

电气图用图线的形式和应用范围见表 11-1。

表 11-1　图线的形式和应用范围

图形名称	图线形式	一般应用	图线宽度/mm
实线	——————	基本线、简图主要内容（图形符号及连线）用线、可见轮廓线、可见导线	0.25、0.35、0.5、0.7、1.0、1.4、2.0
虚线	------------	辅助线、屏蔽线、机械（液压、气动等）连接线、不可见导线、不可见轮廓线	
点画线	———·———	分界线（表示结构、功能分组用）、围框线、控制及信号线路（电力及照明用）	
双点画线	———··———	辅助围框线 50V 及以下电力及照明线路	

二、电气图的种类

电气图的种类很多，其表达方式和适用范围也各有所不同。这里将重点介绍电路图、系统图和接线图的绘制。

1. 电路图

电路图又称电气原理图，是用图形符号按工作顺序排列，以详细表示电路、设备的基本组成和连接关系，而不考虑其实际位置的一种简图。电路图是以符号代表实物，以实线表示电性能连接。

电路图有强电与弱电之分：用于电信号的传递和处理的电路，电压低，电流小，称为弱电电路；用于电源传输、照明、电动机等的电路，电压高，电流大，称为强电电路。

（1）弱电电路图示例　图 11-7a 所示为选择和接收空间无线电波的振荡电路，它由左边的电感线圈符号和右边的可变电容符号连接而成。转动可变电容的旋钮，可改变电路的振荡频率。当电路的频率与空间某一种电波的频率相同时，电路中会产生该电波的共振交变电流。

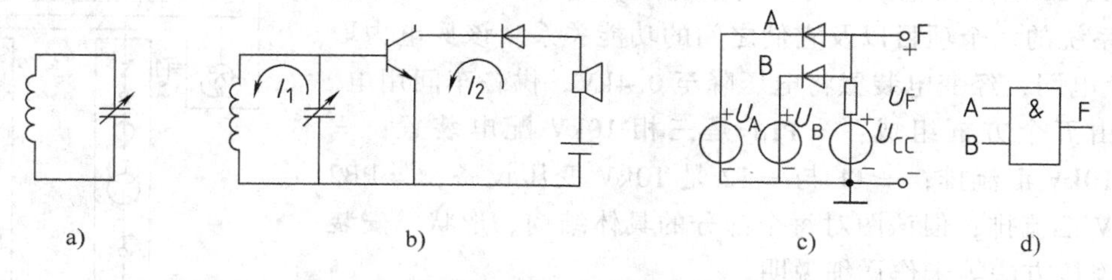

图 11-7　弱电电路图示例

a）振荡电路　b）单管收音机的电路图　c）二极管与门电路　d）与门图形符号

图 11-7b 所示为半导体单管收音机的电路图。左边振荡电路中收到的电波信号 I_1，加载到晶体管基极上，会在晶体管的发射极和集电极电路中产生与 I_1 相同的放大电流 I_2。放大电流经过上方所画的二极管检波，将交流电变为直流电，并推动右边所画的扬声器发声，扬声器下边的符号是电池。

图 11-7c 所示为具有两个输入端的二极管与门电路，它由两个二极管和一个电阻及电源 U_{CC} 组成。A、B 是与门的两个输入端，U_A、U_B 为两个输入信号；F 是输出端，U_F 为输出信号。在电子电路中，通常将与门电路简化为图 11-7d 所示图形符号。

上述电路图的工作原理和有关知识将在专业课中学习。

（2）强电电路图示例　图 11-8 所示为三相异步电动机直接起动控制电路，它由三相电源 L_1、L_2、L_3，刀开关 QS、熔断器 FU、接触器 KM、热继电器 FR 和按钮 SB 组成。起动时先合上 QS 接通电源，当按下起动按钮 SB_T 时，接触器 KM 的吸引线圈（右边方框）通电，吸合四个触点，电动机通电起动，此时接触器的动合辅助触点闭合，因此当松开按钮时，接触器线圈的电流仍然接通，从而保持主电路继续通电。停止运转时，只要按下停止按钮 SB_P，KM 的吸引线圈断电，主电路的三个触点复位而切断电动机电流。

图 11-9 所示为三相异步电动机直接起动两地控制电路。图中的两个点画线方框称为围框，它标出了可装在两地的并联起动按钮 SB_T、SB_{T1} 和串联停止按钮 SB_P、SB_{P1}。其操作方法与图 11-8 所示方法相同。

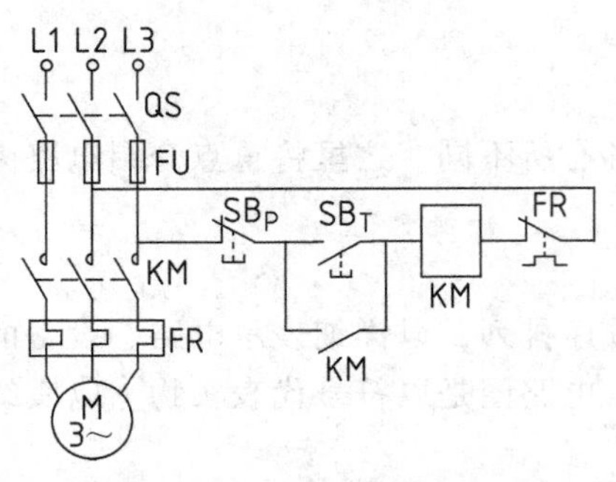

图 11-8 三相异步电动机直接起动控制电路

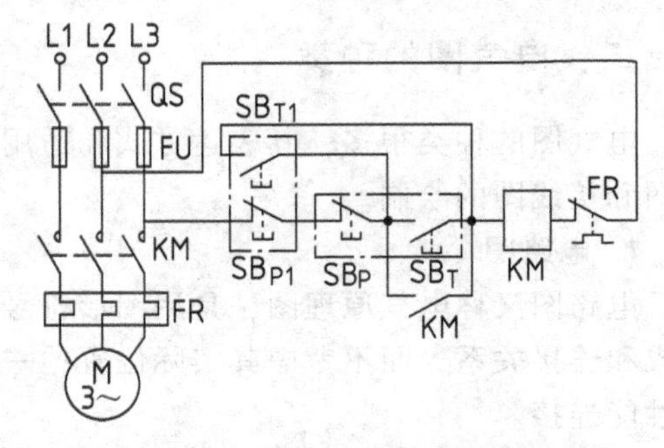

图 11-9 三相异步电动机两地控制电路

2. 系统图

系统图主要用来表明系统的规模、整体方案、组成情况及主要特征，为进一步编制详细的技术文件提供依据，供操作和维修时参考。

图 11-10 所示为某工厂的供电系统图，这个图表示出了这个供电系统的六个项目以及它们之间的功能关系。该厂电力取自 10kV 电网，经变电装置将电压降至 0.4kV，供各车间用电。这个图由五个方框组成：=PL1 是三相 10kV 配电装置；=PB1 是 10kV 汇流排；=T1 与 =T2 是 10kV 变压设备；=PB2 是 0.4kV 汇流排；但该图对每个部分的具体结构、形状、安装位置、连接方法等未作详细说明。

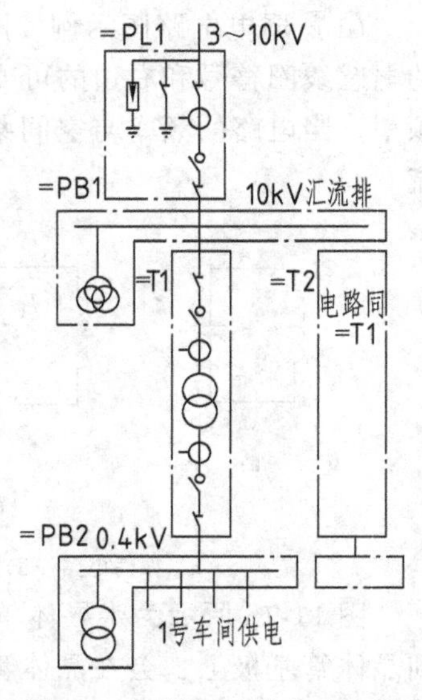

图 11-10 某工厂供电系统图

3. 接线图

接线图是用符号表示成套装置、设备或装置的内部、外部各种连接关系的一种简图。它主要用于安装接线、线路检查、线路维修和故障处理。在实际使用中接线图通常要与电路图、建筑平面图结合使用。

第二节 焊 接 图

一、焊接的基本知识

焊接是在工业上广泛使用的一种连接方式，焊接图是焊接件进行加工时所用的图样。焊接图应能清晰地表示出各焊接件的相互位置、焊接形式、焊接要求以及焊缝尺寸等。

GB/T 324—2008《焊缝符号表示法》规定，焊缝应用焊缝符号标注。如图 11-11a 所示，焊缝符号由带箭头的引出线、辅助符号、焊缝尺寸和图形符号组成。完整的焊缝符号包括基本符号、指引线、补充符号、尺寸符号及数据等。为了简化，在图样上标注焊缝时通常只采用基本符号和指引线，其他内容一般在有关的文件中（如焊接工艺规程等）明确。

基准符号表示焊缝横截面的基本形式或特征，指引线由箭头线和两条基准线（一条为实线，一般为虚线）组成（图 11-11b），必须时箭头线允许弯折一次。基本符号在实线侧时，表示焊缝在箭头侧；基本符号在虚线侧时，表示焊缝在非箭头侧。基准线应与主标题栏平行，标注对称焊缝及双面焊缝时，可不加虚线；在明确焊缝分布位置的情况下，有些双面焊缝也可省略虚线。

如果指引线注在焊缝侧，则基本符号标在基准线的实线一侧，若注在焊缝的背面，则将基本符号标在虚线一侧（图 11-11c）。

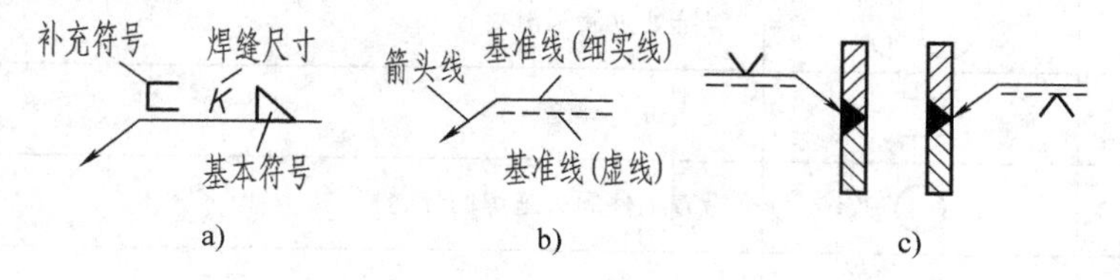

图 11-11　焊缝代号和标注

a）焊缝符号　b）指引线　c）指引线用法

常用焊缝的基本符号见表 11-2。

表 11-2　常用焊缝的基本符号

焊缝名称	符号	示意图	标注示例
I 形焊缝			
V 形焊缝			
单边 V 形焊缝			
带钝边 V 形焊缝			
带钝边 U 形焊缝			
角焊缝			
点焊缝			

补充符号用来补充说明有关焊缝或接头的某些特征（诸如表面形状、衬垫、焊缝分布、施焊地点等）。常用焊缝的补充符号见表 11-3。

表 11-3　常用焊缝的补充符号

名　称	符　号	说　明
平面		焊缝表面通常经过加工后平整
凹面		焊缝表面凹陷

（续）

名　　称	符　　号	说　　明
凸面		焊缝表面凸起
圆滑过渡面		焊趾处过渡圆滑
三面焊缝		三面带有焊缝
周围焊缝		沿着工件周边施焊的焊缝
现场焊缝		在现场焊接的焊缝

焊缝尺寸的标注方法：横向尺寸标注在基本符号的左侧；纵向尺寸标注在基本符号的右侧；坡口角度、坡口面角度、根部间隙标注在基本符号的上侧或下侧。当箭头线方向改变时，上述规则不变。

二、焊接图举例

图 11-12 所示为挂架焊接图。该焊件由背板、横板、肋板和圆筒四部分组成。从图中可知，背板与水平板采用双面角焊缝，焊脚尺寸为 5mm，肋板与横板及圆筒采用焊脚尺寸为 5mm 的双面角焊缝，肋板与立板采用焊脚尺寸为 4mm 的双面角焊缝。圆筒与立板采用单边

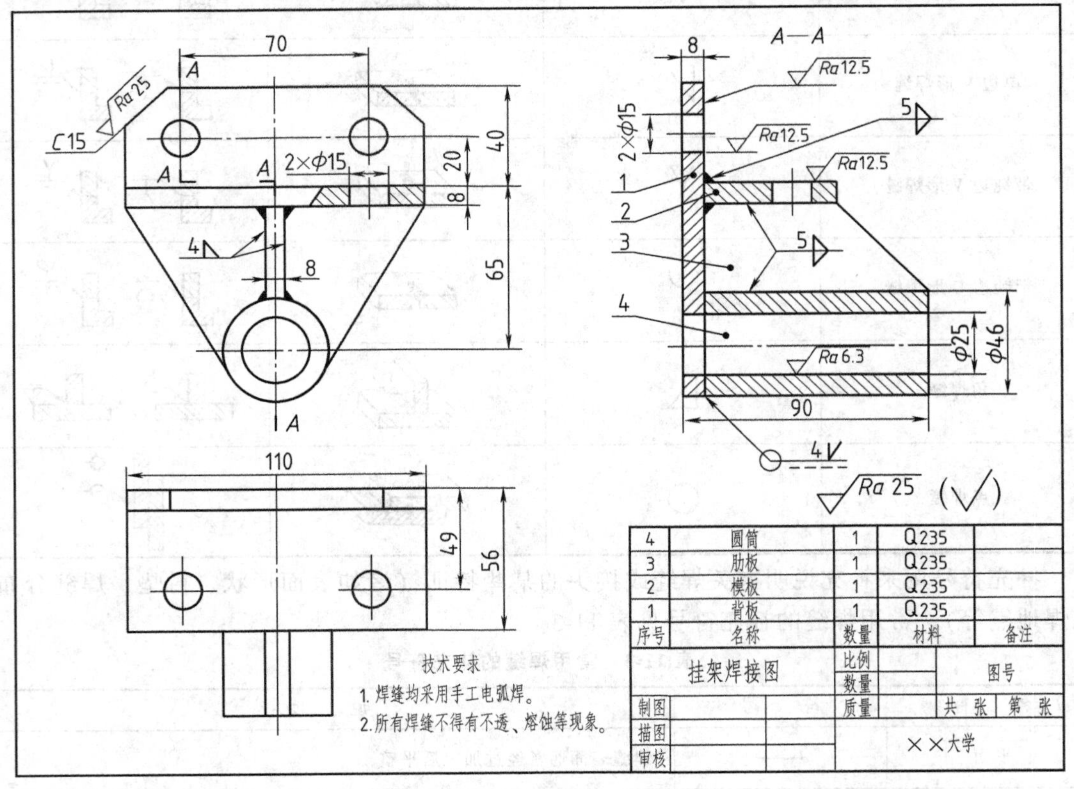

图 11-12　挂架焊接图

V 形周围焊缝，焊脚尺寸为 4mm。

焊接图表达方法与零件图相同，并要标注完整的尺寸。与零件图不同之处是各构件的剖面线方向应相反，且在焊接图中需对各构件进行编号，并填写明细表，这一点与装配图相同。从形式上看焊接图与装配图类似，但表达的内容与装配图不同，装配图表达的应是部件或机器，而焊接图表达的仅是一个零件（焊接件），因此，通常说焊接图有装配图的形式，零件图的内容。

第三节　展　开　图

在生产和生活中经常遇到由金属板材制成的产品（图 11-13），如抽油烟机的外壳、生产中的变形料斗、超市中的通风管道等，制造这类产品时，先要画出相应的展开图（即常说的放样），然后根据图样下料，经过弯、卷成形，最后将其焊（铆）接而成。

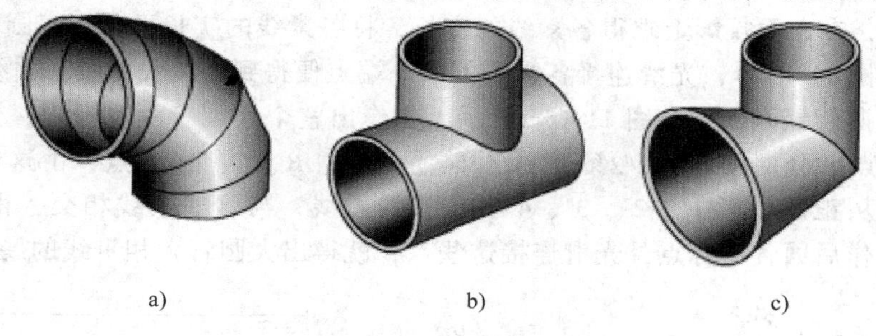

a)　　b)　　c)

图 11-13　薄板制件

将物体表面按其实际形状依次摊平在同一个平面上，称为物体的表面展开。展开后所得到的图形，称为物体的表面展开图。

一、平面立体的表面展开

平面立体的表面都是平面多边形，所以表面展开实质是求出属于立体表面的所有多边形的实形，并按一定顺序排列摊平。

例 11-1　已知接料斗（四棱锥台侧面）的主、俯视图，求作其展开图（图 11-14a）。

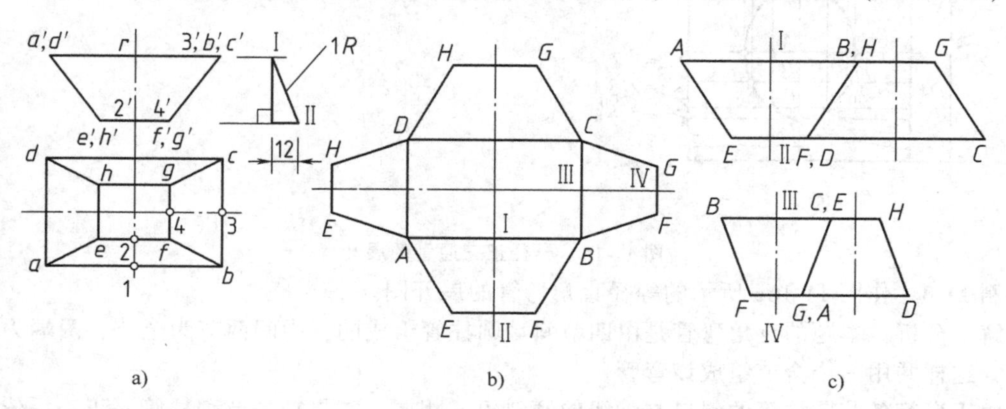

a)　　b)　　c)

图 11-14　接料斗的表面展开

由图 11-14a 可看到，四棱锥台侧面是四个梯形，每个梯形的两平行边的俯视图均反映实长。若求出梯形两平行边的距离实长，则可画出梯形的实形。

其作图步骤如下：用直角三角形法作出ⅠⅡ的实长，由此实长画出 *ABFE* 和 *CDHG*（图 11-14b），ⅢⅣ的实长为 3′4′，由此实长画出 *ADHE* 和 *BCGF* 即得到展开图（图 11-14b）。

为了节省展开下料的材料，可分别将展开图画成图 11-14c 所示形式。

二、曲面立体的表面展开

1. 圆柱面的展开图

在圆柱面上取若干素线，将圆柱假想成棱柱，并将棱柱底面的各边长换成弧长，则可用平面立体的展开图画法画圆柱面的展开图。

例 11-2　求作图 11-15a 所示异径三通管的展开图。

解　（1）作小圆管展开图　将小圆管底圆 12 等分（图中只画出了半个底圆），过各分点向下作垂线，在正面投影上求得各素线的实长，将各素线的实长平移到底圆圆周展开线的相应位置上（图 11-15b），光滑连接各素线的另一端点便得到相贯线的展开曲线。

（2）作大圆管展开图　如图 11-15c 所示，先作出整个大圆管的展开图；然后在铅垂的对称线上，由点 *A* 分别按弧长 1″2″、2″3″、3″4″量得 *A*、*B*、*C*、4_0 各点，由这些点作出水平素线，相应地从正面投影 1′、2′、3′、4′各点引铅垂线，与这些素线相交，得 1_0、2_0、3_0、4_0 点；同样再作后面各对称点，光滑连接这些点，就得出大圆管含相贯线的展开图。

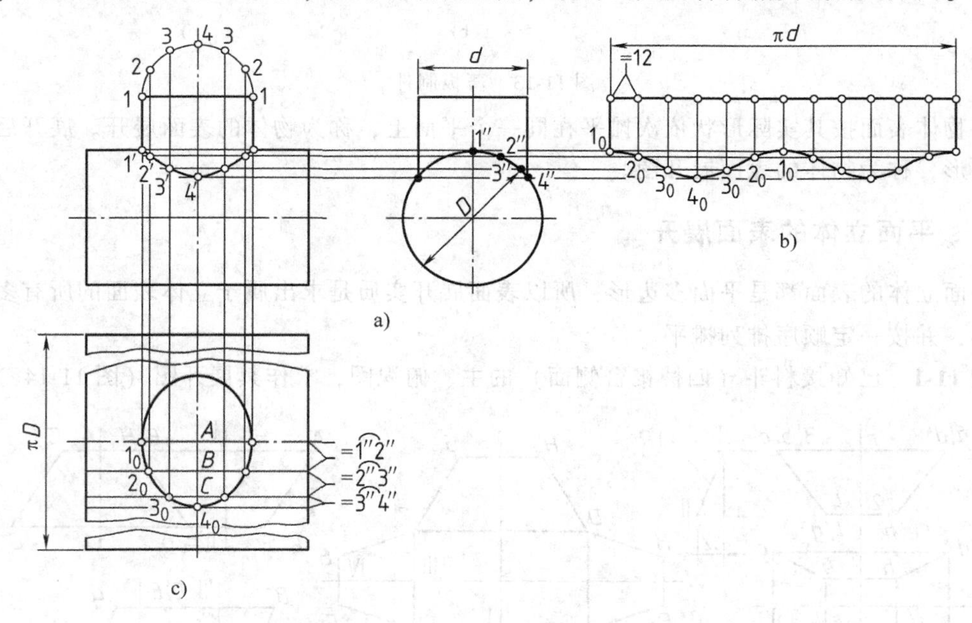

图 11-15　异径正三通管的展开

例 11-3　作图 11-16a 所示的等径直角弯管的展开图。

解　分析：本题的直角弯管是由四节斜截圆柱管组成的，中间两节为全节，两端为两个半节，这样共用三个全节组成该弯管。

由于弯管各节圆柱管的斜口与轴线的倾斜角 α 相同，如果把各节圆柱管一正一反依次叠合，恰好构成一个完整的圆筒，如图 11-16b 所示。按圆柱面的展开方法，可画出各节的展开图，如图 11-16c 所示。

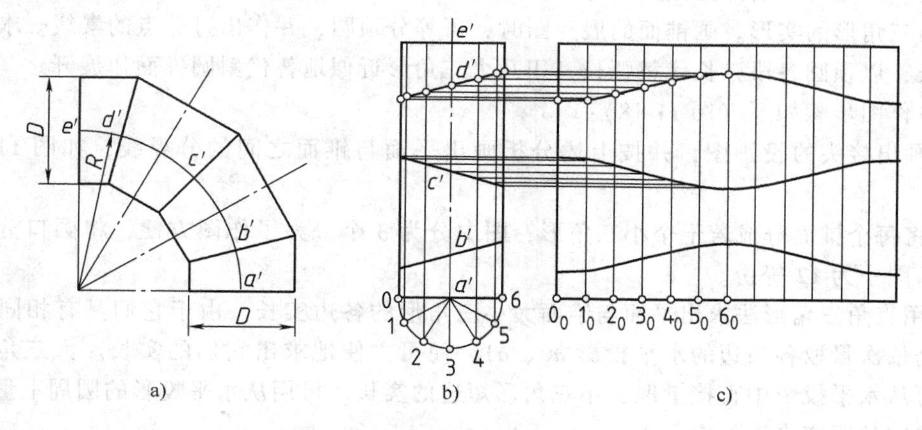

图 11-16　等径直角弯管的展开

2. 圆锥面的展开图

在圆锥面上取若干素线，将圆锥假想成棱锥，并将棱锥底面的各边长换成弧长，则可用平面立体的展开图画法画圆锥面的展开图。

例 11-4　求作圆锥体被斜平面截切后圆锥面的展开图（图 11-17a）。

解　将圆锥底圆 n 等分（图中取 $n=12$），过分点作 n 条素线，将圆锥面分为 n 个等腰三角形。画出 n 个等腰三角形实形组成扇形展开图。

求出每条素线上被截去素线的实长，即在主视图中，过 a'、b'、c'、…各点作水平线与实长线 L 相交于点 A、B、C、…，SA、SB、…即为各截去素线的实长。

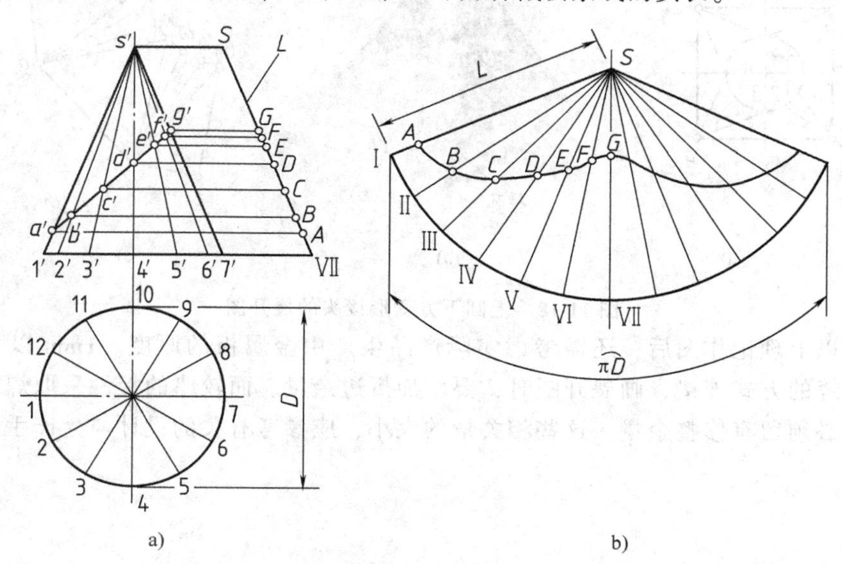

图 11-17　斜截口正圆锥管的展开图

在展开图的相应素线上截取对应的素线实长，以光滑曲线连接各截取点 A、B、C、…，即得截交线的表面展开图。

例 11-5　作出图 11-18a 所示上圆下方变形接头的展开图。

解　分析：变形接头是连接两个不同形状管道的接头管件。这类制件通常由平面和锥面共同组成。本题的平面部分是四个等腰三角形，三角形的两腰为一般位置直线，需求出实长后再画出三角形的实形。画锥面的展开图时，可等分顶圆，并作出过分点的素线。求出诸素线的实长，以顶圆各段弦长代替弧长，用几个三角形近似地替代斜圆锥面作展开。

具体作图步骤如下（图 11-18）：

1）画出接头的投影图，并按上述分析画出平面与锥面之间的分界线，如图 11-18a 所示。

2）将每个锥面分成若干个小三角形，图中分为 3 个。为了作图方便，将圆口分为相应的等份，图中为 12 等份。

3）用直角三角形法求出平面与锥面大小三角形的各边实长。由于它们具有相同的 Z 坐标，只需依次量取各条边的水平投影 $a0$、$a1$，便可方便地求出它们的实长。大三角形底边的实长可从水平投影中直接量取，小三角形短边的实长，可用从水平投影的圆周上量取相邻两分点之间的距离来近似表示。

4）依次作出各三角形的实形，并将顶圆口展开的各点连成光滑曲线，即得到变形接头的展开图，如图 11-18c 所示。

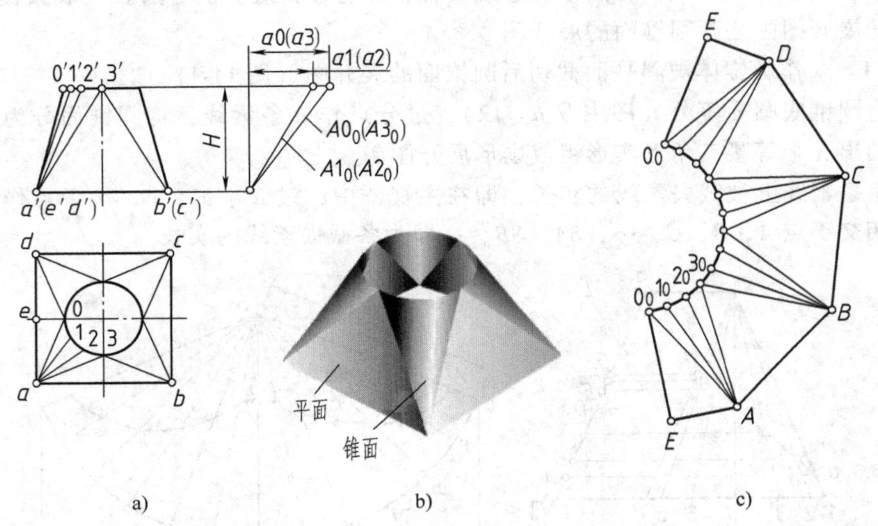

图 11-18 上圆下方变形接头的展开图

在完成以上理论作图后，还需考虑实际产品生产中金属板的厚度。1mm 以下的薄板制件一般用咬缝的方式连接，画展开图时，要增加折边余量。而较厚的板件采取焊接，在展开图中接口处必须留有修整余量。这些相关量的大小，应参考有关的设计与生产手册。

第十二章　零部件测绘

零部件测绘是根据实际零部件画出它的生产图样。在仿造机器、改革机器和制作被损坏的设备时，都要对零部件进行测绘。测绘时常常在现场徒手绘制草图。

第一节　零 件 测 绘

一、零件草图的作用和要求

零件草图是画装配图和零件图工作图的依据。在修理机器时，往往将草图直接交给车间制造零件。因此，画草图时绝不能潦草了事，必须认真绘制。

零件草图和零件图的内容一样，它们之间的区别只是作图方法不同，草图用徒手绘制，并凭目测估计零件各部分的相对大小，以控制视图各部分之间的比例关系。合格的草图应当：表达清楚，字体工整，图面整洁，投影关系正确。

二、画零件草图的步骤

1. 分析零件，选择视图

仔细了解零件的名称、用途、材料、结构形状、工作位置及其与其他零件的装配关系等之后，确定视图的表达方案。

2. 画视图

先画出各视图的中心线、定位线（图 12-1a），再根据确定的表达方案，详细画出零件

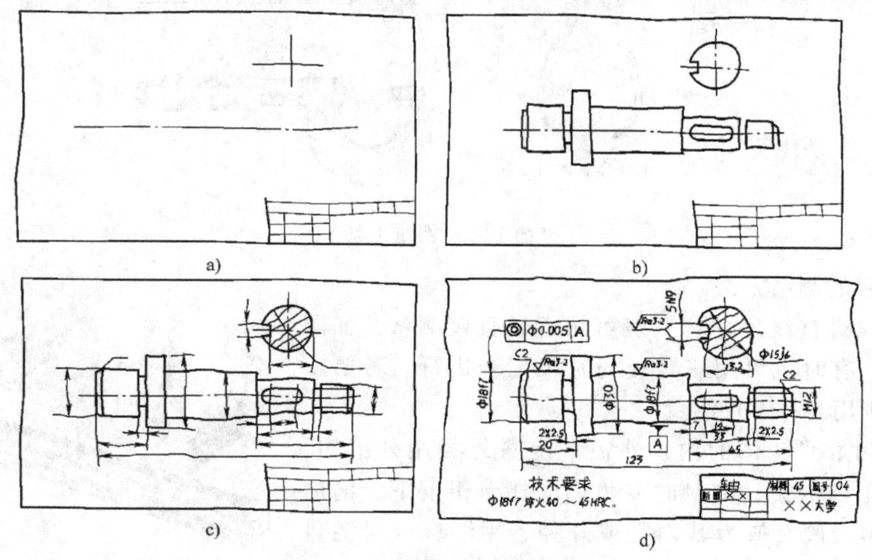

图 12-1　画零件草图的步骤

的结构形状（图 12-1b）。画视图也要分画底稿和加深两步完成。画图时，应注意不要把零件加工制造上的缺陷和使用后的磨损等毛病反映在图上。

3. 选择尺寸基准，画尺寸界线、尺寸线及箭头（图 12-1c）

在构型分析或形体分析的基础上，分别标出各基本体的定形尺寸和定位尺寸的尺寸界线、尺寸线及箭头。请注意，暂时不填写尺寸数字，最后集中测量时再填写尺寸数字。

4. 测量尺寸并逐个填写尺寸数字和公差

测量尺寸时要合理选用量具，并要注意正确使用各种量具。例如，测量毛面的尺寸时，选用钢直尺和卡钳；测量加工表面的尺寸时，选用游标卡尺、外径千分尺或其他的适当的测量工具。这样既保证了测量的精确度，又维护了精密量具的使用寿命。对于某些用现有量具不能直接量得的尺寸，要善于根据零件的结构特点，考虑比较简单而又准确的测量方法。零件上的键槽、退刀槽、紧固件通孔和沉头座等标准结构尺寸，可量取尺寸后查表选取相近的标准值。

5. 加深图线后注写各项技术要求

技术要求应根据零件的作用和装配关系来确定。

6. 填写标题栏，全面检查草图

略。

三、常用的测量工具及测量方法

1. 测量工具

测量尺寸常用的工具有：直尺、内卡钳、外卡钳，测量较精密的零件可用游标卡尺和千分尺等，如图 12-2 所示。

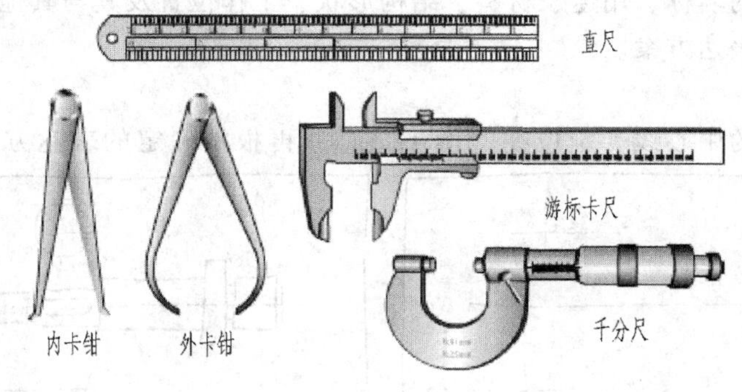

图 12-2 测量工具

2. 常用的测量方法

（1）测量直线尺寸　一般可用直尺直接测量，如图 12-3 所示，有时也可用三角板与直尺配合进行。若要求精确时，则用游标卡尺测量。

（2）测量回转体的内、外径　测量外径用外卡钳，测量内径用内卡钳，测量时要将内、外卡钳上下、前后移动，量得的最大值为其内径或外径。用游标卡尺测量时的方法与用内、外卡钳时相同，如图 12-4 所示。

图 12-3 用直尺测量直线尺寸

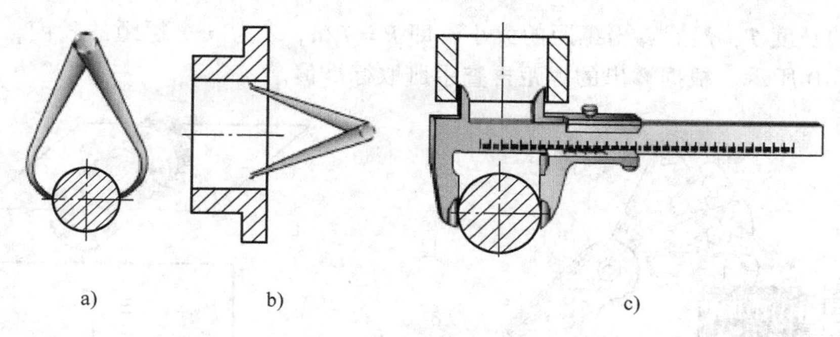

图 12-4　测量内、外径

a）外卡钳测外径　b）内卡钳测内径　c）游标卡尺测内、外径

（3）测量壁厚　如图 12-5 所示，可用外卡钳与直尺配合使用。

（4）测量孔间距　如图 12-6 所示，用外卡钳测量相关尺寸，再进行计算。

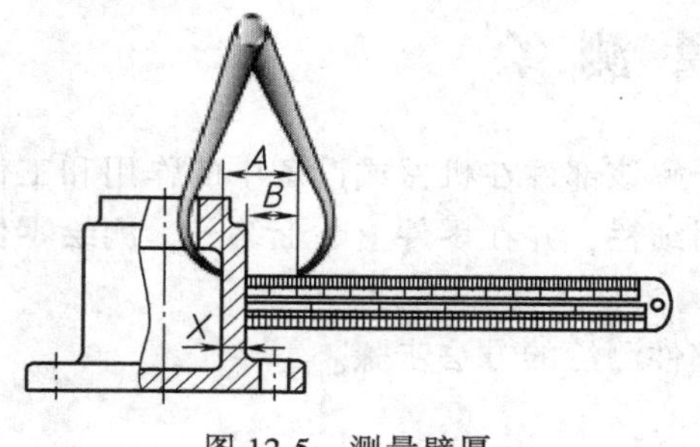

图 12-5　测量壁厚

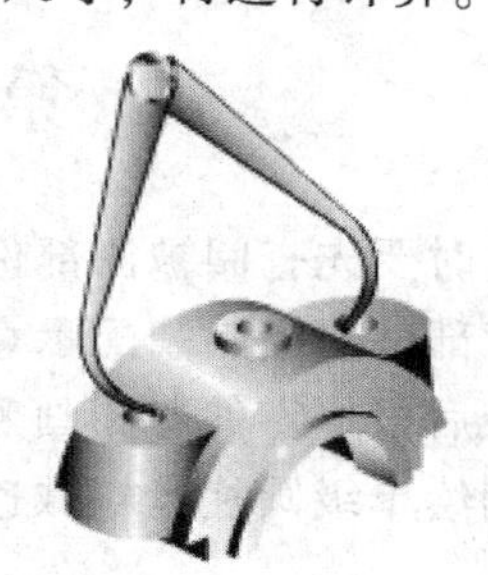

图 12-6　测量孔间距

（5）测量轴孔中心高　如图 12-7 所示，用外卡钳及直尺测量相关尺寸，再进行计算。

（6）测量圆角　图 12-8 所示为用半径样板测量的方法。每套半径样板有很多片，一半测量外圆角，一半测量内圆角，每片上均有圆角半径，测量圆角时只要在半径样板中找出与被测量部分完全吻合的一片，则该片上的读数即为圆角半径。铸造圆角一般目测估计其大小即可。若手头有工艺资料则应选取相应的数值而不必测量。

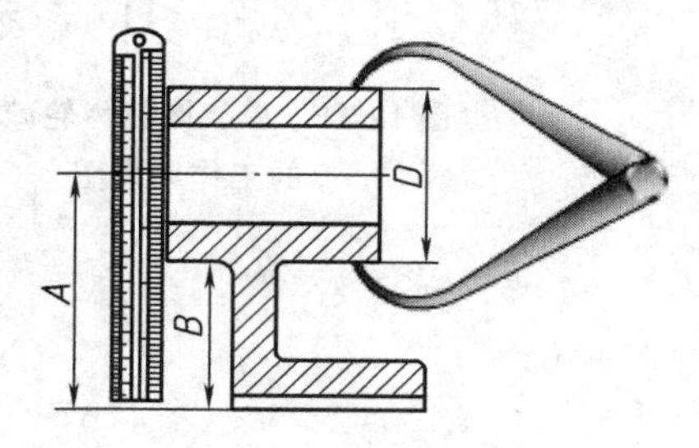

图 12-7　测量轴孔中心距

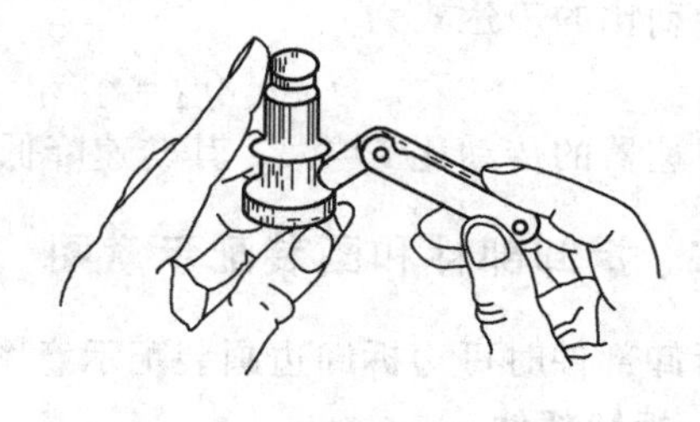

图 12-8　测量圆角

（7）测量螺纹　可用螺纹规或拓印法测量，测量螺纹要测出直径和螺距的数值。对于外螺纹，测大径和螺距；对于内螺纹，测小径和螺距，然后查手册取标准值。

1）螺纹规测量螺距。螺纹规由一组钢片组成，每一钢片的螺距大小均不相同，测量时只要某一钢片上的牙型与被测量的螺纹牙型完全吻合，则钢片上的读数即为其螺距大小，如图 12-9 所示。

2）拓印法测量。在没有螺纹规的情况下，则可以在纸上压出螺纹的印痕，用直尺测量

n 个螺距 P 的长度 T，然后算出螺距的大小，即 $P = T/n$，T 为 n 个螺距的长度，n 为螺距数量，如图 12-10 所示。根据算出的螺距再查手册取标准值。

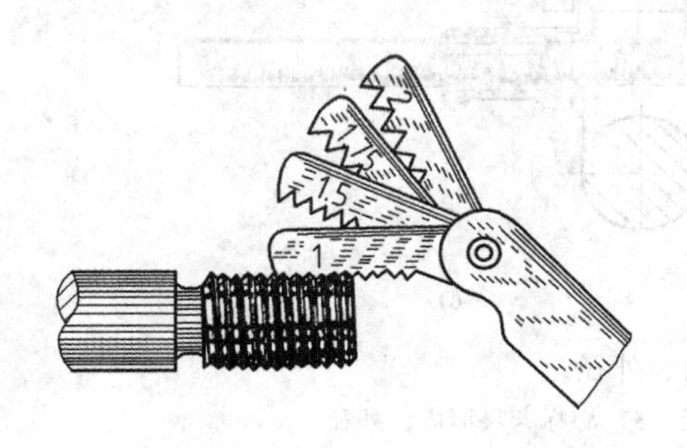

图 12-9　螺纹规测量螺距

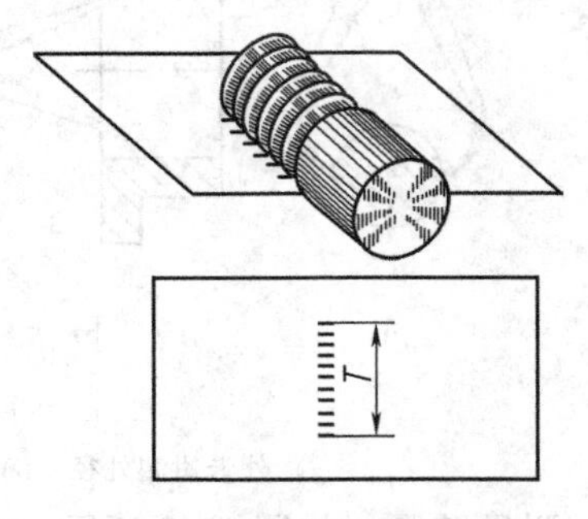

图 12-10　用直尺测量螺距

第二节　部件测绘

部件测绘时要先查阅被测部件的相关资料，了解该部件在机械或设备中的作用和工作原理；然后拆卸部件，绘制装配示意图，编写零件明细栏，并在零件上贴上编号，测绘零件画零件草图；最后根据零件草图画零件图和装配图。

下面以测绘单级圆柱齿轮减速器为例，说明部件测绘的方法步骤。

一、单级圆柱齿轮减速器的工作原理

如图 12-11 所示，主动机与主动轴连接，其动力通过固定在主动轴上的小齿轮（主动轮）带动大齿轮（从动轮），再通过与大齿轮固定在一起的从动轴带动工作机械工作。若小齿轮的转速为 n_1，大齿轮的转速为 n_2，则齿轮的转速之比 n_1/n_2 称为速比，也称为传动比 i。传动比决定于小齿轮齿数 z_1 和大齿轮齿数 z_2。

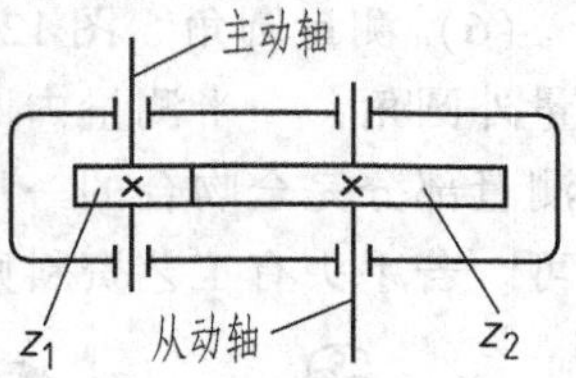

传动比的表达式为

$$i = n_1/n_2 = z_2/z_1$$

减速器的传动比 i 越大，其转速降低值越多。

主动轴
z_1　从动轴　z_2

图 12-11　单级圆柱齿轮减速器的工作原理图

二、拆卸部件和画装配示意图

拆卸部件时可边拆卸边画装配示意图。

1. 拆卸部件

拆卸时先要观察部件的外部有哪些可拆卸的装配路线。减速器的外部有四条装配路线，拆卸时先拆箱体、箱盖装配路线，再拆其他装配路线。下面分别介绍各条装配路线。

（1）箱体、箱盖装配线　如图 12-12 所示，卸开联接箱体和箱盖的六个螺栓和两个圆锥销，即可打开箱盖。拆卸该装配线时应仔细分析圆锥销的作用，以及箱体与箱盖接合面的密封要求。

圆锥销的作用是保证每次装配箱盖时，箱盖和箱体的半圆孔能对齐，不会错位。圆锥销孔是在精加工半圆孔之前，将箱盖和箱体连接在一起后配作的。装上圆锥销后再精加工半圆

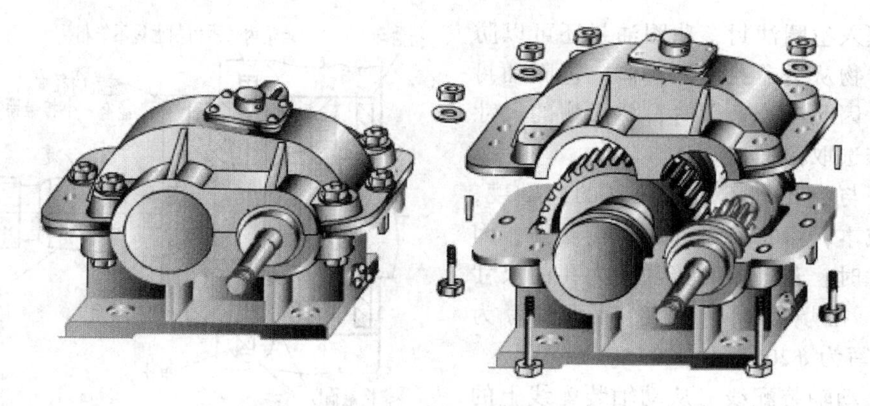

图 12-12　拆卸箱体、箱盖装配线

孔，这样才能保证每次拆装后不破坏半圆孔的精度。

为了防止箱体和箱盖的接合面漏油，在箱体和箱盖的零件图中应对该表面标注平面度公差，并在装配图的技术要求中说明，装配时将密封胶涂覆于接合面。

（2）主动轴装配线　主动轴装配线上的零件如图 12-13 所示。打开箱盖后，该装配线的全部零件均可从箱体中取出，然后再从轴上退下各个零件。拆卸主动轴装配线时，要认真观察和分析零件之间的轴向定位和配合关系。

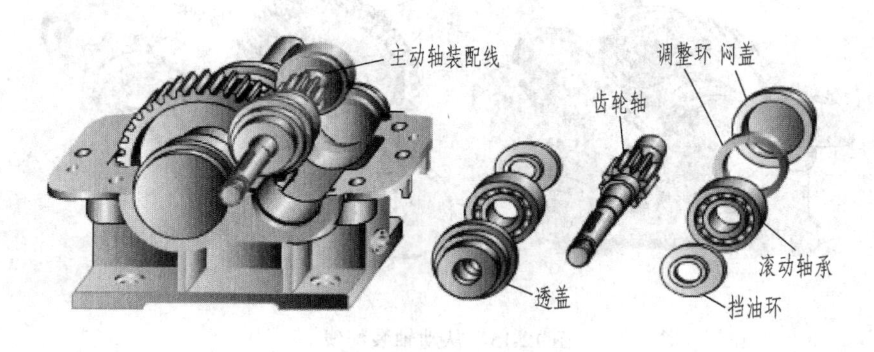

图 12-13　主动轴装配线

①　轴向定位关系（图 12-14）：装配线两端的闷盖和透盖嵌合在箱体和箱盖的半圆槽中，透盖内侧靠紧滚动轴承外圈，轴承内圈靠紧挡油环，挡油环靠紧齿轮轴的轴肩，各零件之间一个靠紧另一个实现轴向定位。减速器工作时因摩擦发热会使零件轴向伸长，当伸长量超过滚动轴承允许的轴向游隙时滚动轴承会被卡死，无法运转。为了保证各零件装配后轴向有一个合理的热胀间隙，必须严格控制各零件的轴向加工误差，这样将会增加生产成本；如果设计时增加一个调整环，则可以在加工时不控制各零件的轴向尺寸误差，使所有零件的轴向误差都积累到调整环上，在装配后根据测量的实际轴向间隙，选配调整环，可按装配后的实测间隙减小 0.5～1mm 确定调整环的厚度。

②　径向定位关系（图 12-14）：通过滚动轴承外圈与箱体、箱盖的半圆孔过渡配合，滚动轴承内圈与齿轮轴过渡配合来定位。透盖的径向只能由一个接触面定位，应选择透盖上与箱体半圆孔直径相等的两个外圆柱面中的一个圆柱面作接触面，透盖孔与轴不能是接触面。为了防止润滑油从透盖孔与轴之间的间隙向外渗漏，在透盖孔中开有一个梯形槽，装配

时在槽内填入毡圈油封，毡圈油封还可以防止灰尘等异物从透盖孔进入箱体。毡圈油封是标准件，因此测绘透盖时，梯形槽的尺寸要查阅标准选取标准值。

挡油环与齿轮轴不需要很高的同轴度，为了降低成本，可将其设计成非接触面，因此测量尺寸时，若轴颈和挡油环内孔的尺寸均为 $\phi20$，在填写尺寸数字时，轴写为 $\phi20$，孔则写为 $\phi20.3$ 或 $\phi20.5$。

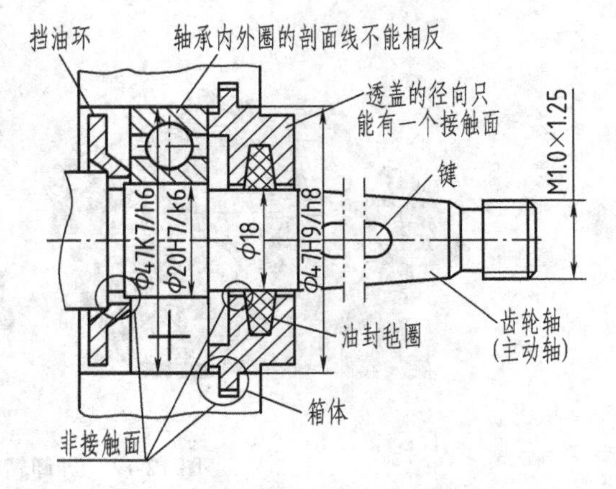

图 12-14 齿轮轴与相关零件的径向和轴向定位

(3) 从动轴装配线 从动轴装配线上的零件如图 12-15 所示。拆卸从动轴装配线时，要观察和分析的问题与主动轴装配线相同，所不同的是轴套与轴是非接触面（图 12-16），大齿轮与轴是用键联接的，齿轮与轴的配合应为过渡配合。键是标准件，因此测绘时键槽的尺寸要查阅标准，选取标准值。

(4) 通气塞装配线 通气塞装配线上的零件如图 12-17 所示。

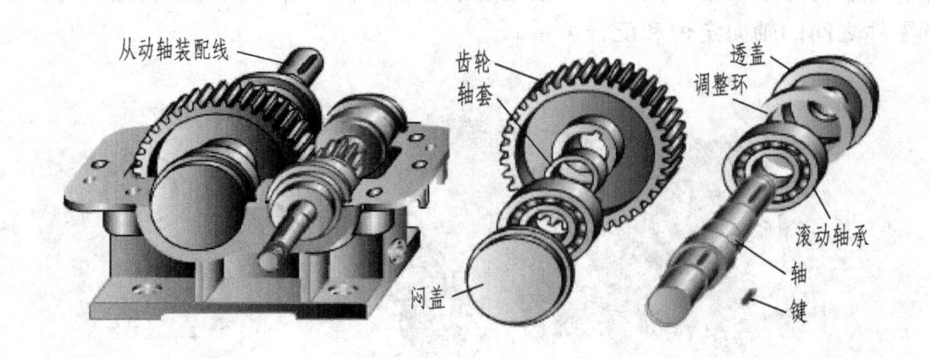

图 12-15 从动轴装配线

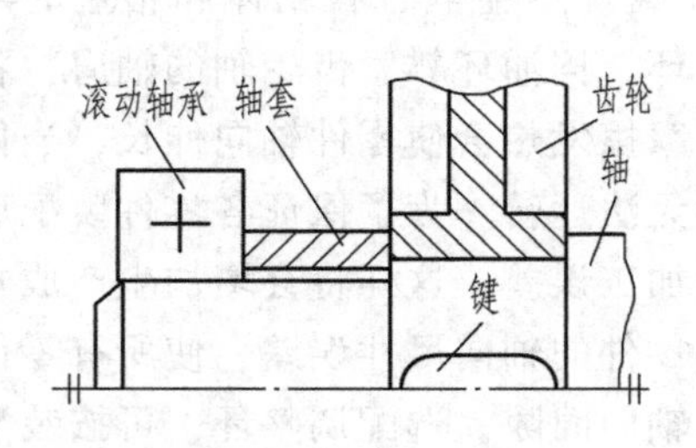

图 12-16 轴套与轴是非接触面

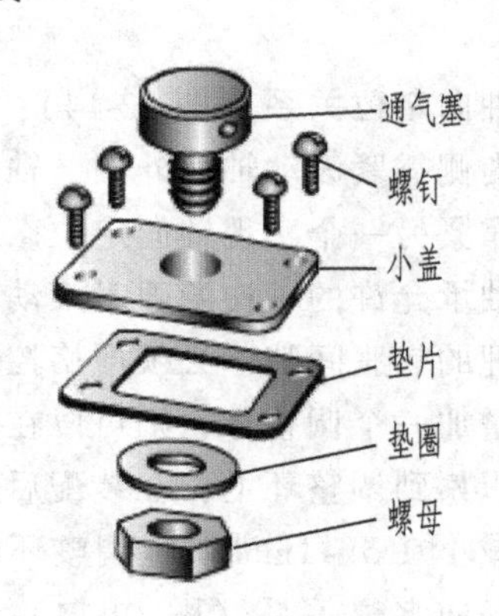

图 12-17 通气塞装配线

拆卸通气塞装配线时，要观察分析通气塞的结构和作用，通气塞的轴向钻了一较深的孔，与侧面所钻的孔连通。当箱内的气体受热膨胀时，可以从该孔排出箱外。

箱盖上的方孔可用作加油口，还可以在减速器试运转时通过方孔检查齿轮啮合侧隙和接触斑点，或工作中出现异常噪声时，观察其齿面有无异物、是否已过渡磨损等。画装配图时要注意，通气塞和螺钉不在同一剖切平面内，如图 12-18 所示。

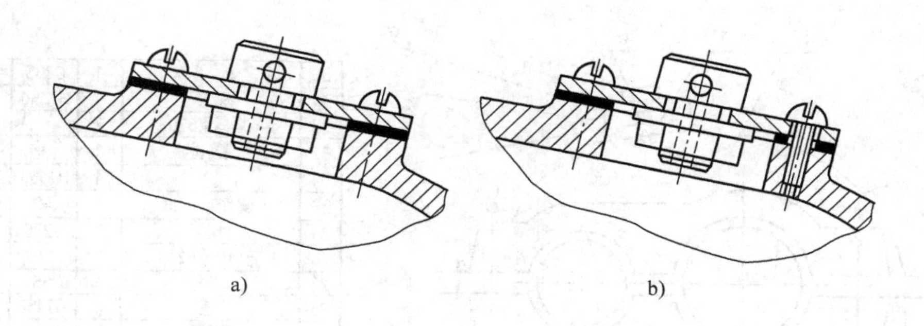

图 12-18　通气塞和螺钉不在同一剖切平面内

a）正确　b）错误

（5）油标装配线　油标装配线上的零件如图 12-19 所示，它们是垫片、反光片、油面指示片、小盖和螺钉。油标装配线的装配画法如图 12-20 所示。减速器的润滑方式是大齿轮将箱底的润滑油带到啮合齿面进行润滑。如果润滑油的油面太高，大齿轮搅动润滑油会消耗过多的功率，使润滑油发热。若油面太低则带起的油太少，造成润滑不良。油标的作用是便于观察润滑油的液面高度，及时了解润滑油的损耗情况。

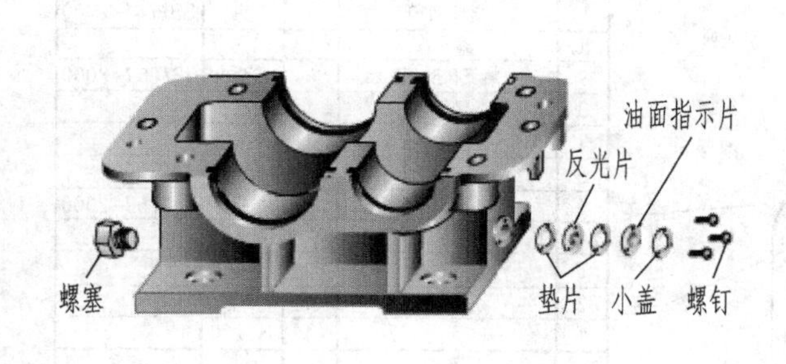

图 12-19　油标装配线

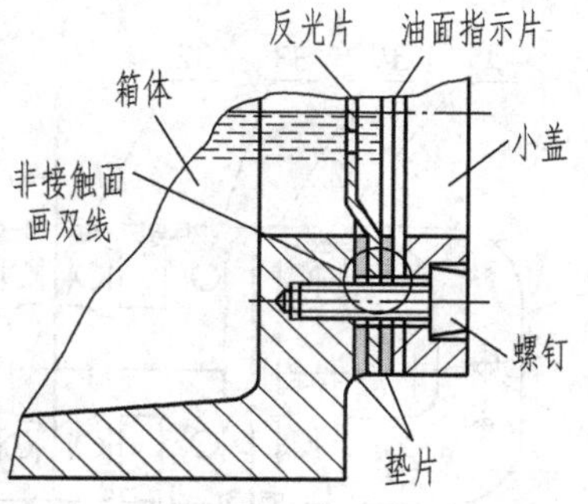

图 12-20　油标装配线的装配画法

（6）螺塞装配线　螺塞装配线位于箱体左侧，如图 12-19 所示。拆卸时应仔细观察安装螺塞的螺孔，与油池底面的位置关系。油池底应铸成斜面，向放油螺孔倾斜。为使放油孔的最低面低于油池底面，在紧靠放油孔的油池底面作有一凹坑，如图 12-21 所示，测绘时不要遗漏这一结构。

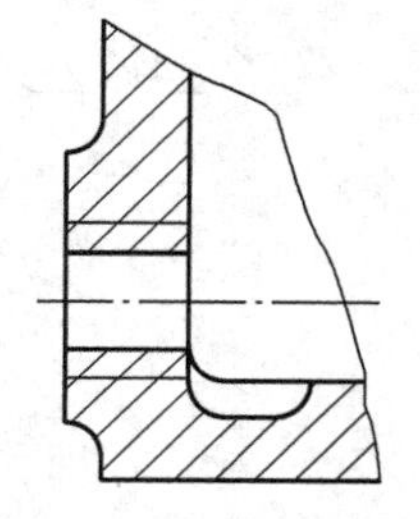

图 12-21　放油孔的结构

2. 画装配示意图

用简单的线条示意性地表达出各零件间装配关系的简图，称为装配示意图。画减速器的装配示意图时，可先画箱体、箱盖，再逐个画出其他零件，如图 12-22 所示。

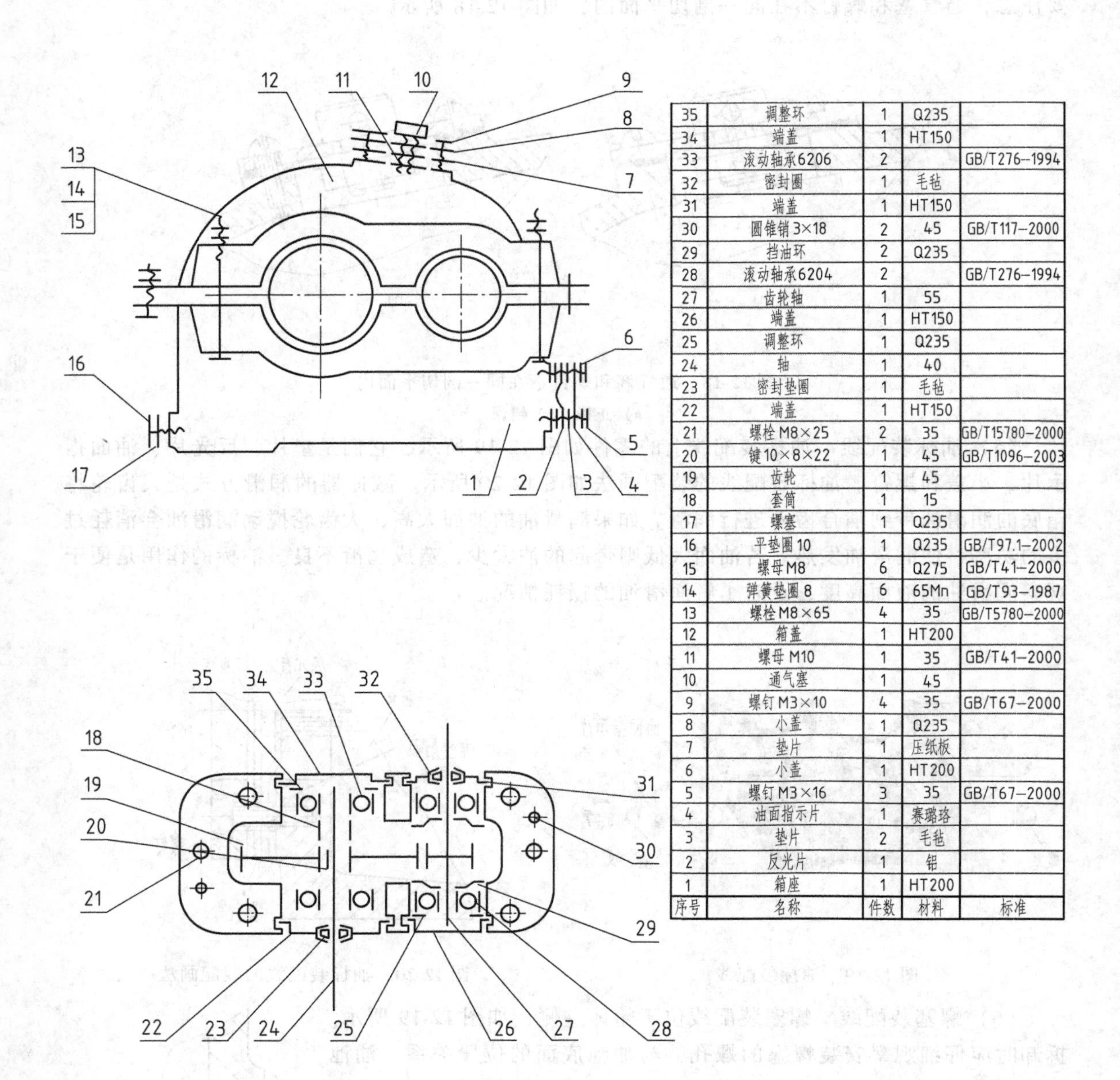

序号	名称	件数	材料	标准
35	调整环	1	Q235	
34	端盖	1	HT150	
33	滚动轴承6206	2		GB/T276–1994
32	密封圈	1	毛毡	
31	端盖	1	HT150	
30	圆锥销3×18	2	45	GB/T117–2000
29	挡油环	2	Q235	
28	滚动轴承6204	2		GB/T276–1994
27	齿轮轴	1	55	
26	端盖	1	HT150	
25	调整环	1	Q235	
24	轴	1	40	
23	密封垫圈	1	毛毡	
22	端盖	1	HT150	
21	螺栓 M8×25	2	35	GB/T15780–2000
20	键10×8×22	1	45	GB/T1096–2003
19	齿轮	1	45	
18	套筒	1	15	
17	螺塞	1	Q235	
16	平垫圈10	1	Q235	GB/T97.1–2002
15	螺母M8	6	Q275	GB/T41–2000
14	弹簧垫圈8	6	65Mn	GB/T93–1987
13	螺栓 M8×65	4	35	GB/T5780–2000
12	箱盖	1	HT200	
11	螺母 M10	1	35	GB/T41–2000
10	通气塞	1	45	
9	螺钉 M3×10	4	35	GB/T67–2000
8	小盖	1	Q235	
7	垫片	1	压纸板	
6	小盖	1	HT200	
5	螺钉 M3×16	3	35	GB/T67–2000
4	油面指示片	1	赛璐珞	
3	垫片	2	毛毡	
2	反光片	1	铝	
1	箱座	1	HT200	

图 12-22 减速器的装配示意图和零件列表

3. 绘制零件列表

绘制零件列表时，应给每种零件命名，确定所用的材料，标准件应填写其代号和规格（图 12-22）。

4. 给零件贴编号

为便于测绘结束时将零件组装成部件，应按零件列表上的编号，在每个零件上贴上相应的编号；对于重要的零件，还应在所贴的编号上注明装配方向，以免装配时装反了方向。

三、初定配合要求

根据拆卸减速器时相邻零件的松紧程度和功能要求，初步判断各接触表面的配合性质，并作记录，以备画零件草图和装配图时使用。滚动轴承的外圈与孔的配合可选用基轴制过渡配合 JS7/h6，滚动轴承的内圈与轴的配合则选用基孔制过渡配合 H7/js6。圆锥销的配合可选用 JS7/h6，齿轮与轴的配合可选用 H7/h6，键与键槽的配合可选用 H7/js6，半圆槽与闷盖或透盖的配合可选用 H8/h7。

四、测绘零件

减速器中除了螺栓、螺母、垫圈、螺钉、键、螺塞是标准件，不用画零件草图外，其余零件是专用件，都要按本章第一节介绍的测绘零件的方法步骤，画出零件草图。

五、由零件草图画装配图

零件测绘结束后，应将零件组装成拆卸前的状态，然后根据装配示意图和零件草图，按选定的比例用绘图仪器画装配图（画装配图的方法和步骤见第十章）。根据零件草图画装配图也称为拼图。拼图是对所画的每一张零件草图进行初审，通过拼图很容易发现每张零件草图的视图表达是否完整，因为草图的视图表达不完整，装配图的视图就画不出来。同理，通过拼图也很容易发现零件草图的尺寸是否齐全，各零件间的配合尺寸是否协调一致等。初审时如发现零件草图存在问题，应及时改正。由减速器的装配草图拼画的装配图如图 12-23 所示。

六、绘制零件工作图

画零件工作图是用绘图仪器或用计算机按选定的比例画零件图。画零件工作图是在零件草图经过拼图初审后进行的。从零件草图到零件工作图不是简单的重复照抄，应再次检查并及时订正，确保零件工作图在指导生产时是没有问题的。

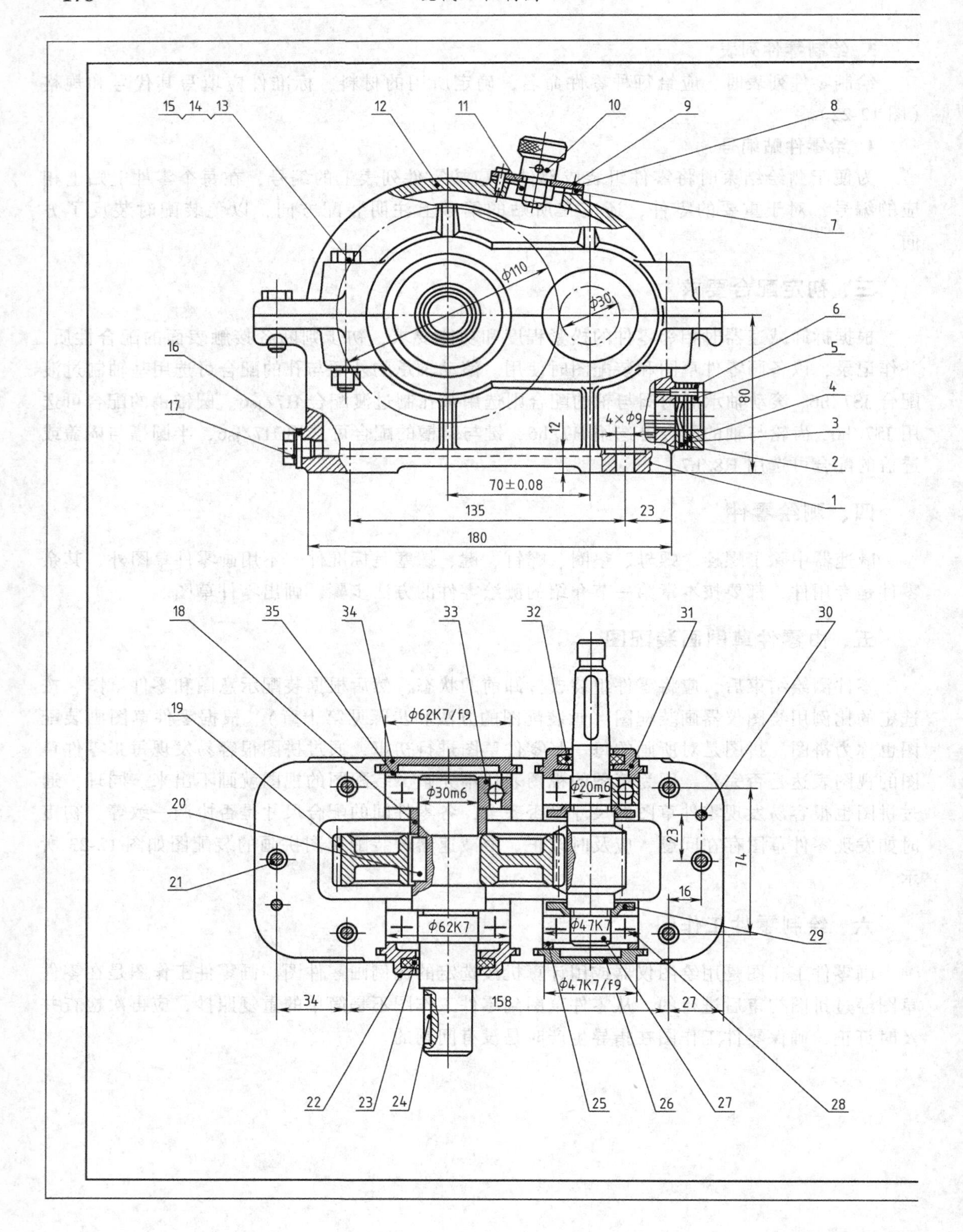
15
14
13
12
11
10
9
8
7
6
5
4
3
2
1
16
17
ϕ110
ϕ30
80
12
4×ϕ9
70±0.08
135
23
180
18
35
34
33
32
31
30
19
20
21
ϕ62K7/f9
ϕ30m6
ϕ20m6
23
74
16
ϕ62K7
ϕ47K7
29
ϕ47K7/f9
34
158
27
22
23
24
25
26
27
28

图 12-23 减速

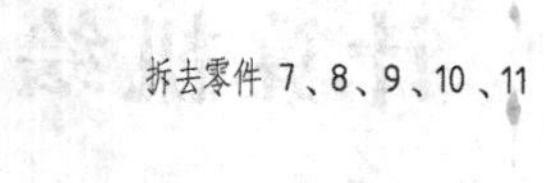

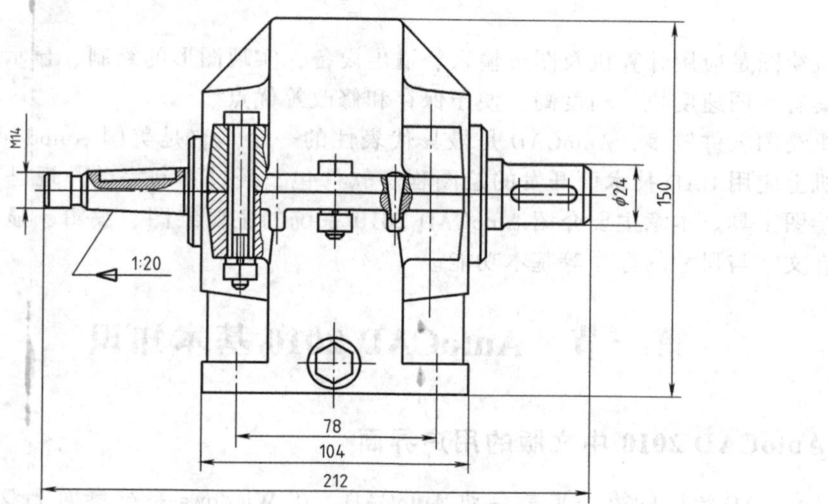

技术要求

1. 各部件装配时需用煤油洗净并涂上一层黄油。
2. 装配好后箱内注入工业用润滑油，大齿轮两倍齿高进入油中。
3. 箱体接触面均匀涂薄层漆片或白油漆，禁放任何垫片。
4. 减速器涂灰色漆，伸出轴涂黄油。

技术特征

1. 功率 8kW。
2. 主轴最大转速 1450r/min。
3. 减速比 55/15=3.67。

序号	名称	件数	材料	标准
35	调整环	1	Q235	
34	端盖	1	HT150	
33	滚动轴承 6206	2		GB/T276-1994
32	密封圈	1	毛毡	
31	端盖	1	HT150	
30	圆锥销 3×18	2	45	GB/T117-2000
29	挡油环	2	Q235	
28	滚动轴承 6204	2		GB/T276-1994
27	齿轮轴	1	55	
26	端盖	1	HT150	
25	调整环	1	Q235	
24	轴	1	40	
23	密封垫圈	1	毛毡	
22	端盖	1	HT150	
21	螺栓 M8×25	2	35	GB/T5780-2000
20	键 10×8×22	1	45	GB/T1096-2003
19	齿轮	1	45	
18	套筒	1	15	
17	螺塞	1	Q235	
16	平垫圈 10	1	Q235	GB/T97.1-2002
15	螺母 M8	6	Q275	GB/T41-2000
14	弹簧垫圈 8	6	65Mn	GB/T93-1987
13	螺栓 M8×65	4	35	GB/T5780-2000
12	箱盖	1	HT200	
11	螺母 M10	1	35	GB/T41-2000
10	通气塞	1	45	
9	螺钉 M3×10	4	35	GB/T67-2000
8	小盖	1	Q235	
7	垫片	1	压纸板	
6	小盖	1	HT200	
5	螺钉 M3×16	3	35	GB/T67-2000
4	油面指示片	1	赛璐珞	
3	垫片	2	毛毡	
2	反光片	1	铝	
1	箱座	1	HT200	

减速器					
绘图		质量		比例	1:1
校对			××大学		
审核					

器装配图

第十三章 计算机绘图

计算机绘图是应用计算机及图形输入、输出设备，实现图形的绘制、显示和输出的应用技术。它具有绘图速度快、精度高，便于保存和修改等优点。

计算机绘图软件较多，AutoCAD 是最具代表性的一个。它是美国 Autodesk 公司于 1982 年为在微机上应用 CAD 技术而开发的绘图程序软件包，经过不断完善，现已成为国际上广为流行的绘图工具。本章主要介绍 AutoCAD 2010 系统的主要绘图、编辑、显示控制、绘图环境设置、文字与尺寸的标注等基本功能。

第一节 AutoCAD 2010 基本知识

一、AutoCAD 2010 中文版的用户界面

使用 AutoCAD 绘图的第一步是启动 AutoCAD。在 Windows 系统桌面上双击［AutoCAD 2010］快捷图标］，就进入 AutoCAD 2010 用户界面。

用户界面是绘图软件与用户进行交流的中介。系统通过界面反映当前信息状态或将要执行的操作，用户按照界面提供的信息进行操作。

AutoCAD 2010 提供了四种用户界面：初始设置工作空间、二维草图与注释、三维建模和 AutoCAD 经典。启动 AutoCAD 2010 后系统默认的是初始设置工作空间，如图 13-1 所示。

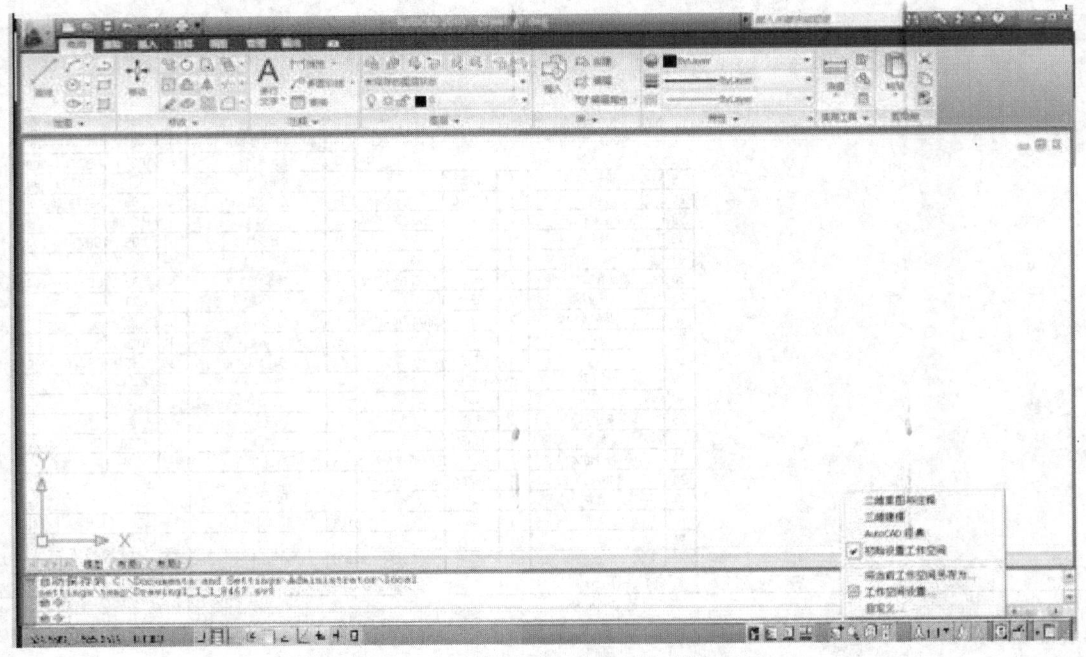

图 13-1 “初始设置工作空间”用户界面

熟悉早先版本的用户，也可以转换到“AutoCAD 经典”用户界面进行操作。下面以图 13-2 所示“AutoCAD 2010 经典”用户界面为例，介绍其各项功能。

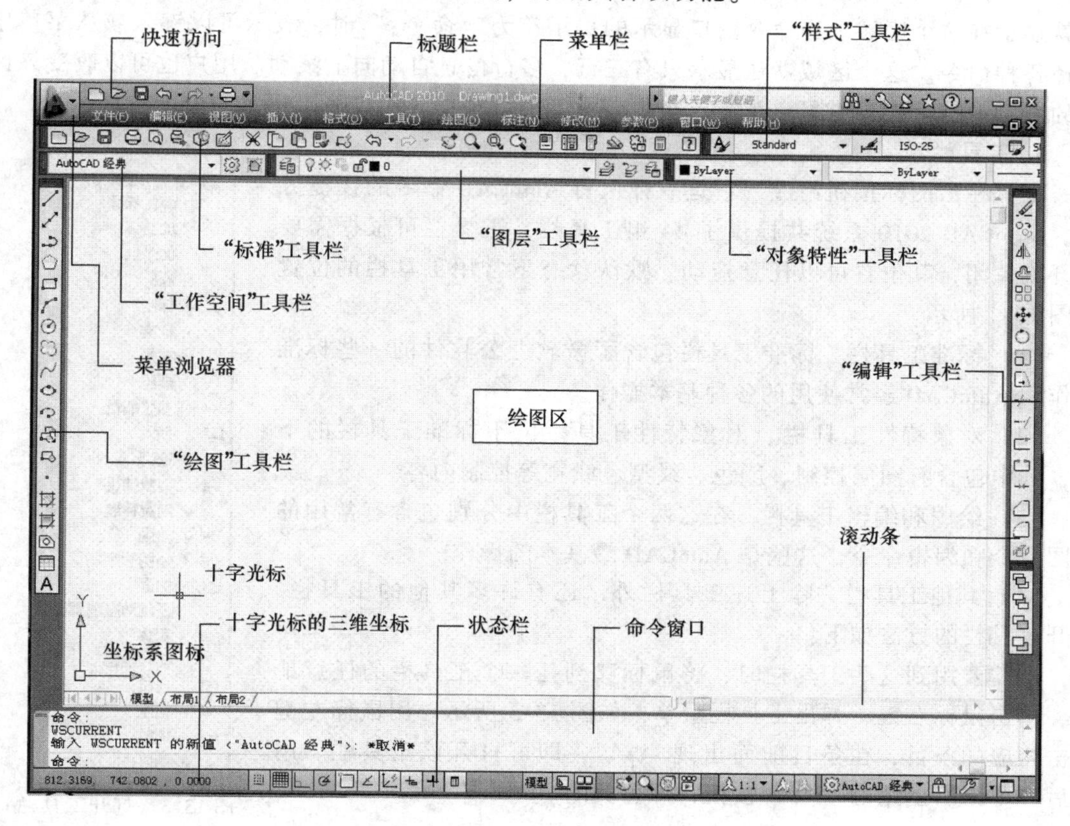

图 13-2　“AutoCAD 2010 经典”用户界面

1. 标题栏

标题栏位于主界面的最上方，显示当前正在运行的软件名和文件名。

2. 菜单栏

菜单栏位于屏幕的顶部，有 12 个菜单项。这些菜单项包含了 AutoCAD 中绝大部分的命令。用鼠标选取某一菜单项，即弹出该项目的下拉菜单，在下拉菜单中又包含了一系列的命令和选项，单击其中的条目即可触发相应的操作命令；菜单的条目中右边有黑色小三角的菜单项表示还有下一级子菜单，必须选择子菜单项中的命令，命令才可以执行；右边有“…”的菜单项，表示单击该项后将弹出一个对话框，与该命令有关参数的设置将在对话框中进行。

3. 状态栏

状态栏位于界面的底部，分别显示了当前光标的坐标值、绘图工具、导航工具、缩放的工具，以及当前的作图空间。

4. 绘图区

屏幕中央最大的窗口区域是绘图区。绘图区的左下角有一坐标系图标，它表示当前所使用的坐标系的类型和方向。窗口右边、下边设有滚动条，可使窗口内的图形上下和左右移动。

5. 命令窗口

在绘图区的下方是命令操作和提示的区域，用户键入的命令以及该命令下一步操作的提示就显示在这个区域。当命令窗口显示的提示符为“命令:”时，表示可以键入或从菜单中选择各种命令。这个区域默认显示只有三行，多行信息自动向上滚动。用户也可以改变该区域的大小。按 < F2 > 键可以弹出一个比较大的文本窗口，用以显示更多的命令和提示。

6. 工具栏

工具栏由图标按钮组成，它是一种执行 AutoCAD 命令的快捷方式。AutoCAD 2010 系统共提供了 44 组工具栏，工具栏可根据需要打开或关闭，其位置可以任意拖动。默认状态下常用工具栏的位置如图 13-1 所示。

（1）标准工具栏　标准工具栏包含了微软办公软件的一些标准操作和 AutoCAD 经常使用的各种基本操作。

（2）对象特性工具栏　对象特性工具栏位于标准工具栏的下方，其中包含有图层控制、颜色、线型、线宽等控制内容。

（3）绘图和编辑工具栏　在这两个工具栏中分别包含有常用的绘图命令和编辑命令，这些是 AutoCAD 最基本的操作。

（4）其他工具栏　除上述工具栏外，还有许多其他的工具栏。打开工具栏的方法如下：

当需要用到这些工具栏时，将鼠标移到任一个工具栏的任意地方，单击鼠标右键，弹出工具栏菜单，如图 13-3 所示。用鼠标左键单击相应的条目，在条目前面出现“√”，即可打开该工具栏。用完后，单击右上角的“×”按钮，即可关闭。

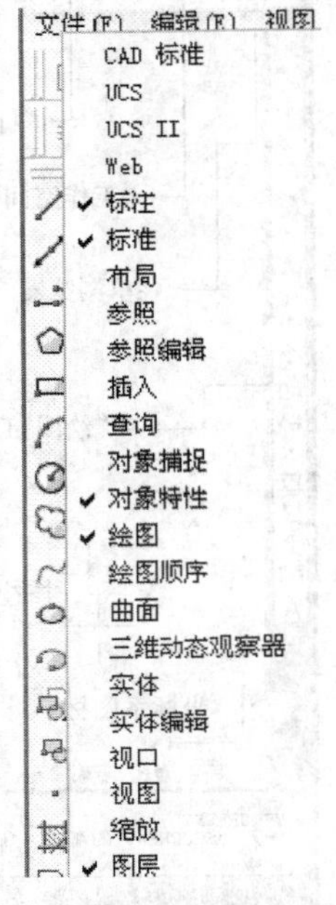

图 13-3　打开工具栏

二、AutoCAD 2010 的基本操作

1. 命令的输入方法

1）在命令行中键入 AutoCAD 命令的全名或别名。如绘制直线可输入命令全名 Line 或别名 L，并按回车键或单击鼠标右键。

2）用鼠标左键单击工具栏的相应图标。

3）用鼠标左键点取下拉菜单中的菜单项。

4）在提示行出现命令提示时，按回车键或右击可重复上一条命令。

2. 数据的输入方法

执行 AutoCAD 命令时，都需要输入必需的数据，常用的数据有点坐标（例如线段的端点、圆心）、数值（例如直径、半径、长度等）。数据的输入可用绝对坐标值，也可用相对坐标值。

（1）绝对坐标

1）直角坐标方式。直接输入点的 x、y 坐标值，各坐标值间用逗号分开。

2）极坐标方式。以当前坐标系原点到新点的距离及这两点连线与 X 轴正方向的夹角来确定新点的位置。格式：距离 <角度。

例如，要输入一个距离为 50mm、与 X 轴正方向夹角为 60°的点，只要在输入坐标点的提示下输入“50<60”即可。

（2）相对坐标　相对坐标是指相对于前一点的坐标。相对坐标也分为直角坐标方式和极坐标方式，输入格式与绝对坐标方式相同。只是在坐标值前加上相对坐标的符号@。

例如，要输入一个距离当前点 x 坐标值为 50、y 坐标值为 30 的点，输入以下字符：@50，30；要输入一个距离为 50mm 与 X 轴正方向夹角为 60°的点，输入以下字符：@50<60。

（3）捕捉对象的特征点　用捕捉对象功能，可以方便、精确地捕捉到所选对象的几何特征点，如端点、中点、圆心等。

（4）用鼠标在屏幕上拾取点　移动鼠标，当光标移动到所需位置时，单击鼠标左键即自动输入该点的坐标值。

三、图形文件的创建与存储

1. 创建新图

AutoCAD 启动后，系统将自动建立一个新的图形文件，其绘图参数为系统默认值。

2. 打开已有图形

单击“标准”工具栏中的第二个按钮，或在下拉式菜单“文件”中单击“打开”命令，或直接在命令窗口输入“open”，即可出现“选择文件”对话框，用以打开一个已有的图形。

3. 存储图形

单击“标准”工具栏中的第三个图标按钮，或在下拉式菜单“文件”中单击“保存”命令，或直接在命令窗口输入“qsave”，可对所绘图形以当前文件名进行快速存储。

在下拉式菜单“文件”中单击“另存为”，或在命令窗口输入“save”，可以用另外的图名和路径对所绘图形进行存储。

四、绘图环境的设置

1. 绘图范围的设置

在下拉式菜单“格式”中单击“图形界限”命令，或在命令窗口中输入“LIMITS”，可设置绘图范围。例如，在设置 A4 图幅时，输入左下角的坐标为（0，0），右上角的坐标为（210，297）。

2. 绘图单位的设置

绘图单位设置命令为“UNITS”。在下拉式菜单“格式”中单击“单位”命令。执行命令后弹出图 13-4 所示的“图形单位”设置对话框。在该对话框中可以根据自己的需要对长度、角度的单位和插入比例等进行设置。

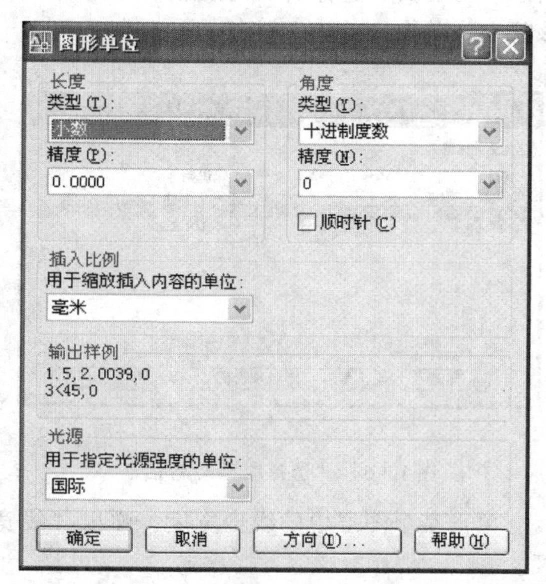

图 13-4　“图形单位”设置对话框

3. 图层的设置

图层就像一幅幅透明的薄片，每一层都有名字，并设置了线型、线宽、颜色、状态等属性信息。用户可以将图形中有关的实体或与某一特征有关的一类图形分门别类地按层分组，将不同的组画在不同的图层上面。在设计某一组时，可将其他层关闭。需要时，还可以同时打开几层，叠加在一起形成完整的图形。一个图形文件，图层的数量不限，每一图层的实体数量也不限。

单击“图层特性管理器”按钮，弹出“图层特性管理器”对话框，如图 13-5 所示。

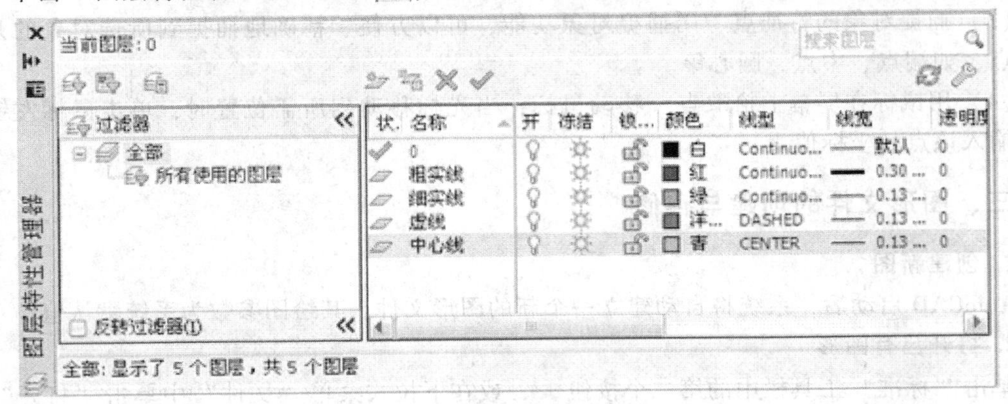

图 13-5 “图层特性管理器”对话框

0 层是系统创建的图层，不可删除，也不可改变名称，但颜色、线型和线宽都可以重新设置。

在对话框中可以新建图层，并对图层进行命名，设置颜色、线型、线宽和删除等操作，这些操作可通过单击相应的图标按钮进行切换。

如单击某个图层中的颜色，弹出一个“颜色选择”对话框，可在其中选择该层中对象的颜色；单击某个图层中的线型，弹出一个“选择线型”对话框，如图 13-6 所示。若该对话框中没有所需线型，可单击“加载”按钮，弹出“加载或重载线型”对话框，如图 13-7 所示。可在其中选择所需的线型。再单击“确定”按钮，返回“线型选择”对话框，选中该线型，单击“确定”按钮。

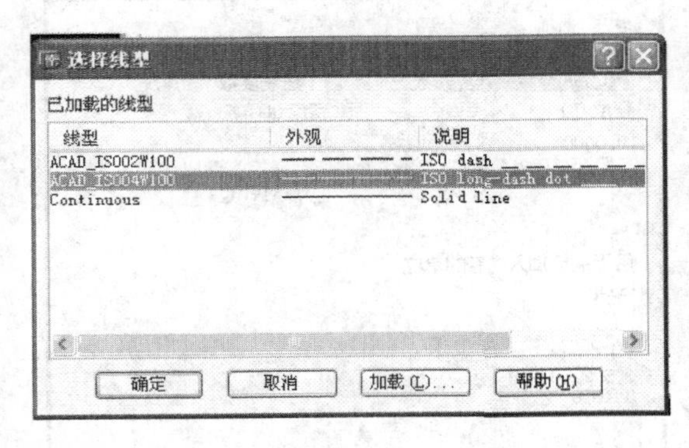

图 13-6 “选择线型”对话框

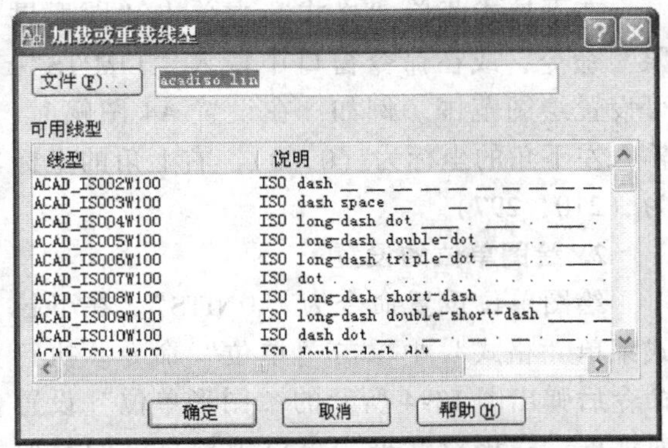

图 13-7 “加载或重载线型”对话框

单击某个图层中的线型宽度，弹出“线宽”设置对话框。在该对话框中可选择线型宽度。

在“图层特性管理器”对话框中不仅可以进行新建图层的命名、设置颜色、线型、线宽、删除等操作，而且可以对每一个图层状态进行设置。图层的设置可通过单击相应的图标按钮进行切换。图层的状态主要有：

① 打开/关闭：关闭图层时，该层上的实体不显示，也不能编辑。可将当前图层设置成关闭的图层。

② 解冻/冻结：被冻结图层上的实体不但不显示，也不能打印，不参加图形处理运算。当前图层不能被冻结。

③ 解锁/锁定：图层上的实体能显示，也能打印，但是不能被编辑。

④ 可打印/不可打印：若图层设置为不可打印，则该图层上的实体不能被打印。

五、辅助绘图工具

辅助绘图按钮集中显示在屏幕下方的状态栏中。用鼠标左键单击使按钮凹下，该按钮所表示的功能处于打开状态，相反则处于关闭状态。当功能按钮有需要设置或修改参数时，把光标放在该按钮上并单击鼠标右键，将弹出一个快捷菜单，选择其中“设置”按钮后，弹出相应的设置对话框，可进行参数设置。如“对象捕捉”选项的“草图设置”对话框如图13-8所示。

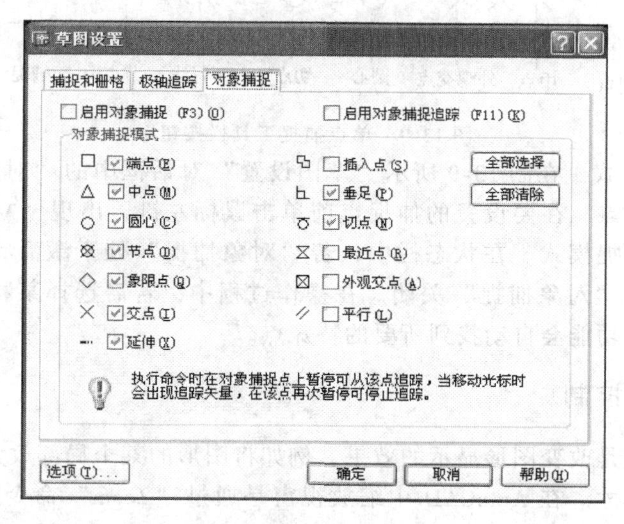

图 13-8　“对象捕捉”选项的“草图设置”对话框

1. 捕捉（Snap）

使用“Snap”命令可以生成一个在屏幕上虚拟的栅格，栅格的大小可以设置。这种网格看不见，当Snap打开时，它会迫使光标的移动只能落在栅格点上，以确保光标输入的准确性。当Snap关闭时，它对光标无任何影响。可以通过单击状态行按钮“捕捉”或按< F9 >键打开或关闭栅格捕捉功能。

2. 栅格（Grid）

栅格是在屏幕上显示的一个可见的参考点阵，它的作用如同使用方格纸画图一样，有一个视觉参考。栅格显示的范围是由“Limits”命令设置的图形界限。栅格只是一种辅助工具，不是图形的一部分，因此不会被打印输出。可以通过单击状态行按钮“栅格”或按< F7 >键打开或关闭栅格显示。

3. 正交（Ortho）

当设置了正交模式后，将迫使所画的线平行于 X 轴或 Y 轴。可以通过鼠标左键单击状态行按钮“正交”或按 <F8> 键打开或关闭正交模式功能。

4. 对象捕捉（Osnap）

在作图时如果需要使用图形实体上的某些特殊点。例如：直线的端点、中点、圆心、切点、线与线的交点等，若直接用光标拾取，误差可能较大；若键入数字，又难以知道这些点的准确坐标。目标捕捉功能可以帮助用户迅速而准确地捕捉到这些点。

使用目标捕捉有两种方法：

（1）单点捕捉　打开对象捕捉工具栏，如图 13-9 所示。在绘图命令的操作过程中，当需要使用某一特殊点时，单击捕捉工具栏中的相应按钮，光标变成靶区，移动靶区接近实体，捕捉点被黄色标记显示出来。按鼠标左键捕捉到实体上需要的类型点。单点捕捉方式每次只能捕捉一个目标，捕捉完了即自动退出捕捉状态。

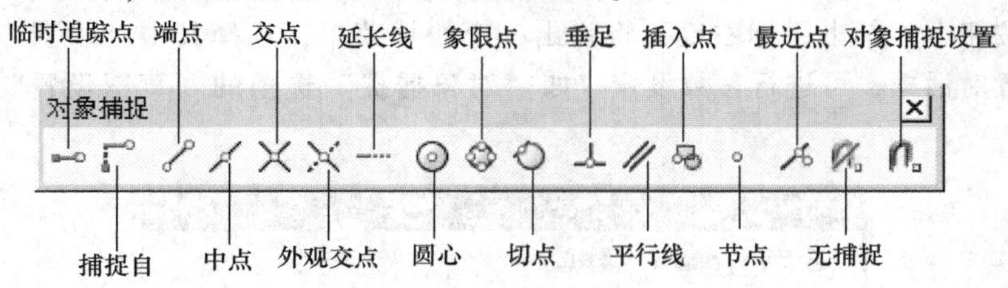

图 13-9　单点捕捉工具栏按钮

（2）对象捕捉方式　在图 13-9 所示“草图设置”对话框中的“对象捕捉”选项卡中，设置目标捕捉的捕捉点，在要设置的捕捉点前单击鼠标左键，出现“√”即为已选择。可以一次设置若干个捕捉模式。在状态栏中，若“对象捕捉”处于激活状态，则设置的目标捕捉一直可用，直到“对象捕捉”关闭。在操作过程中，若需选择某特殊点时，将光标放在其位置附近，捕捉功能会自动找到所要的特殊点。

六、图形显示控制

图形显示命令只是改变图形显示的效果，例如将图形的某个局部放大显示等，但它们并不改变图形的实际尺寸。在 AutoCAD 中缩放视窗是通过“Zoom”命令来实现的。图 13-10 所示为标准工具栏中的缩放工具栏。

1. 显示缩放命令（Zoom）

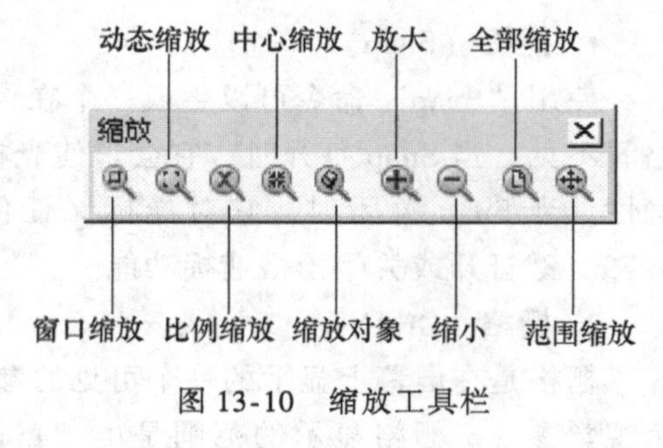

图 13-10　缩放工具栏

“显示缩放”命令用于缩小或者放大图形在屏幕上的视觉大小。

（1）窗口选择按钮　键入两个点，视图区将显示两个对角点所指定的矩形窗口内的图形。

（2）动态显示按钮　屏幕上将出现一个可移动的视图框。单击鼠标左键可放大或缩小视图框。移动视图框到适当的位置，按回车键，视图区将显示视图框内的图形。

（3）范围选项按钮　使用该选项可将视图最大限度地充满绘图区域。

（4）中心点按钮　用光标在视图中指定一点，再输入一个数值+X，例如2X。在显示区会出现以该点作为视图的中心点且放大两倍的图形。

（5）全部按钮　该选项显示全部图形的范围。

2. 实时平移显示命令（Pan）

该命令执行时十字光标变为手形光标。用户只需按住鼠标左键并移动光标，就可以实现平移图纸，以查看图形的不同部分。该命令不改变图形的缩放倍数。除了可以使用“实时平移显示”命令来平移图形外，还可以利用窗口滚动条来实现对图形的平移。

3. 实时缩放命令

该命令可以动态地缩小或放大当前的视图。执行该命令时，图标会变为放大镜形状。按住鼠标左键，将光标向上移时视图放大，向下移时视图缩小。

第二节　AutoCAD的二维绘图命令

AutoCAD 2010提供了丰富的绘图功能。常用的绘图命令见“绘图”工具栏（图13-11）。

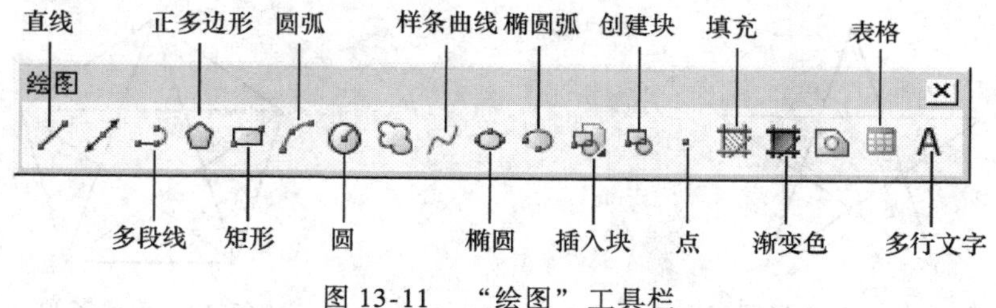

图13-11　“绘图”工具栏

下面介绍几个常用的绘图命令：

1. 绘制直线

命令方式：“绘图”工具栏图标，或下拉式菜单“绘图”→“直线”，或命令行输入“l”。绘制直线时只需指定直线的起点和终点即可。

2. 绘制正多边形

绘制正多边形命令为“POLYGON”，菜单命令在“绘图”菜单中选择“多边形”菜单，图标命令在“绘图”工具栏中。该命令可创建3～1024条边的正多边形，创建的多边形为一个图形对象，即为多段线。确定正多边形大小的方法有两种：一种是输入多边形的内接圆或外切圆的半径，另一种是确定多边形的边长。

3. 绘制矩形

绘制矩形命令为“RECTANG”，菜单命令在“绘图”菜单中选择“矩形”菜单，图标命令在“绘图”工具栏中。绘制方法比较简单，通过指定两个对角点就可以确定。

4. 绘制圆

绘制圆命令为“CIRCLE”，菜单命令在“绘图”菜单中选择“圆”菜单的子菜单，图标命令在“绘图”工具栏中。软件中提供了6种绘制圆的方法，分别是利用圆心和半径、圆心和直径、以两点确定直径、以三点确定直径、确定半径与两个图形对象相切、确定三个相切对象。

5. 绘制圆弧

绘制圆弧命令为“ARC”，菜单命令在“绘图”菜单中选择“圆弧”菜单的子菜单，图标命令在“绘图”工具栏中。绘制圆弧与绘制圆有很多相似之处，也需要指定其圆心、半径，同时还需要指定起点、端点、角度、方向或弦长等参数。

6. 绘制椭圆

绘制椭圆命令为“ELLIPSE”，菜单命令在“绘图”菜单中选择“椭圆”菜单，图标命令在“绘图”工具栏中。绘制椭圆可以先指定中心，再指定长、短轴的一个端点来绘制；也可以先指定一根轴的两个端点，再指定另一根轴的一个端点来绘制。

下面举例说明以上命令的运用。

例 13-1 绘制图 13-12 所示的五角星。

分析：绘制五角星可以先用多边形命令绘制一个正五边形，然后用直线命令将五边形的五个顶点分别连接，最后删除正五边形，即可得到所要图形。具体绘图步骤如下：

1）使用“POLYGON”命令绘制正五边形，边数设为 5，内接于半径为 20mm 的圆。

2）使用直线命令，分别连接五边形的 5 个顶点，如图 13-13 所示。

3）删除正五边形，得到五角星。

图 13-12 五角星图案

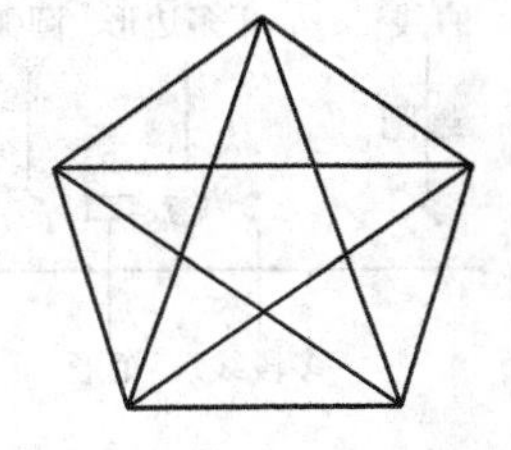

图 13-13 连接各顶点

例 13-2 绘制图 13-14 所示的图形。

分析：该图形可以先利用“LINE”命令根据三角形 3 个顶点的绝对坐标绘制出三角形，然后用 3 点画圆命令绘制三角形的外接圆，最后用与三条边相切命令绘制三角形的内切圆。具体步骤如下：

1）使用“LINE”命令绘制三角形。输入“LINE”命令后依次输入以下各点：①用绝对坐标输入第 1 点（10，10）；②用绝对坐标输入第 2 点（42，17）；③用绝对坐标输入第 3 点（21，45）；④输入“C”使三角形闭合。

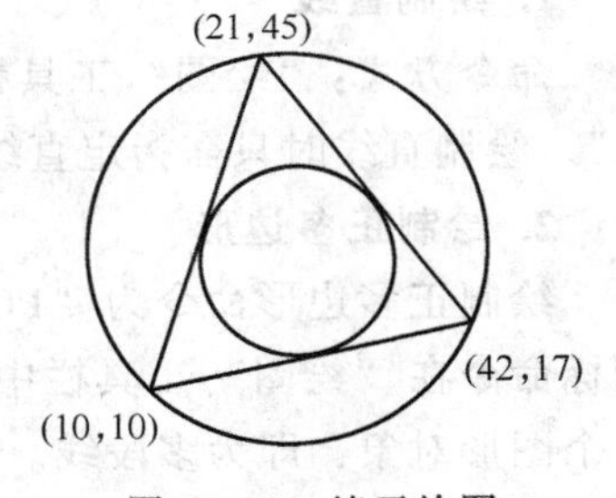

图 13-14 练习绘图

2）绘制外接圆。使用 3 点画圆命令，分别点取三角形的三个顶点，得到外接圆。

3）绘制内切圆。使用相切、相切、相切命令，分别点取三角形的三条边，得到内切圆。

第三节 AutoCAD 的二维编辑命令

图形编辑是指对已有的图形进行复制、移动、剪切等操作。绘图和编辑命令配合使用，可以灵活快速地画出复杂的图形。图形编辑是对指定的图形对象进行操作，在执行编辑命令时，先要选择图形对象，下面介绍图形对象的选择方式。

一、对象选择方式

任何图形编辑都需要指定其操作对象，操作对象的集合称为选择集。当系统提示“Select Object”即开始构造选择集，光标变成方形状态，选择到的实体（直线、圆、文字等等）变成虚线，以示区别。

（1）直接选取法 将光标移到某一实体上单击，即选取了一个实体。

（2）窗口形式（Windows） 键入“W”后，系统提示：

First Corner（输入第一点）：

Second Corner（输入第二点）：矩形窗口所包含的实体被拾取。

（3）交叉窗口（Crossing） 键入“C”，则交叉窗口被选中。

W窗口与C窗口的区别为：前者为矩形窗口完全包含的实体被拾取，如图13-15a所示；后者为矩形窗口完全包含及与边界相交的实体被拾取，如图13-15b所示。

（4）放弃（Undo） 键入“U”，可以使选择集中的实体按逆序被清除。

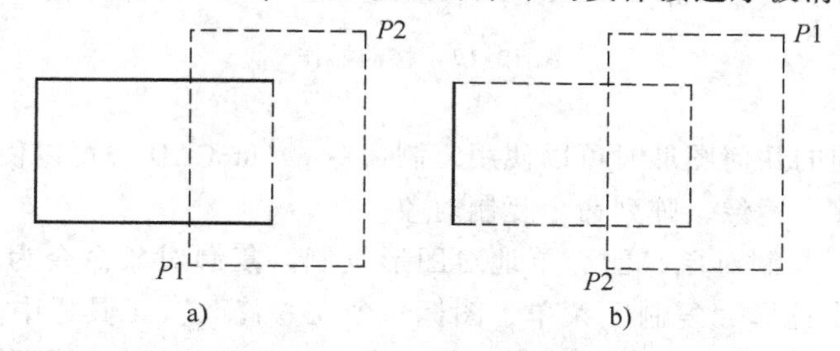

图13-15 窗口方式的两种形式

二、常用编辑命令

常用的编辑命令可见图13-16所示的“修改”工具栏。下面对部分命令作简单介绍。

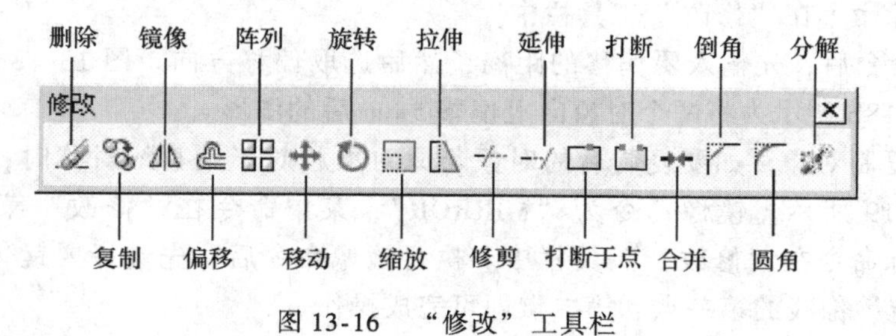

图13-16 “修改”工具栏

1. 删除

删除命令为“ERASE”，菜单命令在“修改”菜单中选择“删除”菜单，图标命令在“修改”工具栏中。执行删除操作时，可以先选择要删除的实体，后执行删除命令；也可以先执行删除命令，后选择要删除的实体。选择完要删除的实体后，按键盘上的<Delete>键也可以执行删除操作。

如果要取消删除操作可以在命令行输入“OOPS”，然后按回车键，也可以按键盘上的<Ctrl+Z>组合键。

2. 移动

移动命令为“MOVE”，菜单命令在“修改”菜单中选择“移动”菜单，图标命令在“修改”工具栏中。

执行移动命令后先选择要移动的对象，选定对象后按回车键，然后选择移动的基准点，最后选择移动的目标点，即可将选定对象从基准点移动到目标点。

如图 13-17 所示，要将图 13-17a 所示矩形中小圆的圆心移到点 *A* 处。先输入“MOVE”命令，按回车键后用鼠标点选小圆，再按回车键，然后选取基准点圆心，最后选取目标点 *A*，即得到图 13-17b 所示的结果。

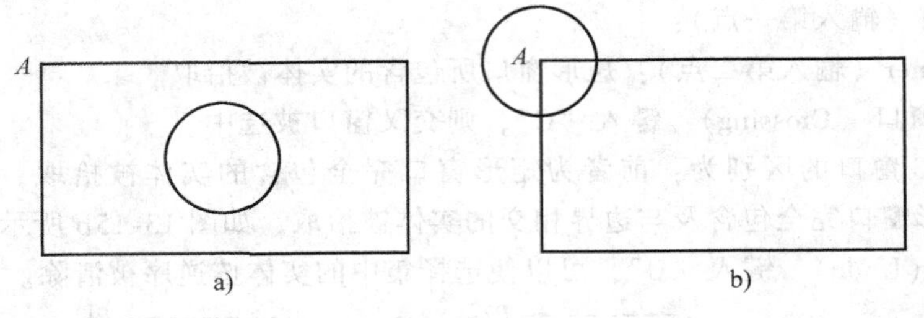

图 13-17 移动操作

3. 复制

在需要绘制相同的几何图形时可以使用复制命令。AutoCAD 中可以使用复制命令复制对象，还可以使用偏移、镜像、阵列命令复制对象。

(1) 复制对象　复制对象只能简单地对图形复制。复制对象命令为“COPY”，菜单命令在“修改”菜单中选择“复制”菜单，图标命令在“修改”工具栏中。

进行复制操作时先选择要复制的对象，按回车键，然后选择复制图形的基准点，最后选择目标点，即可在目标点得到一个复制后的图形。在复制时可以选择多个目标点，这样可以得到多个复制后的图形。

(2) 偏移复制对象　偏移命令为“OFFSET”，菜单命令在“修改”菜单中选择“偏移”菜单，图标命令在“修改”工具栏中。

执行偏移命令后，先输入要偏移的距离，然后选取偏移方向。图 13-18a 所示为偏移前的图形，图 13-18b 所示为将两个对象向上偏移 5mm 后的图形。

(3) 镜像复制对象　如要复制后的对象与原对象相对于某直线对称时，可以采用镜像命令，如图 13-19 所示。镜像命令为“MIRROR”，菜单命令在“修改”菜单中选择“镜像”菜单，图标命令在“修改”工具栏中。执行镜像命令后，先选择要镜像的对象，按回车键，然后指定镜像线的第一点和第二点即可完成操作。

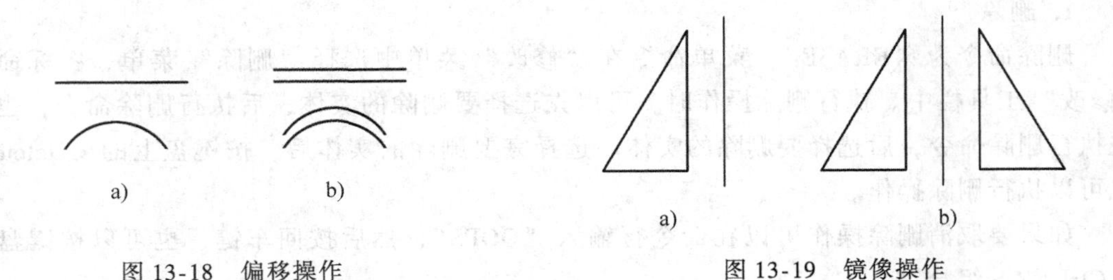

图 13-18 偏移操作　　图 13-19 镜像操作

（4）阵列复制对象　如果被复制的对象与原对象按一定规律均匀排列时可以使用阵列命令。阵列分为环形阵列和矩形阵列两种形式，如图 13-20 所示。

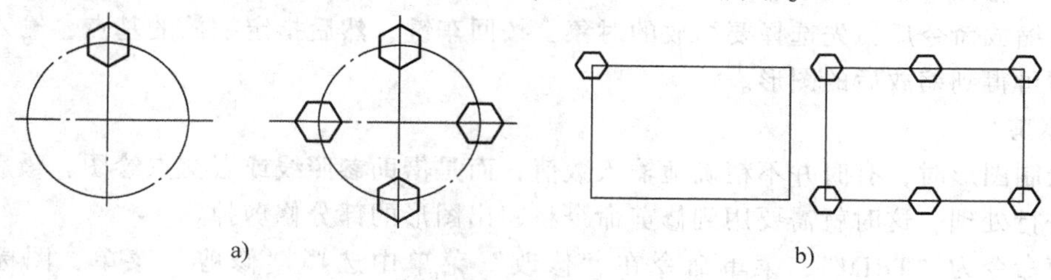

图 13-20　两种阵列形式

a）环形阵列　b）矩形阵列

阵列命令为“ARRAY”，菜单命令在“修改”菜单中选择“阵列”菜单，图标命令在“修改”工具栏中。

执行完命令后会弹出图 13-21 所示的“阵列”对话框。先选择阵列的形式，如果为矩形阵列，则要输入阵列的行数、列数、行间距与列间距，然后选择要阵列的对象，最后单击“确定”按钮，即可完成操作。若为环形阵列，则要指定阵列的中心点、阵列的数目、阵列的角度，然后选择要阵列的对象，最后单击“确定”按钮，即可完成操作。

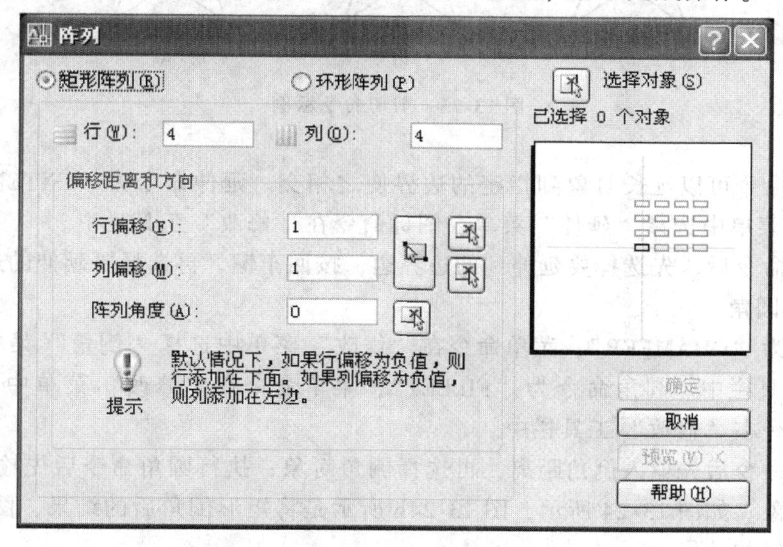

图 13-21　阵列对话框

4. 旋转

旋转命令为“ROTATE”，菜单命令在“修改”菜单中选择“旋转”菜单，图标命令在“修改”工具栏中。执行旋转命令后，先选择要旋转的对象，按回车键，然后指定旋转的基点，最后指定旋转的角度。图 13-22b 所示是将图 13-22a所示图形逆时针方向旋转 30°的结果。

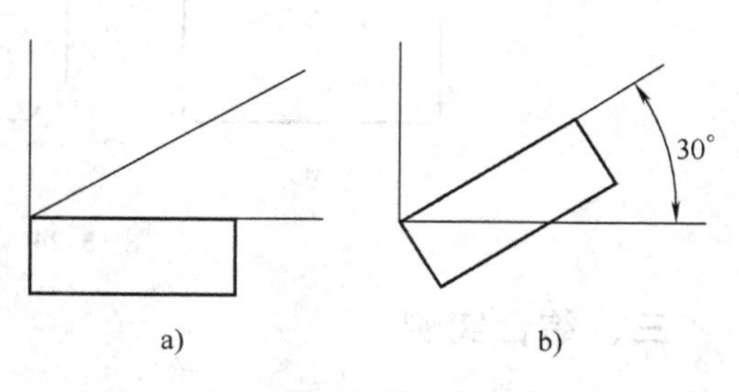

图 13-22　旋转操作示例

5. 缩放

使用缩放命令可以以某一点为基准改变所

选对象的尺寸。缩放命令为“SCALE”，菜单命令在“修改”菜单中选择“缩放”菜单，图标命令在“修改”工具栏中。

执行缩放命令后，先选择要缩放的对象，按回车键，然后指定缩放的基点，输入缩放的比例，即可得到缩放后的图形。

6. 修剪

在绘制图形时，有时并不精确地输入数值，而是借助参照线或者交点绘图，最后对多余的图线进行处理，这时就需要用到修剪命令将超出图形的部分修剪掉。

修剪命令为“TRIM”，菜单命令在“修改”菜单中选择“修剪”菜单，图标命令在“修改”工具栏中。

执行修剪命令后，先选取剪切边，按回车键，再选取被剪切边，即可完成操作。

如图 13-23a 所示，将五角星的五条边都选取为剪切边，点取 1 边、3 边为被剪边，结果如图 13-23b 所示。点取 1、2、3、4、5 边为被剪切边，结果如图 13-23c 所示。

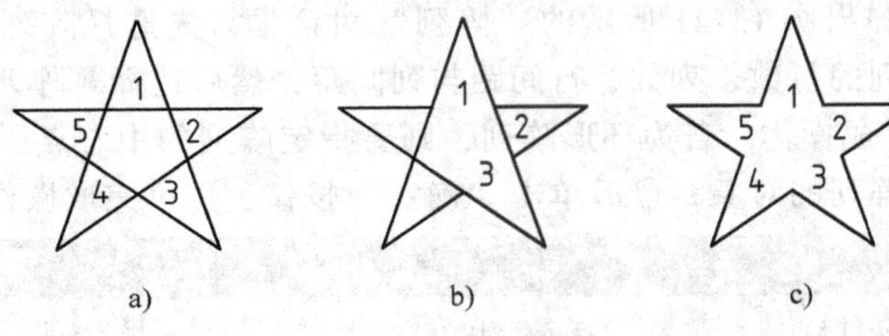

图 13-23　剪切命令示例

7. 延伸

使用延伸命令可以延长对象到指定的边界使之相交。延伸命令为“EXTEND”，菜单命令在“修改”菜单中选择“延伸”菜单，图标命令在“修改”工具栏中。

执行延伸命令后，先选择要延伸到的边界边，按回车键，再选择要延伸的边。

8. 倒角与圆角

倒角命令为“CHAMFER”，菜单命令在“修改”菜单中选择“倒角”菜单，图标命令在“修改”工具栏中。圆角命令为“FILLET”，菜单命令在“修改”菜单中选择“圆角”菜单，图标命令在“修改”工具栏中。

执行倒角命令后先输入倒角距离，再选择倒角对象；执行圆角命令后先输入圆角半径，再选择圆角对象。如图 13-24 所示，图 13-24b 所示是将矩形倒角后的结果，图 13-24c 所示是将矩形圆角后的结果。

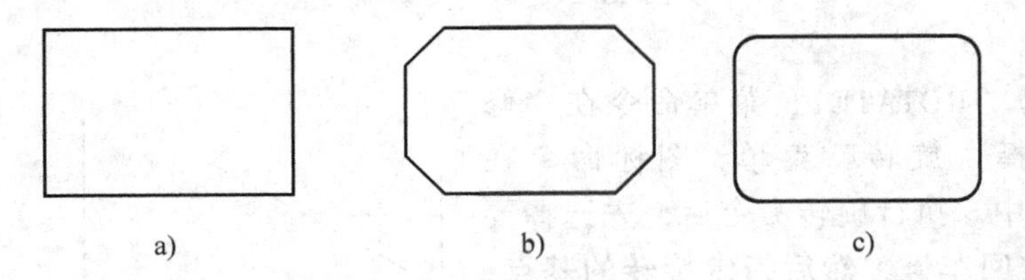

图 13-24　倒角与圆角示例

三、综合实例

下面介绍几个综合运用绘图与编辑命令的例子。

例 13-3 绘制图 13-25 所示的平面图形。

分析：该图形中用到了 3 种线型，绘图前先设置好图层和线型，绘图时先绘制中心线，然后绘制几个已知圆和圆弧，最后绘制切线。具体步骤如下：

1）打开图层工具，设置粗实线、中心线和细实线层，并设置好相应的线型和线宽。

2）进入中心线层，利用“LINE”命令绘制中间两条长的中心线，然后将中间的竖直中心线分别向左、右各偏移 17.5mm。

3）利用“CIRCLE”命令绘制直径分别为 14mm、24mm、5mm 的 4 个圆以及半径为 6mm 的两个圆。

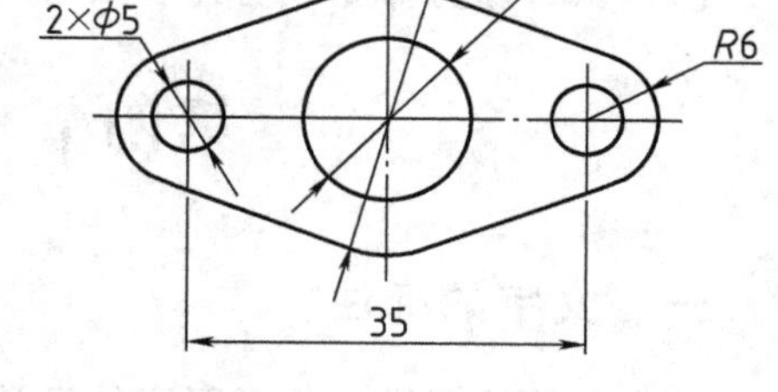

图 13-25 平面图形示例（一）

4）打开“对象捕捉”设置对话框，清除所有选择，选取捕捉切点。

5）利用“LINE”命令以及自动捕捉到切点功能绘制 4 条公切线。

6）利用“TRIM”工具修剪多余的图线。

例 13-4 绘制图 13-26 所示的平面图形。

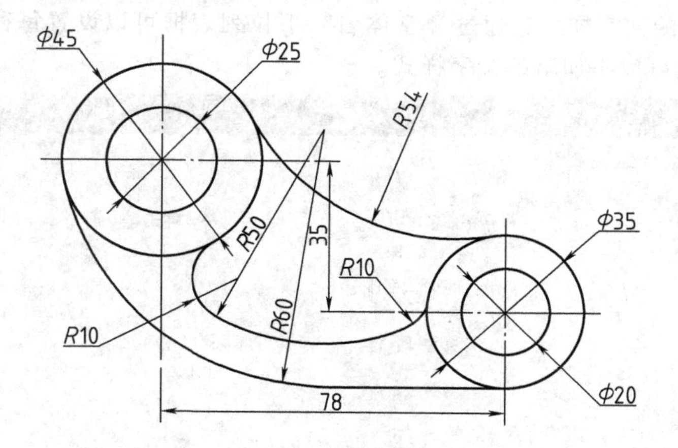

图 13-26 平面图形示例（二）

分析：该图形主要用到直线、圆的绘制方法，以及偏移、圆角、修剪等图形编辑方法。具体绘图步骤如下：

1）打开图层工具，设置粗实线、中心线和细实线层，并设置好相应的线型和线宽。打开对象捕捉，设置捕捉到交点、圆心、象限点。

2）利用“LINE”命令绘制左上角两条中心线。

3）利用偏移命令将两条中心线分别向下偏移 35mm、向右偏移 78mm，得到右边的两条中心线。

4）利用“CIRCLE”命令分别绘制直径分别为 25mm、45mm、35mm、20mm 的 4 个圆。

5）利用“LINE”命令，经过直径为 35mm 的圆的下象限点绘制水平直线，长度自定。

6）利用“相切、相切、半径”绘制与 ϕ45mm 的圆和 ϕ35mm 的圆相切、半径为 54mm 的圆。

7）利用“相切、相切、半径”绘制与 ϕ45mm 和水平直线相切、半径为 60mm 的圆。

8）利用偏移命令，将 R60mm 的圆弧向内偏移 10mm。

9）执行圆角命令，设置圆角半径为 10mm，在 ϕ45mm 的圆和 ϕ50mm 的圆之间绘制一个圆角，在 ϕ35mm 的圆和 ϕ50mm 的圆之间绘制一个圆角。

10）执行修剪命令，剪掉多余的线条。

第四节 文字与图案填充

一、文字的标注

一张完整的图样，除了图形外经常还需要标注一些文本，如标题栏、技术要求、设计说明等。AutoCAD 2010 提供了较强的文本标注及文本编辑功能。

1. 设置文字样式

在标注文字之前，需要根据实际要求设置好文字样式。文字样式的命令为“STYLE”，菜单命令在“格式”菜单中选择“文字样式”，图标命令在“样式”工具栏中。

执行命令后会弹出图 13-27 所示的“文字样式”设置对话框。在“样式”列表框中显示的是文件中包含的文字样式，通过“字体名”下拉列表框可以设置每种文字样式的字体，单击“新建”按钮可以添加新的文字样式。

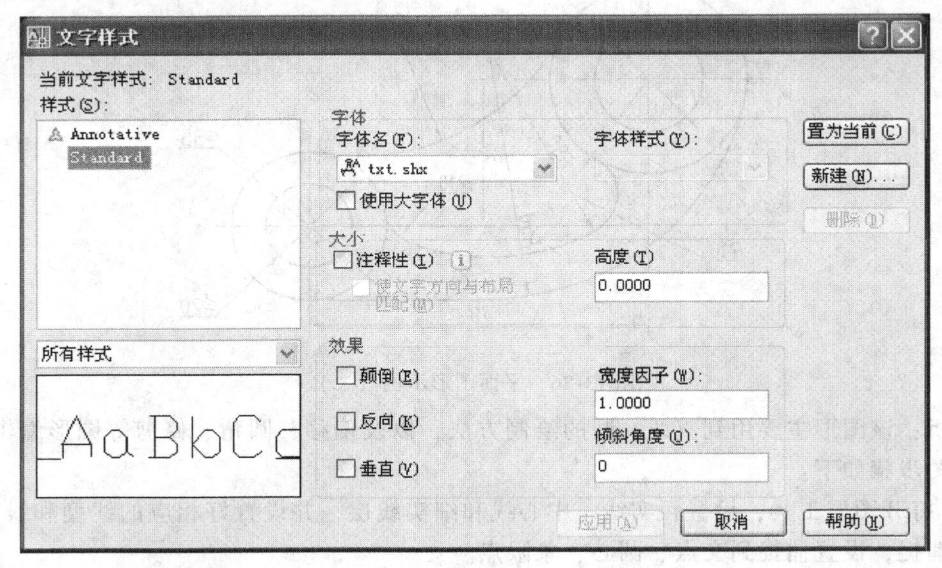

图 13-27 “文字样式”对话框

2. 创建单行文字

创建单行文字的命令为“TEXT”或“DTEXT”，菜单命令在“绘图”菜单的“文字”子菜单中，图标命令在“文字”工具栏中。

执行“单行文字”的命令后，系统提示：

指定文字的起点或［“对正（J）/样式（S）］：

这里 J 是选择文本对齐的方式，系统会给出各种方式以供选择；S 是要输入已定义的字样名，默认是“Standard”。输入字体的高度和角度后，就可输入文字了。

有时候中文字体显示不出来，那是因为文本类型设置的问题。所以书写汉字应将其设置成中文字体类型。

绘图中使用的一些特殊字符，不能由键盘直接产生，为此 AutoCAD 提供使用控制码实现特殊字符的书写方法。控制码以%%开头，如：

%%d——书写度的符号“°” %%%c——书写直径的符号“ϕ”

%%p——书写正负号“±” %%%——书写百分号“%”

3. 创建多行文字

多行文字是由任意数目的文字行或段落组成的，它不仅可以沿垂直方向无限延伸，而且可以将对下划线、字体、颜色和文字高度等的修改应用到段落中的单个字符上。使用多行文字命令在输入文字前需要先建立一个文本边框，该边框可以用来确定多行文字的左右边界。

创建多行文字的命令为“MTEXT”，菜单命令在“绘图”菜单的“文字”子菜单中，图标命令在“文字”和“绘图”工具栏中。

利用“多行文本编辑器”中的“堆栈文字”选项，可以将分数以上下重叠形式显示，而不是左右并排的格式。

应用一：例如，输入文字“2/3”，然后选中此文字，单击“堆栈文字”按钮，文字显示$\frac{2}{3}$。

应用二：例如，输入文字“%%c25 +0.002^-0.001”，然后选中“+0.002^-0.001”文字，单击“堆栈文字”按钮，则文字显示为图 13-28 所示形式。其中“^”是堆栈文字上、下标的代号，“^”前面的数值是上标，“^”后面的数值是下标。其中“%%c”代表直径符号。

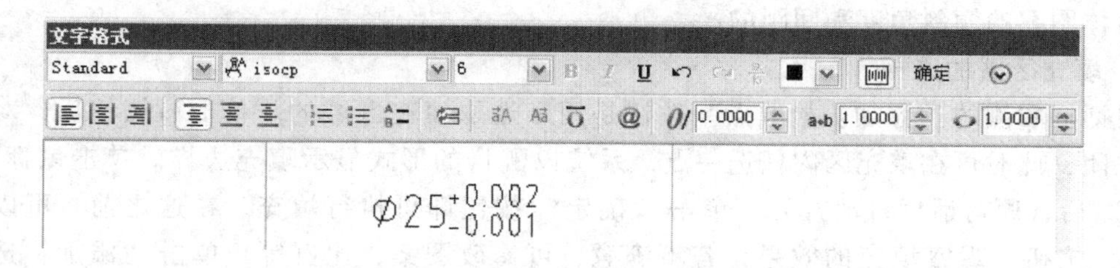

图 13-28 “堆栈文字”按钮的功能

二、填充图案

在工程图中如果要绘制剖视图，需在剖切平面处画上剖面线，此时就要用到图案填充命令。

图案填充命令为“HATCH”或“BHATCH”，菜单命令在“绘图”菜单中选择“图案填充”，图标命令在“绘图”工具栏中。

执行图案填充命令后，会显示图 13-29 所示的“图案填充和渐变色”对话框。下面对其作简要介绍。

1. 填充图案的选择

“类型”选项提供了三种类型：预定义、用户定义和自定义。选择“预定义”，可在

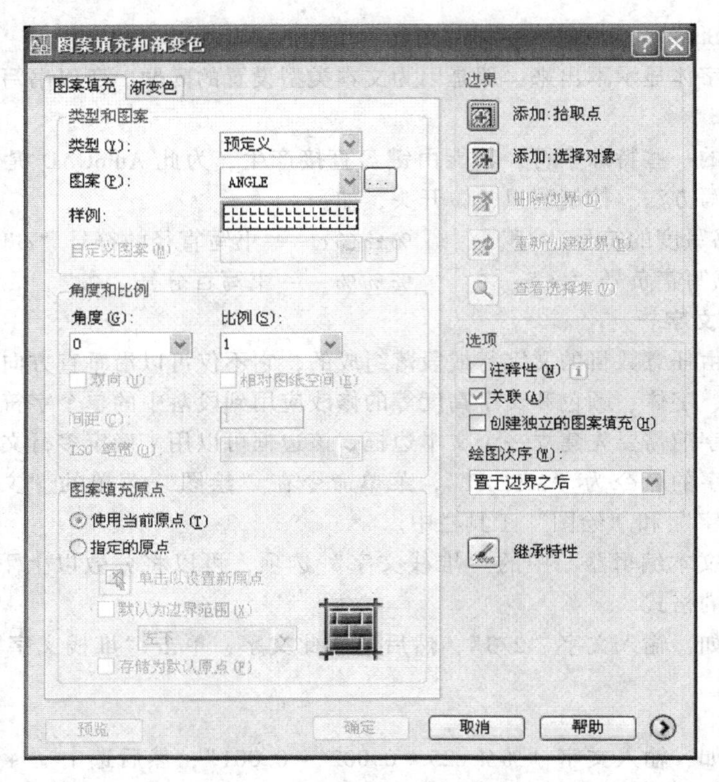

图 13-29　“图案填充和渐变色”对话框

“图案”栏中的下拉列表框中选择各种类型的图案代码或单击后面的“…”按钮，可以打开“填充图案选项板”选择其中一种作为填充的图案。“角度”和“比例”下拉列表框分别是调整整体图案的倾斜角度和间距的。

2. 填充区域的选择

对话框右侧的“添加：拾取点”按钮是用来选取填充区域的。单击该按钮后，对话框暂时关闭，此时可在填充区内任选一点，系统以醒目的形式显示填充边界。单击鼠标右键，“确认”后，原对话框自动打开，单击“确定”按钮即可执行填充。在这之前，可以单击“预览”按钮，观察填充的效果，若不满意，可修改图案、比例等。单击“添加：选择对象”按钮，可通过选择组成填充区域的边界实体，确定填充区域，与“添加：拾取点”的作用相同。

注意，要保证填充边界是封闭的。

第五节　尺寸标注

在一张完整的工程图中，除了视图和文字外，还有许多的尺寸。AutoCAD 2010 版本中提供有多种标注样式及设置标注的方法，可以满足机械、建筑等多个领域的要求。

一、尺寸标注样式的设置

在标注尺寸前应先设置好尺寸标注的样式，如尺寸数字的高度、尺寸箭头的大小等。

尺寸标注样式设置的命令为“DIMSTYLE”或“DDIM”，菜单命令在“格式”菜单中选择“标注样式”，图标命令在“样式”工具栏中。执行命令后，系统会弹出图 13-30 所示的“标注样式管理器”对话框。

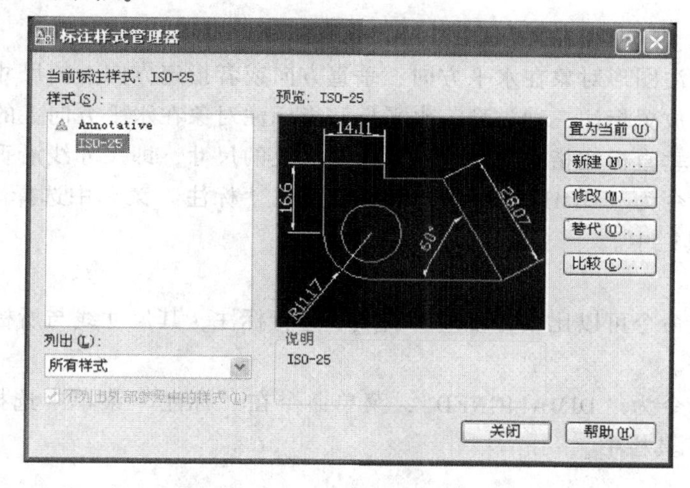

图 13-30　“标注样式管理器”对话框

单击对话框右边的“新建”按钮，系统会弹出图 13-31 所示的“创建新标注样式”对话框，可以从中设置所要新建标注样式的样式名、基础样式等属性。

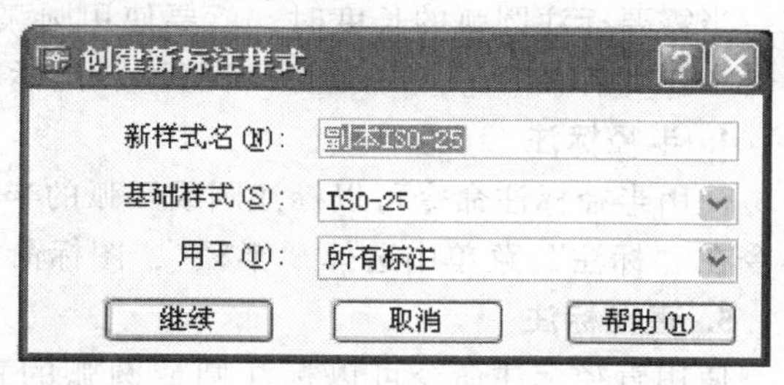

图 13-31　“创建新标注样式”对话框

单击对话框左边的“继续”按钮，系统弹出图 13-32 所示的“新建标注样式：副本 ISO-25”对话框。在该对话框中可以对尺寸线、尺寸界线、箭头、文字、单位及公差等

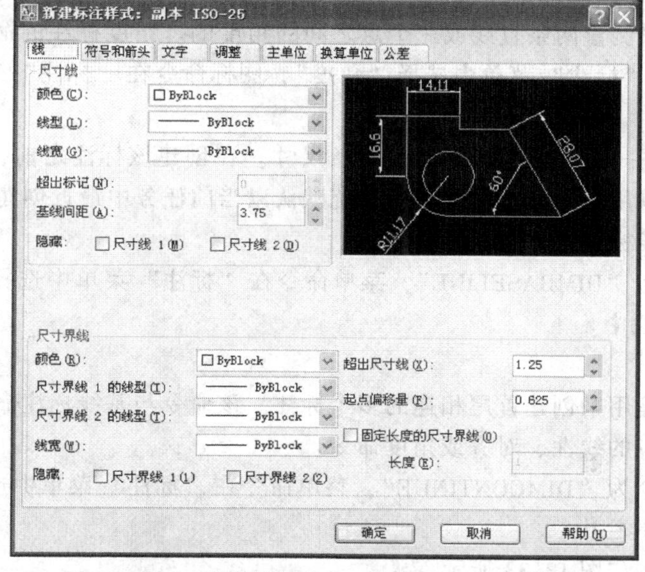

图 13-32　“新建标注样式：副本 ISO-25”对话框

项目进行设置，具体设置方法在此不作详细介绍。

二、尺寸标注

1. 线性标注

线性标注指标注图形对象在水平方向、垂直方向或者指定方向上的尺寸，它又分为水平标注、垂直标注和放置标注三种类型。水平标注指标注对象在水平方向上的尺寸，即尺寸线沿水平方向放置。垂直标注指标注对象在垂直方向上的尺寸，即尺寸线沿垂直方向放置。

线性标注的命令为“DIMLINEAR”，菜单命令在“标注”菜单中选择“线性”，图标命令在“标注”工具栏中。

2. 对齐标注

使用对齐标注命令可以比较方便地对斜线段进行标注，其尺寸线与所标注对象的角度一致，与之平行对齐。

对齐标注的命令为“DIMALIGNED”，菜单命令在“标注”菜单中选择“对齐”，图标命令在“标注”工具栏中。

3. 弧长标注

当需要标注圆弧的长度时，就要使用圆弧标注命令。圆弧标注命令为“DIMARC”，菜单命令在“标注”菜单中选择“圆弧”，图标命令在“标注”工具栏中。

4. 半径标注

使用半径标注命令可以标注圆或圆弧的半径。半径标注的命令为“DIMRADIUS”，菜单命令在“标注”菜单中选择“半径”，图标命令在“标注”工具栏中。

5. 直径标注

使用直径标注命令可以标注圆或圆弧的直径。直径标注的命令为“DIMDIAMETER”，菜单命令在“标注”菜单中选择“直径”，图标命令在“标注”工具栏中。

6. 角度标注

角度标注是用来测量两条直线或三个点之间的角度的。角度标注的命令为“DIMANGU-LAR”，菜单命令在“标注”菜单中选择“角度”，图标命令在“标注”工具栏中。

7. 基线标注

基线标注是以同一条直线为基准标注多条尺寸。在创建该标注之前，必须先创建线性、对齐或角度标注，以用来选择基准标注。系统默认以当前任务中最近创建的标注为基准，按照增量方式创建基线标注。

基线标注命令为“DIMBASELINE”，菜单命令在“标注”菜单中选择“基线”，图标命令在“标注”工具栏中。

8. 连续标注

连续标注命令是用来创建首尾相连的多个标注。该命令与基线标注命令一样，在创建标注之前必须创建相应的线性、对齐或角度命令。

连续标注的命令为“DIMCONTINUE”，菜单命令在“标注”菜单中选择“连续”，图标命令在“标注”工具栏中。

以上标注的示例如图 13-33 所示。

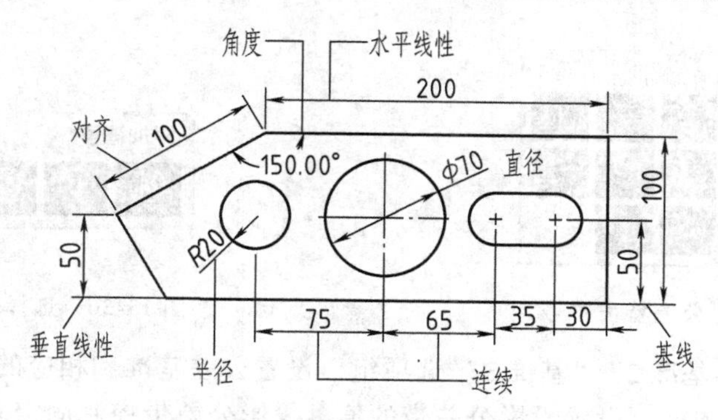

图 13-33　尺寸标注示例

三、尺寸标注的编辑

1. 编辑标注

使用编辑标注命令可以更改尺寸数字的内容、位置等特性。编辑标注的命令为“DIMEDIT”，图标命令在“标注”工具栏中。

2. 编辑标注文字

使用编辑标注文字命令可以设置标注文字沿尺寸线的位置及旋转的角度。编辑标注文字的命令为“DIMTEDIT”，图标命令在“标注”工具栏中。

四、几何公差⊖标注

标注几何公差的命令为“TOLERANCE”，菜单命令在“标注”菜单中选择“公差”，图标命令在“标注”工具栏中。执行命令后会打开图 13-34 所示的“形位公差”对话框，可以设置公差的符号、值及基准等参数。

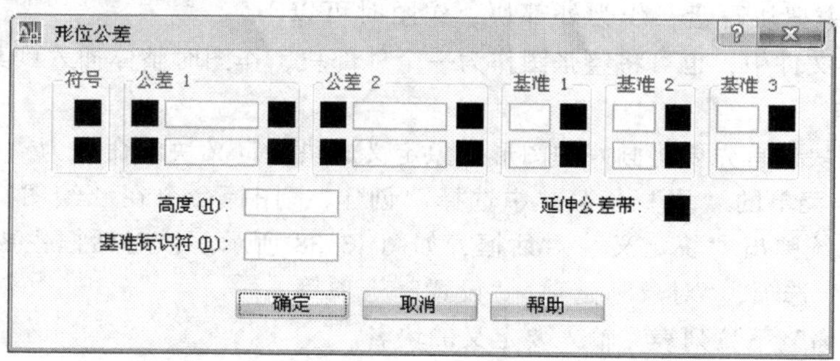

图 13-34　“几何公差”对话框

（1）“符号”选项　单击该列的■框，将打开“特征符号”对话框，可以为公差选择几何特征符号，如图 13-35 所示。

（2）“公差 1”和“公差 2”选项　单击该列前面的■框，将插入一个直径符号。在中间的文本框中，可以输入公差值。单击该列后面的■框，将打开“附加符号”对话框，可以为公差选择包容条件符号，如图 13-36 所示。

⊖ 在 GB/T 1182—2008 中称为几何公差，AutoCAD 中的形位公差，为旧标准，现已不使用。

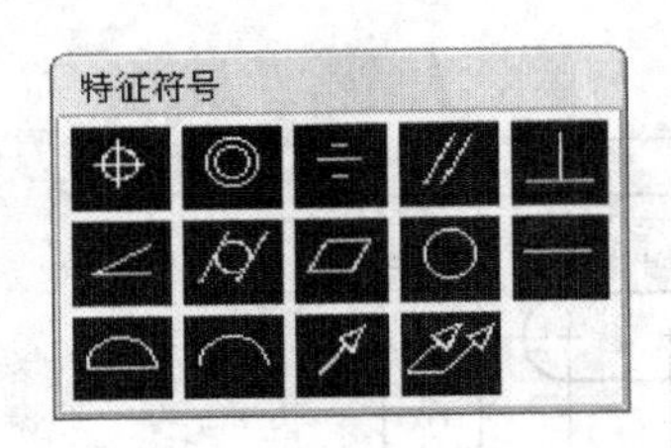

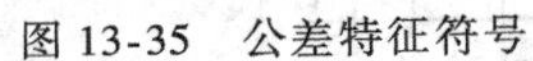
图 13-35 公差特征符号

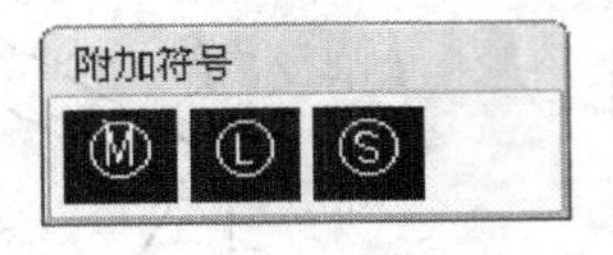

图 13-36 选择包容条件

（3）“基准 1”“基准 2”“基准 3”选项组 设置公差基准和相应的包容条件。

（4）“高度”文本框 设置投影公差带的值。投影公差带控制固定垂直部分延伸区的高度变化，并以位置公差控制公差精度。

（5）“延伸公差带”选项 单击■框，可在延伸公差带值的后面插入延伸公差带符号。

（6）“基准标识符”文本框 创建由参照字母组成的基准标识符号。

第六节 AutoCAD 2010 的图块功能

用户在绘图过程中，经常遇到绘制某些重复的图形，这时可以利用“BLOCK”命令将这些实体组合成一个整体，称为图块，并起一个块名字存于图形文件之中。当需要这个块时，可以用块插入命令插入到图形中的任何位置，插入时可以赋给块不同的比例和转角。图 13-37a 所示为定义的表面粗糙度块；图 13-37b 所示为从不同方向插入的表面粗糙度块。

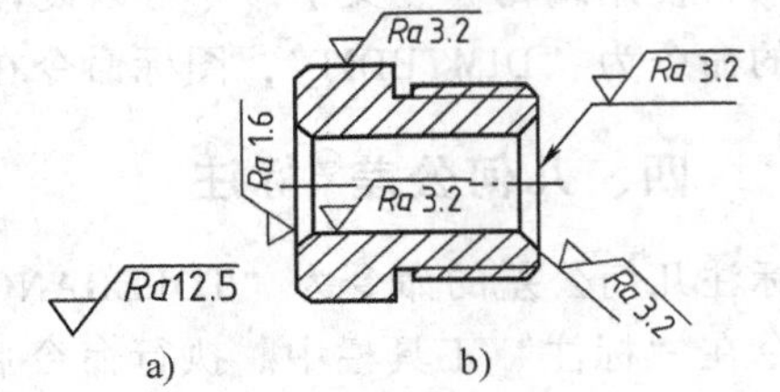

图 13-37 图块与插入图块

当在不同的图形文件中使用同一个块时，可以用“WBLOCK”命令把块写盘，作为外部块，作图时可以插入到任何图形文件中；也可将整张图作为一个外部块，作图时整体插入到其他的图形中。

1. 创建图块

用户要使用块，首先要将画好的图形对象定义成块。定义块的命令为“BLOCK”，菜单命令在“绘图”菜单的“块”子菜单中选择“创建”，图标命令在“绘图”工具栏中。执行该命令后，系统弹出“块定义”对话框，如图 13-38 所示。该对话框主要有“名称”下拉列表、“基点”选项、“对象”选项、“设置”选项等。

（1）“块名称”下拉列表 输入要定义的块名。

（2）“基点”选项 确定插入时块的基点，可从对话框中的 X、Y 和 Z 文本框处输入坐标值，也可单击“拾取点”按钮，用鼠标从屏幕绘图区选择对象。

（3）“对象”选项 选取要定义成块的对象。

以上选项执行后，单击“确定”按钮，完成块的定义。

2. 创建外部块

外部块以图形文件的形式（. dwg）写入磁盘，并可在其他文件中调用。外部块的命令为“WBLOCK”。

输入命令后，弹出“写块”对话框。定义方法与定义块相类似，但需要指出块存盘的路径，以方便查找。

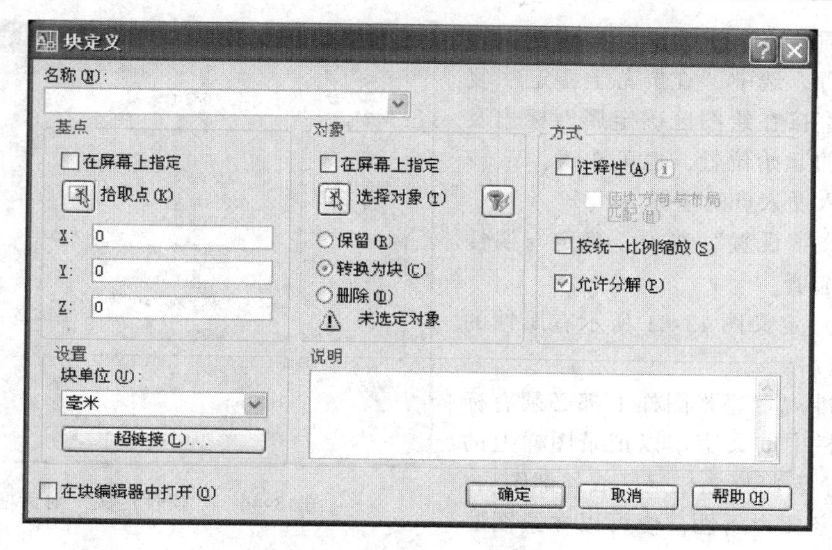

图 13-38　“块定义”对话框

3. 插入图块

将定义好的块以不同的比例和转角插入到图形文件中。插入块的命令为“INSERT”，菜单命令在“插入”菜单中选择“块”，图标命令在“绘图”工具栏中。

执行命令后，弹出“插入”对话框，如图 13-39 所示。该对话框主要有“名称”下拉列表、“浏览”按钮、“插入点”栏、“比例”栏、“旋转”栏和“分解”复选框，其含义如下：

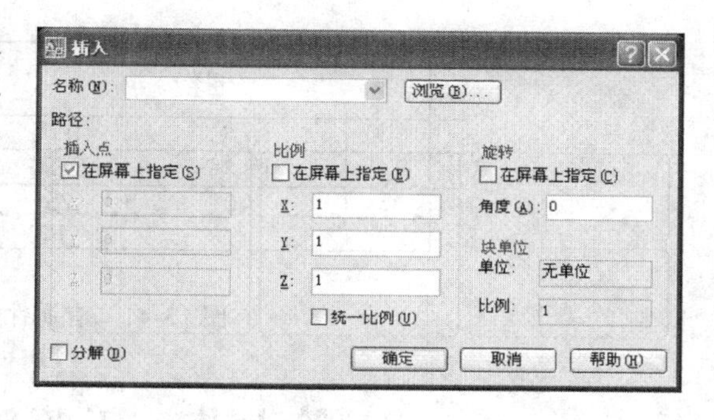

图 13-39　“插入”对话框

（1）“名称”下拉列表　输入或选取块名。

（2）“浏览”按钮　如果要插入的不是当前图形中的块，而是图形文件，则要单击该按钮，打开“选择文件”对话框，从中选择文件。

（3）“插入点”选项　确定块插入基点。

（4）“比例”选项　用于确定块插入时的比例。

（5）“旋转”选项　用于确定块插入时的旋转角度。

（6）“分解”复选框　用于将构成块的对象分解开，而不是作为一个整体来插入。

4. 块的属性

AutoCAD 允许为块加入非图形信息，即为块建立属性。属性包括属性标志和属性值两个方面的内容。在不同位置插入同一个块时，可以有不同的属性值。

图块属性定义的命令为“ATTDEF”，菜单命令在“绘图”菜单的“块”子菜单中选择“定义属性”。执行命令后，系统弹出图 13-40 所示的“属性定义”对话框，主要由“模式”选项、“属性”选项、“插入点”选项、“文字设置”选项等组成，基本操作如下：

（1）“属性”选项　用于设置属性标记、提示及默认值。可分别输入属性值，如 RA；输入属性提示；输入属性默认值。

（2）“插入点”选项　确定标注属性值的起始位置，选中“在屏幕上指定”复选框，可以直接在绘图区确定属性标志及属性值标定的起始位置，也可在 X、Y、Z 文本框内输入插入点的坐标。

（3）“文字设置”选项　确定与属性文本有关的选项。

例 13-5　定义图 13-41 所示有属性的标题栏图块。

国家标准规定每张图样上都必须有标题栏，标题栏中的文字用以记录图样上的非图形信息。若将标题栏定义成外部图块，其中的文字定义为属性，便可以在绘图时直接插入标题栏，大大提高工作效率。

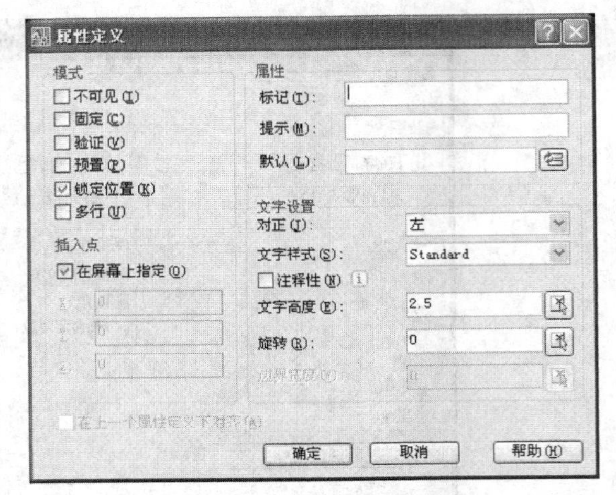

图 13-40　“属性定义”对话框

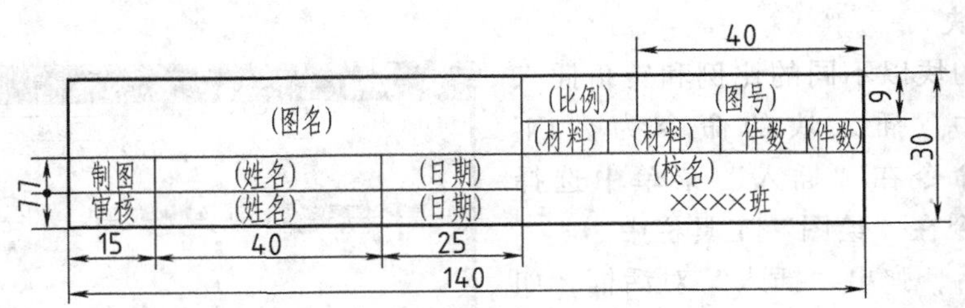

图 13-41　有属性的标题栏图块

第七节　正等轴测图的绘制

AutoCAD 软件为用户提供了可方便绘制正等轴测图的工具。所绘制的正等轴测图是一种在二维空间下表达的三维形体，非真正的三维图形。本节将介绍在 AutoCAD 系统下，利用“直线”“椭圆”“偏移”“修剪”等已有命令绘制正等轴测图，以及协助正等轴测图绘制的各种辅助工具，如网格、捕捉模式和轴测轴等。

一、建立轴测投影模式

当轴测投影模式被激活时，系统将网格、捕捉显示由标准正交模式改为正等轴测模式，随着网格显示的改变，标准 AutoCAD 十字光标的形式也随之变化。光标的显示与三个正等轴测平面相对应，这是构造正等轴测图的主要辅助工具。

具体操作过程如下：

单击下拉式菜单“工具”→“草图设置”，弹出图 13-42 所示的“草图设置”对话框。将“捕捉和栅格”选项卡中的“捕捉类型”选为“等轴测捕捉”，关闭对话框，即可打开等轴测模式。注意：打开等轴测模式后，捕捉与网格的间距由 Y 间距值控制，X 间距值不起作用。

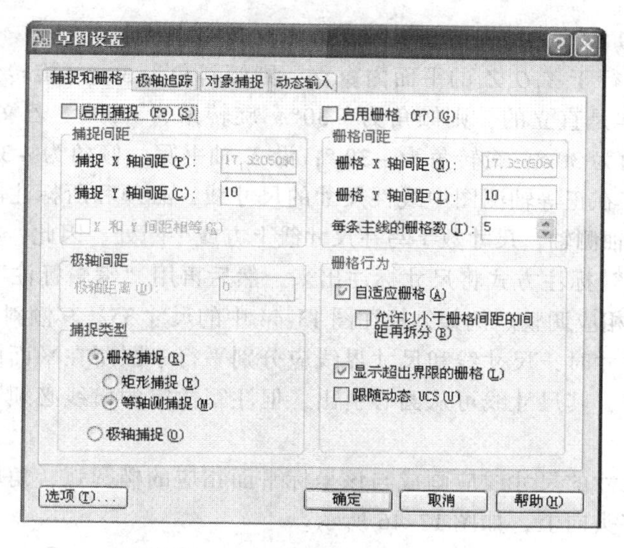

图 13-42　“草图设置”对话框

二、在轴测投影模式下绘图

1. 绘制正等轴测图的三种轴测轴

在等轴测捕捉模式下，AutoCAD 支持三种用来辅助正等轴测图绘制的轴测轴。如图 13-43 所示，第一种轴测轴称为左模式轴，用于表达物体的侧面形状；第二种轴测轴称为顶模式轴，用于表达物体水平面的形状；第三种轴测轴称为右模式轴，用于表达物体的正面形状。默认方式下为左模式轴，按 <Ctrl + E> 组合键或 <F5> 键，可在三种模式中依次切换。

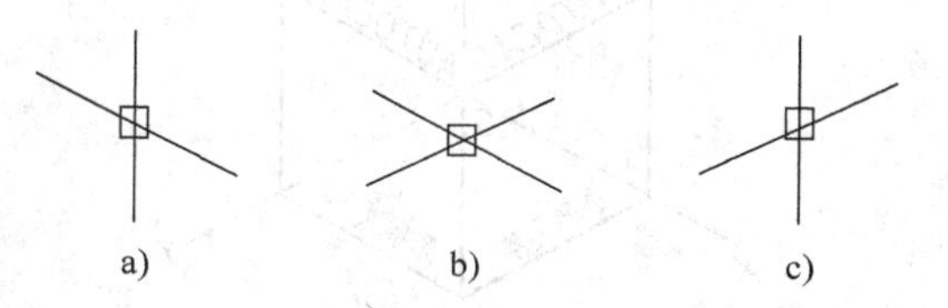

图 13-43　绘制正等轴测图的三种轴测轴
a) 左模式轴　b) 顶模式轴　c) 右模式轴

2. 绘图方法

（1）画直线　绘制平行于轴测轴的直线时，最简单的方法是启用正交模式，线段长度直接用键盘输入。对于不平行于轴测轴的直线，首先确定线段的端点位置，然后使用对象捕捉进行连接。

（2）画圆和圆弧　标准模式下的圆在轴测投影模式下变为椭圆，椭圆的轴在轴测面内。在轴测投影模式下绘制椭圆时，需使用“椭圆”命令的“等轴测圆（I）”选项。输入该选项后，系统将提示输入椭圆的圆心位置、半径或直径。随后，椭圆就自动出现在当前轴测面内。

圆弧在轴测投影中以椭圆弧的形式出现。画此椭圆弧时，可以画一个整椭圆，然后修剪掉不需要的部分。也可以选择“椭圆弧”命令的“等轴测圆（I）”选项，输入圆心、半径或直径以及圆弧的起始角和终止角。

注意：在轴测投影模式下，不能随便使用镜像、偏移、倒圆角等命令。

3. 添加文字与尺寸标注

（1）添加文字　要在轴测面中添加文字或尺寸数字，可新设置文字样式，使文字倾斜角与基线旋转角成 30 °或 – 30 °，如图 13-44 所示。

若要使文字在平行于 $X_1O_1Z_1$ 的平面内直立，则倾斜角为 30 °、旋转角为 30 °。若在平行于 $Y_1O_1Z_1$ 平面看文本是直立的，则倾角为 – 30°、旋转角为 – 30°。若文字在 $X_1O_1Y_1$ 平面上沿 Y_1 轴书写，则倾角为 30 °、旋转角为 – 30 °；沿 X_1 轴书写，倾角为 – 30 °、旋转角为 30 °。

（2）尺寸标注　在正等轴测图中线性尺寸的尺寸线，必须和所标注的线段平行，尺寸界线一般应平行于某一轴测轴，尺寸数字写在尺寸线上方或中断处。因此，在用计算机标注尺寸时，首先采用“对齐”标注方式将尺寸标注出来，然后再用“编辑标注”中的“倾斜（O）”选项将尺寸线位置作相应调整。例如，标注图 13-44 中的尺寸 35，其倾斜角度为 30°。

标注圆的直径尺寸时，尺寸线和尺寸界线应分别平行于圆所在平面内的轴测轴；标注圆弧半径及小圆直径时，其尺寸线可从圆心引出，但注写数字的横线必须平行于轴测轴，如图 13-45 所示。

轴测图上角度尺寸的尺寸线应画成与该坐标平面相应的椭圆弧，角度数字应水平地注写在尺寸线中断处，字头向上，如图 13-46 所示。

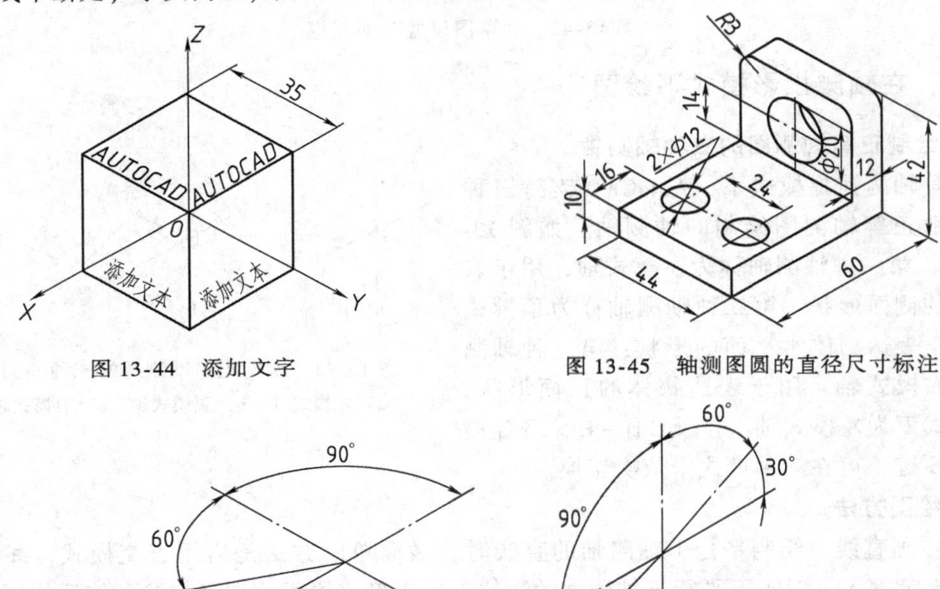

图 13-44　添加文字

图 13-45　轴测图圆的直径尺寸标注

图 13-46　轴测图角度的尺寸标注

第八节　三维实体造型

一、观察三维模型

1. 多个视口的创建

当开始一个新图形时，绘图区通常显示成一个单独视口。为了便于同时观察图形对象的各个视图，可以将当前窗口分割为多个视口，使每个视口显示不同的视图。每一个视口都是独立的操作单元，可以单独控制每一个视口的栅格、捕捉、视图方向以及缩放等。

绘图时在一个视口所作的任何修改，在其他视口中会立即看到。可以随时从一个视口转换到另一个视口，转换方法只需将光标移至新视口中单击一下，使其成为当前视口，即可在新视口中进行绘图、编辑。

设置视口的命令为“VPORTS”，在视口或布局工具栏中，单击“显示视口对话框”图标，系统弹出“视口”对话框，如图 13-47 所示。也可在“视图”菜单中，选择“视口”，然后在子菜单中选择“新建视口”选项。通过“视口”对话框可以将视口设置为十二种标准视口中的一种。

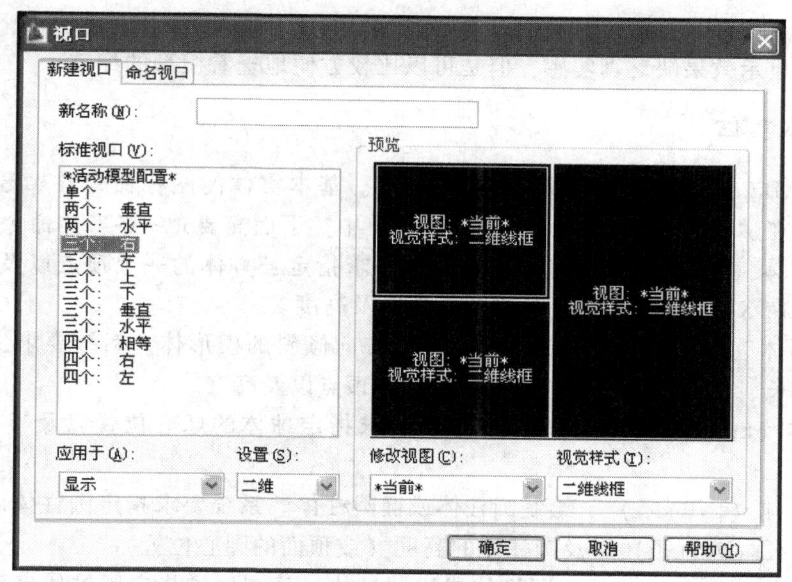

图 13-47　“视口”对话框中的“新建视口”选项卡

2. 设置观察方向

创建多个视口后可以为每一个视口设置观察方向。AutoCAD 中预先设置了十种常用观察方向，图 13-48 所示为“视图”工具栏，设置时只要单击相应图标，当前视口即设置为相应的观察方向。通过“视图”菜单的“三维视图”子菜单中的命令也可设置。

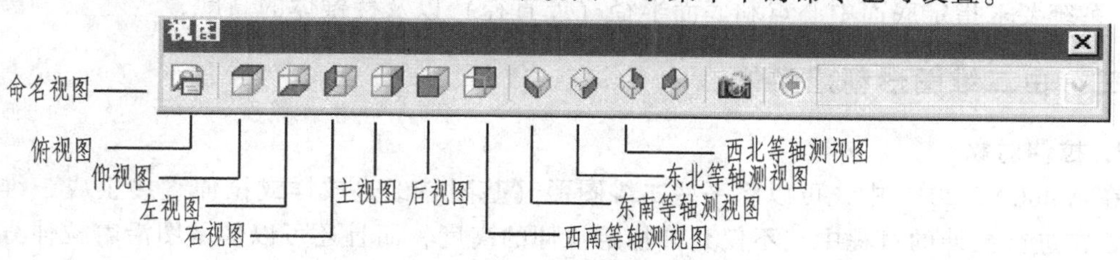

图 13-48　使用视图工具栏设置观察方向

3. 视觉样式

视觉样式是用来控制视口中边和着色的显示。视觉样式的命令为“VSCURRENT”，输入该命令后按回车键选择所需要的样式，菜单命令在“视图”菜单的“视觉样式”子菜单中，图标命令在“视觉样式”工具栏中。“视觉样式”工具栏如图 13-49 所示。AutoCAD

2010 中提供了 5 种视觉样式，分别为二维线框、三维线框、三维隐藏、真实和概念。下面对这 5 种样式作简单介绍。

二维线框：启用该命令后在绘图区域中可显示用直线和边界表示的对象，光栅、线型和线宽等特性均可见。

三维线框：启用该命令可显示用直线或曲线表示的对象。

三维隐藏：启用该命令只显示用三维线框表示的对象而隐藏表示后向面的直线。

图 13-49 “视觉样式”工具栏

真实：启用该命令图形对象的表面则进行着色，而且边界会变得平滑一些，还能显示已附着到对象的材质。

概念：启用该命令，图形对象的表面也进行了着色，但是这种着色是一种冷色和暖色之间的过渡。其显示效果缺乏真实感，但是可以比较方便地查看模型的细节。

二、基本实体

在 AutoCAD 2010 中共有七种基本实体命令。基本实体的图标命令在“建模”工具栏中，菜单命令在“绘图”菜单的“建模”子菜单中。下面简要介绍各实体命令的用途。

（1）长方体（Box） 绘制长方体。系统要求指定长方体的一个顶点以及长、宽、高；或指定长方体在 XY 平面上的两个顶点的位置以及高度。

（2）楔形体（Wedge） 绘制斜面沿 X 轴方向倾斜的楔形体。系统要求指定楔形体的一个顶点以及长、宽、高；或指定楔形体的两个顶点以及高度。

（3）球体（Sphere） 绘制球体。系统要求指定球体的球心位置以及半径（或直径）大小。

（4）圆柱体（Cylinder） 绘制圆柱体或椭圆柱体。系统要求指定圆柱体底面的圆心位置、底面的半径（或直径）以及圆柱体的高度（或顶面的圆心位置）。

（5）圆锥体（Cone） 绘制圆锥体或椭圆锥体。系统要求指定圆锥体底面的圆心位置和半径（或直径）、圆锥体的高度（或顶点位置）。

（6）圆环体（Torus） 绘制圆环体。系统要求指定圆环体的中心、半径（或直径）以及环管的半径（或直径）。

（7）棱锥体（Pyramid） 绘制棱锥体。用户可以指定棱锥体的侧面数（介于 3 ~ 32 之间），系统要求指定底面中心点和底面半径（或直径）以及棱锥体的高度。

三、由二维图形创建实体

1. 拉伸对象

在 AutoCAD 2010 中，可以将一些二维图形（基图）经过放样或拉伸直接生成三维实体模型。在进行拉伸的过程中，不仅允许指定拉伸的高度，而且还可以使基图沿着拉伸方向发生变形。此外，也可以将某些二维图形沿着指定的路径进行放样，从而生成一些形状不规则的三维实体。

拉伸命令为“Extrude（或 EXT）”，菜单命令在“绘图”菜单的“实体”子菜单中，图标命令在“实体”工具栏中。

如图 13-50 所示，将截面拉伸指定高度后得到实体形状。在进行拉伸造型时，除了将基图沿指定高度拉伸外，还可以将基图沿指定路径进行拉伸。如图 13-51 所示，给定多义线路径，圆周就可沿着它拉伸放样得到右边的实体模型。

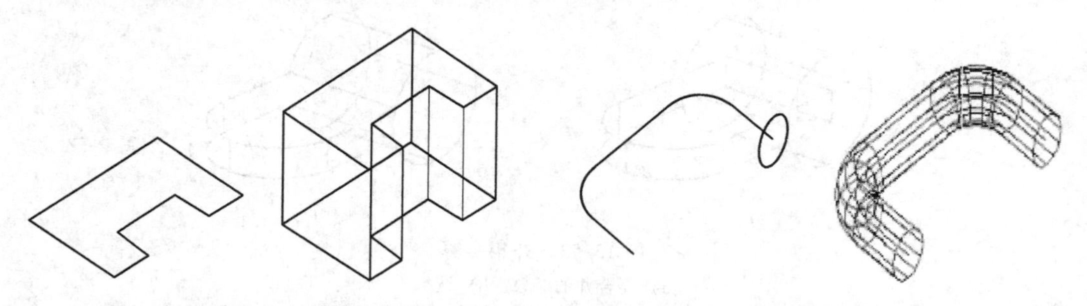

图 13-50　沿指定高度拉伸实体

图 13-51　给定路径拉伸实体模型

注意：基图应是封闭的，它们可以是圆、椭圆、封闭的二维多义线、封闭的样条曲线或面域等；而拉伸放样路径则可以是封闭的，也可以是断开的，如直线、二维多义线、圆弧、椭圆弧、圆、椭圆或三维多义线等。通常先将基图变成面域后再进行拉伸。

2. 创建回转体

旋转命令为“REVOLVE（或 REV）”，菜单命令在“绘图”菜单的“建模”子菜单中，图标命令在“建模”工具栏中。

旋转命令是将指定的二维基图，绕指定的轴线，旋转指定的角度后，生成的三维实体。图 13-52 所示是将左边的多段线组成的截面分别绕 *X* 轴和 *Y* 轴旋转得到的造型。

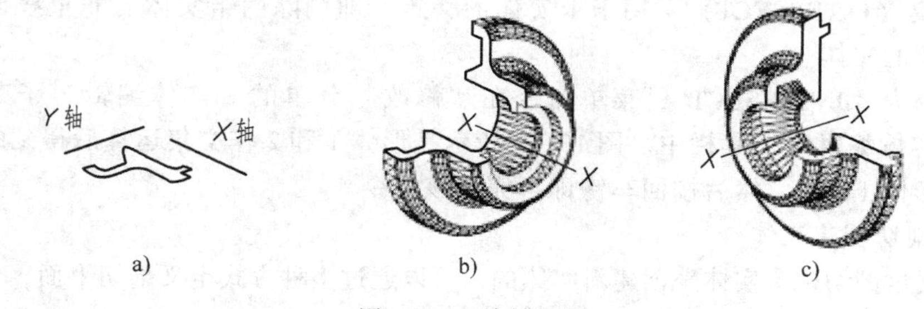

图 13-52　旋转造型

a）原多段线　b）绕 *X* 轴旋转　c）绕 *Y* 轴旋转

四、创建组合体

1. 布尔运算

在用上述方法创建了两个或两个以上三维实体后，可以使用布尔交、差、并运算创建一个较为复杂的组合体。

（1）并集（UNION）　将两个或多个实体合并生成一个新的复合实体。

并集命令为“UNION”，菜单命令在“修改”菜单的“实体编辑”子菜单中，图标命令在“实体编辑”工具栏中。图 13-53 所示是将形体 1 与 2 作并集后得到的结果。操作时先选择形体 1 和 2，然后按回车键即可完成该命令。

（2）差集（SUBTRACT）　用于求实体的差集，即删除一个实体与另一组实体共有的部分。例如可以用差集命令从对象中减去圆柱体，从而在机械零件中添加孔。

差集命令为“SUBTRACT”，菜单命令在“修改”菜单的“实体编辑”子菜单中，图标命令在“实体编辑”工具栏中。图13-54所示是在形体1中减去形体2得到的结果。操作时先选择形体1，按回车键，然后再选择形体2，即可完成该命令。

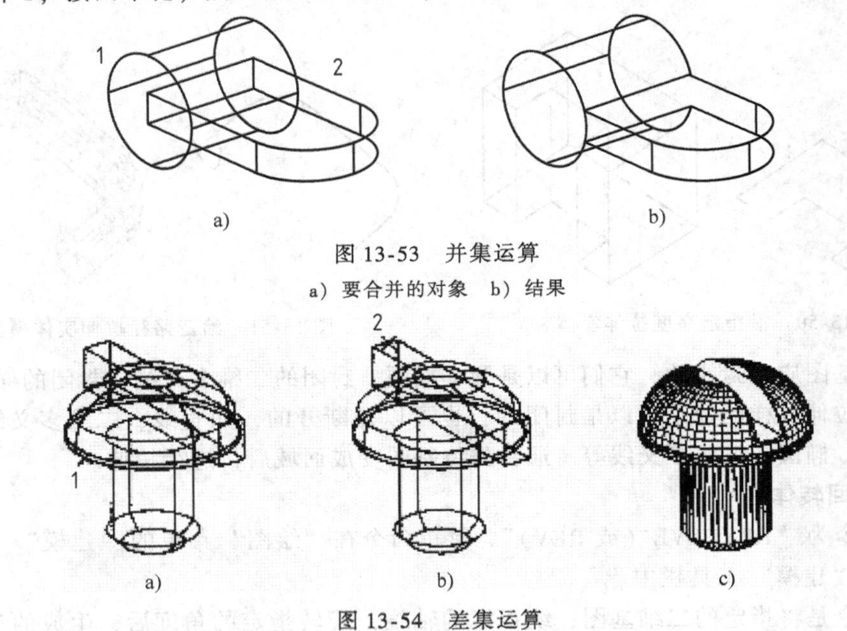

图13-53 并集运算

a）要合并的对象 b）结果

图13-54 差集运算

a）选定被减去的对象 b）选定要减去的对象 c）结果（为清楚起见而隐藏的线）

（3）交集（INTERSECT） 用于求实体的交集，即删除两组实体的非重叠部分，由公共部分创建新的实体。

交集命令为“INTERSECT”，菜单命令在“修改”菜单的“实体编辑”子菜单中，图标命令在“实体编辑”工具栏中。图13-55所示是形体1和2作交集运算后得到的结果。操作时先选择形体1和2，然后按回车键即可完成该命令。

2. 使用剖切创建实体

剖切是通过剖切现有实体来创建新实体的。可以通过多种方式定义剖切平面，包括指定点或者选择曲面或平面对象。使用剖切命令剖切实体时，可以保留剖切实体的一半或者全部。

剖切命令为“Slice”，其菜单命令在“绘图”菜单的“实体”子菜单中，图标命令在“实体”工具栏中。剖切实体的默认方法是：指定两个点定义垂直于当前UCS的剪切平面，然后选择要保留的部分；也可以通过指定3个点，使用曲面、其他对象、当前视图、*Z*轴、*XY*平面、*YZ*平面或*ZX*平面来定义剖切平面。图13-56所示是将左边形体沿对称中心面（可通过3个圆心确定）剖切后保留左半部分得到的结果。

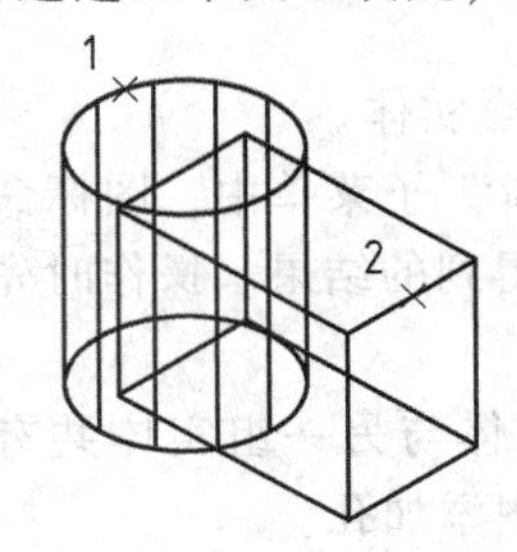

图13-55 交集运算

图13-56 形体的剖切

附　　录

附录A　常用螺纹

1. 普通螺纹（摘自 GB/T 193—2003、GB/T 196—2003）

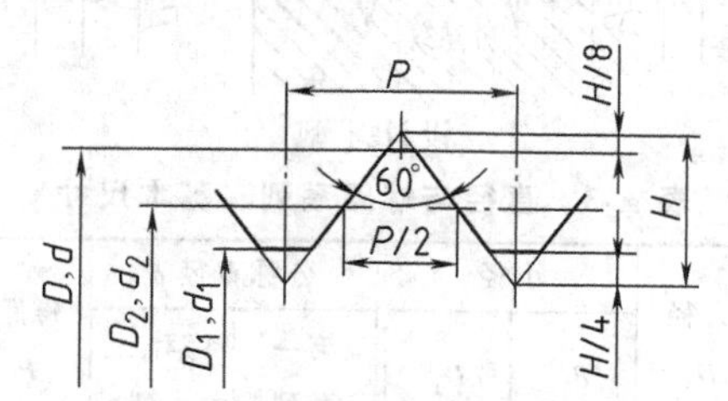

表 A-1　直径与螺距系列、基本尺寸　　（单位：mm）

公称直径 D、d		螺距 P		粗牙小径 D_1、d_1
第一系列	第二系列	粗牙	细牙	
3		0.5	0.35	2.459
	3.5	0.6		2.850
4		0.7		3.242
	4.5	(0.75)	0.5	3.688
5		0.8		4.134
6		1	0.75	4.917
8		1.25	1，0.75	6.647
10		1.5	1.25，1，0.75	8.376
12		1.75	1.5，1.25，1	10.106
	14	2	1.5，1.25	11.835
16		2	1.5，1	13.835
	18	2.5	2，1.5，1	15.294
20		2.5		17.294

公称直径 D、d		螺距 P		粗牙小径 D_1、d_1
第一系列	第二系列	粗牙	细牙	
	22	2.5	2，1.5，1	19.294
24		3	2，1.5，1	20.752
	27	3	2，1.5，1	23.752
30		3.5	(3)，2，1.5，1	26.211
	33	3.5	(3)，2，1.5	29.211
36		4	3，2，1.5	31.670
	39	4		34.670
42		4.5	4，3，2，1.5	37.129
	45	4.5		40.129
48		5		42.87
	52	5		46.587
56		5.5	4，3，2，1.5	50.046

注：1. 优先选用第一系列，括号内的螺距尽可能不用。第三系列未列入。
2. 中径 D_2、d_2 未列入。

表 A-2　细牙普通螺纹螺距与小径的关系　　（单位：mm）

螺距 P	小径 D_1、d_1	螺距 P	小径 D_1、d_1	螺距 P	小径 D_1、d_1
0.35	$d-1+0.621$	1	$d-2+0.918$	2	$d-3+0.835$
0.5	$d-1+0.459$	1.25	$d-2+0.647$	3	$d-4+0.752$
0.75	$d-1+0.188$	1.5	$d-2+0.376$	4	$d-5+0.670$

注：表中的小径按 $D_1=D-2\times\frac{5}{8}H$，$d_1=d-2\times\frac{5}{8}H$，$H=\frac{\sqrt{3}}{2}P$ 计算得出。

2. 梯形螺纹（摘自 GB/T 5796.2—2005、GB/T 5796.3—2005）

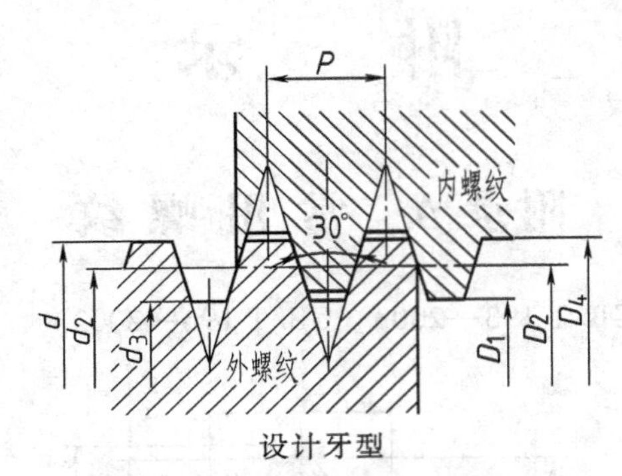

设计牙型

表 A-3 直径与螺距系列、基本尺寸

（单位：mm）

公称直径 d		螺距	中径	大径	小径	
第一系列	第二系列	P	$d_2=D_2$	D_4	d_3	D_1
8		1.5	7.25	8.30	6.20	6.50
	9	1.5	8.25	9.30	7.20	7.50
		2	8.00	9.50	6.50	7.00
10		1.5	9.25	10.30	8.20	8.50
		2	9.00	10.50	7.50	8.00
	11	2	10.00	11.50	8.50	9.00
		3	9.50	11.50	7.50	8.00
12		2	11.00	12.50	9.50	10.00
		3	10.50	12.50	8.50	9.00
	14	2	13.00	14.50	11.50	12.00
		3	12.50	14.50	10.50	11.00
16		2	15.00	16.50	13.50	14.00
		4	14.00	16.50	11.50	12.00
	18	2	17.00	18.50	15.50	16.00
		4	16.00	18.50	13.50	14.00
20		2	19.00	20.50	17.50	18.00
		4	18.00	20.50	15.50	16.00
	22	3	20.50	22.50	18.50	19.00
		5	19.50	22.50	16.50	17.00
		8	18.00	23.00	13.00	14.00
24		3	22.50	24.50	20.50	21.00
		5	21.50	24.50	18.50	19.00
		8	20.00	25.00	15.00	16.00
	26	3	24.50	26.50	22.50	23.00
		5	23.50	26.50	20.50	21.00
		8	22.00	27.00	17.00	18.00
28		3	26.50	28.50	24.50	25.00
		5	25.50	28.50	22.50	23.00
		8	24.00	29.00	19.00	20.00
	30	3	28.50	30.50	26.50	29.00
		6	27.00	31.00	23.00	24.00
		10	25.00	31.00	19.00	20.00
32		3	30.50	32.50	28.50	29.00
		6	29.00	33.00	25.00	26.00
		10	27.00	33.00	21.00	22.00
	34	3	32.50	34.50	30.50	31.00
		6	31.00	35.00	27.00	28.00
		10	29.00	35.00	23.00	24.00
36		3	34.50	36.50	32.50	33.00
		6	33.00	37.00	29.00	30.00
		10	31.00	37.00	25.00	26.00
	38	3	36.50	38.50	34.50	35.00
		7	34.50	39.00	30.00	31.00
		10	33.00	39.00	27.00	28.00
40		3	38.50	40.50	36.50	37.00
		7	36.50	41.00	32.00	33.00
		10	35.00	35.00	29.00	30.00

3. 55°非密封管螺纹（摘自 GB/T 7307—2001）

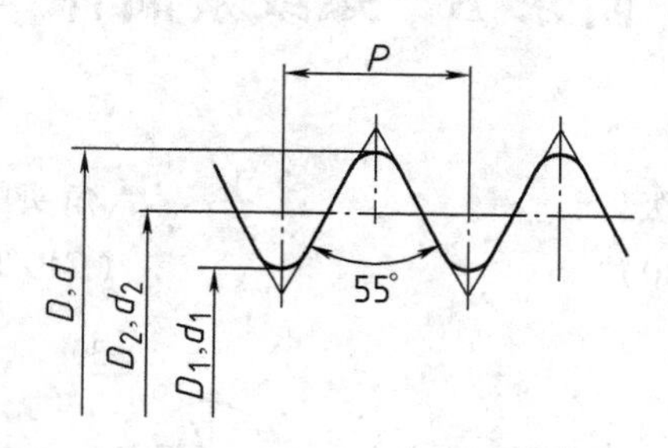

表 A-4　管螺纹尺寸代号及基本尺寸　　（单位：mm）

尺寸代号	每 25.4mm 内的牙数 n	螺距 P	基本直径	
			大径 D、d	小径 D_1、d_1
1/8	28	0.907	9.728	8.566
1/4	19	1.337	13.157	11.445
3/8	19	1.337	16.662	14.950
1/2	14	1.814	20.955	18.631
5/8	14	1.814	22.911	20.587
3/4	14	1.814	26.441	24.117
7/8	14	1.814	30.201	27.877
1	11	2.309	33.249	30.291
$1\frac{1}{8}$	11	2.309	37.897	34.939
$1\frac{1}{4}$	11	2.309	41.910	38.952
$1\frac{1}{2}$	11	2.309	47.803	44.845
$1\frac{3}{4}$	11	2.309	53.746	50.788
2	11	2.309	59.614	56.656
$2\frac{1}{4}$	11	2.309	65.710	62.752
$2\frac{1}{2}$	11	2.309	75.184	72.226
$2\frac{3}{4}$	11	2.309	81.534	78.576
3	11	2.309	87.884	84.926

附录 B　螺纹紧固件

1. 六角头螺栓

六角头螺栓—C 级
（GB/T 5780—2000）

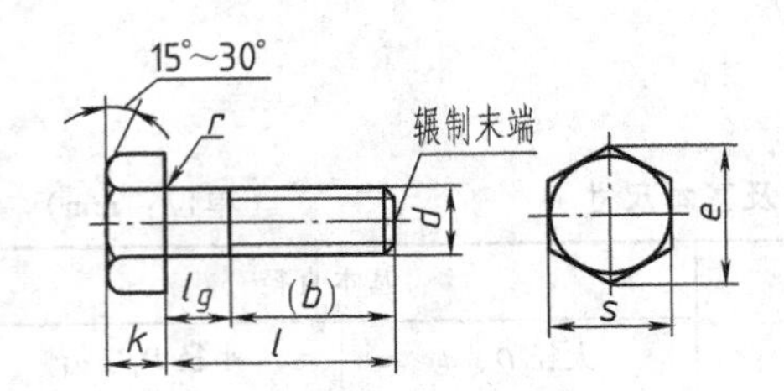

六角头螺栓—A 和 B 级
（GB/T 5782—2000）

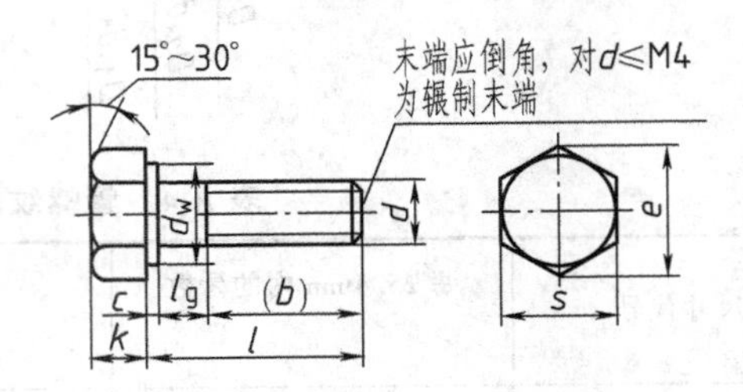

标记示例

螺纹规格 d = M12、公称长度 l = 80mm、性能等级为 8.8 级、表面氧化、产品等级为 A 级的六角头螺栓，其标记为：

螺栓　GB/T 5782　M12 × 80

表 B-1　六角头螺栓各部分尺寸　（单位：mm）

螺纹规格 d		M3	M4	M5	M6	M8	M10	M12	M16	M20	M24	M30	M36	M42
$b_{参考}$	l≤125	12	14	16	18	22	26	30	38	46	54	66	—	—
	125 < l ≤200	18	20	22	24	28	32	36	44	52	60	72	84	96
	l > 200	31	33	35	37	41	45	49	57	65	73	85	97	109
c		0.4	0.4	0.5	0.5	0.6	0.6	0.6	0.8	0.8	0.8	0.8	0.8	1
d_w	产品等级 A	4.57	5.88	6.88	8.88	11.63	14.63	16.63	22.49	28.19	33.61	—	—	—
	产品等级 A、B	4.45	5.74	6.74	8.74	11.47	14.47	16.47	22	27.7	33.25	42.75	51.11	59.95
e	产品等级 A	6.01	7.66	8.79	11.05	14.38	17.77	20.03	26.75	33.53	39.98	—	—	—
	产品等级 B、C	5.88	7.50	8.63	10.89	14.20	17.59	19.85	26.17	32.95	39.55	50.85	60.79	72.02
k	公称	2	2.8	3.5	4	5.3	6.4	7.5	10	12.5	15	18.7	22.5	26
r		0.1	0.2	0.2	0.25	0.4	0.4	0.6	0.6	0.8	0.8	1	1	1.2
s	公称	5.5	7	8	10	13	16	18	24	30	36	46	55	65
l（商品规格范围）		20 ~ 30	25 ~ 40	25 ~ 50	30 ~ 60	40 ~ 80	45 ~ 100	50 ~ 120	65 ~ 160	80 ~ 200	90 ~ 240	110 ~ 300	140 ~ 360	160 ~ 440
l系列		12，16，20，25，30，35，40，45，50，55，60，65，70，80，90，100，110，120，130，140，150，160，180，200，220，240，260，280，300，320，340，360，380，400，420，440，460，480，500												

注：1. A 级用于 d≤24mm 和 l≤10d 或≤150mm 的螺栓；B 级用于 d > 24mm 和 l > 10d 或 > 150mm 的螺栓。

2. 螺纹规格 d 范围：GB/T 5780 为 M5 ~ M64；GB/T 5782 为 M1.6 ~ M64。

3. 公称长度 l 范围：GB/T 5780 为 25 ~ 500mm；GB/T 5782 为 12 ~ 500mm。

2. 双头螺柱

双头螺柱——$b_m = d$（GB/T 897—1988）　双头螺柱——$b_m = 1.25d$（GB/T 898—1988）

双头螺柱——$b_m = 1.5d$（GB/T 899—1988）双头螺柱——$b_m = 2d$（GB/T 900—1988）

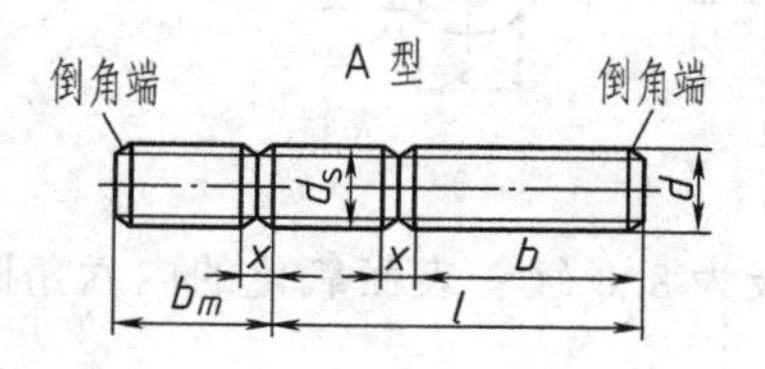

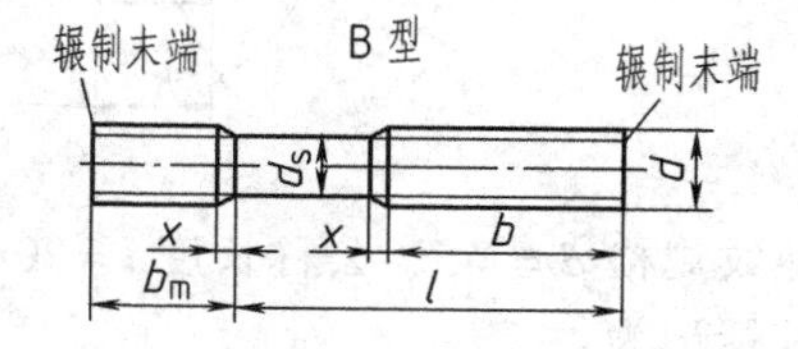

标记示例

两端均为粗牙普通螺纹、d = M10、l = 50mm、性能等级为 4.8 级、B 型、$b_m = d$ 的双头螺柱，其标记为：

螺柱　GB/T 897　M10 × 50

旋入机体一端为粗牙普通螺纹、旋螺母一端为螺距 P = 1mm 的细牙普通螺纹、d = M10、l = 50mm、性能等级为 4.8 级、A 型、$b_m = d$ 的双头螺柱，其标记为：

螺柱　GB/T 897 AM10-M10 × 1 × 50

表 B-2　双头螺柱各部分尺寸　（单位：mm）

螺纹规格 d		M5	M6	M8	M10	M12	M16	M20	M24	M30	M36	M42
b_m（公称）	GB/T 897	5	6	8	10	12	16	20	24	30	36	42
	GB/T 898	6	8	10	12	15	20	25	30	38	45	52
	GB/T 899	8	10	12	15	18	24	30	36	45	54	65
	GB/T 900	10	12	16	20	24	32	40	48	60	72	84
d_s（max）		5	6	8	10	12	16	20	24	30	36	42
x（max）		2.5P										
$\frac{l}{b}$		$\frac{16 \sim 22}{10}$	$\frac{20 \sim 22}{10}$	$\frac{20 \sim 22}{12}$	$\frac{25 \sim 28}{14}$	$\frac{25 \sim 30}{16}$	$\frac{30 \sim 38}{20}$	$\frac{35 \sim 40}{25}$	$\frac{45 \sim 50}{30}$	$\frac{60 \sim 65}{40}$	$\frac{65 \sim 75}{45}$	$\frac{65 \sim 80}{50}$
		$\frac{25 \sim 50}{16}$	$\frac{25 \sim 30}{14}$	$\frac{25 \sim 30}{16}$	$\frac{30 \sim 38}{16}$	$\frac{32 \sim 40}{20}$	$\frac{40 \sim 55}{30}$	$\frac{45 \sim 65}{35}$	$\frac{55 \sim 75}{45}$	$\frac{70 \sim 90}{50}$	$\frac{80 \sim 110}{60}$	$\frac{85 \sim 110}{70}$
			$\frac{32 \sim 75}{18}$	$\frac{32 \sim 90}{22}$	$\frac{40 \sim 120}{26}$	$\frac{45 \sim 120}{30}$	$\frac{60 \sim 120}{38}$	$\frac{70 \sim 120}{46}$	$\frac{80 \sim 120}{54}$	$\frac{95 \sim 120}{60}$	$\frac{120}{78}$	$\frac{120}{90}$
					$\frac{130}{32}$	$\frac{130 \sim 180}{36}$	$\frac{130 \sim 200}{44}$	$\frac{130 \sim 200}{52}$	$\frac{130 \sim 200}{60}$	$\frac{130 \sim 200}{72}$	$\frac{130 \sim 200}{84}$	$\frac{130 \sim 200}{96}$
										$\frac{210 \sim 250}{85}$	$\frac{210 \sim 300}{91}$	$\frac{210 \sim 300}{109}$
l 系列		16，(18)，20，(22)，25，(28)，30，(32)，35，(38)，40，45，50，(55)，60，(65)，70，(75)，80，(85)，90，(95)，100，110，120，130，140，150，160，170，180，190，200，210，220，230，240，250，260，280，300										

3. 内六角圆柱头螺钉（摘自 GB/T 70.1—2008）

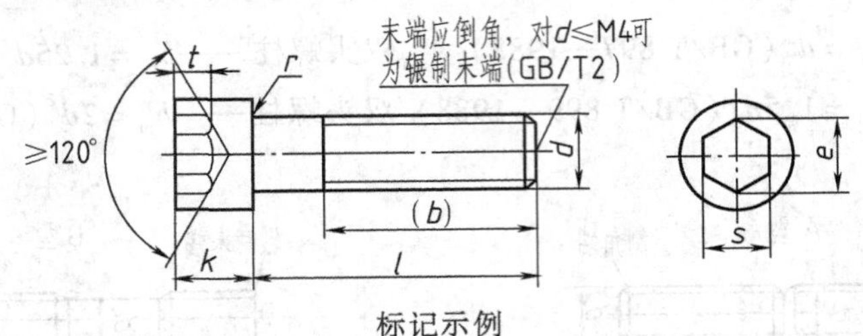

标记示例

螺纹规格 d = M5、公称长度 l = 20mm、性能等级为 8.8 级、表面氧化的内六角圆柱头螺钉，其标记为：

螺钉　GB/T 70.1　M5×20

表 B-3　内六角圆柱头螺钉各部分尺寸　　　　（单位：mm）

螺纹规格 d	M3	M4	M5	M6	M8	M10	M12	M14	M16	M20
P（螺距）	0.5	0.7	0.8	1	1.25	1.5	1.75	2	2	2.5
b 参考	18	20	22	24	28	32	36	40	44	52
d_k	5.5	7	8.5	10	13	16	18	21	24	30
k	3	4	5	6	8	10	12	14	16	20
t	1.3	2	2.5	3	4	5	6	7	8	10
s	2.5	3	4	5	6	8	10	12	14	17
e	2.87	3.44	4.58	5.72	6.86	9.15	11.43	13.72	16.00	19.44
r	0.1	0.2	0.2	0.25	0.4	0.4	0.6	0.6	0.6	0.8
公称长度 l	5～30	6～40	8～50	10～60	12～80	16～100	20～120	25～140	25～160	30～200
l≤表中数值时，制出全螺纹	20	25	25	30	35	40	45	55	55	65
l 系列	2.5，3，4，5，6，8，10，12，16，20，25，30，35，40，45，50，55，60，65，70，80，90，100，110，120，130，140，150，160，180，200，220，240，260，280，300									

注：螺纹规格 d = M1.6～M64。

4. 开槽沉头螺钉（摘自 GB/T 68—2000）

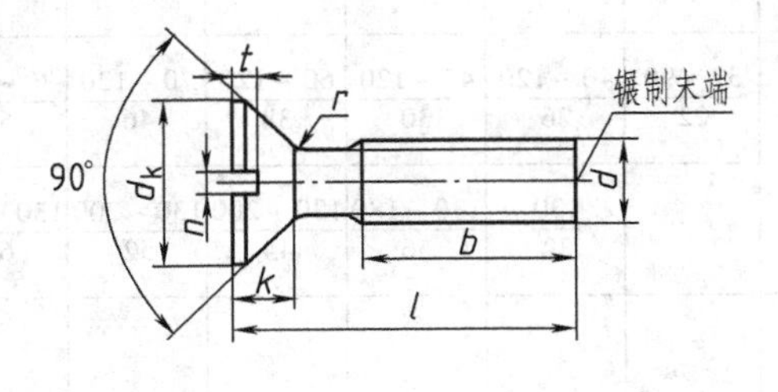

标记示例

螺纹规格 d = M5、公称长度 l = 20mm、性能等级为 4.8 级、不经表面处理的 A 级开槽沉头螺钉，其标记为：

螺钉　GB/T 68　M5×20

表 B-4　开槽沉头螺钉各部分尺寸　　（单位：mm）

螺纹规格 d	M1.6	M2	M2.5	M3	M4	M5	M6	M8	M10
P（螺距）	0.35	0.4	0.45	0.5	0.7	0.8	1	1.25	1.5
b	25	25	25	25	38	38	38	38	38
d_k	3.6	4.4	5.5	6.3	9.4	10.4	12.6	17.3	20
k	1	1.2	1.5	1.65	2.7	2.7	3.3	4.65	5
n	0.4	0.5	0.6	0.8	1.2	1.2	1.6	2	2.5
r	0.4	0.5	0.6	0.8	1	1.3	1.5	2	2.5
t	0.5	0.6	0.75	0.85	1.3	1.4	1.6	2.3	2.6
公称长度 l	2.5～16	3～20	4～25	5～30	6～40	8～50	8～60	10～80	12～80
l 系列	2.5，3，4，5，6，8，10，12，（14），16，20，25，30，35，40，45，50，（55），60，（65），70，（75），80								

注：1. 括号内的规格尽可能不采用。

2. M1.6～M3 的螺钉、公称长度 $l \leqslant 30$mm 的，制出全螺纹；M4～M10 的螺钉、公称长度 $l \leqslant 45$mm 的，制出全螺纹。

5. 开槽圆柱头螺钉（摘自 GB/T 65—2000）

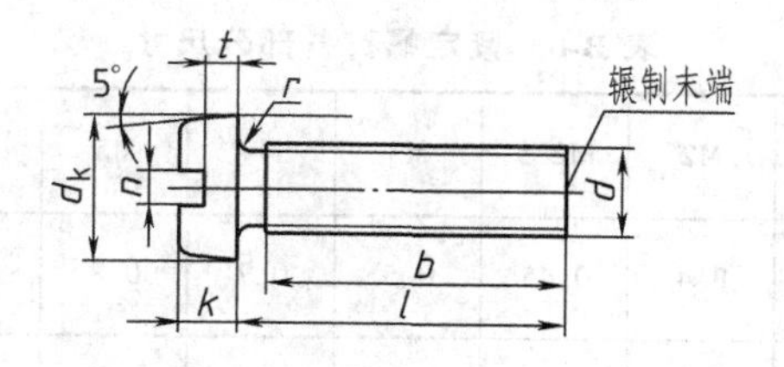

标记示例

螺纹规格 d = M5、公称长度 l = 20mm、性能等级为 4.8 级、不经表面氧化的 A 级开槽圆柱头螺钉，其标记为：

螺钉　GB/T 65　M5×20

表 B-5　开槽圆柱头螺钉各部分尺　　（单位：mm）

螺纹规格 d	M4	M5	M6	M8	M10
P（螺距）	0.7	0.8	1	1.25	1.5
b	38	38	38	38	38
d_k	7	8.5	10	13	16
k	2.6	3.3	3.9	5	6
n	1.2	1.2	1.6	2	2.5
r	0.2	0.2	0.25	0.4	0.4
t	1.1	1.3	1.6	2	2.4
公称长度 l	5～40	6～50	8～60	10～90	12～90
l 系列	5，6，8，10，12，（14），16，20，25，30，35，40，45，50，（55），60，（65），70，（75），80				

注：1. 公称长度 $l \leqslant 40$mm 的螺钉，制出全螺纹。

2. 括号内的规格尽可能不采用。

3. 螺纹规格 d = M1.6～M10；公称长度 l = 2～80mm。

6. 紧定螺钉

开槽锥端紧定螺钉 GB/T 71—1985

开槽平端紧定螺钉 GB/T 73—1985

开槽长圆柱紧定螺钉 GB/T 75—1985

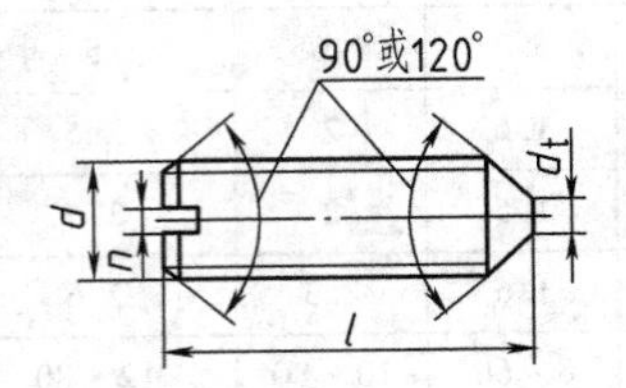

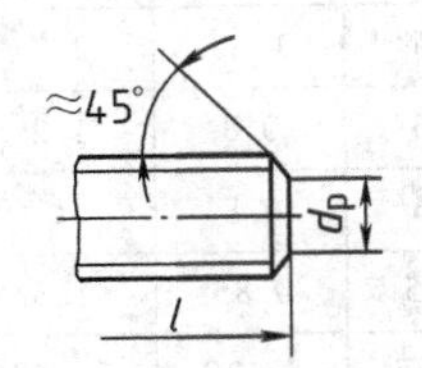

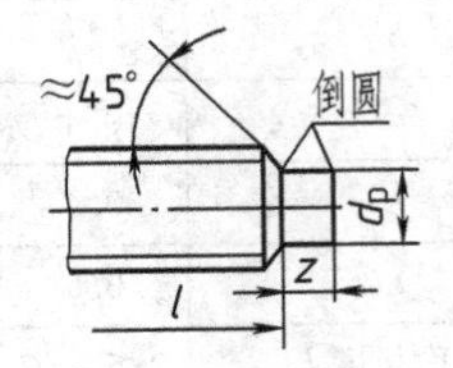

标记示例

螺纹规格 d = M5、公称长度 l = 12mm、性能等级为 14H 级、经表面氧化的开槽长圆柱端紧定螺钉，其标记为：

螺钉 GB/T 75 M5 × 12

表 B-6 紧定螺钉各部分尺寸 （单位：mm）

螺纹规格 d		M1.6	M2	M2.5	M3	M4	M5	M6	M8	M10	M12
P（螺距）		0.35	0.4	0.45	0.5	0.7	0.8	1	1.25	1.5	1.75
n		0.25	0.25	0.4	0.4	0.6	0.8	1	1.2	1.6	2
t		0.74	0.84	0.95	1.05	1.42	1.63	2	2.5	3	3.6
d_t		0.16	0.2	0.25	0.3	0.4	0.5	1.5	2	2.5	3
d_p		0.8	1	1.5	2	2.5	3.5	4	5.5	7	8.5
z		1.05	1.25	1.5	1.75	2.25	2.75	3.25	4.3	5.3	6.3
l	GB/T 71—1985	2 ~ 8	3 ~ 10	3 ~ 12	4 ~ 16	6 ~ 20	8 ~ 25	8 ~ 30	10 ~ 40	12 ~ 50	14 ~ 60
	GB/T 73—1985	2 ~ 8	2 ~ 10	2.5 ~ 12	3 ~ 16	4 ~ 20	5 ~ 25	5 ~ 30	8 ~ 40	10 ~ 50	12 ~ 60
	GB/T 75—1985	2.5 ~ 8	3 ~ 10	4 ~ 12	5 ~ 16	6 ~ 20	8 ~ 25	10 ~ 30	10 ~ 40	12 ~ 50	14 ~ 60
l 系列		2，2.5，3，4，5，6，8，10，12，(14)，16，20，25，30，35，40，45，50，(55)，60									

注：1. l 为公称长度。

2. 括号内的规格尽可能不采用。

7. 螺母

1 型六角螺母—A 和 B 级　GB/T 6170—2000

2 型六角螺母—A 和 B 级　GB/T 6175—2000

六角薄螺母　GB/T 6172.1—2000

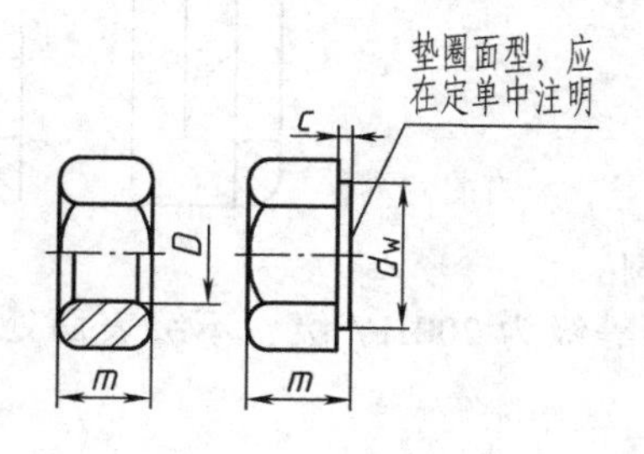

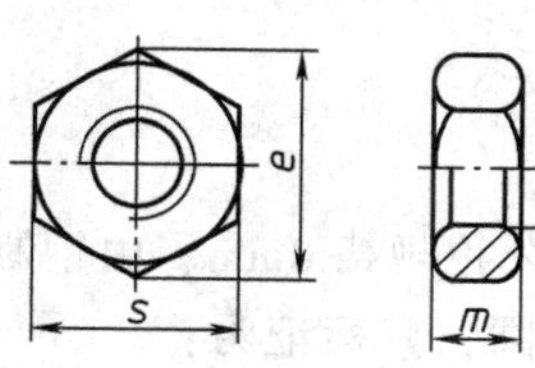

标记示例

螺纹规格 D = M12、性能等级为 8 级、不经表面处理、产品等级为 A 级 1 型六角螺母，其标记为：

螺母　GB/T 6170　M12

螺纹规格 D = M12、性能等级为 9 级、表面氧化的 2 型六角螺母，其标记为：

螺母　GB/T 6175　M12

螺纹规格 D = M12、性能等级为 04 级、不经表面处理的六角薄螺母，其标记为：

螺母　GB/T 6172.1　M12

表 B-7　螺母各部分尺寸　（单位：mm）

螺纹规格 D		M3	M4	M5	M6	M8	M10	M12	M16	M20	M24	M30	M36
e	min	6.01	7.66	8.63	10.89	14.20	17.59	19.85	26.17	32.95	39.55	50.85	60.79
s	max	5.5	7	8	10	13	16	18	24	30	36	46	55
	min	5.5	7	8	10	13	16	18	24	30	36	46	55
c	max	0.4	0.4	0.5	0.5	0.6	0.6	0.6	0.8	0.8	0.8	0.8	0.8
d_w	min	4.6	5.9	6.9	8.9	11.6	14.6	16.6	22.5	27.7	33.2	42.8	51.1
	max	3.45	4.6	5.75	6.75	8.75	10.8	13	17.3	21.6	25.9	32.4	38.9
GB/T 6170—2000 m	max	2.4	3.2	4.7	5.2	6.8	8.4	10.8	14.8	18	21.5	25.6	31
	min	2.15	2.9	4.4	4.9	6.44	8.04	10.37	14.1	16.9	20.2	24.3	29.4
GB/T 6172.1—2000 m	max	1.8	2.2	2.7	3.2	4	5	6	8	10	12	15	18
	min	1.55	1.95	2.45	2.9	3.7	4.7	5.7	7.42	9.10	10.9	13.9	16.9
GB/T 6175—2000 m	max	—	—	5.1	5.7	7.5	9.3	12	16.4	20.3	23.9	28.6	34.7
	min	—	—	4.8	5.4	7.14	8.94	11.57	15.7	19	22.6	27.3	33.1

注：A 级用于 $D \leqslant$ M16；B 级用于 $D >$ M16。

8. 垫圈

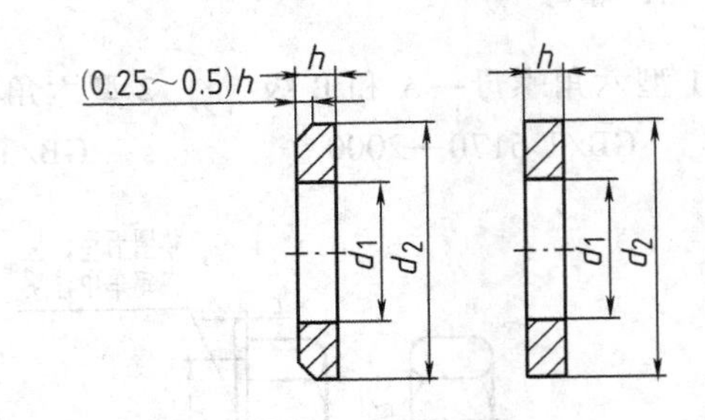

小垫圈—A 级（GB/T 848—2002）
平垫圈—A 级（GB/T 97.1—2002）
平垫圈 倒角型—A 级（GB/T 97.2—2000）

标记示例

标准系列、公称规格 8mm、由钢制造的硬度等级为 200HV 级、不级表面处理、产品等级为 A 级的平垫圈，其标记为：

垫圈 GB/T 97.1 8

表 B-8 垫圈各部分尺寸 （单位：mm）

公称规格（螺纹大径 d）		1.6	2	2.5	3	4	5	6	8	10	12	14	16	20	24	30	36
d_1	GB/T 848	1.7	2.2	2.7	3.2	4.3	5.3	6.4	8.4	10.5	13	15	17	21	25	31	37
	GB/T 97.1	1.7	2.2	2.7	3.2	4.3	5.3	6.4	8.4	10.5	13	15	17	21	25	31	37
	GB/T 97.2						5.3	6.4	8.4	10.5	13	15	17	21	25	31	37
d_2	GB/T 848	3.5	4.5	5	6	8	9	11	15	18	20	24	28	34	39	50	60
	GB/T 97.1	4	5	6	7	9	10	12	16	20	24	28	30	37	44	56	66
	GB/T 97.2						10	12	16	20	24	28	30	37	44	56	66
h	GB/T 848	0.3	0.3	0.5	0.5	0.5	1	1.6	1.6	1.6	2	2.5	2.5	3	4	4	5
	GB/T 97.1	0.3	0.3	0.5	0.5	0.5	1	1.6	1.6	1.6	2	2.5	2.5	3	4	4	5
	GB/T 97.2						1	1.6	1.6	1.6	2	2.5	2.5	3	4	4	5

9. 标准型弹簧垫圈（摘自 GB/T 93—1987）

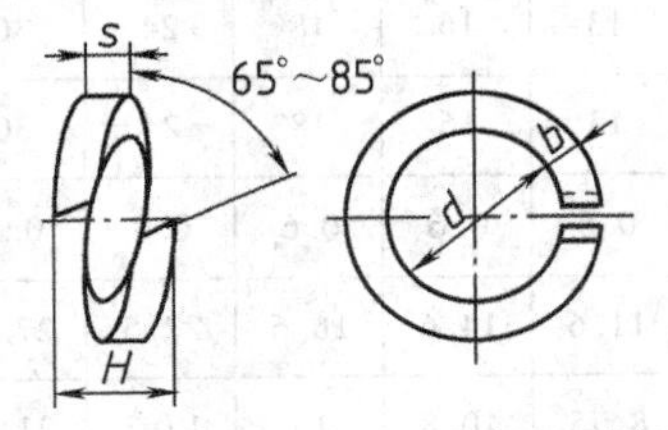

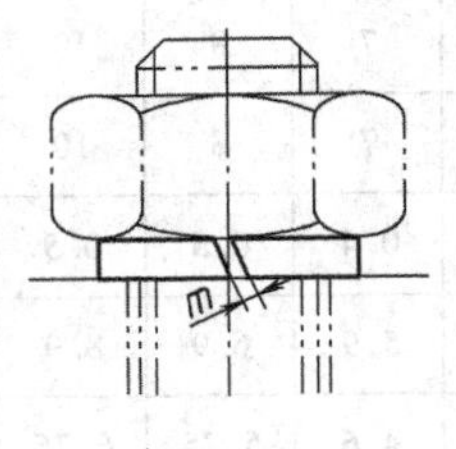

标记示例

规格 16mm、材料为 65Mn、表面氧化的标准型弹簧垫圈，其标记为：

垫圈 GB/T 93 16

表 B-9 标准型弹簧垫圈各尺寸 （单位：mm）

规格（螺纹大径）	3	4	5	6	9	10	12	(14)	16	(18)	20	(22)	24	(27)	30
d	3.1	4.1	5.1	6.1	8.1	10.2	12.2	14.2	16.2	18.2	20.2	22.5	24.5	27.5	30.5
H	1.6	2.2	2.6	3.2	4.2	5.2	6.2	7.2	8.2	9	10	11	12	13.6	15
S（b）	0.8	1.1	1.3	1.6	2.1	2.6	3.1	3.6	4.1	4.5	5	5.5	6	6.8	7.5
$m \leqslant$	0.4	0.55	0.65	0.8	1.05	1.3	1.55	1.8	2.05	2.25	2.5	2.75	3	3.4	3.75

注：1. 括号内的规格尽可能不采用。

2. m 应大于零。

附录C　键、销

1. 普通平键及键槽（摘自 GB/T 1096—2003 及 GB/T 1095—2003）

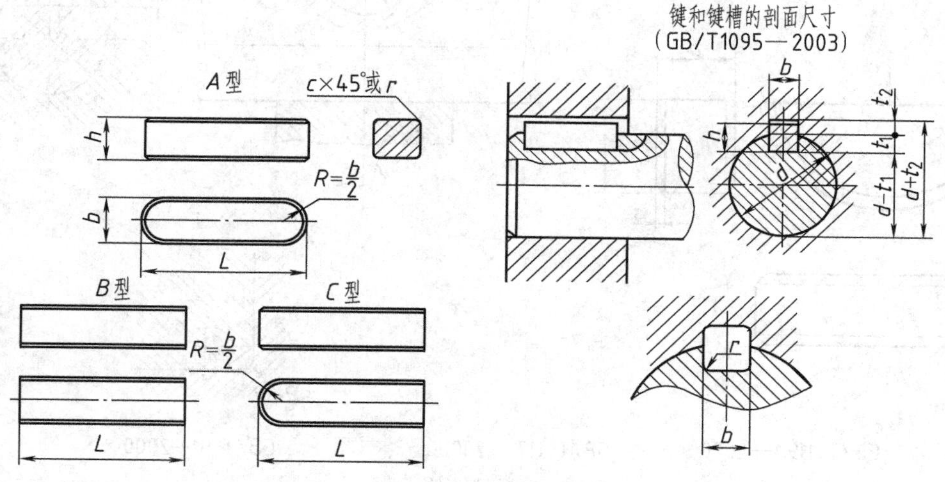

标记示例

普通 A 型平键，$b=18\text{mm}$，$h=11\text{mm}$，$L=100\text{mm}$，标记为：

GB/T 1096　键　18×11×100

普通 B 型平键，$b=18\text{mm}$，$h=11\text{mm}$，$L=100\text{mm}$，标记为：

GB/T 1096　键　B18×11×100

表 C-1　普通平键及键槽各部分尺寸　（单位：mm）

轴径 d	键的公称尺寸			键槽深		r 小于
				轴	毂	
	b	h	L	t_1	t_2	
自 6~8 >8~19 >10~12	2 3 4	2 3 4	6~20 6~36 8~45	1.2 1.8 2.5	1.0 1.4 1.8	0.16
>12~17 >17~22 >22~30	5 6 8	5 6 7	10~56 14~70 18~90	3.0 3.5 4.0	2.3 2.8 3.3	0.25
>30~38 >38~44 >44~50 >50~58 >58~65	10 12 14 16 18	8 8 9 10 11	22~110 28~140 36~160 45~180 50~200	5.0 5.0 5.5 6.0 7.0	3.3 3.3 3.8 4.3 4.4	0.40
>65~75 >75~85 >85~95 >95~110 >110~130	20 22 25 28 32	12 14 14 16 18	56~220 63~250 70~280 80~320 90~360	7.5 9.0 9.0 10.0 11.0	4.9 5.4 5.4 6.4 7.4	0.60
L 的系列	6，8，10，12，14，16，18，20，22，25，28，32，36，40，45，50，56，63，70，80，90，100，110，125，140，160，…					

注：1. 在工作图中轴槽深用 $d-t_1$ 或 t_1 标注，轮毂槽深用 $d+t_2$ 标注。

2. 对于空心轴、阶梯轴、传递较低转矩及定位等特殊情况，允许大直径的轴选用较小剖面尺寸的键。

2. 半圆键及键槽（摘自 GB/T 1099.1—2003 及 GB/T 1098—2003）

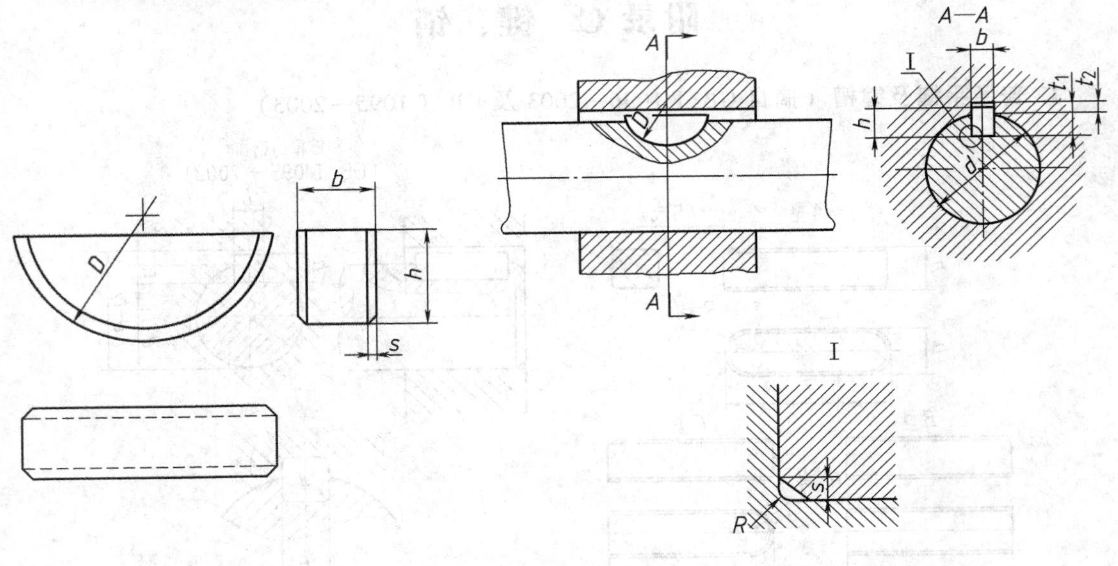

GB/T 119.1—2000　　GB/T 117—2000　　GB/T 91—2000

标记示例

普通型半圆键 $b=6\text{mm}$，$h=10\text{mm}$，$D=25\text{mm}$ 标记为：

GB/T 1099.1　键 6×10×25

表 C-2　半圆键及键槽各部分尺寸　（单位：mm）

轴径 d		键的公称尺寸			键槽深		倒角或倒圆 s 小于
键传递转矩用	键传动定位用	b	h	D	轴 t_1	毂 t_2	
自 3 ~ 4	自 3 ~ 4	1.0	1.4	4	1.0	0.6	0.25
>4 ~ 5	>4 ~ 6	1.5	2.6	7	2.0	0.8	
>5 ~ 6	>6 ~ 8	2.0	2.6	7	1.8	1.0	
>6 ~ 7	>8 ~ 10		3.7	10	2.9		
>7 ~ 8	>10 ~ 12	2.5	3.7	10	2.7	1.2	
>8 ~ 10	>12 ~ 15	3.0	5.0	13	3.8	1.4	
>10 ~ 12	>15 ~ 18		6.5	16	5.3		
>12 ~ 14	>18 ~ 20	4.0	6.5	16	5.0	1.8	0.4
>14 ~ 16	>20 ~ 22		7.5	19	6.0		
>16 ~ 18	>22 ~ 25	5.0	6.5	16	4.5	2.3	
>18 ~ 20	>25 ~ 28		7.5	19	5.5		
>20 ~ 22	>28 ~ 32		9	22	7.0		
>22 ~ 25	>32 ~ 36	6	9	22	6.5	2.8	
>25 ~ 28	>36 ~ 40		10	25	7.5		
>28 ~ 32	40	8	11	28	8.0	3.3	0.6
>32 ~ 38	—	10	13	32	10.0		

注：在工作图中轴槽深用 $d-t_1$ 或 t_1 标注，轮毂槽深用 $d+t_2$ 标注。

3. 销

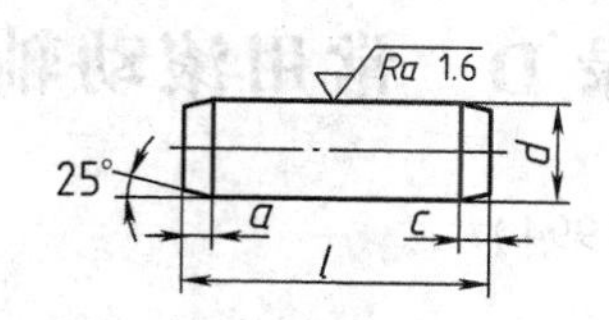

a）圆柱销（GB/T 119.1—2000）

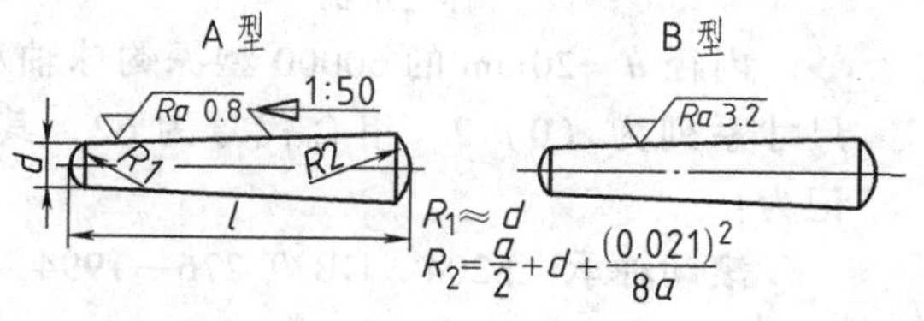

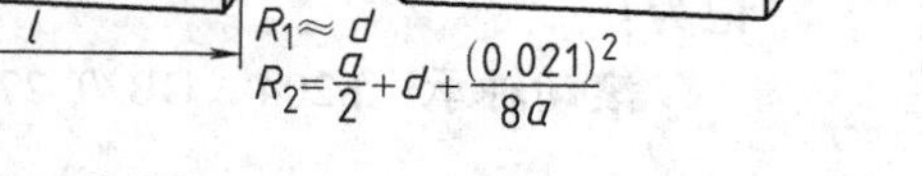

b）圆锥销（GB/T 117—2000）

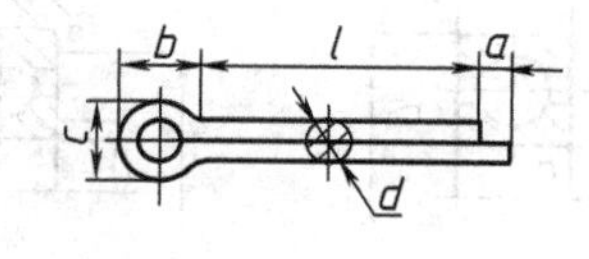

c）开口销（GB/T 91—2000）

标记示例

公称直径 $d=10\text{mm}$、公差为 m6、公称长度 $l=50\text{mm}$、材料为钢、不经淬火、不经表面处理的圆柱销，其标记为：

销　GB/T 119.1　10 m6 × 50

公称直径 $d=10\text{mm}$、公称长度 $l=60\text{mm}$、材料为 35 钢、热处理硬度 28～38HRC、表面氧化处理的 A 型圆锥销，其标记为：

销　GB/T 117　10 × 60

公称规格为 5mm、公称长度 $l=50\text{mm}$、材料为 Q215 或 Q235、不经表面处理的开口销，其标记为：

销　GB/T 91　5 × 50

表 C-3　销各部分尺寸　（单位：mm）

名称	公称直径 d	1	1.2	1.5	2	2.5	3	4	5	6	8	10	12
圆柱销（GB/T 199.1—2000）	$a\approx$	0.12	0.16	0.20	0.25	0.30	0.40	0.50	0.63	0.80	1.0	1.2	1.6
	$c\approx$	0.20	0.25	0.30	0.35	0.40	0.50	0.63	0.80	1.2	1.6	2	2.5
圆锥销（GB/T 117—2000）	$a\approx$	0.12	0.16	0.20	0.25	0.30	0.40	0.50	0.63	0.80	1	1.2	1.6
开口销（GB/T 91—2000）	d（公称）	0.6	0.8	1	1.2	1.6	2	2.5	3.2	4	5	6.3	8
	c	1	1.4	1.8	2	2.8	3.6	4.6	5.8	7.4	9.2	11.8	15
	$b\approx$	2	2.4	3	3	3.2	4	5	6.4	8	10	12.6	16
	a	1.6	1.6	1.6	2.5	2.5	2.5	2.5	4	4	4	4	4
	l（商品规格范围公称长度）	4～12	5～16	6～0	8～6	8～2	10～40	12～50	14～65	18～80	22～100	30～120	40～160
l系列	2，3，4，5，6，8，10，12，14，16，18，20，22，24，26，28，30，32，35，40，45，50，55，60，65，70，75，80，85，90，95，100，120												

附录D 常用滚动轴承

1. 深沟球轴承（GB/T 276—1994）

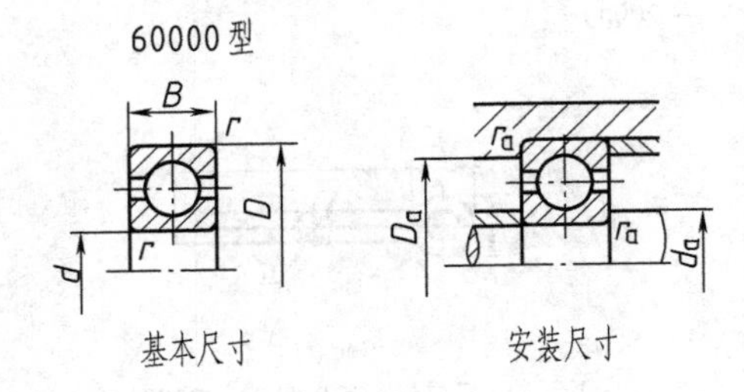

标记示例

内径 d=20mm 的60000型深钩球轴承，尺寸系列为（0）2，组合代号为62，其标记为：

滚动轴承 6204 GB/T 276—1994

表D-1 深沟球轴承各部分尺寸

轴承代号	基本尺寸/mm				安装尺寸/mm		
	d	D	B	r min	d_a min	D_a max	r_a max
(1) 0尺寸系列							
6000	10	26	8	0.3	12.4	23.6	0.3
6001	12	28	8	0.3	14.4	25.6	0.3
6002	15	32	9	0.3	17.4	29.6	0.3
6003	17	35	10	0.3	19.4	32.6	0.3
6004	20	42	12	0.6	25	37	0.6
6005	25	47	12	0.6	30	42	0.6
6006	30	55	13	1	36	49	1
6007	35	62	14	1	41	56	1
6008	40	68	15	1	46	62	1
6009	45	75	16	1	51	69	1
6010	50	80	16	1	56	74	1
(0) 2尺寸系列							
6200	10	30	9	0.6	15	25	0.6
6201	12	32	10	0.6	17	27	0.6
6202	15	35	11	0.6	20	30	0.6
6203	17	40	12	0.6	22	35	0.6
6204	20	47	14	1	26	41	1
6205	25	52	15	1	31	46	1
6206	30	62	16	1	36	56	1
6207	35	72	17	1.1	42	65	1
6208	40	80	18	1.1	47	73	1
6209	45	85	19	1.1	52	78	1
6210	50	90	20	1.1	57	83	1

（续）

轴承代号	基本尺寸/mm				安装尺寸/mm		
	d	D	B	r min	d_a min	D_a max	r_a max
（0）3尺寸系列							
6300	10	35	11	0.6	15	30	0.6
6301	12	37	12	1	18	31	1
6302	15	42	13	1	21	36	1
6303	17	47	14	1	23	41	1
6304	20	52	15	1.1	27	45	1
6305	25	62	17	1.1	32	55	1
6306	30	72	19	1.1	37	65	1
6307	35	80	21	1.5	44	71	1.5
6308	40	90	23	1.5	49	81	1.5
6309	45	100	25	1.5	54	91	1.5
6310	50	110	27	2	60	100	2
（0）4尺寸系列							
6403	17	62	17	1.1	24	55	1
6404	20	72	19	1.1	27	65	1
6405	25	80	21	1.5	34	71	1.5
6406	30	90	23	1.5	39	81	1.5
6407	35	100	25	1.5	44	91	1.5
6408	40	110	27	2	50	100	2
6409	45	120	29	2	55	110	2
6410	50	130	31	2.1	62	118	2.1
6411	55	140	33	2.1	67	128	2.1
6412	60	150	35	2.1	72	138	2.1
6413	65	160	37	2.1	77	148	2.1
6414	70	180	42	3	84	166	2.5

2. 圆锥滚子轴承（GB/T 297—1994）

30000型

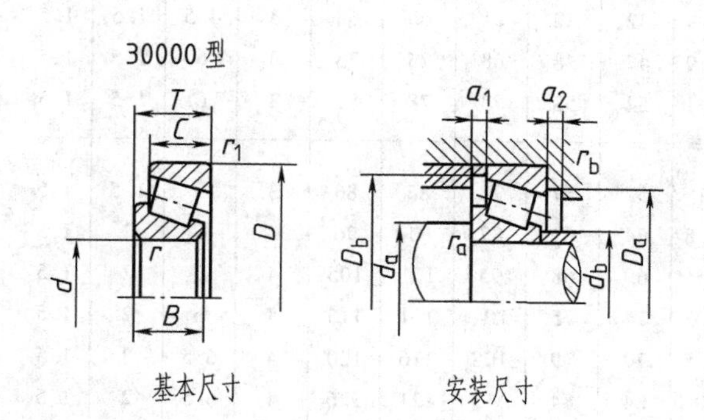

基本尺寸　　安装尺寸

标记示例

内径 $d=20$mm，尺寸系列代号为02的圆锥滚子轴承，其标记为：

滚动轴承　30204　GB/T 297—1994

表 D-2 圆锥滚子轴承各部分尺寸

轴承代号	基本尺寸/mm								安装尺寸/mm								
	d	D	T	B	C	r min	r_1 min	$a\approx$	d_a min	d_b max	D_a min	D_a max	D_b min	a_1 min	a_2 min	r_a max	r_b max
02 尺寸系列																	
30203	17	40	13.25	12	11	1	1	9.9	23	23	34	34	37	2	2.5	1	1
30204	20	47	15.25	14	12	1	1	11.2	26	27	40	41	43	2	3.5	1	1
30205	25	52	16.25	15	13	1	1	12.5	31	31	44	46	48	2	3.5	1	1
30206	30	62	17.25	16	14	1	1	13.8	36	37	53	56	58	2	3.5	1	1
30207	35	72	18.25	17	15	1.5	1.5	15.3	42	44	52	65	67	3	3.5	1.5	1.5
30208	40	80	19.75	18	16	1.5	1.5	16.9	47	49	69	73	75	3	4	1.5	1.5
30209	45	85	20.75	19	16	1.5	1.5	18.6	52	53	74	78	80	3	5	1.5	1.5
30210	50	90	21.75	20	17	1.5	1.5	20	57	58	79	83	86	3	5	1.5	1.5
30211	55	100	22.75	21	18	2	1.5	21	64	64	88	91	95	4	5	2	1.5
30212	60	110	23.75	22	19	2	1.5	22.3	69	69	96	101	103	4	5	2	1.5
30213	65	120	24.75	23	20	2	1.5	23.8	74	77	106	111	114	4	5	2	1.5
30214	70	125	26.25	24	21	2	1.5	25.8	79	81	110	116	119	4	5.5	2	1.5
03 尺寸系列																	
30302	15	42	14.25	13	11	1	1	9.6	21	22	36	36	38	2	3.5	1	1
30303	17	47	15.25	14	12	1	1	10.4	23	25	40	41	43	3	3.5	1	1
30304	20	52	16.25	15	13	1.5	1.5	11.1	27	28	44	45	48	3	3.5	1.5	1.5
30305	25	62	18.25	17	15	1.5	1.5	13	32	34	54	55	58	3	3.5	1.5	1.5
30306	30	72	20.75	19	16	1.5	1.5	15.3	37	40	62	65	66	3	5	1.5	1.5
30307	35	80	22.75	21	18	2	1.5	16.8	44	45	70	71	74	3	5	2	1.5
30308	40	90	25.25	23	20	2	1.5	19.5	49	52	77	81	84	3	5.5	2	1.5
30309	45	100	27.25	25	22	2	1.5	21.3	54	59	86	91	94	3	5.5	2	1.5
30310	50	110	29.25	27	23	2.5	2	23	60	65	95	100	103	4	6.5	2	2
30311	55	120	31.5	29	25	2.5	2	24.9	65	70	104	110	112	4	6.5	2.5	2
22 尺寸系列																	
32206	30	62	21.25	20	17	1	1	15.6	36	36	52	56	58	3	4.5	1	1
32207	35	72	24.25	23	19	1.5	1.5	17.9	42	42	61	65	68	3	4.5	1.5	1.5
32208	40	80	24.75	23	19	1.5	1.5	18.9	47	48	68	73	75	3	6	1.5	1.5
32209	45	85	24.75	23	19	1.5	1.5	20.1	52	53	73	78	81	3	6	1.5	1.5
32210	50	90	24.75	23	19	1.5	1.5	21	57	57	78	83	86	3	6	1.5	1.5
32211	55	100	26.75	25	21	2	1.5	22.8	64	62	87	91	96	4	6	2	1.5
32212	60	110	29.75	28	24	2	1.5	25	69	68	95	101	105	4	6	2	1.5
32213	65	120	32.75	31	27	2	1.5	27.3	74	75	104	111	115	4	6	2	1.5
32214	70	125	33.25	31	27	2	1.5	28.8	79	79	108	116	120	4	6.5	2	1.5
32215	75	130	33.25	31	27	2	1.5	30	84	84	115	121	126	4	6.5	2	1.5

（续）

轴承代号	基本尺寸/mm								安装尺寸/mm								
	d	D	T	B	C	r min	r_1 min	$a\approx$	d_a min	d_b max	D_a min	D_a max	D_b min	a_1 min	a_2 min	r_a max	r_b max
23 尺寸系列																	
32303	17	47	20.25	19	16	1	1	12.3	23	24	39	41	43	3	4.5	1	1
32304	20	52	22.25	21	18	1.5	1.5	13.6	27	26	43	45	48	3	4.5	1.5	1.5
32305	25	62	25.25	24	20	1.5	1.5	15.9	32	32	52	55	58	3	5.5	1.5	1.5
32306	30	72	28.75	27	23	1.5	1.5	18.9	37	38	59	65	66	4	6	1.5	1.5
32307	35	80	32.75	31	25	2	1.5	20.4	44	43	66	71	74	4	8.5	2	1.5
32308	40	90	35.25	33	27	2	1.5	23.3	49	49	73	81	83	4	8.5	2	1.5
32309	45	100	38.25	36	30	2	1.5	25.6	54	56	82	91	93	4	8.5	2	1.5
32310	50	110	42.25	40	33	2.5	2	28.2	60	61	90	100	102	5	9.5	2	2
32311	55	120	45.5	43	35	2.5	2	30.4	65	66	99	110	111	5	10	2.5	2
32312	60	130	48.5	46	37	3	2.5	32	72	72	107	118	122	6	11.5	2.5	2.1
32313	65	140	51	48	39	3	2.5	34.3	77	79	117	128	131	6	12	2.5	2.1
32314	70	150	54	51	42	3	2.5	36.5	82	84	125	138	141	6	12	2.5	2.1

3. 推力球轴承（GB/T 301—1995）

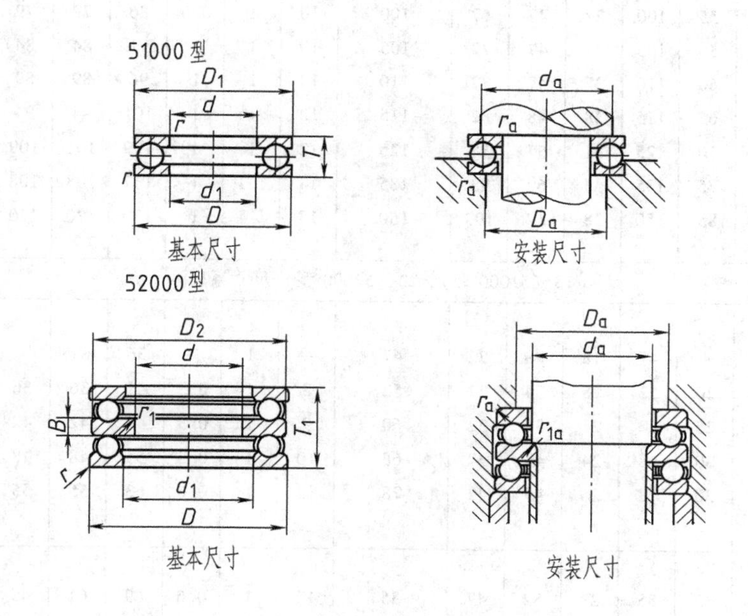

标记示例

内径 $d=20$mm，51000 型推力球轴承，尺寸系列代号为 12，其标记为：

滚动轴承　51204　GB/T 301—1994

表 D-3 推力球轴承各部分尺寸

轴承代号		基本尺寸/mm											安装尺寸/mm					
		d	d_2	D	T	T_1	d_1 min	D_1 max	D_2 max	B	r min	r_1 min	d_a min	D_a max	D_b min	d_b max	r_a max	r_{1a} max
12（51000 型）、22（52000 型）尺寸系列																		
51200	—	10	—	26	11	—	12	26	—	—	0.6	—	20	16		—	0.6	—
51201	—	12	—	28	11	—	14	28	—	—	0.6	—	22	18		—	0.6	—
51202	52202	15	10	32	12	22	17	32	32	5	0.6	0.3	25	22		15	0.6	0.3
51203	—	17	—	35	12	—	19	35	—	—	0.6	—	28	24		—	0.6	—
51204	52204	20	15	40	14	26	22	40	40	6	0.6	0.3	32	28		20	0.6	0.3
51205	52205	25	20	47	15	28	27	47	47	7	0.6	0.3	38	34		25	0.6	0.3
51206	52206	30	25	52	16	29	32	52	52	7	0.6	0.3	43	39		30	0.6	0.3
51207	52207	35	30	62	18	34	37	62	62	8	1	0.3	51	46		35	1	0.3
51208	52208	40	30	68	19	36	42	68	68	9	1	0.6	57	51		40	1	0.6
51209	52209	45	35	73	20	37	47	73	73	9	1	0.6	62	56		45	1	0.6
51210	52210	50	40	78	22	39	52	78	78	9	1	0.6	67	61		50	1	0.6
51211	52211	55	45	90	25	45	57	90	90	10	1	0.6	76	69		55	1	0.6
51212	52212	60	50	95	26	46	62	95	95	10	1	0.6	81	74		60	1	0.6
51213	52213	65	55	100	27	47	67	100		10	1	0.6	86	79	79	65	1	0.6
51214	52214	70	55	105	27	47	72	105		10	1	1	91	84	84	70	1	1
51215	52215	75	60	110	27	47	77	110		10	1	1	96	89	89	75	1	1
51216	52216	80	65	115	28	48	82	115		10	1	1	101	94	94	80	1	1
51217	52217	85	70	125	31	55	88	125		12	1	1	109	101	109	85	1	1
51218	52218	90	75	135	35	62	93	135		14	1.1	1	117	108	108	90	1	1
51220	52220	100	85	150	38	67	103	150		15	1.1	1	130	120	120	100	1	1
13（51000 型）、23（52000 型）尺寸系列																		
51304	—	20	—	47	18	—	22	47		—	1	—	36	31	—	—	1	—
51305	52305	25	20	52	18	34	27	52		8	1	0.3	41	36	36	25	1	0.3
51306	52306	30	25	60	21	38	32	60		9	1	0.3	48	42	42	30	1	0.3
51307	52307	35	30	68	24	44	37	68		10	1	0.3	55	48	48	35	1	0.3
51308	52308	40	30	78	26	49	42	78		12	1	0.6	63	55	55	40	1	0.6
51309	52309	45	35	85	28	52	47	85		12	1	0.6	69	61	45	45	1	0.6
51310	52310	50	40	95	31	58	52	95		14	1.1	0.6	77	68	50	50	1	0.6
51311	52311	55	45	105	35	64	57	105		15	1.1	0.6	85	75	55	55	1	0.6
51312	52312	60	50	110	35	64	62	110		15	1.1	0.6	90	80	60	60	1	0.6
51313	52313	65	55	115	36	65	67	115		15	1.1	0.6	95	85	65	65	1	0.6

（续）

轴承代号		基本尺寸/mm											安装尺寸/mm					
		d	d_2	D	T	T_1	d_1 min	D_1 max	D_2 max	B	r min	r_1 min	d_a min	D_a max	D_b min	d_b max	r_a max	r_{1a} max
14（51000 型）、24（52000 型）尺寸系列																		
51405	52405	25	15	60	24	45	27	60		11	1	0.6	46	39		25	1	0.6
51406	52406	30	20	70	28	52	32	70		12	1	0.6	54	46		30	1	0.6
51407	52407	35	25	80	32	59	37	80		14	1.1	0.6	62	53		35	1	0.6
51408	52408	40	30	90	36	65	42	90		15	1.1	0.6	70	60		40	1	0.6
51409	52409	45	35	100	39	72	47	100		17	1.1	0.6	78	67		45	1	0.6
51410	52410	50	40	110	43	78	52	110		18	1.5	0.6	86	74		50	1.5	0.6
51411	52411	55	45	120	48	87	57	120		20	1.5	0.6	94	81		55	1.5	0.6
51412	52412	60	50	130	51	93	62	130		21	1.5	0.6	102	88		60	1.5	0.6
51413	52413	65	50	140	56	101	68	140		23	2	1	110	95		65	2.0	1
51414	52414	70	55	150	60	107	73	150		24	2	1	118	102		70	2.0	1

附录 E　极限与配合

表 E-1　公称尺寸至 500mm 的标准公差数值（摘自 GB/T 1800.1—2009）

公称尺寸/mm		标准公差等级																	
		IT1	IT2	IT3	IT4	IT5	IT6	IT7	IT8	IT9	IT10	IT11	IT12	IT13	IT14	IT15	IT16	IT17	IT18
大于	至	μm											mm						
—	3	0.8	1.2	2	3	4	6	10	14	25	40	60	0.1	0.14	0.25	0.4	0.6	1	1.4
3	6	1	1.5	2.5	4	5	8	12	18	30	48	75	0.12	0.18	0.3	0.48	0.75	1.2	1.8
6	10	1	1.5	2.5	4	6	9	15	22	36	58	90	0.15	0.22	0.36	0.58	0.9	1.5	2.2
10	18	1.2	2	3	5	8	11	18	27	43	70	110	0.18	0.27	0.43	0.7	1.1	1.8	2.7
18	30	1.5	2.5	4	6	9	13	21	33	52	84	130	0.21	0.33	0.52	0.84	1.3	2.1	3.3
30	50	1.5	2.5	4	7	11	16	25	39	62	100	160	0.25	0.39	0.62	1	1.6	2.5	3.9
50	80	2	3	5	8	13	19	30	46	74	120	190	0.3	0.46	0.74	1.2	1.9	3	4.6
80	120	2.5	4	6	10	15	22	35	54	87	140	220	0.35	0.54	0.87	1.4	2.2	3.5	5.4
120	180	3.5	5	8	12	18	25	40	63	100	160	250	0.4	0.63	1	1.6	2.5	4	6.3
180	250	4.5	7	10	14	20	29	46	72	115	185	290	0.46	0.72	1.15	1.85	2.9	4.6	7.2
250	315	6	8	12	16	23	32	52	81	130	210	320	0.52	0.81	1.3	2.1	3.2	5.2	8.1
315	400	7	9	13	18	25	36	57	89	140	230	360	0.57	0.89	1.4	2.3	3.6	5.7	8.9
400	500	8	10	15	20	27	40	63	97	155	250	400	0.63	0.97	1.55	2.5	4	6.3	9.7

表 E-2　轴的极限偏差（GB/T 1800.2—2009 摘录）　　（单位：μm）

公称尺寸/mm		公差带														
		a		b			c					d				
大于	至	10	11	10	11	12	8	9	10	11	12	7	8	9	10	11
—	3	-270 -310	-270 -330	-140 -180	-140 -200	-140 -240	-60 -74	-60 -85	-60 -100	-60 -120	-60 -160	-20 -30	-20 -34	-20 -45	-20 -60	-20 -80
3	6	-270 -318	-270 -345	-140 -188	-140 -215	-140 -260	-70 -88	-70 -100	-70 -118	-70 -145	-70 -190	-30 -42	-30 -48	-30 -60	-30 -78	-30 -105
6	10	-280 -338	-280 -370	-150 -208	-150 -240	-150 -300	-80 -102	-80 -116	-80 -138	-80 -170	-80 -230	-40 -55	-40 -62	-40 -76	-40 -98	-40 -130
10 14	14 18	-290 -360	-290 -400	-150 -220	-150 -260	-150 -330	-95 -122	-95 -138	-95 -165	-95 -205	-95 -275	-50 -68	-50 -77	-50 -93	-50 -120	-50 -160
18 24	24 30	-300 -384	-300 -430	-160 -244	-160 -290	-160 -370	-110 -143	-110 -162	-110 -194	-110 -240	-110 -320	-65 -86	-65 -98	-65 -117	-65 -149	-65 -195
30	40	-310 -410	-310 -470	-170 -270	-170 -330	-170 -420	-120 -159	-120 -182	-120 -220	-120 -280	-120 -370	-80 -105	-80 -119	-80 -142	-80 -180	-80 -240
40	50	-320 -420	-320 -480	-180 -280	-180 -340	-180 -430	-130 -169	-130 -192	-130 -230	-130 -290	-130 -380					
50	65	-340 -460	-340 -530	-190 -310	-190 -380	-190 -490	-140 -186	-140 -214	-140 -260	-140 -330	-140 -440	-100 -130	-100 -146	-100 -174	-100 -220	-100 -290
65	80	-360 -480	-360 -550	-200 -320	-200 -390	-200 -500	-150 -196	-150 -224	-150 -270	-150 -340	-150 -450					
80	100	-380 -520	-380 -600	-220 -360	-220 -440	-220 -570	-170 -224	-170 -257	-170 -310	-170 -390	-170 -520	-120 -155	-120 -174	-120 -207	-120 -260	-120 -340
100	120	-410 -550	-410 -630	-240 -380	-240 -460	-240 -590	-180 -234	-180 -267	-180 -320	-180 -400	-180 -530					
120	140	-460 -620	-460 -710	-260 -420	-260 -510	-260 -660	-200 -263	-200 -300	-200 -360	-200 -450	-200 -600	-145 -185	-145 -208	-145 -245	-145 -305	-145 -395
140	160	-520 -680	-520 -770	-280 -440	-280 -530	-280 -680	-210 -273	-210 -310	-210 -370	-210 -460	-210 -610					
160	180	-580 -740	-580 -830	-310 -470	-310 -560	-310 -710	-230 -293	-230 -330	-230 -390	-230 -480	-230 -630					
180	200	-660 -845	-660 -950	-340 -525	-340 -630	-340 -800	-240 -312	-240 -355	-240 -425	-240 -530	-240 -700	-170 -216	-170 -242	-170 -285	-170 -355	-170 -460
220	225	-740 -925	-740 -1030	-380 -565	-380 -670	-380 -840	-260 -332	-260 -375	-260 -445	-260 -550	-260 -720					
225	250	-820 -1005	-820 -1110	-420 -605	-420 -710	-420 -880	-280 -352	-280 -395	-280 -465	-280 -570	-280 -740					
250	280	-920 -1130	-920 -1240	-480 -690	-480 -800	-480 -1000	-300 -381	-300 -430	-300 -510	-300 -620	-300 -820	-190 -240	-190 -271	-190 -320	-190 -400	-190 -510
280	315	-1050 -1260	-1050 -1370	-540 -750	-540 -860	-540 -1060	-330 -411	-330 -460	-330 -540	-330 -650	-330 -850					
315	355	-1200 -1430	-1200 -1560	-600 -830	-600 -960	-600 -1170	-360 -449	-360 -500	-360 -590	-360 -720	-360 -930	-210 -267	-210 -299	-210 -350	-210 -440	-210 -570
355	400	-1350 -1580	-1350 -1710	-680 -910	-680 -1040	-680 -1250	-400 -486	-400 -540	-400 -630	-400 -760	-400 970					
400	450	-1500 -1750	-1500 -1900	-760 -1010	-760 -1160	-760 -1390	-440 -537	-440 -595	-440 -690	-440 -840	-440 -1070	-230 -293	-230 -327	-230 -385	-230 -480	-230 -630
450	500	-1650 -1900	-1650 -2050	-840 -1090	-840 -1240	-840 -1470	-480 -577	-480 -635	-480 -730	-480 -880	-480 1110					

（续）

公称尺寸/mm		公差带														
		e				f					g			h		
大于	至	6	7	8	9	5	6	7	8	9	5	6	7	4	5	6
—	3	−14 −20	−14 −24	−14 −28	−14 −39	−6 −10	−6 −12	−6 −16	−6 −20	−6 −31	−2 −6	−2 −8	−2 −12	0 −3	0 −4	0 −6
3	6	−20 −34	−20 −32	−20 −38	−20 −50	−10 −15	−10 −18	−10 −22	−10 −28	−10 −40	−4 −9	−4 −12	−4 −16	0 −4	0 −6	0 −8
6	10	−25 −34	−25 −40	−25 −47	−25 −61	−13 −19	−13 −22	−13 −28	−13 −35	−13 −49	−5	−5	−5	0 −4	0 −6	0 −9
10 14	14 18	−32 −43	−32 −50	−32 −59	−32 −75	−16 −24	−16 −27	−16 −34	−16 −43	−16 −59	−6 −14	−6 −17	−6 −24	0 −5	0 −8	0 −11
18 24	24 30	−40 −53	−40 −61	−40 −73	−40 −92	−20 −29	−20 −33	−20 −41	−20 −53	−20 −72	−7 −16	−7 −20	−7 −28	0 −6	0 −9	0 −13
30 40	40 50	−50 −66	−50 −75	−50 −89	−50 −112	−25 −36	−25 −41	−25 −50	−25 −64	−25 −87	−9 −20	−9 −25	−9 −34	0 −7	0 −11	0 −16
50 65	65 80	−60 −79	−60 −90	−60 −106	−60 −134	−30 −43	−30 −49	−30 −60	−30 −76	−30 −104	−10 −23	−10 −29	−10 −40	0 −8	0 −13	0 −19
80 100	100 120	−72 −94	−72 −107	−72 −126	−72 −159	−36 −51	−36 −58	−36 −71	−36 −90	−36 −123	−12 −27	−12 −34	−12 −47	0 −10	0 −15	0 −22
120 140 160	140 160 180	−85 −110	−85 −125	−85 −148	−85 −185	−43 −61	−43 −68	−43 −83	−43 −106	−43 −143	−14 −32	−14 −39	−14 −54	0 −12	0 −18	0 −25
180 200 225	200 225 250	−100 −129	−100 −146	−100 −172	−100 −215	−50 −70	−50 −79	−50 −96	−50 −122	−50 −165	−15 −35	−15 −44	−15 −61	0 −14	0 −20	0 −29
250 280	280 315	−110 −142	−110 −162	−110 −191	−110 −240	−56 −79	−56 −88	−56 −108	−56 −137	−56 −186	−17 −40	−17 −49	−17 −69	0 −16	0 −23	0 −32
315 355	355 400	−125 −161	−125 −182	−125 −214	−125 −265	−62 −87	−62 −98	−62 −119	−62 −151	−62 −202	−18 −43	−18 −54	−18 −75	0 −18	0 −25	0 −36
400 450	450 500	−135 −175	−135 −198	−135 −232	−135 −290	−68 −95	−68 −108	−68 −131	−68 −165	−68 −223	−20 −47	−20 −60	−20 −83	0 −20	0 −27	0 −40

（续）

公称尺寸/mm		公差带														
		h							j			js				
大于	至	7	8	9	10	11	12	13	5	6	7	5	6	7	8	9
—	3	0 -10	0 -14	0 -25	0 -40	0 -60	0 -100	0 -140	±2	+4 -2	+6 -4	±2	±3	±5	±7	±12
3	6	0 -12	0 -18	0 -30	0 -48	0 -75	0 -120	0 -180	+3 -2	+6 -2	+8 -4	±2.5	±4	±6	±9	±15
6	10	0 -15	0 -22	0 -36	0 -58	0 -90	0 -150	0 -220	+4 -2	+7 -2	+10 -5	±3	±4.5	±7	±11	±18
10	14	0 -18	0 -27	0 -43	0 -70	0 -110	0 -180	0 -270	+5 -3	+8 -3	+12 -6	±4	±5.5	±9	±13	±21
14	18															
18	24	0 -21	0 -33	0 -52	0 -84	0 -130	0 -210	0 -330	+5 -4	+9 -4	+13 -8	±4.5	±6.5	±10	±16	±26
24	30															
30	40	0 -25	0 -39	0 -62	0 -100	0 -160	0 -250	0 -390	+6 -5	+11 -5	+15 -10	±5.5	±8	±12	±19	±31
40	50															
50	65	0 -30	0 -46	0 -74	0 -120	0 -190	0 -300	0 -460	+6 -7	+12 -7	+18 -12	±6.5	±9.5	±15	±23	±37
65	80															
80	100	0 -35	0 -54	0 -87	0 -140	0 -220	0 -350	0 -540	+6 -9	+13 -9	+20 -15	±7.5	±11	±17	±27	±43
100	120															
120	140	0 -40	0 -63	0 -100	0 -160	0 -250	0 -400	0 -630	+7 -11	+14 -11	+22 -18	±9	±12.5	±20	±31	±50
140	160															
160	180															
180	200	0 -46	0 -72	0 -115	0 -185	0 -290	0 -460	0 -720	+7 -13	+16 -13	+25 -21	±10	±14.5	±23	±36	±57
220	225															
225	250															
250	280	0 -52	0 -81	0 -130	0 -210	0 -320	0 -520	0 -810	+7	—	—	±11.5	±16	±26	±40	±65
280	315															
315	355	0 -57	0 -89	0 -140	0 -230	0 -360	0 -570	0 -890	+7 -18	—	+29 -28	±12.5	±18	±28	±44	±70
355	400															
400	450	0 -63	0 -97	0 -155	0 -250	0 -400	0 -630	0 -970	+7 -20	—	+31 -32	±13.5	±20	±31	±48	±77
450	500															

（续）

公称尺寸/mm		公差带														
		js	k			m			n			p			r	
大于	至	10	5	6	7	5	6	7	5	6	7	5	6	7	5	6
—	3	±20	+4 0	+6 0	+10 0	+6 +2	+8 +2	+12 +2	+8 +4	+10 +4	+14 +4	+10 +6	+12 +6	+16 +6	+14 +10	+16 +10
3	6	±24	+6 +1	+9 +1	+13 +1	+9 +4	+12 +4	+16 +4	+13 +8	+16 +8	+20 +8	+17 +12	+20 +12	+24 +12	+20 +15	+23 +15
6	10	±29	+7 +1	+10 +1	+16 +1	+12 +6	+15 +6	+21 +6	+16 +10	+19 +10	+25 +10	+21 +15	+24 +15	+30 +15	+25 +19	+28 +19
10	14	±35	+9 +1	+12 +1	+19 +1	+15 +7	+18 +7	+25 +7	+20 +12	+23 +12	+30 +12	+26 +18	+29 +18	+36 +18	+31 +23	+34 +23
14	18															
18	24	±42	+11 +2	+15 +2	+23 +2	+17 +8	+21 +8	+29 +8	+24 +15	+28 +15	+36 +15	+31 +22	+35 +22	+43 +22	+37 +28	+41 +28
24	30															
30	40	±50	+13 +2	+18 +2	+27 +2	+20 +9	+25 +9	+34 +9	+28 +17	+33 +17	+42 +17	+37 +26	+42 +26	+51 +26	+45 +34	+50 +34
40	50															
50	65	±60	+15 +2	+21 +2	+32 +2	+24 +11	+30 +11	+41 +11	+33 +20	+39 +20	+50 +20	+45 +32	+51 +32	+62 +32	+54 +41	+60 +41
65	80														+56 +43	+62 +43
80	100	±70	+18 +3	+25 +3	+38 +3	+28 +13	+35 +13	+48 +13	+38 +23	+45 +23	+58 +23	+52 +37	+59 +37	+72 +37	+66 +51	+73 +51
100	120														+69 +54	+76 +54
120	140	±80	+21 +3	+28 +3	+43 +3	+33 +15	+40 +15	+55 +15	+45 +27	+52 +27	+67 +27	+61 +43	+68 +43	+83 +43	+81 +63	+88 +63
140	160														+83 +65	+90 +65
160	180														+86 +68	+93 +68
180	200	±92	+24 +4	+33 +4	+50 +4	+37 +17	+46 +17	+63 +17	+51 +31	+60 +31	+77 +31	+70 +50	+79 +50	+96 +50	+97 +77	+106 +77
220	225														+100 +80	+109 +80
225	250														+104 +84	+113 +84
250	280	±105	+27 +4	+36 +4	+56 +4	+43 +20	+52 +20	+72 +20	+57 +34	+66 +34	+86 +34	+79 +56	+88 +56	+108 +56	+117 +94	+126 +94
280	315														+121 +98	+130 +98
315	355	±115	+29 +4	+40 +4	+61 +4	+46 +21	+57 +21	+78 +21	+62 +37	+73 +37	+94 +37	+87 +62	+98 +62	+119 +62	+133 +108	+144 +108
355	400														+139 +114	+150 +114
400	450	±125	+32 +5	+45 +5	+68 +5	+50 +23	+63 +23	+86 +23	+67 +40	+80 +40	+103 +40	+95 +68	+108 +68	+131 +68	+153 +126	+166 +126
450	500														+159 +132	+172 +132

（续）

公称尺寸/mm		公差带														
		r	s			t			u				v	x	y	z
大于	至	7	5	6	7	5	6	7	5	6	7	8	6	6	6	6
—	3	+20 +10	+18 +14	+20 +14	+24 +14	—	—	—	+22 −18	+24 +18	+28 +18	+32 +18	—	+26 +20	—	+32 +26
3	6	+27 +15	+24 +19	+27 +19	+31 +19	—	—	—	+28 +23	+31 +23	+35 +23	+41 +23	—	+36 +28	—	+43 +35
6	10	+34 +19	+29 +23	+32 +23	+38 +23	—	—	—	+34 +28	+37 +28	+43 +28	+50 +28	—	+43 +34	—	+51 +42
10	14	+41 +23	+36 +28	+39 +28	+46 +28	—	—	—	+41 +33	+44 +33	+51 +33	+60 +33	—	+51 +40	—	+61 +50
14	18					—	—	—					+50 +39	+56 +45	—	+71 +60
18	24	+49 +28	+44 +35	+48 +35	+56 +35	—	—	—	+50 +41	+54 +41	+62 +41	+74 +41	+60 +47	+67 +54	+76 +63	+86 +73
24	30					+50 +41	+54 +41	+62 +41	+57 +48	+61 +48	+69 +48	+81 −48	+68 +55	+77 +64	+88 +75	+101 +88
30	40	+59 +34	+54 +43	+59 +43	+68 +43	+59 +48	+64 +48	+73 +48	+71 +60	+76 +60	+85 +60	+99 +60	+84 +68	+96 +80	+110 +94	+128 +112
40	50					+65 +54	+70 +54	+79 +54	+81 +70	+86 +70	+96 +70	+109 +70	+97 +81	+113 +97	+130 +114	+152 +136
50	65	+71 +41	+66 +53	+72 +53	+83 +53	+79 +66	+85 +66	+96 +66	+100 +87	+106 +87	+117 +87	+133 +87	+121 +102	+141 122	+163 +144	+191 +172
65	80	+73 +43	+72 +59	+78 +59	+89 +59	+88 +75	+94 +75	+105 +75	+115 +102	+121 +102	+132 +102	+148 +102	+139 +120	+165 +146	+193 174	+229 +210
80	100	+86 +51	+86 +71	+93 +71	+106 +71	+106 +91	+113 +91	+126 +91	+139 +124	+146 +124	+159 +124	+178 +124	+168 +146	+200 +178	+236 +214	+280 +258
100	120	+89 +54	+94 +79	+101 +79	+114 +79	+119 +104	+126 +104	+139 +104	+159 +144	+166 +144	+179 +144	+198 +144	+194 +172	+232 +210	+276 +254	+332 +310
120	140	+103 +63	+110 +92	+117 +92	+132 +92	+140 +122	+147 +122	+162 +122	+188 +170	+195 +170	+210 +170	+233 +170	+223 +202	+227 +248	+273 +300	+325 +365
140	160	+105 +65	+118 +100	+125 +100	+140 +100	+152 +134	+159 +134	+174 +134	+208 +190	+215 +190	+230 +190	+253 +190	+253 +228	+305 +280	+365 +340	+440 +415
160	180	+108 +68	+126 +108	+133 +108	+148 +108	+164 +146	+171 +146	186 +146	+228 +210	+235 +210	+250 +210	+273 +210	+277 +252	+335 +310	+405 +380	+490 +465
180	200	+123 +77	+142 +122	+151 +122	+168 +122	+186 +166	+195 +166	+212 +166	+256 +236	+265 +236	+282 +236	+308 +236	+313 284	+379 +350	+454 +425	+549 +520
220	225	+126 +80	+150 +130	+159 +130	+176 +130	+200 +180	+209 +180	+226 +180	+278 +258	+287 +258	+304 +258	+330 +258	+339 +310	+414 +385	+499 +470	+604 +575
225	250	+130 +84	+163 +140	169 +140	+186 +140	+216 +196	+225 +196	+242 +196	+304 +284	+313 +284	+330 +284	+356 +284	+369 +340	+454 +425	+549 +520	+669 +640
250	280	+146 +94	+181 +158	+190 +158	+210 +158	+241 +218	+250 +218	+270 +218	+338 +315	+347 +315	+367 +315	+396 +315	+417 +385	+507 +475	+612 +580	+742 +710
280	315	+150 +98	+193 +170	+202 +170	+222 +170	+263 +240	+272 +240	+292 +240	+373 +350	+382 +350	+402 +350	+431 +350	+457 +425	+557 +525	+682 +650	+822 +790
315	355	+165 +108	+215 +190	+226 +190	+247 +190	+293 +268	+304 +268	+325 +268	+415 +390	+426 +390	+447 +390	+479 +390	+511 +475	+626 +590	+766 +730	+936 +900
355	400	+171 +114	+233 +208	+244 +208	+265 +208	+319 +294	+330 +294	+351 +294	+460 +435	+471 +435	+492 +435	+524 +435	+566 +530	+696 +660	+856 +820	+1036 +1000
400	450	+189 +126	+259 +232	+272 +232	+295 +232	+357 +330	+370 +330	+393 +330	+517 +490	+530 +490	+553 +490	+58 +490	+635 +595	+780 +740	+960 +920	+1140 +1100
450	500	+195 +132	+279 +252	+292 +252	+315 +252	+387 +360	+400 +360	+432 +360	+567 +540	+580 +540	+603 +540	+637 +540	+700 +660	+860 +820	+1040 +1000	+1290 +1250

表 E-3　孔的极限偏差（GB/T 1800.2—2009 摘录）　　（单位：μm）

公称尺寸/mm		公差带														
		A	B			C			D				E			F
大于	至	11	11	12	10	11	12	7	8	9	10	11	8	9	10	6
—	3	+330	+200	+240	+10	+120	+160	+30	+34	+45	+60	+80	+28	+39	+54	+12
		+270	+140	+140	+60	+60	+60	+20	+20	+20	+20	+20	+14	+14	+14	+6
3	6	+345	+215	+260	+118	+145	+190	+42	+48	+60	+78	+105	+38	+50	+68	+18
		+270	+140	+140	+70	+70	+70	+30	+30	+30	+30	+30	+20	+20	+20	+10
6	10	+370	+240	+300	+138	+170	+230	+55	+62	+76	+98	+130	+47	+61	+83	+22
		+280	+150	+150	+80	+80	+80	+40	+40	+40	+40	+40	+25	+25	+25	+13
10	14	+400	+260	+330	+165	+205	+275	+68	+77	+93	+120	+160	+59	+75	+102	+27
14	18	+290	+150	+150	+95	+95	+95	+50	+50	+50	+50	+50	+32	+32	+32	+16
18	24	+430	+290	+370	+194	+240	+320	+86	+98	+117	+149	+195	+73	+92	+124	+33
24	30	+300	+160	+160	110	+110	+110	+65	+65	+65	+65	+65	40	+40	+40	+20
30	40	+470	+330	+420	+220	+280	+370									
		+310	+170	+170	+120	+120	+120	+105	+119	+142	+180	+240	+89	+112	+150	+41
40	50	+480	+340	+430	+230	+290	+380	+80	+80	+80	+80	+80	+50	+50	+50	+25
		+320	+180	+180	+130	+130	+130									
50	65	+530	+380	+490	+260	+330	+440									
		+340	+190	+190	+140	+140	+140	+130	+146	+174	+220	+290	+106	+134	+180	+49
65	80	+550	+390	+500	+270	+340	+450	+100	+100	+100	+100	+100	+60	+60	+60	+30
		+360	+200	+200	+150	+150	+150									
80	100	+600	+440	+570	+310	+390	+520									
		+380	+220	+220	+170	+170	+170	+155	+174	+207	+260	+340	+126	+159	+212	58
100	120	+630	+460	+590	+320	+400	+530	+120	+120	+120	+120	+120	+72	+72	+72	+36
		+410	+240	+240	+180	+180	+180									
120	140	+710	+510	+660	+360	+450	+600									
		+460	+260	+260	+200	+200	+200									
140	160	+770	+530	+680	+370	+460	+610	+185	+208	+245	+305	+395	+148	+185	+245	+68
		+520	+280	+280	+210	+210	+210	+145	+145	+145	+145	+145	+85	+85	+85	+63
160	180	+830	+560	+710	+390	+480	+630									
		+580	+310	+310	+230	+230	+230									
180	200	+950	+630	+800	+425	+530	+700									
		+660	+340	+340	+240	+240	+240									
220	225	+1030	+670	+840	+445	+550	+720	+216	+242	+285	+355	+460	+172	+215	+285	+79
		+740	+380	+380	+260	+260	+260	+170	+170	+170	+170	+170	+100	+100	+100	+50
225	250	+1110	+710	+880	+465	+570	+740									
		+820	+420	+420	+280	+280	+280									
250	280	+1240	+800	+1000	+510	+620	+820									
		+920	+480	+480	+300	+300	+300	+242	+271	+320	+400	+510	+191	+240	+320	+88
280	315	+1370	+860	+1060	+540	+650	+850	+190	+190	+190	+190	+190	+110	+110	+110	+56
		+1050	+540	+540	+330	+330	+330									
315	355	+1560	+960	+1170	+590	+720	+930									
		+1200	+600	+600	+360	+360	+360	+267	+299	+350	+440	+570	+214	+265	+355	+98
355	400	+1710	+1040	+1250	+630	+760	+970	+210	+210	+210	+210	+210	+125	+125	+125	+62
		+1350	+680	+680	+400	+400	+400									
400	450	+1900	+1160	+1390	+690	+840	+1070									
		+1500	+760	+760	+440	+440	+440	+293	+327	+385	+480	+630	+232	+290	+385	+108
450	500	+2050	+1240	+1470	+730	+880	+1110	+230	+230	+230	+230	+230	+135	+135	+135	+68
		+1650	+840	+840	+480	+480	+480									

（续）

公称尺寸/mm		公差带														
		F			G			H								
大于	至	7	8	9	5	6	7	5	6	7	8	9	10	11	12	13
—	3	+16 +6	+20 +6	+31 +6	+6 +2	+8 +2	+12 +2	+4 0	+6 0	+10 0	+14 0	+25 0	+40 0	+60 0	+100 0	140 0
3	6	+22 +10	+28 +10	+40 +10	+9 +4	+12 +4	+16 +4	+5 0	+8 0	+12 0	+18 0	+30 0	+48 0	+75 0	+120 0	+180 0
6	10	+28 +13	+35 +13	+49 +13	+11 +5	+14 +5	+20 +5	+6 0	+9 0	+15 0	+22 0	+36 0	+58 0	+90 0	+150 0	+220 0
10	14	+34 +16	+43 +16	+59 +16	+14 +6	+17 +6	+24 +6	+8 0	+11 0	+18 0	+27 0	+43 0	+70 0	+110 0	+180 0	+270 0
14	18															
18	24	+41 +20	+53 +20	+72 +20	+16 +7	+20 +7	+28 +7	+9 0	+13 0	+21 0	+33 0	+52 0	+84 0	+130 0	+210 0	+330 0
24	30															
30	40	+50 +25	+64 +25	+87 +25	+20 +9	+25 +9	+34 +9	+11 0	+16 0	+25 0	+39 0	+62 0	+100 0	+160 0	+250 0	+390 0
40	50															
50	65	+60 +30	+76 +30	+104 +30	+23 +10	+29 +10	+40 +10	+13 0	+19 0	+30 0	+46 0	+74 0	+120 0	+190 0	+300 0	+460 0
65	80															
80	100	+71 +36	+90 +36	+123 +36	+27 +12	+34 +12	+47 +12	+15 0	+22 0	+35 0	+54 0	+87 0	+140 0	+220 0	+350 0	+540 0
100	120															
120	140	+83 +43	+106 +43	+143 +43	+32 +14	+39 +14	+54 +14	+18 0	+25 0	+40 0	+63 0	+100 0	+160 0	+250 0	+400 0	+630 0
140	160															
160	180															
180	200	+96 +50	+122 +50	+165 +50	+35 +15	+44 +15	+61 +15	+20 0	+29 0	+46 0	+72 0	+115 0	+185 0	+290 0	+460 0	+720 0
220	225															
225	250															
250	280	+108 +56	+137 +56	+186 +56	+40 +17	+49 +17	+69 +17	+23 0	+32 0	+52 0	+81 0	+130 0	+210 0	+320 0	+520 0	+810 0
280	315															
315	355	+119 +62	+151 +62	+202 +62	+43 +18	+54 +18	+75 +18	+25 0	+36 0	+57 0	+89 0	+140 0	+230 0	+360 0	+570 0	+890 0
355	400															
400	450	+131 +68	+165 +68	+223 +68	+47 +20	+60 +20	+83 +20	+27 0	+40 0	+63 0	+97 0	+155 0	+250 0	+400 0	+630 0	+970 0
450	500															

（续）

公称尺寸/mm		公差带														
		J			JS						K			M		
大于	至	6	7	8	5	6	7	8	9	10	6	7	8	6	7	8
—	3	+2 -4	+4 -6	+6 -8	±2	±3	±5	±7	±12	±20	0 -6	0 -10	0 -14	-2 -8	-2 -12	-2 -16
3	6	+5 -4	+8 -7	+12 -10	±2.5	±4	±6	±9	±15	±24	+2 -6	+3 -9	+5 -13	-1 -9	0 -12	+2 -16
6	10	+5 -4	+8 -7	+12 -10	±3	±4.5	±7	±11	±18	±29	+2 -7	+5 -10	+6 -16	-3 -12	0 -15	+1 -21
10 14	14 18	+6 -5	+10 -8	+15 -12	±4	±5.5	±9	±13	±21	±35	+2 -9	+6 -12	+8 -19	-4 -15	0 -18	+2 -25
18 24	24 30	+8 -5	+12 -9	+20 -13	±4.5	±6.5	±10	±16	±26	±42	+2 -11	+6 -15	+10 -23	-4 -17	0 -21	+4 -29
30 40	40 50	+10 -6	+14 -11	+24 -15	±5.5	±8	±12	±19	±31	±50	+3 -13	+7 -18	+12 -27	-4 -20	0 -25	+5 -34
50 65	65 80	+13 -6	+18 -12	+28 -18	±6.5	±9.5	±15	±23	±37	±60	+4 -15	+9 -21	+14 -32	-5 -24	0 -30	+5 -41
80 100	100 120	+16 -6	+22 -13	+34 -20	±7.5	±11	±17	±27	±43	±70	+4 -18	+10 -25	+16 -38	-6 -28	0 -35	+6 -48
120 140 160	140 160 180	+18 -7	+26 -14	+41 -22	±9	±12.5	±20	±31	±50	±80	+4 -21	+12 -28	+20 -43	-8 -33	0 -40	+8 -55
180 220 225	200 225 250	+25 -7	+30 -16	+47 -25	±10	±14.5	±23	±36	±57	±92	+5 -24	+13 -33	+22 -50	-8 -37	0 -46	+9 -63
250 280	280 315	+25 -7	+36 -16	+55 -26	±11.5	±16	±26	±40	±65	±105	+5 -27	+16 -36	+25 -56	-9 -41	0 -52	+9 -72
315 355	355 400	+29 -7	+39 -18	+60 -29	±12.5	±18	±28	±44	±70	±11.5	+7 -29	+17 -40	+28 -61	-10 -46	0 -57	+11 -78
400 450	450 500	+33 -7	+43 -20	+66 -31	±13.5	±20	±31	±48	±77	±125	+8 -32	+18 -45	+29 -68	-10 -50	0 -63	+11 -86

（续）

公称尺寸/mm		公差带														
		N			P						R	S		T		U
大于	至	6	7	8	6	7	8	9	6	7	8	6	7	6	7	7
—	3	-4 -10	-4 -14	-4 -18	-6 -12	-6 -16	-6 -20	-6 -31	-10 -16	-10 -20	-10 -24	-14 -20	-14 -24	—	—	-18 -28
3	6	-5 -13	-4 -16	-2 -20	-9 -17	-8 -20	-12 -30	-12 -42	-12 -20	-11 -23	-15 -33	-16 -24	-15 -27	—	—	-19 -31
6	10	-7 -16	-4 -19	-3 -25	-12 -21	-9 -24	-15 -37	-15 -51	-16 -25	-13 -28	-19 -41	-20 -29	-17 -32	—	—	-22 -37
10	14	-9 -20	-5 -23	-3 -30	-15 -26	-11 -29	-18 -45	-18 -61	-20 -31	-16 -34	-23 -50	-25 -36	-21 -39	—	—	-26 -44
14	18															
18	24	-11 -24	-7 -28	-3 -36	-18 -31	-14 -35	-22 -55	-24 -74	-24 -37	-20 -41	-28 -61	-31 -44	-27 -48	—	—	-33 -54
24	30													-37 -50	-33 -54	-40 -61
30	40	-12 -28	-8 -33	-3 -42	-21 -37	-17 -42	-26 -65	-26 -88	-29 -45	-25 -50	-34 -73	-38 -54	-34 -59	-43 -59	-39 -64	-51 -76
40	50													-49 -65	-45 -70	-61 -86
50	65	-14 -33	-9 -39	-4 -50	-26 -45	-21 -51	-32 -78	-32 -106	-35 -54	-30 -60	-41 -87	-47 -66	-42 -72	-60 -79	-55 -85	-76 -106
65	80								-37 -56	-32 -62	-43 -89	-53 -72	-48 -78	-69 -88	-64 -94	-91 -121
80	100	-16 -38	-10 -45	-4 -58	-30 -52	-24 -59	-37 -91	-37 -124	-44 -66	-38 -73	-51 -105	-64 -86	-58 -93	-84 -106	-78 -113	-111 -146
100	120								-47 -69	-41 -76	-54 -108	-72 -94	-66 -101	-97 -119	-91 -126	-131 -166
120	140	-20 -45	-12 -52	-4 -67	-36 -61	-28 -68	-43 -106	-43 -143	-56 -81	-48 -88	-63 -126	-85 -110	-77 -117	-115 -140	-107 -147	-155 -195
140	160								-58 -83	-50 -90	-65 -128	-93 -118	-85 -125	-127 -152	-119 -159	-175 -215
160	180								-61 -86	-53 -93	-68 -131	-101 -126	-93 -133	-139 -164	-131 -171	-195 -235
180	200	-22 -51	-14 -60	-5 -77	-41 -70	-33 -79	-50 -122	-50 -165	-68 -97	-60 -106	-77 -149	-113 -142	-105 -151	-157 -186	-149 -195	-219 -265
220	225								-71 -100	-63 -109	-80 -152	-121 -150	-113 -159	-171 -200	-163 -209	-241 -287
225	250								-75 -104	-67 -113	-84 -156	-131 -160	-123 -169	-187 -216	-179 -225	-267 -313
250	280	-25 -57	-14 -66	-5 -86	-47 -79	-36 -88	-56 -137	56 -186	-85 -117	-74 -126	-94 -175	-149 -181	-138 -190	-209 -241	-198 -250	-295 -347
280	315								-89 -121	-78 -130	-98 -179	-161 -193	-150 -202	-231 -263	-220 -272	-330 -382
315	355	-26 -62	-16 -73	-5 -94	-51 -87	-41 -98	-62 -151	-62 -202	-97 -133	-87 -144	-108 -197	-179 -215	-169 -226	-257 -293	-247 -304	-369 -426
355	400								-103 -139	-93 -150	-114 -203	-197 -233	-187 -244	-283 -319	-273 -330	-414 -471
400	450	-27 -67	-17 -80	-6 -103	-55 -95	-45 -108	-68 -165	-68 -223	-113 -153	-103 -166	-126 -223	-219 -259	-209 -272	-317 -357	-307 -370	-467 -530
450	500								-119 -159	-109 -172	-132 -229	-239 -279	-229 -292	-347 -387	-337 -400	-517 -580

表 E-4 形位公差的公差值（摘自 GB/T 1184—1996）

公差项目	主参数 /mm	公差等级											
		1	2	3	4	5	6	7	8	9	10	11	12
		公差值/μm											
直线度、平面度	≤10	0.2	0.4	0.8	1.2	2	3	5	8	12	20	30	60
	>10~16	0.25	0.5	1	1.5	2.5	4	6	10	15	25	40	80
	>16~25	0.3	0.6	1.2	2	3	5	8	12	20	30	50	100
	>25~40	0.4	0.8	1.5	2.5	4	6	10	15	25	40	60	120
	>40~63	0.5	1	2	3	5	8	12	20	30	50	80	150
	>63~100	0.6	1.2	2.5	4	6	10	15	25	40	60	100	200
	>100~160	0.8	1.5	3	5	8	12	20	30	50	80	120	250
	>160~250	1	2	4	6	10	15	25	40	60	100	150	300
圆度、圆柱度	≤3	0.2	0.3	0.5	0.8	1.2	2	3	4	6	10	14	25
	>3~6	0.2	0.4	0.6	1	1.5	2.5	4	5	8	12	18	30
	>6~10	0.25	0.4	0.6	1	1.5	2.5	4	6	9	15	22	36
	>10~18	0.25	0.5	0.8	1.2	2	3	5	8	11	18	27	43
	>18~30	0.3	0.6	1	1.5	2.5	4	6	9	13	21	33	52
	>30~50	0.4	0.6	1	1.5	2.5	4	7	11	16	25	39	62
	>50~80	0.5	0.8	1.2	2	3	5	8	13	19	30	46	74
	>80~120	0.6	1	1.5	2.5	4	6	10	15	22	35	54	87
	>120~180	1	1.2	2	3.5	5	8	12	18	25	40	63	100
	>180~250	1.2	2	3	4.5	7	10	14	20	29	46	72	115
平行度、垂直度、倾斜度	≤10	0.4	0.8	1.5	3	5	8	12	20	30	50	80	120
	>10~16	0.5	1	2	4	6	10	15	25	40	60	100	150
	>16~25	0.6	1.2	2.5	5	8	12	20	30	50	80	120	200
	>25~40	0.8	1.5	3	6	10	15	25	40	60	100	150	250
	>40~63	1	2	4	8	12	20	30	50	80	120	200	300
	>63~100	1.2	2.5	5	10	15	25	40	60	100	150	250	400
	>100~160	1.5	3	6	12	20	30	50	80	120	200	300	500
	>160~250	2	4	8	15	25	40	60	100	150	250	400	600
同轴度、对称度、圆跳动、全跳动	≤1	0.4	0.6	1.0	1.5	2.5	4	6	10	15	25	40	60
	>1~3	0.4	0.6	1.0	1.5	2.5	4	6	10	20	40	60	120
	>3~6	0.5	0.8	1.2	2	3	5	8	12	25	50	80	150
	>6~10	0.6	1	1.5	2.5	4	6	10	15	30	60	100	200
	>10~18	0.8	1.2	2	3	5	8	12	20	40	80	120	250
	>18~30	1	1.5	2.5	4	6	10	15	25	50	100	150	300
	>30~50	1.2	2	3	5	8	12	20	30	60	120	200	400
	>50~120	1.5	2.5	4	6	10	15	25	40	80	150	250	500
	>120~250	2	3	5	8	12	20	30	50	100	200	300	600

附录F　常用材料及热处理

表 F-1　钢铁材料

牌号	应用举例	说 明
1. 灰铸铁（GB/T 9439—2010）		
HT100	用于低强度铸件，如盖、手轮、支架等	“HT”表示灰铸铁，后面的数字表示抗拉强度值（N/mm^2）
HT150	用于中强度铸件，如底座、刀架、轴承座、带轮、端盖等	
HT200 HT250	用于高强度铸件，如床身、机座、齿轮、凸轮、气缸泵体、联轴器等	
HT300 HT350	用于高强度耐磨铸件，如齿轮、凸轮、重载荷床身、高压泵、阀壳体、锻模、冲模等	
2. 球墨铸铁（GB/T 1348—2009）		
QT800-2 QT700-2 QT600-3	具有较高强度，但塑性低，用于曲轴、凸轮轴、齿轮、气缸、缸套、轧辊、水泵轴、活塞环、摩擦片等零	“QT”表示球墨铸铁，其后第一组数字表示抗拉强度值（N/mm^2），第二组数字表示伸长率（%）
QT500-7 QT450-10 QT400-15	具有较高的塑性和适当的强度，用于承受冲击负荷的零件	
3. 普通碳素结构钢（GB/T 700—2006）		
Q215　A 级 　　　B 级	金属结构件、拉杆、套圈、铆钉、螺栓、短轴、心轴、凸轮（载荷不大的）、垫圈、渗碳零件及焊接件	“Q”为碳素结构钢屈服点“屈”字的汉语拼音首位字母，后面数字表示屈服强度数值。如 Q235 表示碳素结构钢屈服强度为 $235N/mm^2$
Q235　A 级 　　　B 级 　　　C 级 　　　D 级	金属结构，心部强度要求不高的渗碳或碳氮共渗零件，吊钩、拉杆、套圈、气缸、齿轮、螺栓、螺母、连杆、轮轴、楔、盖及焊接件	
Q275	轴、轴销、制动杆、螺母、螺栓、垫圈、连杆、齿轮以及其他强度较高的零件	
4. 优质碳素结构钢（GB/T 699—1999）		
08F	可塑性要求高的零件，如管子、垫圈、渗碳件、碳氮共渗件等	牌号中的两位数字表示以平均万分数表示的碳的质量分数。45 钢即表示碳的质量分数为 0.45% 碳的质量分数≤0.25% 的碳钢属低碳钢（渗碳钢） 碳的质量分数在（0.25 ~ 0.6）% 之间的碳钢属中碳钢（调质钢） 碳的质量分数≥0.6% 的碳钢属高碳钢 在牌号后加符号“F”表示沸腾钢
10	拉杆、卡头、垫圈、焊件	
15	渗碳件、紧固件、冲模锻件、化工贮器	
20	杠杆、轴套、钩、螺钉、渗碳件与碳氮共渗件	
25	轴、辊子、连接器，紧固件中的螺栓、螺母	
30	曲轴、转轴、轴销、连杆、横梁、星轮	
35	曲轴、摇杆、拉杆、键、销、螺栓	
40	齿轮、齿条、链轮、凸轮、轧辊、曲柄轴	
45	齿轮、轴、联轴器、衬套、活塞销、链轮	
50	活塞杆、轮轴、齿轮、不重要的弹簧	
55	齿轮、连杆、扁弹簧、轧辊、偏心轮、轮圈、轮缘	
60	偏心轮、弹簧圈、垫圈、调整片、偏心轴等	
65	叶片弹簧、螺旋弹簧	

（续）

牌号	应用举例	说明
4. 优质碳素结构钢（GB/T 699—1999）		
15Mn 20Mn	活塞销、凸轮轴、拉杆、铰链、焊管、钢板	锰的质量分数较高的钢，须加注化学元素符号“Mn”
30Mn	螺栓、传动螺杆、制动板、传动装置、转换拨叉	
40Mn	万向联轴器、分配轴、曲轴、高强度螺栓，螺母	
45Mn	滑动滚子轴	
50Mn	承受磨损零件、摩擦片、转动滚子、齿轮、凸轮	
60Mn	弹簧、发条	
65Mn	弹簧环、弹簧垫圈	
5. 合金结构钢（GB/T 3077—1999）		
15Cr	渗碳齿轮、凸轮、活塞销、离合器	钢中加入一定量的合金元素，提高了钢的力学性能和耐磨性，也提高了钢在热处理时的淬透性，保证金属在较大截面上获得好的力学性能 铬钢、铬锰钢和铬锰钛钢都是常用的合金结构钢
20Cr	较重要的渗碳件	
30Cr	重要的调质零件，如轮轴、齿轮、摇杆、螺栓等	
40Cr	较重要的调质零件，如齿轮、进气阀、辊子、轴等	
45Cr	强度及耐磨性高的轴、齿轮、螺栓等	
50Cr	重要的轴、齿轮、螺旋弹簧、止推环	
15CrMn	垫圈、汽封套筒、齿轮、滑键拉钩、齿杆、偏心轮	
20CrMn	轴、轮轴、连杆、曲柄轴及其他高耐磨零件	
40CrMn	轴、齿轮	
18CrMnTi	汽车上重要渗碳件，如齿轮等	
30CrMnTi	汽车、拖拉机上强度特高的渗碳齿轮	
40CrMnTi	强度高、耐磨性高的大齿轮、主轴等	
6. 碳素工具钢（GB/T 1298—2008）		
T7 T7A	能承受振动和冲击的工具，硬度适中时有较大的韧性。用于制造錾子、钻软岩石的钻头、冲击式打眼机钻头、大锤等	用“碳”或“T”后附以平均含碳的质量分数的千分数表示，有T7～T13。高级优质碳素工具钢须在牌号后加注“A” 平均含碳的质量分数为0.7%～1.3%
T8 T8A	有足够的韧性和较高的硬度，用于制造能承受振动的工具，如钻中等硬度岩石的钻头、简单模子、冲头等	
7. 一般工程用铸造碳钢（GB/T 11352—2009）		
ZG200-400	各种形状的机件，如机座、箱壳	ZG230-450表示工程用铸钢，屈服强度为230N/mm^2，抗拉强度为450N/mm^2
ZG230-450	铸造平坦的零件，如机座、机盖、箱体、铁砧台，工作温度在450℃以下的管路附件等，焊接性良好	
ZG270-500	各种开头的铸件，如飞轮、机架、联轴器等，焊接性能尚可	
ZG310-570	各种开头的机件，如齿轮、齿圈、重负荷机架等	
ZG340-640	起重、运输机中的齿轮、联轴器等重要的机件	

注：钢随着平均含碳量的上升，抗拉强度、硬度增加，伸长率降低。

表 F-2　有色金属及其合金

合金牌号	合金名称（或代号）	铸造方法	应用举例	说明
1. 普通黄铜（GB/T 5231—2001）及铸造铜合金（GB/T 1176—1987）				
H62	普通黄铜		散热器、垫圈、弹簧、各种网、螺钉等	H 表示黄铜，后面数字表示平均含铜的质量分数（%）
ZCuSn5Pb5Zn5	5-5-5 锡青铜	S、J Li、La	较高负荷、中速下工作的耐磨、耐蚀件，如轴瓦、衬套、缸套及蜗轮等	“Z”为铸造汉语拼音的首位字母，各化学元素后面的数字表示该元素的质量分数（%）
ZCuSn10P1	10-1 锡青铜	S J Li La	高负荷（20 MPa 以下）和高滑动速度（8m/s）下工作的耐磨件，如连杆、衬套、轴瓦、蜗轮等	
ZCuSn10Pb5	10-5 锡青铜	S J	耐蚀、耐酸件及破碎机衬套、轴瓦等	
ZCuPb17Sn4Zn4	17-4-4 铅青铜	S J	一般耐磨件、轴承等	
ZCuAl10Fe3	10-3 铝青铜	S J Li、La	要求强度高、耐磨、耐蚀的零件，如轴套、螺母、蜗轮、齿轮等	
ZCuAl10Fe3Mn2	10-3-2 铝青铜	S J		
ZCuZn38	38 黄铜	S J	一般结构件和耐蚀件，如法兰、阀座、螺母等	
ZCuZn40Pb2	40-2 铅黄铜	S J	一般用途的耐磨、耐蚀件，如轴套、齿轮等	
ZCuZn38Mn2Pb2	38-2-2 锰黄铜	S J	一般用途的结构件，如套筒、衬套、轴瓦、滑块等耐磨零件	
ZCuZn16Si4	16-4 硅黄铜	S J	接触海水工作的管配件以及水泵、叶轮等	
2. 铸造铝合金（GB/T 1173—1995）				
ZAlSi12	ZL102 铝硅合金	SB、JB RB、KB J	气缸活塞以及高温工作的承受冲击载荷的复杂薄壁零件	ZL102 表示含硅的质量分数为（10～13）%、余量为铝的铝硅合金
ZAlSi9Mg	ZL104 铝硅合金	S、J、R、K J SB、RB、KB J、JB	形状复杂的高温静载荷或受冲击作用的大型零件，如扇风机叶片、水冷气缸头	
ZAlMg5Sil	ZL303 铝镁合金	S、J、R、K	高耐蚀性或在高温度下工作的零件	
ZAlZn11Si7	ZL401 铝锌合金	S、R、K J	铸造性能较好，可不热处理，用于形状复杂的大型薄壁零件，耐蚀性差	

（续）

合金牌号	合金名称（或代号）	铸造方法	应用举例	说明
3. 铸造轴承合金（GB/T 1174—1992）				
ZSnSb12Pb10Cu4 ZSnSb11Cu6 ZSnSb8Cu4	锡基轴承合金	J J J	汽轮机、压缩机、机车、发电机、球磨机、轧机减速器、发动机等各种机器的滑动轴承衬	各化学元素后面的数字表示该元素的质量百分数（%）
ZPbSb16Sn16Cu2 ZPbSb15Sn10 ZPbSb15Sn5	铅基轴承合金	J J J		
4. 硬铝（GB/T 3190—2008）				
2A12	硬铝		适用于中等强度的零件，焊接性能好	含铜、镁和锰的合金

注：铸造方法代号中，S—砂型铸造；J—金属型铸造；Li—离心铸造；La—连续铸造；R—熔模铸造；K—壳型铸造；B—变质处理。

表 F-3　非金属材料

材料名称	牌号	说明	应用举例
耐油石棉橡胶板		有厚度 0.4～0.3mm 的十种规格	供航空发动机用的煤油、润滑油及冷气系统结合处的密封衬垫材料
耐酸碱橡胶板	2030	较高硬度	具有耐酸碱性能，在温度 -30～+60℃、质量分数为 20% 的酸碱液体中工作，用作冲制密封性能较好的垫圈
	2040	中等硬度	
耐油橡胶板	3001 3002	较高硬度	可在一定温度的机油、变压器油、汽油等介质中工作，适用于冲制各种形状的垫圈
耐热橡胶板	4001	较高硬度	可在 -30～+100℃ 且压力不大的条件下，在热空气、蒸汽介质中工作，用作冲制各种垫圈和隔热垫板
	4002	中等硬度	
酚醛层压板	3302-1 3302-2	3302-1 的力学性能比 3302-2 好	用结构材料及用以制造各种机械零件
聚四氟乙烯树脂	SFL-4～13	耐腐蚀、耐高温（+250℃），并具有一定的强度，能切削加工成各种零件	用于腐蚀介质中起密封和减磨作用，用作垫圈等
工业有机玻璃		耐盐酸、硫酸、草酸、烧碱和纯碱等一般酸碱以及二氧化硫、臭氧等气体腐蚀	适用于耐腐蚀和需要透明的零件
油浸石棉盘根	YS 450	盘根形状分 F（方形）、Y（圆形）、N（扭制）三种，按需选用	适用于回转轴、往复活塞或阀门杆上作密封材料，介质为蒸汽、空气、工业用水、重质石油产品
橡胶石棉盘根	XS 450	该牌号盘根只有 F（方形）	适用于作蒸汽机、往复泵的活塞和阀门杆上作密封材料

（续）

材料名称	牌号	说明	应用举例
工业用平面毛毡	112-44 232-36	厚度为1～40mm。112-44表示白色细毛块毡，密度为0.44g/cm³；232-36表示灰色粗毛块毡，密度为0.36g/cm³	用作密封、防漏油、防震、缓冲衬垫等。按需要选用细毛、半粗毛、粗毛
软钢纸板		厚度为0.5～3.0mm	用作密封连接处的密封垫片
尼龙	尼龙6 尼龙9 尼龙66 尼龙610 尼龙1010	具有优良的机械强度和耐磨性。可以使用成形加工和切削加工制造零件，尼龙粉末还可喷涂于各种零件表面提高耐磨性和密封性	广泛用作机械、化工及电气零件，例如：轴承、齿轮、凸轮、滚子、辊轴、泵叶轮、风扇叶轮、蜗轮、螺钉、螺母、垫圈、高压密封圈、阀座、输油管、储油容器等。尼龙粉末还可喷涂于各种零件表面
MC尼龙（无填充）		强度特高	适用于制造大型齿轮、蜗轮、轴套、大型阀门密封面、导向环、导轨、滚动轴承保持架、船尾轴承、起重汽车吊索绞盘蜗轮、柴油发动机燃料泵齿轮、矿山铲掘机轴承、水压机立柱导套、大型轧钢机辊道轴瓦等
聚甲醛（均聚物）		具有良好的摩擦性能和抗磨损性能，尤其是优越的干摩擦性能	用于制造轴承、齿轮、凸轮、滚轮、辊子、阀门上的阀杆螺母、垫圈、法兰、垫片、泵叶轮、鼓风机叶片、弹簧、管道等
聚碳酸酯		具有高的冲击韧性和优异的尺寸稳定性	用于制造齿轮、蜗轮、蜗杆、齿条、凸轮、心轴、轴承、滑轮、铰链、传动链、螺栓、螺母、垫圈、铆钉、泵叶轮、汽车化油器部件、节流阀、各种外壳等

表F-4 常用热处理工艺

名称	代号	说明	应用
退火	5111	将钢件加热到临界温度以上（一般是710～715℃，个别合金钢800～900℃）30～50℃，保温一段时间，然后缓慢冷却（一般在炉中冷却）	用来消除铸、锻、焊零件的内应力，降低硬度，便于切削加工，细化金属晶粒，改善组织，增加韧性
正火	5121	将钢件加热到临界温度上，保温一段时间，然后用空气冷却，冷却速度比退火为快	用来处理低碳和中碳结构钢及渗碳零件，使其组织细化，增加强度与韧性，减少内应力，改善切削性能
淬火	5131	将钢件加热到临界温度以上，保温一段时间，然后在水、盐水或油中（个别材料在空气中）急速冷却，使其得到高硬度	用来提高钢的硬度和强度极限。但淬火会引起内应力使钢变脆，所以淬火后必须回火
淬火和回火	5141	回火是将淬硬的钢件加热到临界点以下的温度，保温一段时间，然后在空气中或油中冷却下来	用来消除淬火后的脆性和内应力，提高钢的塑性和冲击韧性

（续）

名称	代号	说明	应用
调质	5151	淬火后在450～650℃进行高温回火，称为调质	用来使钢获得高的韧性和足够的强度。重要的齿轮、轴及丝杠等零件是调质处理的
表面淬火和回火	5210	用火焰或高频电流将零件表面迅速加热至临界温度以上，急速冷却	使零件表面获得硬度，而心部保持一定的韧性，使零件既耐磨又能承受冲击。表面淬火常用来处理齿轮等
渗碳	5310	在渗碳剂中将钢件加热到900～950℃，停留一定时间，将碳渗入钢表面，深度为0.5～2mm，再淬火后回火	增加钢件的耐磨性能，表面硬度、抗拉强度及疲劳极限 适用于低碳、中碳（w_C < 0.40%）结构钢的中小型零件
渗氮	5330	渗氮是在500～600℃通入氨的炉子内加热，向钢的表面渗入氮原子的过程。渗氮层为0.025～0.8mm，渗氮时间需40～50h	增加钢件的耐磨性能、表面硬度、疲劳极限和耐蚀能力 适用于合金钢、碳钢、铸铁件，如机床主轴、丝杠以及在潮湿碱水和燃烧气体介质的环境中工作的零件
碳氮共渗	5340（碳氮共渗淬火后，回火至56～62HRC）	在820～860℃炉内通入碳和氮，保温1～2h，使钢件的表面同时渗入碳、氮原子，可得到0.2～0.5mm的碳氮共渗层	增加表面硬度、耐磨性、疲劳强度和耐蚀性 用于要求硬度高、耐磨的中、小型及薄片零件和刀具等
时效	时效处理	低温回火后，精加工之前，加热到100～160℃，保持10～40h。对铸件也可用天然时效（放在露天中一年以上）	使工件消除内应力和稳定形状，用于量具、精密丝杠、床身导轨、床身等
发蓝 发黑	发蓝或发黑	将金属零件放在很浓的碱和氧化剂溶液中加热氧化，使金属表面形成一层氧化铁所组成的保护性薄膜	耐腐蚀、美观用于一般连接的标准件和其他电子类零件
镀镍	镀镍	用电解方法，在钢件表面镀一层镍	耐腐蚀、美化
镀铬	镀铬	用电解方法，在钢件表面镀一层铬	提高表面硬度、耐磨性和耐蚀能力，也用于修复零件上磨损了的表面
硬度	HB（布氏硬度）	材料抵抗硬的物体压入其表面的能力称“硬度”。根据测定的方法不同，可分布氏硬度、洛氏硬度和维氏硬度 硬度的测定是检验材料经热处理后的力学性能——硬度	用于退火、正火、调质的零件及铸件的硬度检验
	HRC（洛氏硬度）		用于经淬火、回火及表面渗碳、渗氮等处理的零件硬度检验
	HV（维氏硬度）		用于薄层硬化零件的硬度检验

注：热处理工艺代号尚可细分，如空冷淬火代号为5131a，油冷淬火代号为5131e，水冷淬火代号为5131w等。本表不再罗列，详情请查阅GB/T 12603—2005。

参考文献

[1] 钱可强．机械制图[M].3 版．北京：高等教育出版社，2011.

[2] 丁宇明，黄水生．土建工程制图[M].3 版．北京：高等教育出版社，2012.

[3] 赵大兴，高成慧，谭跃进．现代工程图学教程[M].6 版．武汉：湖北科学技术出版社，2009.

[4] 焦永和，张京英，徐昌贵．工程制图[M]. 北京：高等教育出版社，2008.

[5] 李丽．现代工程图学[M]. 北京：高等教育出版社，2007.

[6] 西安电子科技大学．工程制图[M]. 西安：西安电子科技大学出版社，1996.

[7] 西安交通大学工程画教研室．画法几何及工程制图[M]. 北京：高等教育出版社，1989.

[8] 合肥工业大学．工程制图[M]. 北京：机械工业出版社，1996.

[9] 同济大学，上海交通大学．机械制图[M]. 北京：高等教育出版社，1988.

[10] 王颖，等．现代工程制图[M]. 北京：北京航空航天大学出版社，2000.

[11] 中国纺织大学工程图学教研室，等．画法几何及工程制图[M]. 上海：上海科学技术出版社，1997.

[12] 邹宜侯．机械制图[M]. 北京：清华大学出版社，2001.

[13] 管殿柱．AutoCAD2000 机械工程绘图教程[M]. 北京：机械工业出版社，2001.

[14] 大连理工大学工程画教研室．画法几何学[M]. 北京：高等教育出版社，2003.

[15] 大连理工大学工程画教研室．机械制图[M]. 北京：高等教育出版社，2003.

[16] 卞正国．画法几何及机械制图[M]. 北京：机械工业出版社，1996.

[17] 王槐德．机械制图新旧标准代换教程[M]. 北京：中国标准出版社，2004.

[18] AutoCAD2010(中文版)工程制图[M]. 北京：机械工业出版社，2010.